博学而笃志,切问而近思。
（《论语·子张》）

博晓古今,可立一家之说;
学贯中西,或成经国之才。

作者介绍

石长顺，华中科技大学广播电视与新媒体研究院院长、二级教授、博士生导师，兼任武昌首义学院副校长及新闻与法学学院院长，曾任教育部新闻学学科教学指导委员会委员、中国广播电视学与新媒体研究会副会长、湖北省新闻与传播教育学会名誉会长，获第二届全国"百优"广播电视理论工作者称号。

在长达30余年的广播电视创作与高等教育工作中，发表相关学术论文100余万字。出版专著《电视传播学》《公共电视》《电视栏目解析》《电视话语的重构》《电视专题与专栏》《中国广播电视公共服务》《融合新闻学导论》《电视新闻报道学》《电视文本解读》《电视编辑原理》《荧屏思索录》等。

主持和完成国家社科基金重点项目、一般项目及省、部级重大、重点课题多项。三项教改成果获省人民政府一等奖。两部专著分别获全国和省级一等奖。七篇论文分别获中国高校影视学会、中国广播电视协会、湖北新闻工作者协会、湖北广播电视学会一等奖。四篇论文获湖北省社会科学优秀成果奖。

普通高等教育"十一五"国家级规划教材

当代广播电视教程·新世纪版

电视专题与专栏
——当代电视实务教程

石长顺 著

（第三版）

复旦大学出版社

内容提要

本书为国家级规划教材，重点探讨电视专题与专栏的理论体系与实务操作，以适应高校广播电视学等新闻传播学科专业核心课程"电视专题与专栏"教学之需。

新版体例更清晰严谨，围绕电视专题和专栏创作，进行全面的分析阐述，共分三大部分：

第一部分为基本理论部分，包括第一章和第二章，对电视专题及电视专栏的界定、发展演变进行简要阐述，重点从传媒策划的角度系统探讨了电视栏目的设置与创新。

第二部分为电视专题节目的创作，包括第三章至第五章，主要对纪录片、政论片和调查报道进行了较为深入的分析。

第三部分为电视栏目创作。其中，第六章至第九章分别围绕新闻型、社教型、娱乐型、谈话型四种主要电视栏目形态，全面分析了其发展历程、栏目类型、创新制作等重要内容。第十章则从宏观层面给出了电视栏目如何通过整合编排形成竞争力的原则和策略。

本书体例完备，内容丰富，案例精彩，注重启发，实用性强。

第三版序

石长顺

从 2008 年修订版到 2018 年,很快十年过去了。复旦大学出版社多次联系我,表明本教材的使用高校反映较好,希望再修订出版。今年是中国电视诞生 60 周年,正好借此机会回望一下中国电视改革的历程,探索电视节目制作创新的基本规律,期望能对未来的电视传媒发展和视听新媒体专业人才提供一些借鉴,也算是我对中国电视 60 年的一个纪念。

俗话说:"一岁一甲子,六十为一花甲。"人生经历过六十甲子一个周期也就圆满了。然而对电视媒体来说,又一个甲子的轮回则预示着新的更艰巨的挑战在等待着广电传媒人。因为在过去的 60 年,中国电视真正的发展是在 20 世纪 80 年代中期才开始,从文化电视的解放,到新闻电视的立台、娱乐电视的霸屏,再到文化电视的复兴,电视"第一媒体"辉煌不过二三十年,到现在算是给电视媒体 60 年画了一个较为完满的句号。

中国电视 60 年的最后十年,电视媒体的生态环境发生了巨大的变化,尤其是网络新媒体的迅速崛起,对传统媒体造成极大的冲击,导致"转型"成为当代传媒的唯一选择。从报纸到广播,甚至新华通讯社等,无一不在向视听媒体延伸拓展,就连网络新媒体也开始转向视频发展。特别是互联网的开放化、平台化和互动化特点,使世界传媒都面临着媒介环境、行业、终端设备及受众(用户)等多方面的挑战。以 CNN 为代表的西方传媒也因时而变,传统记者转为全媒体记者,电视机构转为全媒体新闻机构。移动、视频和全球化成为传媒发展战略的三大法宝。作为传统主流视频媒体的我国电视也不例外,开始拓展视听新媒体渠道,发展网络广电、手机视听、互联网电视等媒体,乃至"三微一端"的视频传播平台建设。

网络视听业务的强劲,促使用户消费观正经历根本性变化,越来越多的人选择手机和移动设备获取新闻,导致视频网站成为传统广电发展的新渠道。美国传统三大电视网开始推行终端融合模式:从 2013 年 NBC 开始,美国已有至少 95 个电视频道提供了 160 多个"电视无处不在"网站和应用程序新业务模式,用户可以在室内外通过移动互联网和 WIFI 在智能手机、平板电脑等多种终端上收看视频节目;CBS 于 2015 提出推介口号"撇开电视看电视",从线性电视模式向应用程序电视模式转移;ABC 推出名为"收看美国广播公司"的应用程序,可在智能手机、平板电脑和联网电视机等终端上收看、点播。这些改革无疑有助于增加观众的忠诚度,拓展传统电视的发展空间,提升其在整个视频行业的竞争地位。

综上,媒体的视频转向标志着现代世界已经被"视觉化"了。新媒体时代拓展了视觉领域,通过新的视觉文化重塑着人们的记忆与经验,让全景式的凝视成为一种强有力的视觉实践模式。"视频是传播的最高形态,一百多年来没有改变,未来也不会改变。"[①]电视与网络视频不再仅仅是我们沟通和了解世界的工具,而是成为我们大众生活中不可缺少的部分。我们正在见证着"一个统一的媒介王国"出现,它正在带动现代传媒业及其高等教育的转型与重构,而电视视频传播也成为当代媒体和大众的一种媒介素养。基于社会与全媒体人才培养的需求,作为广播电视主干课程的"电视专题与专栏"成为媒介融合理念的实践平台,从知识体系的建构,到转型视频行业的教学适应,理应承担起这份社会责任。

鉴于近十年来的媒体巨大变化,又时值中国电视第二个 60 年的开启,尤其是前瞻电视媒介不断创新发展的需要,本教材第三稿的修订在保留主线、坚守经典的基础上,紧跟时代,创新为用,对部分章节内容进行了较大修改,调整充实了经典案例,强化了知识系统的分析,使本教材更具可读性、可用性、可藏性。现将改动较大的章节情况简述如下。

第一,合并、充实性修改。将原"叙事型电视专题:专题片"合并到第三章"纪实型电视专题:纪录片",作为第三节"直接宣导式纪录片"。这主要是由于专题片与直接宣导式纪录片在形态上十分接近,或者说,从形式到创作手法都与早期纪录片一脉相承。尽管专题片创作也采用了纪实性手法,但允许创作者在作品中直接阐述"宣导"对社会生活的理解、认识和主张,因此,将电视专题片归并到"直接宣导式纪录片"是适当的。充实性修改主要是将纪录片的核心形态"真实电影式纪录片"单独立"节",以在内容上做深度分析研究,探讨真实电影式纪录片的题材特征、拍摄方法与结构技巧。

第二,调整、强化性修改。近两年来,"文化+"的节目形式正成为文化类节目的创作新趋势,它改变了原本严肃、曲高和寡甚至略显枯燥的社教类节目的问题,提升了当代社教文化类节目的影响力和竞争力。一大批文化类自主原创节

---

① 孙玉胜:《视频是传播的最高形态,未来也不会改变》,中国网络媒体论坛,转引自"传媒圈"公众号,2018 年 9 月 6 日。

目的诞生引爆荧屏,有的专家甚至由此得出"文化类节目的春天已然到来"的论断。为此,本次修订调整了原第八章"社教型电视栏目创作"的结构,将"文化类节目创作"作为第二节"公共型社教栏目的创作"首要探讨的节目类型,特别是加强了文化类节目制作创新的研究及典型案例的分析。例如,文化类节目的模式创新研究包括新形态"文化+纪实+综艺+音乐……"的组合模式,用时尚手法激活文化,用"纪录式综艺"呈现历史,用版块式结构讲述故事的尝试。同时,面对当代生活服务类栏目又迎来了新的创作繁荣期,特别是随着社会的发展,人们对健康生活质量的更高需求,电视媒体加大了健康养生类等生活服务节目的开发与制播,为适应媒体传播的趋向,本次修改与时俱进强化了生活服务类栏目和节目题材、体裁、形态的研究。

第三,新增、创新性修改。21世纪第二个十年开始,我国电视媒体收视市场的激烈竞争引发了对真人秀节目形态的大量引进制播,近乎达到巅峰状态。为此,对原第九章"娱乐型电视栏目创作"的内容做了较大修改。新增了第二节"电视娱乐节目的模式创新"内容,从综艺节目的形式模仿,到综艺节目的模式引进、综艺节目的模式原创,较为清晰地勾勒出近20年来我国娱乐节目创新发展的路径。电视节目的模式是什么?节目模式的形成过程或节目制作宝典流通模式又是怎样形成的?综艺节目的规则设置作为这类节目的核心,又应当怎样设计和描述?这些都是当代电视节目制作人需要掌握的核心能力,也是这一章致力于回答并从经典案例的分析中给予解析的问题。

第三版对其他章节的修订,主要是对部分内容进行更新、观点提炼、案例替换、篇幅压缩等。

另根据出版社编辑要求,第三版修订对篇幅进行了一定的压缩,于增、删之间平衡后,总体减少了约7万字。

当第三版落笔之时发现一个巧合,本书的修订稿都是在国外完成的。其中第二版(修订版)是十年前在美国新泽西完成的,十年后的第三版则在英国伦敦完成,使我能暂时跳出窠臼,用一种新的视角来审视、完善《电视专题与专栏》的修订。

2018年8月于英国伦敦

修订版序

石长顺

刚刚过去的2008年,是中国电视事业创建50周年华诞。50年来,我国电视经历了从黑白到彩电、从模拟到数字、从传统媒体到视听新媒体的转变,取得了长足的发展,已成为名副其实的中国"第一传媒"。

到2008年年底,我国共有广播电视台2 530座,电视机的社会拥有量达到4亿台,有线电视用户达1.46亿户,均居世界首位,堪称"世界电视大国"。广播电视的迅速发展,极大地推动与催生了广播电视高等教育。

从1959年北京广播学院成立开始,标志着我国广播电视高等专业教育的确立。到90年代初,我国广播电视本科教育院校还只有5个,可是到了2000年年底,我国提供广播电视本科教育的院校就达到31个,十年间新增广播电视教育点26个,是前40年发展的5倍。到了2005年,仅仅5年时间,广播电视新闻学专业教学点就陡增115个,达到146个。也就是说,新世纪之初的5年时间里,广播电视专业教育点年均增加23个。

广播电视专业教育的快速发展,带来了对广播电视专业教材的迫切需求。正是在这样的背景下,复旦大学出版社于2004年组织了部分"活跃在广播电视教学、研究领域的一流学者",共同参与编撰了一套"当代广播电视教程·新世纪版"丛书。我有幸受邀主编《当代电视实务教程》(2005年3月出版)一书。该书"对传统的电视采、写、编、评分开编撰的体例进行了根本的改革,将电视节目的采、写、编、评横向打通",成为一大特色。《当代电视实务教程》出版后,不仅受到高校的欢迎,同时也受到业界的青睐,"一册在手,采写编评全有"。因此,从出版首发后的三年时间里,就印刷了三次,即是明证。但与此同时,也有高校教师反映,希望该教材修订时更贴近广播电视专业主干课"电视专题与专栏"教学的需要。

恰逢此时,《当代电视实务教程》获准列入教育部"普通高等教育'十一五'国家级规划教材",根据要求,需做进一步的修订、编写工作。鉴于以上原因,从2008年7月开始用一年的时间,对《当代电视实务教程》从编写体例、结构内容、教材案例等进行了较大的修改,特别是充实了"电视专题"的内容,使之完全符合广播电视新闻学专业"电视专题与专栏"课程教学的需要,故而,书名也由此相应改为《电视专题与专栏——当代电视实务教程》。

教材第一章至第二章为基本理论,对电视专题与专栏从理论上进行界定、分类,并简要阐述了电视专题与专栏的发展历程,特别是从策划的角度,对电视栏目的设置与创新进行了较为系统的探讨,让学生通过学习,初步掌握电视栏目设置、创新改版的技巧与方法。

第三章至第六章为电视专题创作部分。按照创作内容和风格的不同,将电视专题分为叙述型、纪实型、政论型与调查型电视专题。

叙述型电视专题有新闻性、社教性和抒情性专题三类,这一章从叙述者、叙述视角、叙事结构方面探讨了电视专题如何叙事。尤其是通过大量优秀专题片的写作过程、写作特性和写作风格的分析,加重叙述型专题这一基础节目形态的研究。

纪实型电视专题侧重于电视纪录片的创作模式与摄制技巧的探讨,按照通行的格里尔逊式、真实电影式和访问式等模式编写,从总体上概括了中外电视纪录片创作的基本风格。在此基础上,对纪录片的选题、拍摄、结构等一般创作技巧进行了深入探讨,有助于初学者尽快进入纪录片创作角色。

政论型电视专题一直是理论界颇受争议与批评的一种节目形态,但每每在社会上引起轰动效应的电视作品恰是这类政论片,因此,作为专业教育,这是不可回避的一个话题。本书从论证性、思辨性和评述性三个方面论述了电视政论型专题的创作特征,并注重运用经典案例透析政论片的选题、写作等方法。

第六章调查型电视专题基本上保持了原书的内容体系,只是根据最新发展做了一些微调修改。

第七章至第十章为电视栏目创作部分。其中第七章至第九章是对原教材《当代电视实务教程》第十章的扩展,将新闻型、社教型、娱乐型电视栏目独立成章。修改后的内容更为充实、更贴近创作实际,并反映了当代电视栏目创作的最新趋向,如对民生新闻栏目创作的个性化追求、公共型与对象型社教栏目创作的分析、电视娱乐节目的消费语境与文化批评理性思考等,使本教材既具实践性,又具有一定的理论深度。

谈话型电视栏目创作一章,基本上保持了原著体系与风格,但补充了"电视谈话节目的拓展空间"内容,使其结构更为完整,并体现出一定的前瞻性。

第十一章为电视栏目的编排。如果说前面几章的内容只是独立的单体节(栏)目分析,那么,这一章则要从整体上考虑电视栏目的编排效应,因为"编排也是生产力"。同时,考虑到当代媒体的竞争已由电视栏目竞争发展到电视频道的竞争,因此,如何从频道建设与运营角度来考虑电视栏目的编排策略,则符合当代世界电视潮流趋向。

《电视专题与专栏——当代电视实务教程》就要付印出版了,希望读者提出宝贵意见。

目录

第一章 电视节目创作导论 1
- 第一节 电视专题节目的界定 …… 1
- 第二节 电视栏目化的发展 …… 5
- 第三节 电视专栏节目的策划 …… 16
- 第四节 电视专栏节目的创新 …… 27

第二章 电视专题与栏目分类 48
- 第一节 电视专题分类 …… 48
- 第二节 电视栏目分类 …… 56

第三章 纪实型电视专题：纪录片 63
- 第一节 纪录片的发展历程 …… 63
- 第二节 纪录片的创作模式 …… 75
- 第三节 直接宣导式纪录片 …… 84
- 第四节 真实电影式纪录片 …… 109
- 第五节 纪录片的发展走向 …… 130

第四章 政论型电视专题：政论片 141
- 第一节 论政性政论片 …… 142
- 第二节 思辨性政论片 …… 152
- 第三节 评述性政论片 …… 159

第五章　调查型电视专题：调查报道　181

- 第一节　电视调查报道的界说 …………………………… 181
- 第二节　电视调查报道的分类 …………………………… 188
- 第三节　电视调查报道的方式 …………………………… 195

第六章　新闻型电视栏目创作　219

- 第一节　电视新闻栏目化 ………………………………… 219
- 第二节　集纳型新闻栏目 ………………………………… 223
- 第三节　杂志型新闻栏目 ………………………………… 236
- 第四节　专题型新闻栏目 ………………………………… 244

第七章　社教型电视栏目创作　251

- 第一节　社教栏目的类别区分 …………………………… 252
- 第二节　公共型社教栏目的创作 ………………………… 255
- 第三节　对象型社教栏目的创作 ………………………… 275
- 第四节　服务型社教栏目的创作 ………………………… 281

第八章　娱乐型电视栏目创作　293

- 第一节　电视娱乐节目的基本类型 ……………………… 293
- 第二节　电视娱乐节目的模式创新 ……………………… 305
- 第三节　电视娱乐节目的文化批评 ……………………… 318
- 第四节　电视娱乐节目的发展策略 ……………………… 326

第九章　谈话型电视栏目创作　334

- 第一节　电视谈话节目的发展历程 ……………………… 334
- 第二节　电视谈话节目的基本类型 ……………………… 341
- 第三节　电视谈话节目的创作要素 ……………………… 348

第四节　电视谈话节目的拓展空间 …………………………… 366

第十章　整合型电视栏目编排　379

第一节　编排的基本原则 …………………………………… 379
第二节　编排的竞争策略 …………………………………… 384

参考文献　392

后　记　394

第一章　电视节目创作导论

2008年5月12日14时28分,在中国四川省汶川县发生的里氏8.0级强烈地震,不仅震撼了世界,也考验着中国电视媒体的应急报道能力。在这场危机报道中,我国电视传媒反应迅速,及时发布了权威信息,充分发挥了电视第一传媒的"第一影响力"在组织动员和舆论引导方面的巨大作用。

如果说,这次抗震救灾的电视新闻刷新了中国传媒重大事件的报道模式,那么,电视专题节目也在这场灾难报道中发挥了不可替代性的作用。在一个月的时间里,仅中央电视台在首播2 678条汶川大地震的电视新闻外,还制作播出了《震撼》(6集)等219个电视专题、21期《焦点访谈》节目。同时,在《新闻联播》栏目中推出《抗震救灾、众志成城》和《抗震救灾英雄谱》专题报道,讴歌救灾过程中涌现出来的英雄人物和感人事迹。

十年后,2018年,面对网络新媒体的迅速崛起与冲击,电视媒体仍然发挥着主流媒体的影响力和传播力。特别是以《舌尖上的中国》《东方主战场》《本草中国》等一批专题纪录片的热播轰动,以及一大批文化类节目的"火爆"荧屏,如《国家宝藏》《经典咏流传》《朗读者》等原创模式节目形态的诞生,是否标志着传统电视媒体在大力拓展视听新媒体的同时,继续发挥电视媒体的核心创造力和引导力?

电视不死,电视媒体仍然顽强地发展着,电视专题与专栏制作创新仍是电视与视听传播媒体和传媒人的核心能力。那么,到底什么是电视专题?什么是电视栏目?电视新闻、电视专题、电视栏目的联系与区别是什么?

第一节　电视专题节目的界定

电视专题与电视新闻、电视文艺节目一起构成了我国电视三大节目支柱。

为规范电视节目的分类与界定,从1990年、1992年开始分别由全国电视学研究委员会和中央电视台研究室组织专家,对"电视新闻节目"和"电视专题节目"进行了分类界定。

关于"电视专题节目分类界定"先后进行了三次大讨论,分别是1992年11月在北京密云举行首次研讨会;1993年4月在浙江舟山举行第二次研讨会;1993年11月在湖北宜昌举行第三次研讨会。历时一年多的研讨,最后形成了《中国电视专题节目界定分类条目》,对纷繁复杂的电视形态进行了简约化的归纳和整理,并对其所具有的内涵与范围进行了概念表述。在实践上,"界定"对电视专题创作也提供了有益的指导作用。

(一)电视专题节目的界定

电视专题节目的本意是指与综合节目相对应,主题相对统一的电视节目,是电视节目中的一种主要类别。广义的电视专题节目概念则包含电视栏目(详见第二章"分类")。

由于专题节目在内容上能对某一主题作较全面、详尽、深入的反映,在形式上可以集电视各种表现手法、技法之大成,因而它被认为是最具电视特色、较能发挥电视优势的节目。专题节目的不断发展显示了电视传媒的独立品格,有力地证明了电视是一个既有新闻报道性和社会教育性又有艺术性的现代化大众传播媒介,因此,专题节目在电视传媒中越来越被人们关注。

电视专题节目从题材上来说,可以包括政治、经济、文化、教育、科技、卫生保健、艺术赏析、体育运动等社会生活的各个方面。作为一种教育的重要补充手段,它担负着社会教养和公共教育的任务,有着鲜明的针对性、灵活性、实用性和服务性,在我国的精神文明和物质文明建设中发挥着重要作用。在有些国家,电视专题节目被称作"公共教育节目""社会教养节目"或"公共服务节目"。

电视专题节目从功能性质上看,它同时具备提供信息、普及知识、愉悦观众、服务社会的功能,可以说是"信息窗、知识库、百花园、服务台"[①]。

(二)电视专题与电视新闻的区别

二者既有联系,又有区别。二者的共性是都具有新闻性,但相比较而言,电视专题在时效性上没有电视消息(新闻)那样强烈,前者更注重时宜性,而后者则强调时新性,要求报道新近或正在发生、发现的新闻事实。二者的区别在于,电

---

① 杨伟光:《中国电视专题节目界定》,东方出版社1996年版,第5页。

视新闻以迅速、及时、简要、客观地报道新闻事实为特点,而电视专题则要求对新闻事实进行详尽而有深度的报道。例如6集系列电视专题《震撼——汶川大地震纪实》,不仅直接取材于"抗震救灾"的新闻报道素材,而且注重题材的挖掘与提炼,并酌情引入有关背景资料,就事实进行分析、解释。该专题节目从《灾难突降》到《挺进孤城》《生死竞速》《托起希望》《生命礼赞》和《大爱无疆》,以每集40分钟左右的篇幅描绘了地震发生后全国人民支援灾区的真实、感人的故事,内容丰富、材料充实、主题深刻,能引起观众的思考并产生共鸣。

在西方国家,电视专题往往被认为是有分量的重点新闻,是大型的新闻特别节目。美国哥伦比亚广播公司(CBS)记者希利曾说,每个电视记者都希望能有机会从事新闻专题报道工作,只有专题报道才能充分发挥电视记者的全部创造力。

(三) 电视专题与电视栏目的区别

20世纪70—80年代,由于电视专题节目经常通过固定的栏目与观众见面,因此,在当时,电视专题与电视栏目几乎是同一的。直到今天,许多电视栏目的每期节目都是由一个专题构成,如《焦点访谈》和《新闻调查》。这或许也是我国教育部在公布广播电视专业课程的目录中,将"电视专题与栏目"作为一门主干课程的缘由吧。

不过,电视栏目与电视专题在内涵与外延上有较大的区别。电视栏目是电视专题节目编排、播出的一种方式,即将反映同一内容或同一类型的节目归为一栏,使其有固定的栏目名称、片头和时间长度,并安排在固定的时段内予以播放。

系统化,是电视栏目的特征之一。它要求节目的内容、类型系统化,时间长度规范化,节目编排条理化,这样有利于组织节目制作与播出安排。

固定化,是电视栏目的另一特性。它要求有固定的栏目名称、固定的片头、固定的节目长度、固定的播出时段、固定或相对固定的节目主持人等,便于受众定期、定时收看。

综合性(复合性),是电视栏目的第三个特性。栏目类节目可以是文艺性节目的综合,也可以是新闻性、知识性节目的综合,还可以兼有新闻、知识、教育、服务等多方面的内容。例如中央电视台的《东方时空》,它在内容方面有较强的兼容性;手法形式多变——报道、访问、讲话等各种形式交错使用;功能上融教育、服务、故事于一炉;传播对象上对观众有比较广泛的适应性,可以照顾多层次观众的不同要求[①]。

---

① 杨伟光:《中国电视专题节目界定》,东方出版社1996年版,第22页。

电视专栏的概念来源于报刊专栏。西方早期的报纸在刊印新闻时，开始每行的排版由报纸的左端一直排到右端，然后再另起一行继续由左向右排，直到新闻排完。这样的报纸新闻使读者阅读起来极不方便，每看一条新闻都要由左向右不断地摇动头部。有时，在转行时读者还容易看错行。于是，后来有人就将报纸版面分隔成几个竖长条块，这样的一个竖长条块就称为一栏。

"栏"是报纸编辑的一个基本构成单位。有时，报纸编辑将内容相近或有某种联系的几条新闻编排在一起，在"栏"的周围再用线条加以包围以引起读者的注意，然后在栏上加标题就成了栏"目"。

栏目如果是刊登在报纸相对固定的版面位置上，又有专门作家定期为该栏目写文章，这个栏目就成了专栏。专栏是编辑稿件的重要方式之一，是报刊上专门刊登某一内容稿件的版面。专栏一般都有固定的名称和位置。专栏在报刊版面中具有相对独立性，可以进行单独而集中的稿件组合。专栏有的有固定栏目，有的没有固定栏目。因此，有时专栏与栏目通用。

电视栏目借用了报纸专栏形式，是电视广播中内容相对专一、具有专门栏目性质的节目类型。电视专栏一词与电视栏目有一定的区别，但在大多数情况下是同一的。电视栏目，"一般以栏目名称、特定的标志图像和间奏乐等与节目其他部分区分开。其所有内容或同一主题、同类题材，或同一体裁、同一特征等，又与整个节目和谐统一，使节目布局与结构层次化、精致化、延续化"[①]。

（四）电视栏目与电视节目的区别

二者既有联系又有一定的区别。电视节目是电视台各种播出内容的最终组织形式和播出形式。"电视的内容随着时间的推移而依次变化，就像竹竿一样，有着一个个的节，每个节代表着一个时间段，每个不同的时间段播出不同的内容，于是就称这种不同内容的时间段为节目。"[②]而电视栏目，从本质上讲，是一种节目的编排形式，是电视传播内容的基本单位。因此，人们在习惯上常把栏目叫做节目。

总之，电视栏目具有系统性、固定性、综合性的特征。它要求节目的内容、类型系统化，时间长度规范化，节目编排条理化；它要求有固定的栏目名称、固定的片头、固定的节目长度、固定的播出时段、固定或相对固定的栏目主持人，以便观众定期、定时收看；它可以是内容的综合，也可以是表现形式的综合，即现场与背

---

① 甘惜分：《新闻学大辞典》，河南人民出版社 1993 年版，第 248 页。
② 庞啸：《实用电视新闻理论》，中国广播电视出版社 1999 年版，第 117 页。

景报道的综合,或纪实报道与谈话节目的综合等。

第二节　电视栏目化的发展

中国的电视事业从 1958 年诞生至今,已经走过了 60 年的历程,其间经历了艰苦创业、曲折发展和全面振兴的发展阶段。与此相适应,电视节目的栏目化也经历了初创期的探索、成熟期的发展历程。回顾电视栏目的发展历史,探讨电视栏目的发展规律,对当今电视节目的创作和未来媒体竞争力的增强都是大有裨益的。

一、多样化的探索阶段(1958—1983)

伴随着中国电视的诞生,我国第一代电视人开始了对电视节目创作艺术的探索。虽然当时的美国电视已产生了震惊世界的名牌栏目和影响了一个时代的明星主持人,但处于封闭状态下的我国电视工作者,只有从电影的启蒙和对广播的借鉴中,开始了一段自我探索的发展之路。

(一) 从电视专题向电视栏目发展

电视节目这个概念相对于电视栏目的单一性而言,具有泛指的意义。狭义的理解,是指电视传播的最小构成单位;广义的理解,则涵盖了电视传播内容的整体。

因此,初创期的一些电视节目虽以栏目相称,但也只是有一个栏目的躯壳而已,其内容的庞杂性与"节目"概念相近,而与"栏目"的系统性相去甚远。

电视栏目是由固定主持人主持、内容主题明确、风格和形式统一、定时定量定期播出的节目单位。电视栏目在主持人的设置上,有固定的主持人,并成为栏目的一个外在标志,而电视节目则无需固定的主持人;在规范播出上,栏目是定时定量定期播出的,而节目则没有延续性,播出时间不固定;在收视对象上,栏目主要为特定的观众服务,而节目的对象则不固定,节目的内容在总体上要比栏目的内容广泛得多。我们看下面这份中央电视台(原北京电视台)试播时的部分节目表:

1958 年 5 月节目表:(逢星期四、日播送)
　　19:05　第一周:文艺节目
　　　　　 第二周:对儿童广播节目

19:35　第一周：科技卫生和实用知识节目
　　　　第二周：政治节目
1961年1月（开始试行固定栏目）
18:33　儿童节目（星期三、六）
　　　　文教节目（星期一、四）
　　　　学校生活（星期一、四）
　　　　卫生节目（星期一、四）
　　　　科技节目（星期二、五）
19:40　商业节目（星期一）
　　　　工业节目（星期二）
　　　　首都建设（星期三）
　　　　祖国各地（星期三）
　　　　新人新事新气象（星期四）
　　　　农业节目（星期五）
　　　　一周工农业节目综合报道（星期六）[1]

可以看出，在中央电视台成立初期并没有什么栏目之称，最早的电视节目报刊登的也只是各种"节目"的时间表。虽然也有人称上述节目为"固定栏目"，但与现在意义上的"栏目"不可同日而语，它只不过是将同类节目"汇聚"而已，这从栏目的名称上也可以看出来。

从1961年起，北京电视台（中央电视台前身，1978年5月1日改为现名）开始尝试在少儿节目中走栏目化道路，将大而统之的儿童节目分设成一系列专栏，如通过介绍革命文物进行革命传统教育的《革命传家宝》，宣讲国内外大事的《在地球仪上》，传播科技知识的《聪明的机器人》，讲解文艺知识、欣赏文艺作品的《少年俱乐部》，介绍课外读物的《好朋友——书》，教小朋友做手工的《万能的手》和讲述故事的《有趣的故事》[2]。

栏目的分设与定位，满足了不同收视兴趣的观众需求，这对当代观众细分化情况下的栏目策划是有史鉴意义的。

（二）从社教专题为主向各类专栏发展

1958年4月29日，中央广播事业局党组在给中共中央、国务院的报告中提

---

[1] 郭镇之：《中国电视史》，中国人民大学出版社1991年版，第28—29页。
[2] 同上书，第31页。

出：北京电视台"应根据自己的工作特点,担负起宣传政治、传播知识和充实群众文化生活的任务"①。这三大任务强化了我国电视的社会教育功能,反映在电视节目的安排上,表现为社教节目的分量突出。在1960年1月北京电视台的固定节目表中,所列的28个栏目中就有17个属于社教类栏目,比率高达60%。之后,还产生了一批较有影响的社教类栏目：《科学常识》(1960年开办)、《文化生活》(1961年开办)、《国际知识》(1961年开办)、《人民子弟兵》(1978年开办)和《祖国各地》(1978年开办)。

事实上,在电视创办初期,社教节目几乎成了电视栏目的同义语。因此,中央电视台从诞生之日起,就有专人负责社教类节目,1963年又设立了社教节目部,直至发展成立社教节目中心。当时一般人认为,办专栏就是社教部的事,因为当时北京电视台挂牌的栏目除了《电视新闻》和《国际新闻》外,只有社教节目不定期地打出了栏目名称,如《国际知识》《科学常识》《卫生与健康》《文化生活》等。

随着电视事业的发展,我国的电视节目已经形成了由新闻、文艺(含电视剧)和社会教育节目构成的三大支柱节目。新闻栏目从开办初期的《电视新闻》和《国际新闻》,到1978年1月《全国电视台新闻联播》(简称《新闻联播》)的成功开办,标志着新闻节目已成为各级电视台节目的主体,"新闻立台"的观念已开始成为全国电视工作者的理念。

文艺、体育节目从原来的以演播室直播和实况转播为主,也开始向专栏发展,满足了不同层次观众的多种欣赏要求。例如中央电视台1977年10月开办的《外国文艺》专栏,着重向观众介绍外国的优秀文艺作品,包括音乐、美术、舞蹈、文学名著等,让人们在提高艺术欣赏能力的同时,了解国外丰富多彩的文艺生活。体育节目《体育爱好者》(1960年开办)在"文化大革命"前期同其他类节目一样曾经停办,1971年体育节目率先恢复,除了转播体育实况外,《体育爱好者》开始不定期播出。1978年4月中央电视台又开办了《体育之窗》新栏目,着重向电视观众介绍一些著名运动员和教练员的生活,报道群众性的体育和重要体育赛事消息。此后,全国各地方电视台也设立了专门机构负责体育节目,同时开办了体育专栏。

在多样化的专栏节目发展中,尤其值得一提的是服务性节目的开办,对开拓电视传播功能、转变传播者角色都具有重要的意义。从中央电视台开播之初的

---

① 《当代中国》丛书编辑部：《当代中国的广播电视(下)》,中国社会科学出版社1987年版,第10页。

《实用知识》《气象预报》和《节目预告》等节目,到20世纪70年代末,全国电视台普遍办起了定期或不定期的服务性节目,内容有生产建设类服务信息,也有日常生活常识类服务信息。特别是中央电视台1979年8月开办的《为您服务》专栏,在社会上引起了强烈的反响。在此前后,全国各地涌现出了一大批生活服务性节目,如广东电视台的《家庭百事通》、浙江电视台的《生活杂志》、天津电视台的《观众之友》和云南电视台的《电视与观众》等。

(三)从封闭制作向开放协作发展

电视是"重装备、高消耗"的媒介,每天播放的大量节目如果全靠本台制作,这是任何一个电视媒体都难以支撑的。观众的多样需求与媒体自办节目的制作能力,永远是一对难以完全解决的矛盾。为了丰富电视荧屏,电视台开始寻求多种渠道解决节目源问题。交换、选购、协作,是电视媒体早期采纳并使用至今的有效方法。

中央电视台创办之初的《国际新闻》,就主要靠外国电视台寄送和外国使馆赠送。在1958年下半年和1959年上半年,中央电视台将外国新闻片和纪录片编成专辑播出,如《苏联新闻》《罗马尼亚新闻》《民主德国新闻》《捷克斯洛伐克新闻》《波兰新闻》《匈牙利新闻》和《保加利亚新闻》等,这些来自原社会主义国家阵营的新闻,虽然时效性不强,但对长期闭关锁国的中国人了解外部世界,增进中国人民与世界人民的交往和友谊还是起到了良好的作用。

为了进一步扩大国际新闻的来源,1960年中央电视台开始选购英国维斯新闻社(VISNEWS)的新闻素材,并与日本电波新闻社签订了交换电视片的合同。1961年又同古巴等电视台签订了交换电视片的文化协定。1980年4月1日,中央电视台开始通过国际通信卫星收录英国维斯新闻社和英美合资的合众独立电视新闻社(UPITN)的国际新闻。这些措施对办好《国际新闻》和其他国际专栏节目都起到了重要作用。

在国内,全国各电视台之间也开始大协作,以1978年元旦开办的《全国电视台新闻联播》最具代表性。1978年7月,全国已有上海、广州、河北、南京、武汉、湖南、河南、成都等省市电视台,先后通过邮电微波干线向北京回传电视节目,为《新闻联播》内容的丰富创造了条件。

二、栏目化的形成阶段(1984—1999)

电视台节目实行栏目化播出,是电视宣传管理的基础工作之一。20世纪80

年代初期,中央电视台率先提出宣传管理要实行栏目化。1984年7月,酝酿已久的栏目化播出开始试行。到1985年,中央电视台"全部节目实行栏目化播出"①,当时共开办栏目80多个。

由于当时中央电视台播出的节目数量有50%以上靠地方台提供,为了保证栏目化播出,于1985年制定了《中央电视台播出栏目方针、任务说明》。这份文件提出在中央电视台播出的各类栏目、节目制作的规范、要求和播出量,同时也向全国各地电视台通报了中央电视台1984年对全国播出的第一套节目情况。这个"说明"的产生,是为配合中央电视台实行栏目化播出做准备,同时,也是为与地方台"共同办好面向全国的专栏"做准备。自此,可以说中国的电视广播开始进入栏目化阶段,电视栏目成为电视节目生产的最基本的形态。

那么,什么是栏目化?栏目化的标志又是什么呢?

电视节目栏目化,是把"电视节目分成多个专栏的编辑形式和播出方式"②,即将反映同一内容和同一类型的节目归为一栏,使它有固定的名称、标志、开始曲和时间长度,并安排固定的时间播出。

栏目化的提出,是基于广大电视观众对电视节目播出的准时性要求的。进入20世纪80年代以后,我国电视事业迅速发展,电视节目大量增加,电视节目种类日渐齐全,电视机也大量普及,但电视台的节目播出经常不准时,严重影响了播出效果。造成这种状况的主要原因就是电视节目的编排和播出时间没有固定化,栏目本身的时间长度也没有规范化。

为了解决这一问题,中央电视台适时提出电视节目栏目化,就是为了使电视节目达到规范化、类型化和个性化标准,有利于组织节目制作与播出安排,便于受众定期、定时收看,以保证节目拥有一批相对稳定的观众群。

(一) 栏目规范化

栏目规范化,主要是从编排技术层面提出的,这是实现栏目化的重要基础,也是检验一个电视台节目管理水平的重要标志。栏目规范化,就是要做到电视节目定时间、定内容、定栏目,按时播出。

栏目规范化,首先从制定规范的栏目时间表开始。以中央电视台为例,他们在1984年制定了一套栏目时间表,从7月1日起付诸实行。这个时间表的特点,就是将栏目固定化和长度规范化。各栏目的时间长度分别定为10分钟、15

---

① 于广华:《中央电视台简史》,人民出版社1993年版,第12页。
② 甘惜分:《新闻学大辞典》,河南人民出版社1993年版,第248页。

分钟、20分钟、25分钟和30分钟等不同规格,其中大部分栏目为15分钟规格,如《为您服务》《观察与思考》《科技与生活》《卫生与健康》《体育之窗》和《文化生活》等。30分钟规格的有《新闻联播》《戏曲常识》等。大型栏目分别定为50分钟和120分钟规格,如电视剧等。到1993年3月,中央电视台第一、二套节目又推出了新的栏目表。其特点之一是以周为单位,对一周中每段时间播出什么栏目进行了严格的规定。同时,对各栏目的时间长度也作了较大的调整,把当时的栏目规范调整为15分钟、25分钟、30分钟和50分钟等档次,形成积木式格局。在新的栏目表中,还对各种栏目、节目的长度作了非常具体的规定,要求以秒为单位,可以负5秒,但是必须是正零秒,这种严格的要求,为栏目化的实现和正点播出提供了可靠的保证。现在各种广播电视报刊所登载的节目时间表,既是电视实现栏目化的一种标志,又是规范电视媒体准时播出的一种约束机制。有人称之为电视台的"宪法"。

栏目规范化实现的关键在于节目编排。电视节目的编排是节目录制完成后所做的一种计划安排,从狭义上讲,是指决定具体的各种节目条数、播送时间、播送顺序和播送内容的结构等。编排的结果在制成的播出节目时间表上得到体现,通常以周为单位制成节目表,这一点已成为各电视媒体的惯例,并随电视节目报向观众提前1—2周预报。电视节目的规范编排,使各种层次的观众通过不同的节目获得信息、知识和娱乐,也使电视栏目的某些时段产生了"新闻时间"的意义或电视"栏目时间"的意义,例如中央电视台第一套节目每晚19:00,已在全国数亿观众中留下了长久的《新闻联播》记忆;每晚19:38的《焦点访谈》似乎也成了中央电视台的一种定式。

(二) 栏目类型化

栏目类型化,是指电视节目按照不同的内容类别进行系统编排的一种状况。电视传播的优势,就是能使电视媒介传播的内容无所不包,不论是人类社会还是自然界,均能制作成形声并茂的电视节目。电视栏目类型化,就是要将丰富庞杂的传播内容,按照一定的划分标准将其归类制作管理。

按照内容类型来划分,电视节目可以分为新闻性、教育性、文艺性、服务性和教学性节目。如果按照收视对象划分,又可分为各种定向性节目,对此,我们将在下一章详细介绍。栏目的类型化,给电视台的内部管理机制带来了极大的方便,避免了一些矛盾的产生。与此相适应,许多电视机构也是按节目类别设立,如新闻部、文艺部、影视剧部等。有的按服务对象而设,如军事部、青少部等。栏目类型化,使电视机构内部工作得以有条不紊地进行,如遇同类节目交叉,可按工作职能分派不同的机构去执行。例如文艺节目就按照品种的不同,分别由各职能机构负责,像综艺节目就由文艺部负责;外国影视剧由国际部负责;地方电视台和社会文艺团体录制的电视剧和电影,就由影视剧部负责;而本台制作的电视剧,则由本台电视剧制作中心负责。

栏目的类型化,还便于电视节目的系统化管理。从微观上看,栏目的规范化构成了电视机构日常播出的纵向顺时系统。各电视媒体从社会需要出发,围绕办台宗旨和总体目标设置各类节目,合理规定它们的时间比例和安排播出时段,确定每个节目的指导思想和方针、内容取向及各自的风格特点,从而构建起微观节目系统。

栏目的类型化,也便于节目的忠实观众或者潜在观众带有特定期待去观看、解读电视文本。栏目的类型化,符合分众传播的规律,其固定的特色面向特定的受众进行传播,有利于培养观众较固定的收视习惯,从而形成较为稳定的受众群体。

从宏观上看,每一电视覆盖区域都有多家电视机构的数十套电视节目,在同一时间内播出,从而构成了电视节目的横向共时系统。凡处于同一覆盖范围的电视台及其栏(节)目就构成了一种横向的竞争关系。各台在设置栏目和安排时间布局时,只有从宏观全局出发,妥善处理横向共时系统节目之间的关系,才能既找到自己的最佳位置,又充分发挥自己的优势和作用。

栏目的类型化,是构成横向共时节目系统竞争的策略依据。不少媒体借鉴国外同行的一些经验采取了一些对策,如关联组合策略,即在编排上形成延绵不断的节目流,将一个时段内相同类型的几个节目组合,构成一个相对完整的版块,以在较长时间段持续吸引有相同爱好的观众。还有反向节目构成策略,就是在同一时段编排不同于其他频道的栏目,以吸引特定的观众。

(三) 栏目的个性化

20世纪末的中国电视界掀起了一场前所未有的栏目改版热。改版的频次和幅度前所未有,改版给电视人所带来的紧迫感也前所未有。通过大规模的改版,我国的电视节目更加丰富多彩。各电视媒体在栏目化的运作中,聚集台内外人士的智慧,精心策划、精心制作,为广大观众奉献了一大批极具个性化的名牌栏目。如果说栏目的规范化是栏目化形成的基础,栏目的类型化是栏目化形成的支撑,那么,栏目的个性化则是栏目化形成所追求的目标。

"个性化"这个词在商业运作中出现较早。在经济学理论中,将某一产品与其他产品真实或潜在的细微差别称为"产品异质性"。这种具有异质性的产品会使消费者产生对该产品与众不同的认识和感受,从而偏爱该产品。在时下数十个电视频道进入千家万户,成百上千的栏目可供观众选择的时候,如能创作个性化的电视栏目,推出异质性的电视产品,势必增强栏目的竞争力。

电视栏目的个性化,要求在形式和内容上都具有独特性。20世纪90年代以来,我国的电视屏幕进入了一个争奇斗艳的时代,新闻杂志节目的产生、游戏节目的出现、谈话节目的兴起,各种新形式都为中国电视注入了活力。在内容上也随着我国改革开放的进程,报道的领域进一步扩大,反映的层面进一步深入。财经信息成为报道的热门题材,法制节目成为百姓的关注焦点,服务节目成为新的节目类型,科教节目正在成为新的信息源。一批叙事性谈话节目,陆续走上了屏幕,益智类娱乐节目也大开观众的眼界。

电视栏目的个性化,更重要的是在节目模式上具有首创性。随着国门的打开,我国电视人也开始向"洋"看世界,各种先进的报道手法、各种新颖的电视表现形态也开始引入我国。谁抢先一步将西方电视的新形态本土化,谁就赢得了先机,从而在国人眼中树立起一个影响巨大的品牌形象。中央电视台《东方时空》对新闻杂志形态的借鉴,湖南电视台《快乐大本营》对游戏节目的引进,湖北电视台《往事》对谈话节目的成功运用等,都作为一种独特的电视现象留待理论工作者去研究。电视栏目的个性化,带动了一批名牌栏目的产生,中国新闻名牌栏目两次评选,中央电视台的《焦点访谈》和《东方时空》都是榜上有名。还有更多是在广大观众心目中的名牌栏目,也是值得赞赏与肯定的。

当全国一大批颇具个性化的名牌栏目产生的时候,我们可以说,中国电视的栏目化已经完全形成。

三、专业化的发展阶段(2000年至今)

当21世纪的曙光照耀全球的时候,我国电视事业迎来了一个新的时代,随着电视栏目化的实现,电视又向着新的专业化时代迈进。

电视栏目化的全面形成,经历了相当长的一段时间,它要求栏目的设置、栏目的结构与电视市场和电视观众的收视行为、收视心理呈现出运动与变化中的大体吻合,在动态的过程中逐步完善。从这个意义上说,电视栏目化是一个相当长的历史过程。但从理论上说,栏目化作为电视节目"版面"编辑的基础工作,这个任务已经完成。目前,以频道为单位的电视节目版面编排方式已经形成。"以频道为基础的电视节目版面编排方式是电视发展的必然方向,我们应该为它的出现做好充分的准备。"①到目前为止,以频道为单位的电视节目版面编排方式

---

① 王传玉:《电视宣传管理理论集》,人民出版社1993年版,第337页。

已经出现并迅速推广开来,央视和许多省级电视台都先后推出了独立的新闻频道、影视频道、少儿频道、综艺频道等等。针对这一现状,我们有理由认为,我国已进入多频道时代,从电视节目编排这个专业角度看,完全可以说电视专栏也随之进入了频道专业化的发展阶段。

(一) 频道专业化的栏目设置

频道专业化,指的是"电视媒体经营单位根据电视市场的内在规律和电视观众的特定需求,以频道为单位进行内容定位划分,使其节目内容和频道风格能较集中地满足某些特定领域受众的需求"①。

频道专业化是在多频道时代为适应媒体间的相互竞争而提出来的,它立足于受众的需求,并与整个社会发展而形成的越来越多的行业分工相适应。受众在选择众多的电视台节目时,专业频道就具有"门户性",从而使观众容易辨认选择。由于专业频道具有较强的针对性,电视媒体对于不同目标观众的传播价值也达到最大化,电视栏目的设置也就有了新的意义。

1. 专业频道与特色栏目

随着社会的发展,一方面,人们的价值观和兴趣爱好趋向多元化,导致对电视节目的需求也趋向多样化;另一方面,电视频道节目资源的丰富,也为满足大众的多种需求提供了可能。这些使得电视观众市场逐渐走向细分,分众的市场对专业频道的定位和栏目的设置提出了更高的要求。

目前,我国的专业频道设置大致包括新闻频道、经济频道、都市频道、影视频道、文艺频道、体育频道、科教频道、少儿频道、女性频道和法制频道等。各省(市)卫视频道也从过去单一的综合性频道转向建设具有独特定位的专业化、个性化频道,例如湖南卫视主打娱乐频道,江苏卫视主打情感频道,广东卫视主打财富频道。为与专业频道相适应,各省卫视往往设置了相应的电视栏目带,例如四川卫视定位于"天下故事"频道,曾推出"天下故事"栏目带,从每周一至周六依次为《真情人生》《司法档案》《一级设防》《魅力发现》《新婚碰碰碰》和《星随我动》栏目。

创办于 1999 年 3 月 28 日的长沙女性频道,作为全国最早获国家广电总局批准、以"女性"命名的电视专业频道,定位鲜明,具有极强的易识性。该频道的节目涵盖了女性生活服务、教育、母婴、时尚、家庭、人际关系、女性故事等女性服

---

① 张海潮:《频道分众化与媒体市场》,《电视研究》2001 年第 4 期。

务节目,如《女人故事》《红尘惊奇》《妈妈宝宝》《女人私语》《美丽俏佳人》等等。

2. 专业频道与品牌栏目

品牌本是市场营销中的一个概念,原指用来识别一个(或一群)卖主的货物或劳务的名称、名词、符号、象征或设计,或其组合。对物质产品而言,它是一种质量和信誉的保证,代表的是这个产品。借用到电视品牌中,有人把它归纳为电视媒体与受众的感情,也就是拥有广泛的受众忠诚度和重复收视率的电视栏(节)目。

特色栏目奠定了专业频道的基础,从整体上实现了频道专业化的协调一致,但如果所有的栏目都平分秋色,同样也引不起观众的注意。因此,专业频道也要像生产厂家一样树立拳头产品,让部分品牌栏目长久维持观众的热情。据南京地区一次大型电视观众调查显示,有的观众选择某个频道就是因为喜欢某个栏目,选择"对某个栏目有偏爱,只要有就看"的因素,比例高达37.42%①。

中央电视台于2005年提出了"频道品牌化"战略,这是继"节目精品化、栏目个性化、频道专业化"战略实施五年之后的重大战略升级。根据"频道品牌化"战略,中央电视台启动了有史以来最大规模的改版行为,经济频道、体育频道、科教频道等相继改版,并推出了一批名牌、品牌栏目,拉动了全台的收视份额大幅上升。当年,中央电视台首次入选世界品牌500强。

3. 专业频道与系列栏目

频道专业化使电视媒体有了较为充裕的频道资源,能容纳更多的定向节目内容来集中反映某些特定领域的需求。专业频道是以整个频道为单位进行定位划分的,只有按照各自的专业定位向纵深发展,才能充分发挥专业频道的功能作用。例如浙江电视台教育科技频道把晚间主要栏目集中面向青年学生,开办了《青春无限》《青春攻略》《青春榜样》《青春实验室》等系列节目群,以点的深入取代了面的铺陈,突出了"知识改变命运,科技改变生活"的主色调。

北京电视台第七套节目——生活频道,围绕百姓生活,向纵深设置了"生活全天候"系列栏目:《生活全天候之专家门诊》《生活全天候之北京健康生活》《生活全天候之北京精品生活》《生活全天候之北京社区生活》。这些富有特色的栏目设计,使北京生活专业频道在电视理论界和实务界产生了较为广泛的影响。

---

① 季晓敏:《电视频道专业化的调查》,《电视研究》2001年第4期。

(二）制作专业化的节目趋向

面对受众挑剔的眼光，电视媒体的节目产品必须随着市场的变化，以丰富多彩的精品来满足这些特殊"顾客"的需要。一个电视频道好比是一座大型商场，其对"顾客"的吸引力来自不断花样翻新且质量上乘的产品，而要做到这一点，仅靠手工作坊式的"前店后厂"模式是远远不能适应当代社会要求的，否则就会出现"门前冷落车马稀"的状况。解决这一问题的有效方法，就是要拓宽"产品"供货渠道，让一部分节目源通过市场解决。

事实上，我国电视界早已在影视剧和体育节目中实行了市场化运作。但没有从根本上触动电视节目制作体制。随着频道专业化的实行，这种节目制、播的矛盾更加突出。于是，在世纪之交，中国电视理论界展开了一场关于"制播分离"的大讨论。

所谓"制播分离"，就是将节目制作的职能从电视播出机构内剥离出去，成立专门的制作公司，电视台主要负责节目的评估、收购和编排播出，它与独立的节目制作公司是一种买卖关系。

提倡者认为，"制播分离"从改变电视节目制作的产生机制入手，是一条符合广播电视运作规律、提高节目质量、创立广电节目品牌的新路子。反对者认为，从我国电视现行状况看，不宜实行"制播分离"，或不宜倡导，其理由是这种改革涉及广电队伍稳定和宣传舆论权的敏感问题，因此，不宜操之过急。

"制播分离"是市场化的产物，也是全球信息化时代广播电视媒体竞争与发展的需求。在美国，节目一直实行市场化的机制。1997年，英国广播公司也进行了重大改组，主要是将节目供应体系中的制作机构与播出机构分离开来。

在我国，电视机构自开办起，一直以来基本上实行的是制播合一的管理体制，由于节目生产者和播出管理者是同一主体，这种生产管理方式在新形势下日益暴露出很多弊端，如成本意识缺乏、资源效益差、队伍膨胀庞大、人员素质偏低、缺乏创新机制、节目质量不高等。

针对这些弊端，有些电视台开始酝酿或部分实行了"制播分离"的探索。例如中央电视台于2000年提出过推进"制播分离"改革的总体目标、方针和具体实施方法，但由于种种原因，"制播分离"一词在电视理论界和实务界渐渐淡化。

"制播分离"的理论讨论虽暂告一段落，但实际上符合市场潮流的专业化制作机制正在电视领域兴起，并且有"做大"之势。当时，还有人谨慎地提出"制播分离"应将新闻节目除外，主要是将社教节目推向市场运作。殊不知，从中国电视史上看，最早参与节目市场交流的就是新闻节目。特别是在国际新闻方面，我国与国外新闻机构的交往合作频繁。早在20世纪五六十年代，我国中央电视台就通过交换与合作的方式，从国外获取新闻片源。

在国内，电视节目的交换与市场购买，实际上在20世纪末的各电视台之间已广泛开展。像我国城市电视台节目交换网的运行，一直延续到现在。电视节目的市场交易也早已从电视剧的购买扩展到社教节目和娱乐节目。中国巨大的节目市场需求和高利润空间，使一部分媒体或公司开始转向专业化的电视制作市场，像灿星制作的《中国好歌曲》，登陆央视获得很大成功；被称为中国电视制作族群奔出的一匹"黑马"的北京光线电视策划研究中心，就成功地推出了《中国娱乐报道》(后改为《娱乐现场》)等新闻、娱乐类节目。

《娱乐现场》作为中国第一档以栏目化形式或市场化运作出现的电视娱乐新闻节目，从1999年7月推出后，曾在全国300多家电视台联合播出，同时使北京光线电视策划研究中心从10万元起家的资产迅速上升到远超亿元。《娱乐现场》的成功，说明某些专门领域的电视新闻，也是可以制成栏目进行市场化运作的。

社会上电视专业制作公司的运作成功，也让业内一批精英浮出水面。杨澜的阳光文化网络经营历史人文频道，原中央电视台的著名编导夏骏也曾把北京原有线4频道改造成为北京生活频道。电视栏目的社会化经营、电视频道的专业化经营已经说明，对电视制播机制深化改革势在必行。具有雄厚实力的传统媒体已经觉醒，开始按照市场的运作规律来策划制作节目。像湖南经济电视台经过改版的《真情》栏目，曾在中央电视台第四套播出。湖北电视台制作的《往事》谈话栏目，也曾被原北京有线电视台买断了在北京地区的播放权。《中国城市报道》由广州、青岛、沈阳、成都、西安、厦门、杭州、太原等10个电视台联制联播。不同于以往城市电视台之间的交流协作方式，这十家电视台共同策划、共同制作的主题性新闻报道节目，可视为电视栏目市场化运作的另一种方式。

第三节　电视专栏节目的策划

从电视节目的无序播出到电视节目的栏目化生存，这是电视媒体运作机制的成功改革。而一个栏目的设置与经营，首要问题是栏目的定位。"定位"是栏目设置策划的一个重要内容。近几年来，随着电视改版热的出现，电视栏目策划也成为业内使用频率较高的一个词。中央电视台评论部率先在其栏目中打出了"节目策划"制作职员的名单，并专门设立了节目策划组。正因为策划组的有效运作，所以中央电视台评论部开办的栏目，策划一个成功一个，如《东方时空》《焦点访谈》《新闻调查》《实话实说》等。

策划,本意为筹谋、计划或谋略。现在引申为为实现特定的目标,提出新颖的思路对策即创意,并注意操作信息,制订出具体实施计划方案的思维及创意实施活动。策划是以目标为起点,以信息为基础素材,围绕创意这个核心展开的思维与实践活动。

电视策划的重要内容是定位,定位的准确与否,直接关系到栏目的生存与发展问题。

"定位"一语借鉴了广告学的专用术语 Positioning,最早出现在 1969 年 6 月出版的 *Industrial Marketing* 杂志上,其含义是确定商品在市场中的位置。也就是说,定位是指从为数众多的商品概念之中,发现或形成有竞争力、差别化的商品特质及重要因素。一个优秀的营销广告创意,一定伴随着一个明确而精当的定位。换句话说,一个优秀的电视栏目策划,也必然伴随着一个准确而又精当的定位。定位是策划的基础,是对受众对象的认同,也是对媒体风格的认同。具体说来,电视栏目的定位包括栏目的对象、栏目的内容和栏目的形式定位。

一、栏目策划定位的内容

(一) 栏目的对象定位

栏目的定位,首先是对该栏目的受众对象明确定位,这是一个栏目成败的关键之一。所谓受众定位,就是确定栏目的目标受众,它是立足于媒介市场的分析而对媒介产品的市场占位所作出的决策。我们知道,一个重要的商业策划,需要明确的消费对象;一个好的广告策划,也要有明确的诉求对象。一个媒体要获取最大受众量,也要做到有的放矢,才能取得明显的效果,像中央电视台的《夕阳红》的受众对象为老年人,《华人世界》主要对象为海外华人。

现代社会随着大众传媒的发展和信息量的急剧增加,受众对象接受、选择媒介信息的空间随之增大,主动性增加,随意性加快。选择的结果,是受众大量地分化,由一部分在观念态度、志趣及需求方面趋同的受众,形成了一些相对稳固的受众群体。这时,媒介的定位就是要根据媒介巨大的潜在市场确定自己的受众对象。一方面,要注意寻找受众群体的空白点,开辟新的发展空间;另一方面,要注意对受众群体进行新的分类重组,获得新的发展天地。例如可根据受众的政治、经济、文化等社会背景的不同,或根据受众的年龄、性别、职业、文化程度和个人爱好的差异确定媒体的受众群体。

中央电视台的《经济半小时》将收视对象稳定在 25—50 岁之间,拥有较高的消费能力和投资决策能力的高素质人群,并致力于更加贴近现实,关注民生,用大众化的社会经济新闻拓展更为广泛的收视群体。

湖南长沙电视台的女性频道能在竞争激烈的湖南电视媒介中脱颖而出,就在于它的受众定位比较明确:完全关注世纪女性的世纪生存,致力于探索21世纪如何做女人。因此,频道的栏目设置都以女性为取舍标准,真正为女性代言。同时,也考虑到关注女性生存与命运的男性,争取所办节目"女人爱看,男人想看"。

(二) 栏目的内容定位

栏目的内容定位,主要指栏目的宗旨、性质、文化品位、地方特色等,是立足于受众需求和传播目的而对媒介产品的决策。

栏目的宗旨,是一个栏目的"主心骨",是栏目的"魂",它大致规范了栏目的表现范畴,同时也是形成一个栏目特色的重要标志。例如原《东方时空》中的子栏目《东方之子》定位于"浓缩人生精华",《百姓故事》定位于"讲述老百姓自己的故事"。《焦点访谈》原定位于"时事追踪报道,新闻背景分析,社会热点透视,大众话题评说",定位语中的"时事"与"热点"点明了栏目内容报道的范畴,"报道"与"评说"标明了栏目为"述评"结合的评论方式,"分析"与"透视"体现了栏目的报道深度。从1999年起,《焦点访谈》的定位语改为"用事实说话"。根据该栏目原总制片人的解释,"用事实说话",一方面是从新闻的角度来讲,新闻要求讲事实;另一方面是从电视新闻评论的特点来看,是"用事实来评论",而不像报纸社论那样包含论点、论据、论证的纯议论文的文体。

媒介的宗旨、性质、功能是根本性的,这是设置一个栏目的出发点,也是一个媒介内容取向的规定所在。如果说,受众定位是解决为谁服务的问题,那么内容定位就是解决为受众提供什么服务的问题,有人称之为媒介的功能定位。中央电视台第四套节目推出的《中国报道》栏目,是一个对外报道的新闻类栏目,它的任务是向世界报道中国,并以中国人的视点报道世界。因此,该栏目的内容定位就应满足两个功能需要:一是提供新闻信息和新闻背景;二是提供中国权威人士的新闻分析和评论。前者由记者的采访获取,而后者主要通过主持人的采访,将专家的观点原汁原味地传给受众。

栏目的内容定位还包括栏目的文化品位定位,这是栏目根据宗旨、受众群体等因素对栏目内容文化含量、文化风格的定位。电视作为大众传媒之一,其节目有高雅和通俗之分,文化内涵有深浅之别,但总的说来,电视栏目应以大众化为主体,各个栏目可根据特定的对象及栏目的性质而定。中央电视台的《环球》是一档以介绍外国的地理、历史、风土人情、文化艺术、经济、科技等为主要内容的大版块节目,其定位有四条:外国而非中国的;知识性而非文艺或新闻的;高文化品位而非低级庸俗的;活泼的杂志型而非古板的单一型。

改版后的《经济半小时》,在开栏之初曾标榜收视对象为中国的中产阶级和5 000万中小投资者,但现在也开始降低门槛,选题仍是大众化的,报道视角是平民化的。他们的口号是:"有经济大事的时候,一定有《经济半小时》的声音,一定有与老百姓有关的声音。"他们提出用经济的眼光看社会热点,选题必须与老百姓相关、与经济相关,如果找不到与老百姓或与经济相关的内容就不做,这就是改版后的《经济半小时》的重新定位。

(三) 栏目的形式定位

当媒介的内容范畴确定之后,必须进一步考虑的是栏目的表现形式问题。新闻媒介,无论是报纸版面,还是广播电视栏目,都力求内容与形式的完美统一。媒介的吸引力,根本在于内容,但形式因素也不可忽视。内容决定形式,形式又强化和美化内容。

电视媒介的形式,主要表现在栏目的结构形态、表达方式以及时段选择等方面。栏目的结构形态主要有杂志型和专题型两种。杂志型栏目一般以30分钟或50分钟内的节目长度为宜,形式上呈版块结构,综合变化,灵活多样。大多数杂志型栏目分设若干个子栏目,例如电视新闻杂志栏目《东方时空》原来就设有《东方之子》《百姓故事》和《时空连线》等子栏目。另有一些杂志型栏目借鉴了美国CBS《60分钟》结构方式,虽然栏目按内容分为几大块,但并不设子栏目,而是通过主持人承上启下的解说将若干部分版块内容串联在一起。例如中央电视台的《生活》栏目,改版前由《背景》《消费驿站》《生活留言》《百姓》和《特别寻呼》等五个子栏目构成;改版后的《生活》栏目,其服务大众、贴近生活的宗旨没有变,但形式上没有原先那种子栏目的明显隔断感,而是通过主持人更具亲和力的方式将各段内容有机地串接在一起。

与杂志型栏目相对应的是专题型结构形式,即每期栏目由一个独立完整的报道构成,没有设计安排若干子栏目。像《焦点访谈》《新闻调查》等,都是由一部或纪录片式的报道、或调查式的报道、或访谈式的报道形式完成一期栏目内容的制作,使报道具有一定的深度。专题型的栏目结构在20世纪80年代和90年代初期,成为主流形式。20世纪90年代中期以后,杂志型栏目兴起,成为一种时尚。但很快我们就发现从20世纪90年代末期以来,专题型栏目又受到青睐。发展到当代,专题片与谈话节目方式的融合似乎又成为许多栏目选择和运用的形式,如湖北卫视的《往事》栏目。

栏目时段的确定,是电视策划中需要慎重考虑的因素。一般来说,黄金时段的节目收视率要高一些,所以黄金时段也就成了电视栏目竞争的热点。但这并不意味着所有的栏目都适合在晚上 7:00—8:00 黄金时段播出,栏目的时段选择要依栏目的对象而定。对少儿节目来说,晚上 6:30 就是它的黄金时段;对老年人和家庭妇女来说,日间就是最好的时段。在栏目时段的确定上,既要考虑所谓黄金时段的首选,又要考虑同时段其他节目可能造成观众分流的影响,还要了解栏目特定对象的最佳收视时间,如果这几方面都考虑到了,对一个栏目来说,最恰当的时段就是黄金时段。中央电视台的《经济半小时》,原定位在第二套节目的每晚 8:30 播出,这可以说是真正的黄金时段,但经调查发现,栏目定位的受众对象很少有人能在这段时间坐下来收看《经济半小时》,绝大部分中产阶级的最佳收视时间是在晚上 9:00 以后,因此,该栏目后来的首播时间便调到每晚 9:30。

二、栏目策划定位的依据

电视栏目策划定位的重点是受众定位、内容定位和形式定位。我们通过对一些实例的分析,已经了解到这些定位方式。但是,需要更进一步研究的是,这些栏目为什么要这样定位,也就是说栏目定位的依据是什么。

每一个栏目定位的产生和变更都不是偶然的事件,无论是一个新栏目的产生,还是原有栏目的改版,都是媒体内部因素和外部因素产生影响的结果。媒介的内部因素包括节(栏)目资源的配置、人力资源的配置、设备资源和资金来源等。媒介的外部因素除了政治、经济、文化、法律等因素外,直接影响栏目定位的因素有媒介的接受对象、媒介的竞争者和控制者等。

(一) 栏目定位的外部影响因素

1. 栏目的接受者因素

在分析媒介的定位时,曾专门论述到媒介的受众定位,前面讨论的是媒体的接受对象是谁,这里要研究的是媒体的接受者如何影响媒介的定位。

新闻媒介从产业发展角度看,其产品的竞争就是对目标受众的竞争。受众是传媒的服务对象,是媒介产品的消费者,因此,受众群体的变化直接制约和影响媒介产品市场的变化。

从报纸媒介看,全国晚报和都市报为什么在 20 世纪 90 年代中期蓬勃兴起?这是因为近 20 年来,我国新城市不断出现,大城市功能不断扩大,城市人口不断增加,为晚报、都市报的发展提供了广大的读者群体。因此,都市报以报道市民生活、为市民服务为宗旨,以市民为读者对象,以市民视角去选择和报道新闻,从而获得了很大成功。

但受众是一个庞大的群体,是成千上万不确定的传播对象。尽管晚报的对象是市民,但市民又是一个非常广泛的概念,包括上自政府官员、专家学者,下至普通工人、家庭妇女,只要你生活居住在城市里,你就是市民中的一员,扮演着"市民"这个社会角色。然而,市民的广泛性,是否就意味着"市民报"或都市频道就拥有了广泛的市民呢?事实证明并非如此。

大众媒介的受众是一个复杂、多变的因素,受众的年龄、职业、文化程度、收入水平以及受众的接受心理和行为等都会对媒介的发展产生影响,从而成为制约媒介定位的要素。在现代社会,由于媒体的增加和频道的增加,受众的主权得到了强化,受众的需求也日趋多样化。因此,受众的细分化已成为必然。日本的AM广播就是因为沿用了"听众的选择与分类"方式,即从收听对象的性别、年龄、职业以及接受形态上进行分类,并择其相应的时间和内容进行节目播送。结果,这一针对性极强的编播思想的运作,产生了预期的效果,不但大幅度地提高了收听率,而且使资金来源的广告也效益倍增。

受众细分的标准主要有:

(1)受众环境,包括地理区域、城市规模、通信条件等。这一指标对区域性媒介很有参考价值。例如都市频道、车迷频道的设立。

(2)受众状况,包括人口数量、人口密度、年龄结构、性别比例、收入状况、职业结构、文化程度、社会阶层等。这一指标对媒介覆盖区域中可能达到的"触及率"(指媒介受众在覆盖区域总人口中所占的比率)具有预测价值。例如女性频道、亲亲宝贝频道的设立。

(3)受众兴趣,包括受众的生活方式、价值观念、利益追求等。这一指标对媒介的内容定位具有指导价值。例如靓妆频道、围棋频道的设置。

(4)受众习惯,包括特定观众收看电视的时间与频道等。这一指标对媒介的内容与形式定位以及电视的时段安排都有一定的参考价值。例如《经济半小时》《探索·发现》栏目的设置。

对受众细分,在媒介传播中是非常重要,也是很有效果的一种操作方式。早在2000年6月,笔者在北京参加"中日韩广播电视发展"国际学术研讨会时,就注意到许多中外专家学者提到了受众细分化的问题,像日本大学艺术部的桥本孝良教授、韩国KBS新媒体中心的孔正构主任等,都在研讨发言中谈到了受众细分化给编播方式带来的变化。

那么,如何进行受众细分呢?有学者提出采用市场细分的常用方法:

（1）单一变数细分法,即根据影响受众需求的某一种因素为标准进行细分。例如,根据受众的年龄划分成不同的年龄段,由于不同年龄段的受众需求有相对的一致性,这就为面向不同年龄段受众的媒介创造了存在的基础。例如可以办面向老年人的频道或栏目(《夕阳红》)等。

（2）多种变数细分法,即根据影响受众需求的两种或两种以上的因素进行受众细分。例如,根据受众的地理区域、人口状况和兴趣爱好等几项因素,就可以发现地方性的生活、证券、音乐等栏目的发展空间。

（3）系列变数细分法,即根据影响受众需求的层次系列,逐步逐层地进行受众细分。这对于综合性、全国性的大媒体较为适用。省级以上电视媒体依照受众的兴趣爱好、职业需求,可首先划分为新闻频道、经济频道、文艺频道、生活频道、教育频道等。然后,可再按受众的职业结构、文化程度、社会阶层、生活方式等进行第二层次的细分,为栏目的设置提供依据。例如中央电视台第二套节目改版时,根据上述情况开办了《证券时间》《艺术品投资》《财富故事会》和《生活》等栏目。

2. 媒体的竞争者因素

电视媒体之间的竞争是媒介定位中需要考虑的又一个重要的外部环境因素。在当今时代,信息传播的全球化使传统的传播格局和利益格局被打破,大众媒介从来没有遇到像现在这样激烈的竞争:不仅要面临新媒体的挑战与竞争,还要面临传统媒体间的竞争。这种竞争一方面存在于不同类型的媒介之间,例如报纸与广播电视、广播与电视之间的竞争;另一方面存在于同类型媒介之间,例如报纸与报纸、电视与电视之间的竞争尤为激烈。

现在全国省级以上电视台都已拥有卫视频道,有200套左右节目落地,一般城镇居民都可以收看到几十套甚至上百套电视节目。过去省级电视台妄自独尊的覆盖传播优势已不复存在,电视已从地域性覆盖变为全球或大区域性覆盖,观众凭借手中的遥控器自由选择节目,从而使电视媒体间的竞争更加激烈。

媒体间的竞争,说到底是内容的竞争、节目的竞争。谁拥有高质量的报道内容和精彩的节目,谁就赢得了受众。媒介受众市场的不断细分化,客观上加剧了媒体间的竞争,能否找准合适的市场定位并生产出高质量的媒体产品,决定着媒体的兴衰成败。而媒介定位正是要寻找媒体竞争对手的薄弱环节,发现市场空白点,从而选择正确的发展方向。凤凰卫视1997年开播了一个《非常男女》节目,很受欢迎,此前国内的电视台还没有类似的节目,大部分地区或单位也不准转播凤凰台节目,所以也没有看过此类节目。湖南卫视及时抓住这个空白点,开办了一个类似的栏目《玫瑰之约》(1998),节目播出后在全国立即引起轰动,这是一个学习模仿填补空白的案例。

在媒体的竞争中,要超越对手,并不完全排除跟进,但这绝不意味着容忍对别人节目的简单模仿和克隆。在电视节目的策划中,一定要有自己的独特之处,即使在跟进之中,也要有一两个亮点超过对手,有人把这叫做"跟进中的超越"。

北京电视台的原《北京特快》栏目,在创办之初定位于新闻专题性节目,以《东方时空》为赶超对象。他们经过分析研究发现,《东方时空》虽然标榜为新闻杂志节目,但新闻性并不突出,《东方之子》定位的不是新闻人物而是名人;《百姓故事》讲述的不是老百姓的新闻故事,而更多涉及的是百姓情感、生活、家庭方面的故事;唯独《焦点时刻》(后改为《时空报道》)具有新闻性。所以从整体结构上看,《东方时空》还不能算完全的新闻性栏目。于是,北京电视台决定把《北京特快》的超越点定在强化新闻性上。另外,《北京特快》的策划者还发现,即使在新闻类节目中,也有"超越"之处,如《新闻联播》《晚间新闻》几乎都是短新闻的播放,而《焦点访谈》类的新闻专题栏目又缺少短消息的补充。北京电视台受众市场调查研究表明,如今的观众对新闻性栏目既有量的诉求,又有深度的渴望,希望在一个新闻性栏目中能同时满足两方面的需要。正是基于上述调研情况,当初的《北京特快》栏目既设置了消息版块《时讯快递》、《百姓热线》(满足量的需要),又设置了《冷眼观潮》、《特别报道》(满足深度的渴望),从而实现了量与深度的有机结合,深受北京观众欢迎。

媒体的竞争,既来自不同类型的媒体,又来自同类型的媒体,还来自同媒体内部的栏目与栏目之间。媒体间的竞争促使媒体的制片人更加注重节目的质量。如今,电视台频繁地改版、末位栏目淘汰制就是内部竞争中的产物。各栏目的制片人绞尽脑汁,想方设法从栏目的整体定位上策划出超越竞争对手的卖点。这股强劲的竞争之风也波及栏目内的子栏目之间。像《东方时空》开办之初的子栏目《生活空间》在重新定位于"讲述老百姓自己的故事"后,仍然处于《东方之子》和《时空报道》(后为《时空连线》)两个子栏目的夹缝之间,因此,必须在栏目的运作上,即从选题内容和拍摄手法上与之拉开距离,才能找到自己的立足之地。正是基于这种策划,《生活空间》栏目定位为:《时空报道》论事,我们就说人;《东方之子》拍名人,我们就去拍普通老百姓;《东方之子》以访谈为主,我们主要拍状态;《东方之子》是现在完成时,我们是现在进行时……这样一步一步地趟出了一条跟踪拍摄记录普通人生活的新路子。

3. 媒体的控制者因素

媒体的控制者,指能够通过行政手段、法律手段或经济手段对媒体进行控制的组织和个人,一般指政治组织及其领袖,如政府、党派组织,或指经济组织,如企业、财团等。

政治组织对媒体的控制,主要从政策、法规、信息、制度、经济等方面进行制约。例如在政策上对报纸刊号的控制、广播电视频道的审批等。在宣传上,对宣传方针、宣传原则、宣传目标、宣传要求的规定,也是媒体策划定位中要遵循的重要依据。

经济组织对媒体的控制主要用经济手段,通过向媒体投资、控股、提供广告、赞助等对媒体施加影响。有的采取联办栏目和节目的方式,借助媒体宣传自己、扩大影响;有的通过挂名赞助,为企业策划与之品牌定位类似的用户群体和同等档次人群的栏目。

在市场化的今天,媒体作为产业要想良性循环,离不开经济的支撑,当然也离不开投资方的经济支持,这些经济组织与媒体实际上是风险共担的利益结合体。媒体既要坚持自己的编辑思想和新闻工作准则,又必须考虑在政策许可范围内,尽可能降低经营风险,使合作者的利益得到保障。这些都是媒体的经营者在媒介定位时必须兼顾考虑的重要因素。

(二) 栏目定位的内部影响因素

媒体的受众(接受者)、控制者和竞争者,作为影响媒体决策的外部因素而成为栏目的定位依据之一。而媒体的内部因素,如人才资源、设备资源、资金资源和信息资源等,也是栏目定位的重要依据,有时甚至是决定性因素。

1. 软件资源

软件资源主要指人才资源,包括人员数量、人员素质、人员能力。一个好的创意和策划能否付诸实施,或在运作中能否产生预期的良好效果,最后都取决于人的作用。无论是在媒体策划阶段,还是在方案执行阶段,策划人一定要考虑到是否有足够的合适人选投入。要做到知人善任、用其所长,只有把最恰当的人选安排到相应的工作岗位,才能保证策划的顺利实施。否则,再好的策划也如空中楼阁。有些栏目、节目的策划,甚至首先要考虑的是依据媒体现有人才的优势和长处,因人而设立栏目。有的电视台集中了若干名优秀的文艺编导,那么就可能以文艺节目或娱乐节目为主攻方向;有的电视台纪录片创作队伍阵容强大,那也就可能打纪录片创作的品牌;有的策划出发点是一个特定的人,如果是一个即兴发挥很好的主持人,那么就可以为他策划一个脱口秀节目。

人才资源历来是制约媒体各项策划的重要因素,因为一切策划方案都要靠合适的人去完成。凤凰卫视中文台开设的《小莉看时事》《锵锵三人行》和《凤凰早班车》都是因人而定的，或因人的实施而成功。凤凰台最初是一个以娱乐性节目为主的媒体，从1997年开始不断加强新闻节目报道，《凤凰早班车》就是在这样的背景下，于1998年4月1日开播的一档早间新闻节目。其制作方式主要是将每天各种媒体的最新信息进行集约化处理，由主持人陈鲁豫以叙述方式串联、编辑推出，形式简单，制作迅速、简便，颇有点"借船出海"的味道。《凤凰早班车》独特的节目传播方式使其获得了极大的成功，也得到了专家的好评和观众的青睐。据介绍，这个栏目编制只有6个人，有时只有4个人工作，整个节目由主持人陈鲁豫以轻松的口语化方式叙说，将每日清晨从各路汇集来的信息"说"给大家，从而获得一种人际传播的效果。陈鲁豫说新闻以一对一的谈话方式，也使我们感受到一种与内地播音方式迥然不同的新奇，它消除了传—受关系中的距离感，增强了传播的亲和力。《凤凰早班车》的成功也为凤凰台创造了一种低成本的制作方式，改变了凤凰台早间广告收入为零的状况，并且从1999年以来广告价位呈上涨之势。

凤凰台的《明星三人行》栏目的创办，很显然也是因为主持人窦文涛在《锵锵三人行》(1998年4月开播)节目中的成功，而从1998年7月起每周六增办的一档脱口秀节目。《锵锵三人行》的最初设计，按照管理层的意见是希望办成一个政府性的节目，铿锵有力，但后来窦文涛把它办成了一个娱乐性节目，虽安排在非黄金时段，但当时的广告效应也很好。所以，有人说当时"以文涛一人为单位的节目卖了2 000万"。这钱怎么来的？恐怕其重要的原因还是他那诙谐调侃式的语言风格，将私人间的侃谈搬上电视，"填补了人们的交流空白，给予观众心灵的贴近和慰藉，有着强大的生命力"[①]。

2. 硬件资源

硬件资源包括媒体的资金、设备和技术条件，这是媒体新创办或者改版能否成功的重要保证。开办一个新的电视频道，需要注入的资金至少需要数千万元。之后每年还要大量投入才能保持正常运转。

电视是一个重装备、高消耗的媒体，要办一个频道，需要投放大量的现代电子摄录设备和运行资金。即使办一个栏目或一个大型节目，资金与设备的投入也不在少数。12集电视纪录片《望长城》早在20世纪90年代初的中国屏幕上确实"火"了一把，它不仅再现了古老长城的厚重历史、纯朴的人文关怀，更重要

---

① 钟大年、朱冰：《凤凰秀》，中国友谊出版公司2006年版，第115—116页。

的是开启了中国电视的纪实之风。对这样一部大制作、大手笔、大成功的作品,硬件的投入也不容忽视,仅日本 TBS(合拍单位)投入中方的采访车就有 8 辆,历时 3 年才得以完成。

现场直播是当代世界电视发展的趋势,凡有重大活动、重大新闻事件,各大电视媒体都不遗余力、云集现场,以最快的速度、最好的质量向全世界传播,这既是实力的较量,也是世界名台品牌的展现。1997 年香港回归中国,这是一个举世瞩目的大事件。为了搞好这一重大事件的报道,中央电视台调动了 1 660 多人的报道队伍,其中仅赴港人员就达 289 人。技术系统投入了有史以来数量最多、性能最先进的设备,相当于一个省级台的规模。其中包括 11 辆转播车、9 个演播室、21 个卫星转发器、43 套中继微波设备、200 套 ENG、250 台录像机、11 套多媒体设备和 3 架供航拍用的直升机,实现了 72 小时的连续播出。如果没有经济实力和技术设备实力作基础,这一重大报道战役很难展开。

由上可知,媒体的策划,要充分考虑到媒体自身的这些硬件因素。虽然不是所有媒体、所有栏目、所有平台、所有节目都需要这样大投入、大运作,但即使是一次小型报道策划,最基本的设备和资金需求也是应当在计划之中的。大投入有大的回报和效益,小投入只要充分发挥软件的作用,有时也会产生一些意想不到的效果。总之,媒体的策划者在定位时,一方面一定要考虑到硬件投入的可能性,否则再好的创意也不可能实现;另一方面也不要因为大投入而产生恐惧感,大多数的节目策划运作都还是比较容易实现的。

3. 节目(信息)资源

任何一个媒体,要维持每天的正常运作,需要大量的有价值的信息资源,国际与国内的、政治与经济的、文化与生活的、体育与娱乐的等等,各种信息的汇聚能满足不同类型、不同层次受众的需求。在这些浩瀚的信息采集中,一方面要靠自身的力量,利用自身的信息资源优势创办新的栏目;另一方面,仅靠媒体自身的力量从第一线获取信息资源,既不可能,也没有必要,这就需要借助外力,疏通各种权威信息渠道,对信息资源进行有效的整合配置。像各媒体大量转发的国际新闻、电视媒体中的娱乐信息等,都是对媒体资源的配置利用。有人在总结凤凰卫视的办台特色时,曾有"剪刀+唾沫"一说,"剪刀"既是对电视信源的有效利用,也是一种较为经济的运作方式,同时起到了一个信息文摘站的作用;"唾沫"即讲述与解说。

媒体的策划越来越引起节目制作人的关注。成功的策划需要对上述内容有一个清醒的认识与把握。媒介定位的外部和内部影响因素作为策划的重要依据,也是媒体策划的重要原则。在实际运作中,对这些依据和原则,既要认真坚持、遵循规律,又要灵活掌握、实事求是。事物是复杂多变的,策划也要因实际情况而变化,有些影响因素是经验与教训的总结,有些潜藏的因素可能在特殊情况下才显现出来,有些因素限于篇幅未一一列出,这都要在策划设计中予以注意。

第四节　电视专栏节目的创新

随着数字技术的迅速发展,我国电视频道已从稀缺资源变得相对丰富与过剩,为了与境内外媒体争夺受众市场,电视媒体间的节目竞争已到了白热化的程度,而竞争的焦点就在节目与栏目的创新上。

创新是一个相对的概念,总是在一个具体的时代环境中,体现最前沿、最引人注目的一种电视现象。对于中国来说,节目的创新成为媒体制胜的法宝。

从20世纪80年代以来,我国电视媒体的创新,首先体现在节目与节目之间的竞争,代表性的节目有《话说长江》。到了90年代,电视媒体的创新集中在电视栏目之间的竞争,出现了《快乐大本营》一类娱乐栏目。21世纪之初,电视媒体的竞争、创新体现在频道之间的重新定位,导致一批个性化、特色鲜明的频道诞生,如广西卫视女性频道等,但频道之间的竞争归根结底还是落实到栏目的竞争,频道的核心竞争力即体现在特色频道的栏目群上。

一、电视栏目创新的意义

电视栏目创新是电视媒体的核心竞争力。在未来媒体的竞争中,媒介市场份额的争夺将成为竞争的重点,而要保持一个媒体(频道)的恒久竞争力,就必须打造一批自主生产、具有原创或首创意义的特色栏目,才能拥有别人无可比拟的核心竞争力,犹如《东方时空》《焦点访谈》等栏目之于央视旗舰频道CCTV-1。

1993年5月1日《东方时空》栏目的创办,开创了中国电视新闻改革的先河,改变了中国内地观众早间不看电视节目的习惯。最初的子栏目《东方之子》,完善了以访谈方式介绍人物的探索;《生活空间》用纪录片的形式为未来留下一部由小人物构成的历史;《焦点访谈》为捕捉热点新闻提供了一个平台。

1994年4月1日《焦点访谈》栏目的创办,开创了一条具有中国特色的舆论监督之路,创造性地提出了"政府重视、群众关心、普遍存在"的选题三原则,坚持

"用事实说话"的理念,使该栏目成为我国影响最大、收视率最高的电视新闻栏目之一。

1995年1月1日《半边天》栏目的创办,开创了中国电视史上第一个面向全国妇女观众的栏目,被联合国秘书长安南认为是"一个极具影响力的、专门播放有关女性话题的栏目",同时,被不少人认为是中国人权进步的一个标志。

1996年3月16日《实话实说》栏目的创办,引领了我国谈话类电视节目的兴盛和繁荣,完善了脱口秀节目模式,并使之走向成熟。

此外,1997年7月11日《快乐大本营》(湖南电视台)栏目的推出,立即在中国荧屏掀起了一股"快乐"旋风,开创了中国电视游戏节目新时代。

1998年4月1日《凤凰早班车》(凤凰卫视中文台)栏目的开办,首创了中国"说新闻"的先河,它带来了电视新闻语言叙事的新变化,将一般的信息传播转变为个性化的风格传播。

1999年1月2日《今日说法》(CCTV-1、CCTV-12)栏目的创办,开创了一种举案说法的节目新形态,通过一个个简单的案例故事,深刻地阐释蕴含在民事中的法理。

2000年12月《同一首歌》(CCTV-1、CCTV-3)栏目的创办,创造了中央电视台音乐栏目的收视奇迹,它打通了传统与现代的音乐时空,交融了怀旧与时尚的美好感情,成就了栏目的知名度和美誉度,在全国同类节目中名列前茅。

2001年9月7日《百家讲坛》(CCTV-10)栏目的创办与发展,给中国电视人以更多的启示,栏目定位和"实现定位"同样需要不凡的创造性和勇气。该栏目从2003年险遭淘汰,到2004年形成特色——从历史题材中找故事、以悬念方式吸引人,再到2006年易中天"品读三国"形成高潮,从而使该栏目确立起自己的品牌,以至成为中央电视台第十套节目的顶梁柱。

2002年1月1日《南京零距离》(江苏电视台城市频道)栏目的创办,开创了中国电视民生新闻时代,在全国掀起了一股电视新闻"零距离热",产生了巨大的社会效益和经济效益。

此后,每年都有享誉全国的名栏目诞生,如江西卫视的《传奇》、江苏卫视的《人间》栏目等,都具有创新意义,并且以一个栏目的影响力带动提升了整个频道乃至媒体的美誉度。

电视栏目的创新也是电视媒体品牌建设的关键因素。从电视媒体整体竞争态势看,虽然电视剧仍是各电视频道收视率的发动引擎,甚至有些品牌栏目在电视剧大战中趋于边缘化。但从长远看,一个频道的持久影响力和竞争力必然依托品牌栏目,品牌栏目是频道的灵魂,并将成为观众长久识别的标志、频道记忆的重要动因。与电视剧相比,品牌栏目对频道的品牌建设、培养忠实的收视人群意义更为重大。

二、电视栏目创新的方法

处在激烈竞争中的电视媒体,都试图通过创新吸引"眼球"而独树一帜,它除了产生社会效益外,电视栏目的创新还作为一种创意产业,也产生了可观的经济效益。像《谁想成为百万富翁》这个节目模式,已从英国卖到世界100多个国家,获得了巨额的节目模式营销收入,我国中央电视台的《开心辞典》就是这一节目模式的翻版。

有消息说,世界电视最发达的美国市场有50%以上的节目创新模式来自英国,这些模式经过美国市场运营成功、推广放大。然后,这种电视创新潮流流经日本、港台地区传到中国大陆。湖南电视台经过市场调查,敏锐地发现了这些新模式的中国大陆空白点,适时转化嫁接,因此成为我国电视节目创新影响力最大的赢家之一。系统地研究湖南电视现象,其电视栏目创新做到抢先机、蓄后劲、创名牌、占市场,对电视栏目创新有很大的启示。

(一) 抢先机

"做任何事情,先机太重要。只要市场需要,新的最好,一俊遮百丑。不是新的,市场百般挑剔。有些点子,有些事,一旦有人做,后面的人就会做得更好,但赢得一片叫好的往往是第一个。这就叫抢先机。"[①]回顾一下湖南电视台十多年来所走过的路程,之所以一直处于全国卫视前列,恐怕均与这种"抢先机"有关,如《快乐大本营》《超级女声》《爸爸去哪儿》《我是歌手》等,都透露出湖南电视的"先机"意识。

其实,这些"先机"的获得相当一部分来自对西方电视节目的"模仿"。最先的模式可能成为一种创新,或称为创新的方法、途径之一。从字面上看,模仿与创新似乎是一对矛盾体,但在特定的地区、特定的时间、特定的社会背景下,这种对新品种、新形式、新风格的模仿,只要是别人没有做过、没有看到过的,也可在一定意义上称为创新。

况且,"艺术从本质上说是模仿性或再现性的,界定所有各种艺术作品并且

---

① 叶其:《创新的"湖南定义"》,《综艺》2006年第23期。

使它们具有其价值的、为它们所共同具有的特征,就存在于模仿之中"①。柏拉图声称,文学也在完全相同的方式上是模仿性的。

(二)巧模仿

模仿品的原物(模本、节目模式)应当是有价值的,是经市场检验的、无市场风险的节目模式。原物愈有价值,模仿物也就愈有价值,原物的所有性质都应该在模仿品中反映出来。

《超级女声》对《美国偶像》的模仿,应当说是一个非常成功的案例,尽管湖南电视台在节目程序上有所改进,但本质上与《美国偶像》模式并无差异。

在节目模式模仿上,有三种方式或途径:

一是引进中的模仿。在"版权"意识愈来愈强的中国社会背景下,完全的抄袭模仿已不被允许,因此,采取节目模式引进的方式已成为当今国际惯例。所谓模式,其本意是指传统印刷的铅版,可大量复制。引申到节目模式,即对节目规则设置的描述和设计,它是节目外部特征的凸显,可反复出现在媒介中。例如《开心辞典》对英国《谁想成为百万富翁》节目模式的引进。

但引进模式往往需要巨额资金,因此,国内许多节目创意来自模仿。模仿的关键在于理解被模仿的原创节目的制作环节和基本方式,在抽象的节目规则基础上,根据我国的国情进行本土化的改造和创新,例如时下许多真人秀类节目的成功模仿。

二是注重相似中的差异。世界电视节目在走向市场化的今天,节目形态也呈现类型化的趋向,不论是节目内容还是节目形式都可根据一定的标准归为一定的类别。但类型化并不意味着单一化,而是于类型中略显出差异。例如同是谈话节目,《实话实说》为讨论型,而《艺术人生》为叙事型。即便同是叙事型谈话,也可因嘉宾对象的定位不同,而使每个叙事型谈话节目独具个性。例如《艺术人生》讲述的是艺术明星的故事,而《讲述》则表现的是普通人的不平凡的故事。再例如同是讨论型的谈话节目,可从对象上区分,《对话》致力于为精英人物提供一个交流和对话的平台,而《当代工人》则致力于为生产第一线的工人提供一个交流和谈话的平台。从谈话节目的形式上看,同是人物类节目,《东方之子》采用访谈形式,而《人物》则采用了以纪录片为主体的形态。

三是跟进中的超越,即在节目形态和内容选择范围上都大致相近,跟进模仿,几乎成为原模式的复制品、替代物或仿造物,这在互为隔绝的跨地域传播中

---

① [英]安妮·谢泼德:《美学——艺术哲学引论》,辽宁教育出版社1998年版,第8页。

较为有效,例如民生新闻的大量复制。但在信息全球化时代,这种封闭的地域性节目生存空间越来越小,因此,在跟进中超越是一条较为捷径的创新方式。例如生存类真人秀节目的创新,从《老大哥》到《阁楼故事》《生存者》直至《学徒》,生存竞争的内核未变,但形式上有了较大的变化。再例如从《与明星共舞》发展而来的《与明星滑冰》《与巨星过招》等,我们还可发展为《与×星×××》之类的节目形态。

(三) 抓市场

占领市场是创新的方向,电视节目作为文化产品必须面对观众、面对市场,与市场接轨、与市场贴近。要研究市场,需要特别注意市场的规模,研究受众的需求。谁找到了受众市场需求,谁就找到了一座金矿。美国FOX的《美国偶像》连续三季在18—49岁的成年收视群中高居榜首。FOX的高层们在尝到了收视和收入双赢的甜头后,乘势而上,2007年又酝酿策划推出另一档选秀节目——《美国组合》。该节目与《美国偶像》的结构极为类似,也是从不计风格、不计年龄的海选开始,不同的是报名者必须是以组合为单位,继而以组合进入复赛和决赛。最大的区别在于《美国组合》将着眼于深度挖掘参赛乐队组合背后的故事,以及成名给他们带来的冲击。当这个创意被提出来的时候,"我们不禁问道,如此简单的创意我们怎么就没早些想到呢?这不就是《美国偶像》的自然延伸吗?"参与这个节目策划的《美国偶像》原班策划人马之一福洛特·寇塔兹如此说道。其实创新与创意,有时就在一纸之隔,关键在于我们对市场的感悟和对受众需求的基本判断。

(四) 重原创

原创性节目应当是电视栏目创新的最高境界,它为电视媒体带来了可观的经济效益和社会效益,像《生存者》《谁想成为百万富翁》和《美国偶像》等,从节目模式创意到节目制作营销,乃至衍生产品链,都充满着巨大的诱惑,这一切都根源于节目的创新。创新,凝聚着策划人员的聪明才智,然而,其创意并非凭空而来,更多的是来自丰富的想象力和节目形态融合的联想。

从近年来国内外大量涌现的新节目看,既有内容上的原创,如民生新闻,也有形态上的原创。例如近年来再掀电视热潮的我国一大批文化类自主原创节目的诞生,从《中华好诗词》到《中国诗词大会》,从《见字如面》到《朗读者》,从《国家宝藏》到《经典咏流传》等均具原创性,并开始输出海外市场。这些节目形态常常融合了真实性与游戏性、明星与素人、综艺元素和积极向上的价值导向,组合形态越来越多。

《一日厨师》就是将真人秀节目形态融入服务性节目之中。每期节目由一位意大利明星在一家著名餐厅体验担任专业厨师长的滋味。4位名厨组成的特别小组将辅助这个新厨师长：一位专长于开胃菜，一位专长于主菜，一位专长于肉类和鱼类烹饪，一位专长于点心制作。明星必须为每个类别设计2个新品种，在4位名厨的帮助下现场烹饪，并根据他们的建议加以改进。这些新菜将进入当天的特殊菜单。餐馆开门后，顾客和3位美食家在不知情的状态下点菜，品尝食物。最后，"一日厨师"走出厨房，来到餐厅，接受顾客和美食家的点评。我国湖南电视台于2018年7月20日播出的《中餐厅》（第二季）与该节目相似，是一档美食综艺节目。节目邀请了赵薇、舒淇、苏有朋、王俊凯、白举纲五位各具特色的嘉宾，远赴法国浪漫的科尔马小镇开启全新的餐厅经营之旅。其实，这个节目形态仍然是明星＋游戏的真人秀组合。

三、电视栏目创新的步骤

电视栏目的设置与策划，需要精心设计与组织。它不是一般的出点子、靠拍拍脑袋就能办成，而是要遵循一定的规则，借鉴一些前人的经验，按照一定的步骤实施。一般来说，策划需要经过提出目标、收集资料、制造创意、确定方案等阶段。

（一）明确目标

栏目的设置与策划是一种决策性的工作，而正确的决策又取决于对多种信息的掌握和对客观实际以及未来走向的一种准确判断。如果信息不充分，决策就失去了根本依据。信息不畅也可能导致决策失误。

信息的收集是以不同的目标和需求而定的。当今社会处于信息爆炸的时代，如果没有明确目标的信息选择，或者不加以限定的选择，将会无从策划，既定的策划也会失去有效的基础。

目标的确定，就是要从复杂的策划内容里发现最有价值的项目。但是仅有价值还不够，还必须找到卖点。有时价值就是卖点，有时价值不属于卖点。卖点是项目赖以出售的那个部分。项目好不好卖，有没有经济市场，能否引起广告主和观众的注意，特别是能否让广告主慷慨解囊，就看卖点如何。

有人说，卖点就是商机。有人说卖点就是节（栏）目的定位。也有人认为，节（栏）目的卖点就是节（栏）目最具有吸引力的个性化品质特征，这是媒体策划的灵魂。因此，既有价值又有卖点的项目，才是策划确定的目标。

当目标初步确定之后，就要围绕这一预定的目标收集资料，以证实这一目标的确定是否正确。上海东方电视台的原《相约星期六》栏目，在筹备期间曾在上海市年龄 20—25 岁、中专至硕士研究生学历的年轻人中做过一个广泛的问卷调查，调查结果显示：有 6% 的年轻人感到生活中结识异性朋友的机会较少；有 84% 的年轻人承认对爱情婚姻问题存在许多迷茫和困惑，希望交流。而年轻人从媒体上所接触的有关爱情的内容多来自报纸杂志，来自电视的几乎为零。在"通过电视来结识异性"这一问题上，有 60% 以上的人选择了"有兴趣，但是有顾虑"这一项。为此，《相约星期六》的主要策划人决心要打破上海电视这个"零"的局面。

目标的确定，还要考虑这样几个因素：频道节目的整体规划布局，具体节目允许安排的时段与时间，相关节目运作的实际状况，制作条件的保障程度（包括人员状况、经费保障、设备保障）等。总之，既要考虑主观条件，又要考虑客观环境，以及本单位的条件是否可能。虽然有时没有条件可以创造条件，但创造条件也要有一定的基础。在具备了以上条件之后，便可将目标具体化了。例如，长沙电视台女性频道创办之初，想以播放电视剧吸引观众的注意和广告客户的青睐，但她们所购买到的电视剧往往并不都是首轮剧目，不具备与省级大台抗衡的实力，鉴于这个情况，为了提高电视剧的收视率，她们就创办了一个专门配合、服务电视剧的栏目《三个女人一台戏》，每晚请几个社会知识女性就当晚播出的电视剧情节、人物、主题展开评论谈话，以引起广大观众的共鸣，结果促使重播剧目《来来往往》取得了意想不到的市场成功，在长沙同时段内取得了较其他节目更高的收视率。

（二）收集信息

信息资料是策划的基础，也是目标确定的重要参考因素，一个好的策划，也是从信息的收集开始的。因此，在策划前要重视资料收集，要着重了解观众需求的新变化，了解其他电视台有关栏目的设置与运作情况，了解本台栏目设置的空白点，了解当代电视发展的趋向，力求信息收集的全面、可靠，特别要注意收集系统外的原始信息，这一部分往往是策划当中点睛之笔的原始依据，例如中央电视台对美国 CBS 的《60 分钟》《现在请看》《面对面》等栏目信息的收集整理。有人说："策划，从商业角度来说，便是利用别人的金钱和别人的权力、产品与智慧为自己创造利益。"此话虽说得有点尖刻，但不无道理，例如《东方时空》的结构、《焦点访谈》的调查报道方式，也离不开对西方电视节目的借鉴。

信息的收集是电视栏目设置与策划的重要依据,因此,在栏目策划运作前期,一定要尽可能全面准确地收集一些有效的信息。一般收集信息的方法有:

(1) 走访调查,即走访其他新闻媒体,走访有关部门的领导、专家学者,走访受众等。

(2) 抽样调查,即通过抽取受众样本、发放问卷、统计数据的方法获取受众信息。

(3) 召开座谈会,即邀请有关领导、专家和受众以及媒体内部的工作人员进行座谈、讨论、研究。

(4) 公开征集意见和建议,吸引社会各界为媒体献计献策。

(5) 个别交谈,即与有关采编人员、管理人员个别交流,获取内部信息。

(6) 文献研究,包括从有关刊物、内部通报、相关文献资料中获取有参考价值的信息。

信息获得后,还得对各类信息加以分析、归类处理,发现栏目策划可以发展的空间,以及原策划方案中的缺陷和问题。

在信息的处理中,要注意信息的真伪辨析,包括信息产生的环境、来源、主流倾向、可行性、可信性等。对某些数据化的信息,在必要时还要进行深入的调查走访,例如这部分观众为什么喜欢这类节目,以利于作为进行正确决策的科学依据。

(三) 创意构思

创意,是指为了确定和表现栏目的主题而进行的一种创造性思维活动,它以富有创造性的主意、意念或点子贯穿在策划的全过程中,并以新颖的策划方案和可视(听)形态表现出来。

创意是策划的前提,是策划的核心,是策划的艺术境界。如果创意错了,即使再好的策划,也不能取得良好的效果。西方发达国家的创意科学是十分发达的,像美国的许多大学都开设了创意专修课。日本号称"创意人口"几千万。不过,美国、日本的"创意运动"侧重于与商业运作有关的创意。

1. 创意过程

创意的价值在于创新,这是电视媒体获得最佳效果的制胜法宝。我们现在看到的很多电视娱乐节目都是互相"克隆",没有新的创意。创意并不反对借鉴,如果在借鉴的基础上有所超越与独创,仍然是较好的创意。

《东方时空》栏目借用了杂志型的编排方式,吸收了美国著名栏目的表现手法,创造了中国特色的新闻杂志节目,受到了广大观众的欢迎。虽然《东方时空》

栏目现在已改版,但分析其初期成功的创意过程,于我们如今的栏目策划还是有意义的。

《东方时空》栏目开播于 1993 年 5 月 1 日,当初于每天 7:20 在中央电视台一套节目首播,这是中央电视台第一个早间版块节目,也是新闻评论部标榜的新闻杂志类电视栏目。说它是自我"标榜",是因为初创阶段的栏目还不是纯粹的新闻杂志型栏目。直到 1996 年 1 月 27 日《东方时空》在播出千期后进行改版,改版后作为纯粹的电视新闻杂志,才拥有了更高的收视率。

《东方时空》的最初创意,是基于满足观众多层次多方面需要的考虑,而在内容的设计上涵盖了栏目的新闻性、社会性、服务性和娱乐性,于是,在子栏目的安排上就有了相应的设计:

《东方之子》　　　　　　　8 分钟
《东方时空金曲榜》　　　　8 分钟
《焦点时刻》　　　　　　　9 分钟
《生活空间》　　　　　　　8 分钟

如上所示,将四个小栏目名称里的一个字相连,便有了《东方时空》的名称。后来,由于评论部另一个"焦点"栏目——《焦点访谈》的诞生,而将《焦点时刻》子栏目改为《时空报道》。《东方时空金曲榜》栏目由于与"新闻"相去甚远,虽说观众也比较喜爱,但为了"纯粹",也只得忍痛割爱,从此在《东方时空》栏目中消失,而以子栏目《面对面》取而代之。

《东方时空》子栏目《东方之子》是一个人物栏目。此前,中央电视台曾有一个影响深远的《人物述林》栏目,为了与其专题片式的摄制方法相区别,《东方之子》的策划者选择了访谈方式,其创意策划主要考虑了以下几点:

一是对时代变化的适应。人的个性化发展趋势和与社会交流的要求变得越来越强烈,人们希望传媒提供更多的表现他们自己的机会,那种封闭式的、一厢情愿的、不和观众的心灵情感相交流的节目已经明显地失去观众,处于一种尴尬的境地。而访谈则可以使电视节目和观众的交流更直接、更深入、更真切。

二是为了在屏幕上留下更多真实的话语和面容。不"导演",不拔高,追求真实自然的流露和记录。

三是为了推出全新的主持人。这个强烈的愿望几乎成了创办这个栏目的最重要的一个因素。

四是出于"技术"上的考虑。例如经费问题,考虑到节目的用量大,访谈相对来说制作简单、开支少、周期短。

在表现形式上,《东方之子》采用了三种制作方式:

单一访谈:主持人与人物在某一固定环境中交谈。背景多以演播室为主,还可利用家里和办公室。

访谈＋现场实录:在主持人与人物的对话过程中,不断切入同期记录的人物活动;但这种纪实性段落必须体现人物的性格及其行为特点。

访谈＋现场实录＋解说:如果人物背景材料丰富,为传达更多的信息,可在访谈加现场实录的基础上适当使用解说词。

在人物选择上,《东方之子》注意把握"焦点",即被访人的独特的业绩与经历,以此作为整个交流过程的核心。它不以介绍人物的业绩和经历为主,不铺陈其成功或经历的具体过程,而着重展示人物独特的内心世界和感受。以写意方法从"焦点"切入,抓住若干主要方面,深入开掘,以点带面,勾勒出独特的人物形象。《东方之子》还注意人物具有的新闻性,但点到即止,不刻意渲染,以区别于常见的新闻人物专访。特别注意挖掘与展示人物未曾被发现的、有价值的、独特的"那一面"。另外,根据当今广大观众的基本需求,《东方之子》侧重揭示人物的"变化",即对时代快速变化的应变能力、反应能力和相应的行为选择取向,给观众留下一种整体性的感受。

电视栏目的创意往往不能一蹴而就,而是需要一个不断发展的过程。以《生活空间》为例,《生活空间》在创办之初的策划思路,只是模仿《为您服务》定位在一个服务性质的栏目,教人怎么过日子,内容飘移不定,还没有找到自己明确的目标。在尝试了各种改版方案之后,曾有一段时间,定下了三个小版块:第一个版块是《健康城》——通过个案的发生传授健康知识;第二个版块是《红地毯》——文体明星的趣闻轶事;第三个版块为《老百姓》——八小时以外的生活。以上三个节目每个长度为5分钟,隔天插花播出。而天天播出的栏目只有两个,即《走天下》2分钟——旅游节目,《话今日》1分钟——历史上的今日故事。

1993年8月、9月,《东方时空》召开了一个研讨会,在会上《生活空间》放了一个《老百姓》的故事叫《老两口蹬车走天下》(1993年8月24日播出),讲的是一对老夫妻退休后将旧三轮车改成多功能交通工具,骑着它到全国各地去旅行的故事。这个片子在会上引起了很大反响,有专家说,通过这个片子所看到的这种生活态度而得到的感悟,不亚于读一本书。这个评价引起了领导和制片人的注意。后来,又加上其他原因的促进(如需要替代方案),就将《老百姓》打通做8分钟节目。在1993年11月8日,《生活空间》打出了自己的标版语"讲述老百姓自己的故事"——节目创意基本定型。

2. 创意方法

栏目的创意要出新,必须打破框框富于想象力,要在联想、意象的重组中创造机会,要善于反向思维、出奇制胜,超越习惯的思维方式。

创造学理论认为,创意构思是并不存在于现实生活中而仅仅存在于头脑思维当中的东西。创意的价值在于指挥人类的活动,当创意实现以后,物质世界就发生了变化。

常用的创意方法如下:

(1) 头脑风暴法。这种方法与传统会议截然不同,它给与会者创造一种智力互激、信息互补、思维共振、设想共生的特殊环境,并形成主动思考、大胆联想、积极创新的良好气氛,从而有效发挥集体智慧。

头脑风暴法是美国创造学家阿历克斯·奥斯本由精神病理学术语引入创造学,随即为世界各国所推广应用的方法。这种方法的核心是高度自由联想。一般是通过小型会议让与会者提出各种构想,相互诱导,追求产生一种创造性的意念。

这种方法有两条非常独特的原则:一条是禁止批评,就是说在讨论过程中,即使是幼稚的、荒诞的、错误的想法也禁止批评,以避免"风暴"被削弱或被扼杀;另一条就是鼓励无所顾忌、无拘无束地自由思考、畅所欲言,思考越狂放,构想越奇特越好。

这种方法还提出一定的创造性设想的数量来保证创意的质量,并注意重视对各种设想的组合,做到每个与会者都要仔细倾听别人的发言,注意在别人的启发下及时修正自己不完善的设想,或将自己的想法与他人的想法进行综合,取长补短,再提出更完美的创意或方案。这种方法早已在我国广告策划中采用,现在在新闻媒体的策划中也比较流行。

(2) 核对表法。核对表法来源于著名的"奥斯本核对表"法,是在工商企业开发新产品时常用的一种创意法,即将影响事物的多种因素用文字或记忆的形式一一排列出来,以便更完整、更丰富地认识事物,找准策划的切入点。由于这种方法使用表式操作,所以叫"核对表法"。

我们在前面讲到新闻媒介定位的依据时,曾讲到北京电视台《北京特快》超越中央电视台《东方时空》的策划,就可用核对表法。策划前将《东方时空》的定位和一般新闻节目中的不足排列出来,最后确定《北京特快》栏目的超越是:从新闻量与新闻深度的结合上,满足观众对新闻栏目的需求和深度的渴望。

(3) 借用法。此法是借用别人的创意,模仿相似的节目,在内容与形式上加以改造而构成新的创意。像湖南电视台的《玫瑰之约》栏目,在它之前已有东方电视台的《相约星期六》和凤凰卫视播出的《非常男女》,但由于凤凰卫视在很多地方未"落地",而东方台又未上星,于是湖南台借着卫星覆盖全国的优势,模仿《非常男女》的男女派对方式,借用长沙"弥赛亚"婚介所每周末的"玫瑰派对"的环节,成功地策划了一个"在电视上谈恋爱"的栏目,立即在全国引起巨大反响。

(4) 改变法。此法对原有栏目的宗旨、定位、串联方式、主持人的形象等进行一定程度上的改变,有时会获得意想不到的效果。例如《生活空间》栏目,原来是定位于服务型节目,后改用纪录片的方式"讲述老百姓自己的故事",前后效果和影响大不一样。

(5) 变大法。此法是在节目中加上一点内容,往往可以争取吸引一大批观众坐到电视机前。像湖南台的《快乐大本营》就是在节目里加进了抽奖的内容,才吸引了不少想碰碰运气的观众。

(6) 减小法。此法是在节目中去掉一些不适宜的内容,反而会使节目定位更准确,目标观众更明确。例如《东方时空》将原《东方时空金曲榜》减去后,使栏目真正成为"电视新闻杂志"。

此外,还有类比思维法,即根据两个对象某些相似或相同的特点,从而发现自己的发展空间,这对开拓策划思路具有一定的启示作用。

(四)策划方案(文本内容)

栏目策划的信息收集、创意构思、媒介定位完成之后,就要编制详细的策划方案,并付诸文本。策划方案的写作过程是一个完善创意策划、理清创意思路的过程。策划方案的文本还是供领导审批的重要依据。因此,策划文本的撰写也是关系到策划能否成功实践的前提因素。

策划文本的撰写因内容和形式而异,也因人的表述习惯而有所不同,"文无定法"用于此也是十分恰当的。不过,策划方案作为一种文书形式,经过许多策划人的实践,仍有一些基本规范是必须遵循的,其基本格式如下:

(1) 封面:注明策划栏目标题、策划主体、策划时间等。

(2) 目录:与一般书的目录一样,让人由一页而知全貌。

(3) 序文(或前言):主要涉及策划动机、主要特色等,力求简明扼要、一目了然。

(4) 目标受众:根据受众年龄、性别、职业、居住地区、文化水平、兴趣爱好、消费水平和消费习惯等因素,可以用不同的标准将其划分为不同的群体,形成不同的受众需求组合。

(5) 主要内容:这是策划书最重要的部分。内容因栏目策划的类别不同而有所区别,应注意具有可操作性,避免学术化的阐释。

(6) 表现形式:侧重环节设计,突出风格特点。

(7) 运行设计：包括节目流程或组织运作。

(8) 经费预算：整个栏目运作的经费计划，力求准确，包括来源方案也可一并写在其中。

(9) 策划进度表：即把策划活动全部过程拟成时间表，何日做何事，标示清楚，以便策划实施检查落实，保证策划操作有条不紊地进行。

四、电视栏目创新的样本

下面以美国著名商业类真人秀《学徒》(The Apprentice)的节目模式[①]为例，进一步分析和掌握节目创意设计的方法和步骤。

《学徒》于2004年1月8日在NBC开播，到2007年4月，已播出了第六季。一时间《学徒》的内容成为美国高层次消费人群中的话题，"你被淘汰了"(You're fired)成为美国商业写字楼中的流行语言。

《学徒》第一季在18—49岁人群中总收视人口达1 010万；第二季平均收视率为7.8%，总体收视人口(18—49岁)1 240万。2005年1月20日开播的第三季第一集收视率为7.4%，收视人口(18—49岁)为1 560万。

《学徒》在全球的影响力也迅速扩散，引起了广泛的"复制"风。

(一)《学徒》节目内容设计

1. 主持人设计：某一领域的大腕做主持人

《学徒》主持人唐纳德·特朗普(Donald Trump，2017年任美国总统)毕业于美国沃顿商学院，资产涉及不动产、博彩业、体育以及娱乐产业等。他与NBC联合拥有世界三大选美赛的电视版权。其经历是美国人成功的典型，他的经历和风格也成为《学徒》节目的重要看点之一。

节目的奖励——年薪6位数美元的职位，成为各位选手参与节目的最终目标。实际上，这也是特朗普公司的真实需要。特朗普拥有纽约及美国各地的大量不动产，随着新项目增加，公司需要能胜任的项目负责人。公司业务的发展为《学徒》胜者能获得诱人的奖金提供了保证。所以，主持人特朗普成为《学徒》情节的关键人物。在《学徒》淘汰选手的过程中，特朗普也会听取两名亲信的意见，但他作为公司老板的权威性自始至终贯穿节目，他是一个随时能改变选手命运和《学徒》情节的人。

---

① 鲍晓群：《节目模式报告》，学林出版社2007年版，第77页。

在《学徒》中,特朗普除了主持人需要的老板、裁判身份外,他还表现出是一个社会活动家。例如,在节目中他除了会对选手在各个环节上的表现作出评判外,在第一季的节目片段中,他还有充满激情的演讲。

他本人的社会活动经验和著书立说经历,为他主持人角色增色不少,同时又在节目中得到了广泛的张扬。例如,在第二季中,选手们除了完成各种各样的商业挑战之外,也有完成诸如"为警察局的招募活动做宣传"这样的特殊任务,这些任务提高了特朗普热心公益的形象。

因此,NBC 在节目开播前认为,即使这个针对相对高端人群的真人秀节目不能为他们在收视上拔取头筹,但特朗普本人的知名度足以引起大家的关注,他本人的故事应该会成为《学徒》的卖点,所以节目也应由特朗普担纲主持人。当时有业内人士认为,"特朗普"品牌的知名度已不亚于"可口可乐"或"百事可乐"。

2. 环节设计:竞技性的环节设置 + 剧情式的故事情节

《学徒》在播出伊始就被认为是美国另类真人秀节目的代表。一般真人秀节目的基本特点是参与者之间互相竞争,逐一淘汰,最后获胜者赢得一个极大的荣誉或奖励(如《生存者》和《阁楼故事》等),他们常常以性、冒险故事或浪漫史或蛮勇作为吸引观众的看点。而在《学徒》中,没有人为设置的碰撞、折磨等。《学徒》更接近世俗世界,特别是商业社会,是让现实中的生意场上的竞争者们走到一起进行一场脑力竞技,所谓的人生的梦想成为节目的诉求。《学徒》使真人秀节目的真实力量变得强大了。

(1)面试环节——选出具有可看性的参与者,展现他们的真实个性和思想。

《学徒》的成功要素在于参选人的可看性。第一季中的"学徒"们是从 21 万参赛选手中遴选出 16 位选手。《学徒》节目的制片人马克·伯内特(Mark Burnett)是非常有经验的真人秀节目制作人,这类节目的制作人也是"不用脚本"的导演。他最后确定的 16 名选手被特朗普称为"非常漂亮"的人,这些人的经历是被选上的重要因素。第一季冠军 Bill 在来应聘特朗普的公司之前有自己的软件公司,第二季的获胜者 Kelly 则是毕业于西点军校的高级人才。

值得注意的是,这些选手在屏幕上呈现出来的状态,在观众看来与影剧演员无二。每一位选手在面试的时候都有录像面试的环节,并不像通常的职位面试只看选手在现实生活中的表现。这或许是《学徒》能挑选到在镜头面前有表现力选手的办法之一。

在第一季中,一位最后被淘汰的女选手 Amy Henry 还因为她的美貌、幸运以及在节目中的出色表现受到观众的追捧,甚至有人为她设立个人网站。

(2) 控制悬念环节——"情节"设置，分组进入节目，围绕不同商业任务竞赛。

《学徒》节目的基本竞技规则是，把选出来的选手分成两组，每一集，特朗普布置一个商业任务，宣布比赛规则和获胜的评判标准，然后限定时间决出胜负，胜方将获得奖励（例如到特朗普的豪华私人俱乐部享受阳光午餐等）；输方将回到节目中的所谓"声名狼藉"的会议室接受评判委员会（评判委员会除了特朗普以外，还有他的两个老部下，这两个人负责观察选手的整个参赛过程）的询问，接着由领队率领两人接受最后的淘汰审讯，最终有一名被淘汰。

《学徒》是个悬念环环相扣的真人秀电视。每一季的《学徒》有两个最主要的情节：一是谁会最后获得六位数年薪职位；二是哪支队伍更强。节目中的队伍组织和人的胜负成为《学徒》节目的基本悬念。

在第一季和第二季的《学徒》节目中，最初是根据性别不同把参与者分成两组，观众可以看到在商业活动中是否像《学徒》第一季开头的第一句话所言"纽约，是座男人的城市"。而在第三季中将《学徒》的参与者按照大学学历和高中学历进行分组，就是将队员分成"教育组"和"经验组"进行比拼，并且主持人还透露了一个信息，就是目前"经验组"的收入比有学历的"教育组"高出三倍左右，从而强化了这一季的大悬念。

此外，节目还会加一些小环节，以控制整个节目的进展。例如，获胜队的领队可以在接下来的一轮免遭淘汰。

(3) 呈现冲突环节——剧情式的故事情节设计。

《学徒》节目当中除了主要的悬念线索以外，还设计了各种情节冲突的副线。这种情节的产生并非像影视剧那样通过演员的表演来实现，而是通过对参与者的采访以及主持人的盘问等环节诱导呈现在节目中。

例如第一季第12集，两组队员除了"看谁以更高的价格把楼层出租出去"这个主要线索以外，还有四条冲突的副线。这一集的选手，分成两组角逐胜负。Protégé队中的比尔、克瓦姆和特罗伊，比尔是有着良好教育背景的白种人，克瓦姆是有哈佛学位的黑人，特罗伊是没有很好教育背景的白种人。Versacorp队的选手有漂亮的艾米和英俊的尼克。爱情、友谊、学历和种族等这些美国人日常生活中的冲突在这集中逐一展现。

① 爱情冲突线。

艾米和尼克是这一季中的"绯闻选手"，突出这一情节的手段主要表现在以下几个方面：

a. 通过旁白突出情节。

在这一集的上集回顾中，旁白说道："艾米和尼克之间的浪漫感觉正在弥漫着。"在新的一集继续说道:"艾米是否会淘汰掉尼克呢?特丽娜(上集中可能被淘汰的选手)是否会重提尼克和艾米的浪漫情事呢?"

  b. 通过引导选手的回答突出情节。

  艾米紧接着上面的旁白说:"我并不知道自己对尼克的感觉究竟如何。或许我会去了解一下的。"编进片子的这段话也并没有否认两人之间感情存在的可能性。

  c. 通过主持人的强调和引导突出情节。

  在上一集,主持人特朗普询问可能被淘汰的选手:你认为尼克和艾米是否有男女关系?弗西卡(选手)回答:"几乎可以肯定。"特朗普(主持人):"真是太让人吃惊了。可是我没看见。现在我不得不说,我必须得看过去的表现,而艾米过去的表现十分优秀。所以我只好淘汰你了。"

  在本集中,主持人在比赛开始以前公开两人的玩笑。主持人在宣布比赛规则如何奖励胜利方时对着艾米和尼克说:"赢家在乘上王牌公司的飞机到人们心目中最奢华的私人俱乐部去。到佛罗里达的摩洛拉哥去,在帕尔姆海岸享用午餐。那会是顿很好的午餐,很浪漫的。你们要努力啊,或许就能去了。我不知道你们俩之间的关系。你们有关系吗?"

  尼克:"我们在生意上关系很好。有时她会找我聊聊天。"

  特朗普:"那太好了。答得好。祝你们愉快。"

  在节目已经角逐出艾米和尼克获胜以后,他们获得了乘豪华专机去享用阳光午餐的幸运。主持人又一次提到这个情节。特朗普(主持人):"这架飞机真的好极了。尼克和艾米会过得很愉快的,如果他们真是情侣的话就会尤其愉快了。他们会成为情侣的。我想他们最好别辜负了我的飞机。"

  d. 通过采访选手之间的对话和反应来激起矛盾。

  尼克和艾米的爱情关系在节目中也不是那么明确。因为商场(节目比赛)的残酷和各自从前的情感经历为他们两人的感情增添了不确定性。

  在一开头,节目就展现了艾米对尼克的某些消极评价以及尼克的"反击"。在比赛前夜,尼克、艾米以及比尔都在会议室里,他们当时还没有分组,面临第二天的选人。

  艾米:"我或许更喜欢尼克一些。但是比尔是个炒股高手。如果让我选择的话,我会选一个能让我离胜利越来越近的搭档。我想比尔可以做到。我觉得尼克还不够机敏。"

  (尼克听了要走开,比尔追问)

  比尔:"你又想上哪儿去呀?"

尼克:"她用不着在会议室说出来。因为她的想法是,我是不是个值得提防的人。可能她的信念就是她要赢。可能明天她就会忽略掉我了。"

通过这样简单的情节对照,两人之间的矛盾就显现了出来,而且,贯穿整个节目的商场如战场的理念也暴露无遗。在两个有可能是对手,并不能保证赢的时候,感情是被置后的。而在两人已经获得胜利以后,看似可以有进展的时候,尼克父亲说的话非常明显地刺激了艾米(节目组为了给两位获胜选手惊喜,将尼克的父亲和艾米的妹妹接到飞机上与他们同行)。

尼克父亲穆斯:"艾米是个非常非常有魅力的女孩,她妹妹也是。但我必须提醒艾米一件事,尼克有一段不好的感情历史。"

艾米妹妹问尼克:"你们俩在一起了吗?你是单身吗?"

尼克父亲穆斯:"他有很多女人。"

尼克:"不不,我还是单身。"

尼克父亲穆斯:"那个不愿离开你的多娜呢?"

(艾米面露不悦的特写镜头)

尼克:"爸爸,你在说些什么呀。"

两人的爱情故事就是通过这样的方式渗透在节目当中,让观众不知不觉中进入角色。

② 友谊冲突线。

在这一集中,特罗伊和克瓦姆的友谊被明显地强调和描述,但也为后面的矛盾冲突埋下伏笔。

3. 包装设计:增加节目的剧情效果和悬念

节目包装非常强调《学徒》将给选手带来的成功。

(1) 候选人的英雄式、明星式的包装。在每一集的片头,候选人都被用大幅照片以及快节奏的音乐打造成行业精英的模样。

(2) 特别场景的凸显设计。在第二季中,主持人特朗普在宣布两组的组队和任务时,都会站在"王牌世界大厦"的顶层,以突出"君临天下"的英雄主义效果。

(3) 在失利队要宣布被淘汰的选手时,整个会议室的布置是非常阴森和凝重的。

(4) 音乐贯穿整个节目,或舒缓或紧凑,与情节的配合度极高。

(二)《学徒》节目运营设计

《学徒》经营的特别成功之处是在NBC、特朗普和参加比赛选手等方面创造了多赢的局面。对于NBC而言,它靠这个节目在美国电视网晚间时段中位居前列;特朗普更是把他旗下所有的产业都亲自宣传了个遍,并且也为他的项目找到万里挑一的人才,更为有意义的是,《学徒》的热播使面临官司的特朗普至少在公众当中赢得信任分,甚至有人说:"如果说与媒体的公共关系是一门艺术,特朗普把它变成了科学。"而参加《学徒》的诸位俊男靓女即使被解雇了,也被商家看中,或者成为大众明星。

《学徒》是怎么做到这一切的呢?除了制片人和特朗普精心选择内容,并赋予其"美国梦"的积极意义以外,它与观众的互动、与广告客户的互动从《学徒》第二季的网站中可见一斑。

《学徒》网站中的内容非常全面,包括:在线申请、节目介绍、主持人、制片人介绍、节目跟踪、脚本、选手动态跟踪、观众民意的票选以及由节目而来的商业课程、剧情中相关的场景以及产品卖主链,所有这些内容都以非常直接的方式表现出来。

1. 网站上和观众互动

在线申请包括电话和网上提交申请,《学徒》的工作人员在28天之内造访美国29个城市。

网站上有各选手的彩色照片,被淘汰的选手照片变灰色。观众可以一目了然地看到选手的竞争状态。

2. 《学徒》中的生活起居等相关产品的推广

节目中参赛选手的会议室、休息室、起居室乃至厨房卫生间都以奢华著称。在每集的片段转接中都有长达1分钟以上关于选手生活环境的展示。网站上有各个细节物品的产品展示。每张图片点击进入都有更加详细和精致的照片以及厂商和地址。网页上有专门的卖主介绍,有关家具生产厂家的网站和电话介绍。

3. 与剧情相关的商业课程

美国商业管理学会(AMA)根据《学徒》的情节进展,组织专家收看视频,并就其内容一一展开简短而实用的组织管理课程的培训,他们每周在网上张贴这些课程的内容。这样的做法既能够满足《学徒》迷们的心理,美国商业管理学会也借此机会做一次推广(见表1-1)。

表1-1 《学徒》各集任务环节设计表

集数	任务	内容	课程内容	品牌和行业
1	设计玩具产品	为世界知名的玩具制造商设计玩具,由厂方制作样品进行简单儿童测试,玩具制造商判定胜负。	如何召开一个成功的"头脑风暴"会议	美泰(Mattel),玩具
2	开发新口味的冰激凌并销售	为著名的冰激凌公司开发新口味的冰激凌,并进行销售,销售额高的队伍获胜。	如何作出正确的商业决定	芝高(Ciao),食品
3	推广新产品	每队有5万美元的预算,为"佳洁士"牙贴新产品上市造势,由宝洁公司的专业人士判定胜负。	怎样管理商业预算	宝洁(P&G),快速消费品
4	经营餐馆	每队配有一个厨师和一个空置的餐厅,第二天必须开张;有一家权威的行业调查机构从食物、服务以及装修风格三个角度判定胜负。	怎么成为一个受人尊敬的领导	Zagat(世界顶级消费者调查机构),餐饮业
5	定价并销售产品	到一家知名电子产品零售商处,挑选一样产品,对其进行定价,并销售,销售业绩高者获胜。	如何有说服力地进行销售	QVC(年销售量40亿美元),电子零售
6	设计服装	每队带一名时装设计师,完成一个设计,并在"特朗普"的时装秀上向买家推销,销售额高者胜利。	如何做出制胜的竞争策略	Trump(特朗普),服装行业
7	宠物服务项目开发	每队创造一个为狗服务的商业项目,获利润大者胜。	怎样建立凝聚力的团队	
8	举办活动	每队为纽约城市警察局举行招募活动,由广告公司来判定胜负。	怎样成为有激情的领导	Domy Dentsch,广告
9	房屋增值	每队有2万美元的费用花几天的时间改造一个公寓,提升公寓价值。最后由专业的评估人员来估价,决定胜负。	怎样解决冲突	Trump(特朗普),房地产

(续　表)

集数	任务	内容	课程内容	品牌和行业
10	开婚庆公司,并进行排他性销售	每队有一个开婚庆店的空间,设计商业项目,并进行排他性销售。	如何成为有效率的项目经理	Graff,珠宝赞助商
11	改造旧产品	每队有 Levis 公司库存的牛仔裤,与公司设计团队沟通完成设计,由公司总裁判定胜负。	如何成功地委派代表	Levis,服装
12	设计包装	为百事可乐设计新包装,并针对一种新口味进行营销,由百事的老板决定胜负。	如何和老板有效沟通	百事可乐,饮料
13	制作并销售新糖果	为 M&M 销售一个新品牌的糖果,销售的糖果必须是亲自在该公司标准生产线上制作的。	如何营销新产品	M&M,巧克力
14	面试	只剩下两名选手的角逐,两人接受四家全球顶级公司老总的联合面试。	如何通过面试获得您想要的工作	
15	最后的考验	领导已经被淘汰的六名选手管理一个大型慈善运动会的细节工作,看谁的领导才能更杰出。	如何成为顶尖的领导	

4. 大企业营销内容自然融入节目

《学徒》第一季主要是以特朗普的产业作为节目的资源,与此同时也为特朗普的各个产业做了广告。在第二季中,有报道称世界 500 强企业纷纷要求进入节目设计环节。

对于这些客户的回报,他们不但可以和一群追求梦想、高素质的美国年轻人的故事捆绑在一起,而且也可以免费地使用这些年轻人的商业头脑和能力。特朗普还安排了这些企业的老板在节目中共同担任评判,并且特朗普本人还会亲自为这些企业做强力的介绍和推荐……种种回报,令企业相当满意。见表 1-1 中的"品牌和行业"栏。

有评论说美国真人秀节目的类型走向是"收视下降了,但是内容更加健康了",而《学徒》却实现了收视和内容的双赢。

在普通观众看来,《学徒》更像是一部"美国梦"精神的影视剧。在节目收视方面,它已经可以与肥皂剧和情景剧抗衡;在节目形式和内容方面,它创造了一种新的真人秀模式;在商业运作方面,《学徒》获得了多赢的局面。

本 章 小 结

● 电视栏目随着我国电视的诞生而起步,到目前为止已经历了三个发展阶段,即探索、形成和发展阶段。总体趋向为:从电视专题向电视专栏发展;从栏目规范化向栏目个性化发展;从频道专业化向频道品牌化发展。

● 电视栏目的设置与策划,包括电视栏目的对象定位、内容定位和形式定位。定位的依据涉及栏目的外部影响因素(栏目的接受者、竞争者、控制者因素)和栏目的内部影响因素(栏目的人才资源、硬件资源和节目信息资源)。

● 电视栏目的创新要做到抢先机、巧模仿、抓市场、重原创。在方法上,可以先采用模仿的途径,包括引进中的模仿、相似中的差异和跟进中的超越。在创新步骤上,要依次完成目标设计、信息收集、创意构思、撰写方案等。

● 电视栏目的创新样本,通过真人秀《学徒》节目的详尽深入分析,得到实用的借鉴和启示,包括如何进行节目内容设计、环节设计和节目运营设计,其中环节的设计包括竞技性的环节、控制悬念的环节,以及如何呈现冲突环节的设计。

思 考 题

1. 电视栏目的类型有哪几种?
2. 电视栏目策划定位的内容包括哪些?
3. 电视栏目设置的影响因素有哪些?
4. 电视栏目创新有哪些方法?
5. 分析某一名栏目的定位。
6. 查看一档境内外电视节目新形态。
7. 设计一档电视栏目的环节,并撰写策划方案报告。

第二章　电视专题与栏目分类

电视媒介的迅速发展,推动了电视节目的多样化发展和电视形态的多元化呈现,对之进行科学的界定与分类,是我国电视专题节目创作实践与科学管理的需要。在我国首次对电视专题节目界定时,提出了十六字的指导方针,即"涵盖周全、分类准确、界定周密、表述精当"。

"涵盖周全"是要求分类条目基本上能类分现有中国电视专题节目,而且要求留有余地,不致顾此失彼,造成工作上的困难。

"分类准确"指分类条目(类目)的科学性,既能从类目体系中体现出它们之间的从属关系,又有科学的分野,工作起来有所依据,界限清楚,避免或尽量减少分类交叉,无所适从的状况。

"界定周密"对每一分类条目作出科学的定义,阐释它们的性质和特点。

"表述精当"要求文字表达精当。若表述不当,同样起不到周密界定的作用[1]。

根据上述指导方针,我国电视专题节目的分类以节目构成的表现形式作为分类标准,依次按三级类目分类。第一级分类按专题节目的构成分为四大类,即报道类(含纪录片)、栏目类、非栏目类和其他类,其中前两类与本书研究对象形成直接对应关系。第二级和第三级类目则分别按表现形式和该类的性质、特点分类。

第一节　电视专题分类

按中国电视专题节目第一级分类,有报道类和栏目类,其中报道类应视为狭

---

[1] 杨伟光:《中国电视专题节目界定》,东方出版社1996年版,第72页。

义上的电视专题,俗称专题片。电视开创时期,习惯把较长的、较深入的新闻报道叫做电视专题片,而把专门就某一方面内容或对象而设立的节目(栏目)叫做电视专题节目(栏目)。这种称谓容易造成混淆,故而,本书将电视专题视为一种完整、独立的电视节目形态,即采用无虚构的艺术手法,对事实进行系统分析报道的电视节目[1],以此与电视栏目相区别。教育部关于广播电视专业主干课程"电视专题与栏目"在名录上也是将二者明显区别开来。在实际操作中,电视台往往将那些难以入栏的临时性节目,总是以专题片的类型安排播出,比如2008年中央电视台播出的抗击雪灾的《雪战》、汶川抗震救灾的《震撼》。

电视专题片的称谓最早出现在20世纪70年代。1975年中央电视台社教部推出了几个专栏,将专栏里播出的片子称为专题片。1976年,在上海召开的全国电视工作会议上,此名称得到与会人员的认同,将此名称正式确定下来。之所以称为专题"片",是因为当时的专题节目由于摄影(像)技术所限,基本上是用胶片摄制而成的,因此借用电影片称谓而将电视专题叫做电视专题片。随着时间的推移,到了90年代初期,中央电视台研究室组织部分专家界定中国电视专题节目时,由于其"涵盖面过宽,已经(接近)到了一个大部类专题节目的总称",因此,"在这次成文的界定中,没有重复列入。不可否认,各地电视台已经习惯于把新闻性较强的专题报道采用专题片报道的名称,在实际工作中,是否接受这些界定的分类方法,尚待实践证明"[2]。纵观这次"界定"后的数十年实践,不论是在实际制作中,还是在学术研究中,电视专题片的称谓从未消失过,即便是中央电视台在近年来的节目播出中,也频频使用"专题片"的字样。这说明,在实际创作中电视专题片作为明显区隔于电视纪录片和电视栏目的节目形态,确有存在和发展的必要。但为避免概念上的多义性,本书还是将电视专题片与狭义上的电视专题视为同一概念分类,这也符合业界创作实际和学界理论惯例。

由中央电视台主持完成的"中国电视专题节目界定",对第一级"报道类"的条目又细分为第二、三级分类条目,如表2-1。

上述报道类的第二、三级分类与电视专题分类最为接近,因此,本书借鉴这一分类法,再对这些纷繁复杂的电视专题节目形态进行简约化的归纳,整理出以下两种分类,见表2-2。

---

[1] 石长顺:《电视专题片定义初探》,载杨伟光:《中国电视专题节目界定》,东方出版社1996年版,第197页。

[2] 夏之平:《历史的呼唤——谈电视专题节目界定》,载杨伟光:《中国电视专题节目界定》,东方出版社1996年版,第79页。

表 2-1　电视报道类分类条目

(第二级) 形式分类	纪实型	创意型	政论型	访谈型	讲话型
(第三级) 性质分类	新闻性 文献性 文化性 综合性	抒情性 表现性 哲理性 愉悦性	评述性 思辨性 论证性	对话性 专访性 座谈性	报告性 发布性 礼仪性

表 2-2　电视专题分类

形式分类	纪实型	写意型	政论型	调查型
内容分类	新闻类专题、社教类专题、文艺类专题			

一、电视专题的内容分类

以内容作为电视专题的分类依据,是与中国三大支柱电视节目相对应划分的,在电视界已基本达成共识。由于文艺类专题属于电视艺术学讨论范畴,因此,这里重点探讨新闻类与社教类专题。

(一)新闻性专题

新闻性专题即电视专题报道,是专题类新闻中侧重进行深度报道的一种形式。报道对象必须是新近发生或发现的具有一定社会意义并有深度报道价值的人物、事件、经验和社会现象。新闻专题往往是多侧面、多视角、多层次地展现有关的新闻事实和背景材料,从中说明事实发生发展的来龙去脉、前因后果,并分析其现象与本质、内在条件与外在条件之间的相互关系,从而揭示主题的深刻意义。例如获第二十五届中国新闻奖一等奖的电视新闻专题(见表 2-3),以及获 2014 年度中国广播影视大奖的电视新闻专题类节目(见表 2-4)。

表 2-3　获第二十五届中国新闻奖一等奖的电视新闻专题

时　　间	获奖电视新闻专题	制作媒体
2014 年	食品工厂的"黑洞"	上海广播电视台
2014 年	无影灯下的生死博弈	北京电视台

表 2-4　获 2014 年度中国广播影视大奖的电视新闻专题

时　间	获奖电视新闻专题	制 作 媒 体
2014 年	咸肉的秘密	上海广播电视台
2014 年	改革再出发	中央电视台
2014 年	明利分红记	山东广播电视台
2014 年	小花	湖南凤凰县广播电视台
2014 年	烽火 1937——从日本档案解密卢沟桥事变	解放军电视宣传中心
2014 年	习仲勋	中央电视台
2014 年	让慈善顺其自然	宁波电视台
2014 年	大山里的妇产科医生马丽	四川广播电视台
2014 年	迁徙的小鸟	四川德阳广播电视台

(二) 社教性专题

社教性专题重在社会教育,是以思想和社会教育为主要特征的专题节目,其与新闻性专题的区别在于不强调时效性,而强调思想教育的针对性,虽然有时也采用现场录制的音像,但那只是用来阐明某一观点的论点和论据。社教专题主要融知识性、服务性、欣赏性为一体,突出在教、科、文、卫、法制、民族等社会领域中选题,制作出服务性和知识性见长的专题节目(见表 2-5、2-6)。

表 2-5　获第二十六届中国新闻奖二等奖的电视社教类专题

时　间	获奖电视社教专题	制 作 媒 体
2014 年	静默的山碑——长渠如歌 红旗渠通水五十周年记	河南电视台
2014 年	黑暗中的风景	重庆广播电视总台

表 2-6　获 2014 年度中国广播影视大奖的电视社教类专题

时　间	获奖电视社教专题	制 作 媒 体
2014 年	天山忠魂	河南电视台
2014 年	水脉	中央电视台

(续 表)

时　间	获奖电视社教专题	制作媒体
2014 年	五大道	天津广播电视台
2014 年	呼格吉勒图之死	中央电视台

二、电视专题的形式分类

电视专题,就其功能来说,同时承担着提供信息、普及知识、社会教育和公共服务的任务,其容量较大,需要多种手法并用,这样,就产生了多种表现形式。从表现形式上划分,可以区分为纪实型、写意型、政论型和调查型。

(一) 纪实型专题

纪实型专题节目是指用自然、朴实的方法,真实地报道、反映社会生活和人文现象的电视专题节目。它具有较明显的纪实风格特征,特别注重采用采访拍摄的方法,保持被摄对象形声一体化的表形结构,记录具有原生形态的生活内容,并通过对生活情状、文化现象或历史事实的记录,来揭示生活本身具有的内涵和意蕴。这种纪实型的专题节目,就是我们常说的电视纪录片。

电视纪录片是电视专题节目中的主要节目样式,适用于任何一种形态,比如《潜伏行动》的跟踪纪录、《生命如歌》的人物抒情、《大国崛起》的鲜明政论、《天价住院费》的事实调查等。因电视纪录片的广泛适用性和国际通用性,加上其与电影同时诞生的悠久历史,使其早已成为一种独立形态,本书也将在第三章专门论述,因而在此不再赘述。

(二) 写意型专题

写意型专题节目是指"在生活真实的基础上,渗透着创作者浓重的主体意识,具有较强创造意识的电视节目。它注重营造诗一般的意境,抒发创作者的主观思想感情,蕴含着深邃的哲理意念,给观众以独特的审美感受"[①]。

写意型专题发端于我国电视创办初期的祖国风貌专题,盛行于 20 世纪 80 年代,衰落于 90 年代。

---

① 杨伟光:《中国电视专题节目界定》,东方出版社 1996 年版,第 13 页。

改革开放后,我国电视工作者的创作激情得以充分地阐发出来,一大批寄情于山水、洋溢着哲理的文化专题片纷纷推出,在社会上引起强烈反响。从80年代初期的《长白山四季》《泰山》,到80年代中期的《话说长江》《话说运河》,以及80年代后期的《西藏的诱惑》等,都在中国电视史上留下了光辉灿烂的一页。

《长白山四季》以长白山地区自然界四季的景色为表现内容,分别以《春赞》《夏赏》《秋颂》和《冬吟》四篇,来歌颂长白山春天的美好、夏天的清秀、秋天的绚丽、冬天的纯清。专题节目以诗一样的语言来赞美长白山四季,"春天,在积雪中。……像一双双细嫩的小手,抚摸着长白山冻僵的身体","春天,在冰层下。……像一个个飘游的音符,奏出了长白山的旋律"。

《话说长江》于1983年8月7日在中央电视台首播后,很快就在观众中掀起了收视狂潮,这既有特定的媒介社会语境原因,也有该节目创作本身成功的因素。《话说长江》从长江源头说到长江入海口,按照长江的流向,串接起沿岸的风俗人情,抒写了一曲祖国山河与民族历史的华章。

《西藏的诱惑》更是大胆地以诗画(像)配,直接抒发了创作者主体的情感。专题节目中虽然也引入了四位不同身份到西藏考察的艺术家,但作品无意讲述他们的故事,而是将他们作为一种象征符号,说明了西藏对人的诱惑是那样的强烈,那样的不可遏止,就"像旭日诱惑晨曦,像星星诱惑黎明","像山野诱惑春风,像草原诱惑骏马,西藏对人的诱惑,那样巨大,那样难以摆脱"。对于敢于追寻的艺术家来说,"我向你走来,捧着一颗真心,走向西藏的高天大地,走向苍凉与奔放。我向你走来,捧着一路风尘,走向西藏的山魄,走向神秘与辉煌"。该片编导刘郎以其独特的审美视角,对西部生活作了艺术的观照,将当代人的思考融汇于西部社会生活和自然景观中,着力抒发了对西藏的热爱,赞扬了西藏人民特有的朝圣精神。

这些写意型专题代表作,不仅丰富了人们的视听,更给广大观众带来了极大的审美享受。虽说随着20世纪90年代初电视纪实热潮在中国的兴起,使一批擅长于"电视文学式"的专题节目编导淡出了荧屏,但社会对电视节目多样性的需求,仍然给写意型的电视专题留下了足够的空间,并仍有一定的受众市场,偶尔也会掀起一朵朵浪花。《西藏的诱惑》编导刘郎于多年的电视文学沉寂之后,偶尔也"纪实"了一部《傻子沉浮录》(6集,1996年),同样取得了成功,这证明了他既能写意也能"纪实"。于是他转而在1999年及之后又以精美的文辞、精深的思想、考究的画面,精心编导出一部文化品位极高的《苏园六纪》(6集,1999年)、一部颇具"风骚"之味的《苏州水》(5集,2001年)。在娱乐化的电视时代,这些作品仍然受到了市场的追捧,一度成为抢手货。这说明,电视受众的需求是多样化的,不能动辄以世俗的眼光来评价、引导电视制作趋向,更不能低估受众的审美品位。在一个个电视潮流热过之后,不定何时在荧屏上又会劲吹电视文化风。

(三) 政论型专题

政论型的节目形态最早应追溯到电影纪录片的制作。在英语世界首次提出并使用"纪录电影"一词的英国人约翰·格里尔逊,他在1929年发起了英国纪录电影潮流,成为纪录电影的第一大学派代表人物,并为纪录电影的新学派奠定了理论基础。格里尔逊十分强调纪录电影工作者的社会责任感,强调把电影用于教育和宣传的目的。因此,当时的纪录电影主要被用来指"社会评论片"(film for social comment),这种传统被延续至今。2004年5月17日,在法国戛纳电影节上首映,并获得戛纳电影节"金棕榈奖"的《华氏9·11》,就是一部产生了巨大政治影响的政论式纪录片。该片编导迈克·摩尔曾毫不掩饰自己拍摄这部纪录片的目的,他要"让所有的美国人都知道布什发动对伊拉克战争的真相",揭露布什政府发动伊拉克战争的真正意图,指出美国对伊拉克发动的是一场错误的战争。

纪录片的这种责任与功能,导致了一种政治纪录片形态的产生,并成为纪录片最重要的品性。阿兰·罗森萨尔(Alan Rosenthal)在《纪录片的良心》(The Documentary Conscience)一文导言中说:"纪录片应该被当作是改变社会的一种工具,甚至是一种武器。"[①]

作为电影孪生兄弟的电视,自诞生以来完全继承了电影纪录片的传统,在电视新闻与电视专题节目的制作中发扬光大,从早期的政论性专题《观察思考》《迎接挑战》《河殇》到近年来播放的《大国崛起》《复兴之路》等,都在社会上产生了广泛的影响。

政论型专题节目多取材于重大的政治题材,运用纪实画面、解说和采访谈话,对当前具有普遍意义的事件、问题或社会现象表示意见和态度,在舆论引导上带有鲜明的政治色彩。政论型专题节目一般有明确的主题,在思想见解、价值取向、情感态度、道德判断等方面,其主导的方向是明确的。它的思想与政治、情感与道德的倾向性,主要表现为对历史、对人民负责,它所提出、解答、阐释的问题更多以探索性、启迪性、思辨性为特征。有时政论型专题则是评述客观现象,

---

① 转引自何苏六:《中国电视纪录片史论》,中国传媒大学出版社2005年版,第200页。

反映不同看法,希冀做到使真理愈辩愈明①。

政论型专题作为一种节目形态,是依据形式划分的一种电视节目类型,因此,它不是仅限于"政论"字面的政治性评论题材的节目,只要具备评述性、思辨性和论证性的评论特征,就都应包含在政论型专题片之中。政论型电视专题在我国电视媒体中一直占据着重要地位,每年一度的中国新闻奖评选,均设有专门的电视评论节目评奖类别(见表2-7)。

表2-7 第二十七届中国新闻奖获奖电视评论作品(2017年)

获奖等级	获奖电视评论	制作媒体
一等奖	民企也是国家队	黑龙江广播电视台
二等奖	收粮商贩王力军的尴尬	内蒙古广播电视台
二等奖	谁制造了"毒跑道"	中央电视台

政论型专题有"形象化政论"之称,它将客观的事实与主观的评价相结合,针对重要题材,诸如政法、社会、经济等问题,展开鲜明的叙事、说理,以最佳的判断来表达时代精神和人民要求,体现鲜明的政治色彩和时代精神。

(四)调查型专题

调查型专题来源于报纸的调查性报道,它起源于1906年美国关于腐败和大公司导致的社会问题的深入调查报道,最著名的样本是《华盛顿邮报》记者撰写的关于"水门事件"的报道。自此,这种用调查方法写作深度报道的做法开始流行起来,以致一些有影响的报社专门设有"调查记者"的职位,专门挖掘那些如不挖掘就有可能被藏起来的消息,或是针对那些身处公众信任职位人的疏忽及错误行为的有关报道。这种报道不仅仅是揭露"坏人",更重要的是解释一个人们已经有所认识的公共问题,或扩展公众对此的理解。

随着媒体间竞争的加剧,调查报道作为深度报道的一种形式,也为电视媒体所运用,最为成功的案例当数美国CBS的《60分钟》。在我国,中央电视台的《新闻调查》《焦点访谈》节目,基本上是采用调查报道方法制作的。

调查报道本应属于新闻类专题的范畴,它是运用各种调查方式对新闻性较强的事件做深入的专题报道。但由于这种体裁适用的广泛性、形态的突出性而被作为一种独立的类型进行专门的研究。例如2017年获中国广播影视大奖·

---

① 杨伟光:《中国电视专题节目界定》,东方出版社1996年版,第16页。

广播电视节目奖的《"聂树斌案"十年调查》(中央电视台),作品坚持用事实说话,通过精准克制的镜头语言,阐释了聂树斌从 1995 年因涉嫌强奸杀人罪被判死刑并很快执行,到 2016 年最高人民法院对聂树斌改判无罪的过程,即是运用调查报道的方式制作的。调查报道在西方国家,不仅是媒体的资深记者才能担当此任,就是在各类传媒专业书籍,或者传播课程设计中,都是单独设置的,因此,在本体例分类中,也将调查型专题与纪实型、写意型、政论型专题并列研究。

第二节 电视栏目分类

正确的栏目分类是搞好栏目策划的基础。面对众多纷繁复杂的栏目形态,需要从多种角度对其进行较为细密的分类和简约化的归纳与整理。从理论层面看,电视专栏的分类是对栏目形态进行归整,并对其所具有的内涵与范畴进行科学的概念表述。从实践上看,它对规范创作与科学管理,均有着重要的意义。

处于不断发展变化中的电视栏目创作,使电视专栏的分类也具有动态性。作为一种分析研究,栏目的分类并不是为了给创作实践设立越来越多的限定,而是以此为基础设立一个创作图版,让实践者既可按图索骥,又能在这种参照体系中不断追求创新,为完善栏目分类体系提供翔实的理论依据。

电视专栏分类,按照不同的标准,可以划分出不同的栏目类别。

一、按栏目表现对象划分

1992—1993 年,中央电视台先后三次组织全国部分专家、学者,开展了"电视专题节目分类界定"的大型研讨活动。通过研讨基本统一了对界定标准的认识,拟出了专题分类条目,对分类条目及定义逐条逐目进行了分析。这项界定工作,在"涵盖周全、分类准确、界定周密、表述精当"的方针指导下,将电视专题节目分为四大类,即报道类、栏目类、非栏目类和其他类。在栏目类下,再根据该类的性质和特点细化为二级栏目[①](见表 2-8)。

---

① 杨伟光:《中国电视专题节目界定》,东方出版社 1996 年版,第 3 页。

表 2-8 电视栏目分类表

对象型栏目	公共型栏目	服务型栏目
军人节目	社会性节目	健康类节目
青少年节目	法制类节目	养生类节目
老年节目	经济类节目	医药类节目
妇女节目	文化类节目	饮食服务类
少数民族节目	科教类节目	天气预报类
港澳台节目	体育类节目	股市行情
对外节目	卫生节目	时令节目

电视专题节目分类界定，对每一个分类条目给出了科学的定义，使之具有较为规范的内涵和外延限度。

所谓对象型栏目，是指面向特定对象播出并侧重表现特定范畴或兼而有之的专栏节目形态，一般根据观众的职业、年龄、性别、地域等特点分别设置。例如，按职业设置的对象型栏目有《人民子弟兵》《当代工人》《农民之友》《商界名家》等；按年龄设置的对象型栏目有儿童节目《七巧板》、少年节目《第二起跑线》、青年节目《十二演播室》、老年节目《夕阳红》等；按性别设置的对象型栏目有《天下女人》等；按地域设置的对象型栏目有少数民族栏目《民族之林》、港澳台栏目《天涯共此时》和对外栏目《中国报道》等。

公共型栏目，是指无特定对象、面向全社会广大电视观众传播的栏目。其选题应选择电视观众普遍关心的题材，例如，社会、法制性栏目《焦点访谈》《今日说法》；专门报道经济问题的栏目《经济半小时》；专门对文化方面的历史、现象、事件和问题进行探讨的栏目《百家讲坛》；专门报道体育活动的《体育世界》；传播科学知识、介绍科技成果的栏目《走近科学》；传播卫生知识的栏目《卫生与健康》；等等。

此外，在栏目类的二级类目中，这次"界定"还以功能为划分标准分列出了服务型栏目，本书将在第七章第四节做详细介绍。

二、按栏目表现内容划分

原北京广播学院（现为中国传媒大学）电视系学术委员会 1993 年编写了一

本《中国应用电视学》,其中对电视专栏采用了按节目内容分类的方法,把专栏分成新闻信息类、社会教育类、文艺类、体育运动类、服务类五大类别。

新闻信息专栏,主要指电视屏幕上传播新闻信息,分析、解释与评论新闻事实的各种新闻性栏目。它包括消息类新闻栏目,像《新闻联播》《晚间新闻报道》等;深度报道类的新闻栏目,主要是对当前具有普遍意义的事件、问题或社会现象进行评论之类的栏目,如"焦点"类的栏目。

所谓社教节目是社会教育节目的简称,即以传播科学文化知识、进行社会教育为宗旨的电视节目。它是涉及内容最为广泛、形式最为多样的一类节目。因此,社会教育节目最适宜以电视专栏方式同观众见面,以便有效地组织收视。

社教类专栏按题材和内容又可细分为社会政治类,即反映一个时期内重大社会问题、社会现象、重大政治事件、历史事件等为内容的栏目;文化教育类,即以文学、艺术、音乐、舞蹈、美术、戏曲等为主要题材的栏目;经济类,即以经济信息、经济政策、经济活动、经济服务为内容的栏目;科教类,即以报道科技信息、传播科技知识、宣传科技人物、推动科技进步为宗旨的栏目。

服务性专栏是近年来较为活跃的栏目之一。这类节目是指那些实用性强,采用传信息、做咨询、当参谋、反映群众呼声等方式,为帮助社会各界解决各种实际问题提供方便,对受众的心理和生活需要有直接影响作用的电视节目。这类节目归类在社教节目类。

文化艺术类专栏是中外电视媒体都非常重视的领域,也是满足广大观众娱乐需求最重要的节目形态。它主要是对各种文化艺术节目进行二度创作,既保留原有文化艺术形式的审美价值,又充分发挥电视特殊艺术功能。按照《中国应用电视学》的分类,电视文化艺术专栏又细分为三大类:欣赏性专栏、综合性专栏和竞赛性专栏。

随着电视节目形态的发展,仅以文艺节目来代表娱乐性节目显然不恰当了,例如当代电视热潮中的真人秀类节目就很难用"文艺"类概括,还有更多的游戏类节目也不符合"文艺"的标准,因此,本书拟用"娱乐节目"替代"文艺节目"类,以更符合中国电视的现实状况。

三、按栏目表现形式划分

研究电视的表现形式,不能不解析电视专栏,因为它囊括了所有的电视形态;研究电视表现形式的多样化,也不能不解析电视专栏,因为它最能融合多种表现形式,以致不断衍生出五彩缤纷的全新组合形态。如果把电视栏目的表现形式罗列出来,将是一个十分庞杂的体系,并且因为有些栏目对多种表现形式的兼容,很难用一个界定比较清晰的形式概念将其归类阐述。因此,这里只将电视专栏最基本的形式类别做一些分析,以便在各种电视专栏的解析中,进一步了解这些基本形式和体裁的适应性,并希望以此作为开拓电视专栏创作新思路的基点。

（一）电视纪录片式

电视纪录片是电视专栏节目中最基本、最常用的形式。它是"以摄像或摄影手段,对政治、经济、军事、文化、历史事件等做比较系统完整的纪实报道,并给人以一定的审美享受的电视作品。它要求直接从现实生活中取材,拍摄真人真事。其基本报道手法是采访摄像或摄影,即在事件的发生发展过程中,用等、抢、挑或追随采撷的摄录方法,记录真实环境、真实时间里发生的真人真事,在保证叙事报道整体真实的同时,要求细节真实"[①]。

电视纪录片作为电视专栏最常用的体裁,与我国电视诞生之初的节目单一形态有关。直到20世纪80年代中期,绝大部分电视媒体的栏目,仍基本上是由专题片充任。关于电视专题片,在理论界有一种倾向把它归入电视纪录片,认为是同一类别的两种表现手法,电视纪录片更趋向纪实性,电视专题片则趋向表现性。至于二者的区别,我们将在第三章进一步详细解析。由于当时电视专栏几乎可以等同于电视专题片,因此,电视专栏的单一结构形态保留至今。现在,许多电视专栏就是由完整的电视纪录片构成,像中央电视台的《魅力纪录》、北京电视台的《纪实天下》、上海电视台的《纪录片编辑室》等。

电视纪录片作为电视专栏最常用的表现形式,以其鲜明的纪实性,受到了当代电视工作者的青睐,无论在哪一类电视栏目中,我们都可以看到纪实手法的成功运用,像新闻栏目《焦点访谈》《新闻调查》,社教类栏目中的法制节目《法治在线》,经济类栏目《经济半小时》,生活服务类栏目《消费调查》等。即使在文化娱乐栏目中,也大量运用纪实报道手法,例如美国真人秀节目《生存者》、湖南电视台的《爸爸去哪儿》等,都采用了纪实手法。

（二）电视访谈式

电视访谈式节目是继娱乐节目热之后,在当今电视台最为活跃、最普遍使用的节目类型之一。电视谈话节目作为电视专栏中重要的形态之一,不仅适用于

[①] 杨伟光:《中国电视专题节目界定》,东方出版社1996年版,第8页。

新闻的深度报道,而且还大量应用于教育性、知识性、服务性甚至娱乐性节目。

电视访谈节目是"以访问、谈话的形式展开叙述视角,表现鲜明主题的","大都带有强烈的主观色彩,有比较明确的目的性。因内容相对集中、单一,结构连贯,国外称之为'话题节目'(talk show 译为脱口秀)。它以具有一定程度的交流感为特点,要求公允待人、平易近人、亲切感人的说理,通常选热门话题,顺应观众思路,针对疑问展开论述。由于交流、启发加强了观众的参与感,使节目生动活泼"①。

电视谈话节目在20世纪50年代兴起于美国,现在谈话节目已占全部电视播出时间大约1/3的比例。在我国,据统计,早在21世纪初就已有179个谈话类节目②。

从现有谈话节目的创办宗旨看,电视谈话栏目的内容主要有以下一些:时政话题,如河北电视台的《国人笑谈》;社会话题,如湖南电视台的《有话好说》;经济话题,如中央电视台的《对话》;市民话题,如上海电视台的《有话大家说》;女性话题,如湖南电视台的《天下女人》;人生话题,如凤凰卫视中文台的《鲁豫有约》等。

从谈话方式看,电视谈话栏目有讲座式,如中央电视台原《实话实说》;辩论式,如凤凰卫视中文台的《一虎一席谈》;访谈式,如凤凰卫视中文台的《时事开讲》;对话式,如中央电视台的《对话》等。

从谈话场景看,有演播室内谈话节目,像上面介绍的一些节目,也有演播室外的谈话节目,如中央电视台的《当代工人》等。

随着让媒体主导一切的"电视时代"的过去,一个与公众平等对话、开放交流沟通的电视时代必然会到来,在已经可见的媒体"对话"中,预示着电视的"脱口"一定会普遍"秀"起来。

(三) 电视杂志式

电视杂志式节目最早由美国全国广播公司(NBC)西尔维斯特·韦沃(Sylvester Weaver)创立,他于1952年和1954年先后开办了《今天》(*Today*)和《今晚》(*Tonight*)两个杂志型新闻节目。这种节目就是在一个统一名称的栏目下,由几个相对独立的节目单元组成。当时,这两个栏目除了报道一些动态消息外,还对国内国际重大新闻事件做深入报道,进一步介绍事件发生的来龙去脉和

---

① 杨伟光:《中国电视专题节目界定》,东方出版社1996年版,第19页。
② 何树青:《一切都是对话》,《新周刊》2001年第9期,第31页。

可能产生的影响。之后,这种形式的节目对美国乃至世界电视节目的发展都产生了重大影响。

20世纪60年代,是杂志型新闻节目蓬勃发展的时期,先后诞生了一大批名牌栏目,像美国CBS的《60分钟》、ABC的《20/20》、《黄金时间实况》等。

我国中央电视台最早于1987年1月开办了《九州方圆》大型杂志节目,由于内容过于庞杂,最后以失败告终。现在中央电视台较为成功的杂志型栏目为《东方时空》,该栏目曾在1995年、1996年两度被评为中国名牌栏目。

杂志型栏目,是运用多种表现手法,包含多种内容与形式的一种电视节目。它借鉴杂志手法,将长短不一、表现形式各异的专题节目,按栏目的宗旨加以取舍,有机地组成一个定期定时播出的单元。一般由固定的节目主持人主持播出。在结构上,杂志型节目还设有若干小栏目,相对固定地播放某类节目。小栏目之间多以版块结构方式组接贯穿,故而生动活泼、富有节奏变化。在我国电视节目开始实行栏目化运作的时候,大都以杂志式编排结构出现,所以当时也有"电视节目栏目化、电视栏目杂志化"一说。

杂志型栏目最大的特点是"杂",在内容上丰富多彩,新闻性、知识性、服务性、趣味性的内容应有尽有。在形式上,多种手法交叉运用,或报道式、访谈式、纪录片式,皆为"我"所用,不拘一格。总之,只要是符合栏目主旨,便于表达主题内容,形式上可以灵活多样。例如调查报道式,既可在新闻性杂志节目中采用,又可在服务性杂志节目中采用,前者有美国CBS的《60分钟》,后者有我国中央电视台的《生活》栏目,皆为调查报道的成功例子。

杂志型栏目的"杂",由于其内容上的包容性和形式上的灵活性,被各电视媒体的栏目广泛采用,极大地丰富和活跃了电视节目。但是,杂志栏目中的"杂",并不意味着杂乱无章,而是要"杂而有序"。从形式上看,杂志栏目由各个子栏目构成,显得有点"杂",但各个栏目都以其明确的栏目定位而相对固定下来,并以版块化的结构编排,界限清晰、明白,杂而不乱。有的栏目在设计之初,为了求得栏目的丰富性,往往设计十几个子栏目,在固定的播放时间内"轮流坐庄",这并不是理想的杂志型栏目,这样的栏目也不可能形成稳定的收视群体,其影响力也会大打折扣,不宜提倡。

本 章 小 结

● 电视专题节目根据报道内容和报道形式的不同,可以分别划分为新闻性、社教性专题和纪实型、写意型、政论型、调查型专题。

● 电视栏目的分类是电视节目策划的基础。按栏目表现对象可划分为对象型、公共型、服务型栏目;按栏目表现内容可划分为新闻信息类、社会教育类、文艺类、体育运动类和服务类专栏;按栏目表现形式可划分为电视纪录片式、电视访谈式和电视杂志式。

思考题

1. 电视专题的类型有哪些?
2. 何为公共型和对象型栏目?
3. 按栏目表现内容可划分为哪几类栏目?
4. 分别概述纪录片式、访谈式和杂志式电视栏目的特征。
5. 请将中央电视台第四套节目的各类节目分别按类型整理表述。

第三章　纪实型电视专题：纪录片

纪录片与世界电影同步诞生,至今已有100余年的历史。作为与故事片相对应的一种非虚构影片形式,它早已成为电影的两大主要类型之一。随着电子技术的发展,电视媒介完全继承了电影的传统,成为影片的另一种传播方式,电视纪录片也将电影纪录片的观念带给了新的观众。

如今,在精彩纷呈的电视荧屏上,作为一种无法替代的独特节目形态,纪录片始终占有重要的一席之地。电视纪录片虽然从电影纪录片那里继承了基本的创作原则和方法,但是凭借电视媒介的优势和先进的创作理念、创作方法、创作手段,电视纪录片无论在反映生活的深度和广度方面,还是在形式、风格以及技法的丰富多样性上,都已经远远地超越了电影纪录片。

纪录片是所有纪实性电视节目的母体。从广义上来讲,一切采用纪实手法的节目形态都是电视纪录片在具体节目形式中的运用,电视纪录片可以说是当代电视节目最主要的表现形态。

第一节　纪录片的发展历程

一、纪录片的开端

1. 纪录电影的诞生

国际影视界公认,法国卢米埃尔兄弟最初的拍片活动实际上代表着纪录电影的开端,他们的两位摄影师初步确立了两种纪录电影的风格。1895年,法国的卢米埃尔兄弟制作的12部有名的短片就是最早的纪录片,如《工厂的大门》《火车进站》,也标志着世界电影的诞生。但从当代纪录片的观念来看,最早的严格意义上的纪录片当属1922年美国人罗伯特·弗拉哈迪拍摄的《北方的纳努克》。此前,卢米埃尔兄弟的两位摄影师(弗利克斯·麦斯基什、弗朗西斯·杜勃利埃)确立的两种纪录片雏形,分别代表着纪录电影的两个极端——"对现实的描述"和"对现实的安排"。纪录电影的全部历史便是在这两个极点之间形成和发展的。

2. 纪录电影的独特风格开创

据拉法艾尔·巴桑和达尼埃尔·索维吉介绍①,第一次世界大战后,许多国家的电影工作者都试图赋予非虚构电影(纪录电影)一种独特的风格。1922年,罗伯特·弗拉哈迪的《北方的纳努克》(见图3-1)将这一愿望现实化了,这部影片既是一部纪录片,又是一部艺术作品。弗拉哈迪深入爱斯基摩人的实地,与自己将要拍摄的人长期生活在一起,细心观察和研究他们的生活习俗,请他们参加影片的拍摄,必要时就让他们搬演某些生活场景。与纪录片之父格里尔逊相反,弗拉哈迪拒绝事先对世界作出某种预想后再去拍片。在拍摄《北方的纳努克》之前,他首先悉心观察爱斯基摩人纳努克及其家人是如何生活的,然后才将他们的生活场景记录在胶片上。通过这种拍片方式,弗拉哈迪打开了通往富有诗意的纪录片和人类学电影的道路。

图 3-1　纪录片《北方的纳努克》海报

3. "电影—眼睛"学说

1918年以前,原苏联著名电影理论家吉加·维尔托夫一直从事新闻纪录片电影摄影工作。在十月革命中,他意识到对电影进行美学和社会内容革新的价值,窥见了蒙太奇的无限可能性。出于对故事片的极端反感,他在1922年制作了一部用资料片编辑而成的编年史影片《内战史》。维尔托夫的这一实践奠定了

---

① [法]拉法艾尔·巴桑、达尼埃尔·索维吉:《纪录电影的起源及演变》,载单万里:《纪录电影文献》,中国电影出版社2001年版,第8页。

他的"电影—眼睛"学说的基础。这个学说认为电影应当"出其不意地捕捉生活"（即在没有准备以及不让被摄对象知道的情况下），运用蒙太奇的功能重新组织素材以产生意识形态方面的意义。1924年，他在拍摄一部长片时应用了这一学说，这部影片的片名就叫《电影—眼睛》。在他以后拍摄的大部分影片中，我们都能找到"电影—眼睛"学说的影响，如《前进吧，苏维埃！》（1926）、《在世界六分之一的土地上》（1926），尤其是《带摄影机的人》（1929）可以看做"电影—眼睛"的代表作，但在拍摄这部"都市交响曲"式的影片时，维尔托夫既继承又超越了上述学说。

4. 影像资料编辑式纪录电影

爱瑟·苏勃与维尔托夫一样，对汇编电影发表过精彩的见解，她清醒地意识到新闻时事片中存在着双重的内容——可见的视觉事件（影片描述的事实）和可供重新塑造的视觉元素。在1927年和1928年，她制作完成了表现1896—1927年俄国历史的三部曲：《罗曼诺夫王朝的没落》（1927）、《伟大的前程》（1927）、《尼古拉二世的俄罗斯与列夫·托尔斯泰》（1928），这三部影片中的所有镜头都不是她亲自拍摄的。做剪辑师的经历有助于她从来源各异的成千上万米胶片中选取恰当的资料编辑新的影片，但她并非按照表面意义将这些资料连接下来，而是根据事先制定的计划，使它们产生出符合马克思主义历史的新意义。

这种利用影像资料编辑纪录电影的做法已被我国电视专题片的编导继承和发扬，并产生了一些具有较大社会反响的作品，像首次被作为"电视现象"引起批评的政论片《河殇》，就是利用纪录片《黄河》编辑完成后剩下的影像镜头资料编辑而成的。2008年中央电视台播出的《雪战》和《震撼》也是充分利用抗击雪灾和汶川大地震的现场报道新闻资料，重新按主题汇编而成。

5. 社会学的纪录电影

在纪录片的开端中，被称为纪录电影先驱的约翰·格里尔逊的贡献功不可没。他不但首次提出并使用了"纪录片"的概念，而且在1929年发起的英国纪录电影潮流，成为纪录电影的第一大学派。

1929年，格里尔逊拍摄了表现渔民在公海捕鱼的纪录片《漂网渔船》，该片不仅在当时社会上产生了巨大反响，而且对纪录片的创作也具有深远的意义。这部影片能够引起人们的关注，主要因为其在纪录片的主题开掘方面开创了新天地。当时的英国电影被束缚在摄影棚内，在这种情形下，一部在现实生活中实地拍摄的影片简直称得上是具有革命意义的作品。格里尔逊拍摄的有关北海捕鲱生活的简单故事为当时的英国电影注入了新鲜血液,画面极富冲击力。这部纪录片首次将普通英国人的生活搬上了银幕。今天,人们可以在成千上万的纪录片中看到类似的场面,可是在当时,这样的影片却是令人吃惊的新发现,它将纪录片的眼光从偏远的历史文化题材拉回到关注现实生活中来,实现了其社会学的而不是美学的纪录电影运动的愿望:在平常的生活中发现"戏剧",而不是从非同寻常的猎奇生活中编造戏剧。应当说,这个问题在历经80年后,仍然没有得到彻底解决。一些纪录片编导专为获奖而做,热衷于对偏远文化部落的记录,而对现实题材却不太关注,甚至视而不见,使纪录片远离了生活,远离了观众。

6. 中国早期纪录电影

在世界纪录片发展史上,中国也于19世纪末和20世纪初开始拍摄纪录电影。最早的一些镜头记录了清朝末年的一些社会风貌、八国联军入侵中国的片段和历史人物李鸿章等,然而这些镜头都是由外国摄影师拍摄的。1911年年底,武昌起义时,日本摄影师桉屋拍摄了《辛亥鳞爪录》,这可看做是第一部完整记录中国社会的纪录片。

1938年,在中国共产党领导下成立了延安电影团,拍摄了《延安和八路军》(1939)、《南泥湾》(1942)等纪录片。这是中国人自己拍摄的较早的完整纪录片。1953年7月中央新闻纪录电影制片厂诞生,标志着我国纪录片拍摄制作的专业化时代开始。

二、纪录片的本质

纵观百年电影史,人们对"什么是纪录电影"总是争论不休,但不管怎样争论,其焦点总是在"纪录"与"虚构"两个极点之间来回游移。最初使用"纪录片"(Documentaire)一词的是法国人,用以指称电影诞生初期大量出现的旅行片。

首先在英语世界提倡使用"纪录电影"一词的是英国的约翰·格里尔逊,源自法文的英文词汇 documentary 最早是在他为1926年2月8日出版的纽约《太阳报》撰写的一篇评论上出现的,这篇文章主要是评论罗伯特·弗拉哈迪的第二部影片《摩阿纳》。这部影片描写了南海各岛土著居民的生活,"是对一位波利尼西亚青年的日常生活事件所做的视觉描述,具有文献资料价值"。稍后,他还将"纪录电影"更加明确地定义为"对现实的创造性处理"(the creative treatment of actuality)。

近百年纪录片的发展，应当说在理论上和实践上都趋于成熟。然而，当我们试图给纪录片下一个准确而公认的定义时却犯难了。因为随着时代的发展、科学的进步，纪录片不断注入了新的表现因素，社会审美思潮的变化和创作者的探索动机造成了纪录片不同的创作理论和创作风格，也大大丰富了纪录片的表现形态。尽管如此，作为一种学术研究和探讨，给纪录片一个较为公认的概念，仍然是十分必要的，同时，也是纪录片研究的基础。

让我们先来看一些关于纪录片的著名定义：

迄今为止，我们把所有根据自然素材制作的影片都归入纪录电影范畴，是否使用自然素材被当作区别纪录片与故事片的关键标准。①

——《纪录电影的首要原则》，[英]约翰·格里尔逊

纪录片，一种排除虚构的影片。它具有一种吸引人的、有说服力的主题或观点，但它是从现实生活中汲取素材，并用剪辑和音响来增进作品的感染力。②

——《电影术语辞典》，美国南伊利诺斯大学、南加利福尼亚大学、休斯顿大学、俄亥俄州立大学联合编辑

具有文献资料性质的，以文献资料为基础制作的影片称为纪录影片。……总的说来，纪录影片是指故事片以外的所有影片，纪录片的概念是与故事片相对而言，因为故事片是对现实的虚构、搬演和重建。③

——《电影辞典》，[法]拉·巴桑、达·索维吉

纪录片是这样一种电影形式：在这种形式中，电影制作者放弃了对影片制作过程的某些方面的某种程度的控制，并以此含蓄地向人们昭示该影片在某种程度上的"真实性"和"可信性"。

——[美]罗·C·艾伦，《美国真实电影的早期阶段》，《世界电影》1991年第3期

电视纪录片：通过非虚构的艺术手法，直接从现实生活中选取形象和音像素材，真实地表现客观事物以及作者对这一事物认识的纪实性电视片。

——钟大年，《纪录电影创作导论》，引自《纪录电影文献》

以上几种关于纪录片的定义基本上代表了中外纪录片理论界的认知。然而，纪录片创作者们的看法与理论界却不尽一致。1993年，日本NHK放送文化研究所曾就纪录片的定义和编导思想对欧美七国富有经验的著名制片人和编

---

① 单万里：《纪录电影文献》，中国电影出版社2001年版，第500页。
② 任远：《电视纪录片新论》，中国广播电视出版社1997年版，第271页。
③ [法]拉·巴桑、达·索维吉：《电影辞典》，法国拉鲁斯出版社1991年版。

导进行了调查。来自美国、英国、加拿大、法国、德国、意大利和澳大利亚的23名纪录片制作者在回答"一般意义上的纪录片定义是有还是没有"这个问题时,作出"没有"回答的有19人,占总数的82%;在回答"你所认为的纪录片的定义是什么"时,回答者们则分成了明显的两派:"纪实派"主张节目应该"客观、公正、平衡",而"表现派"则"强调制作者的见解和解释性"。

由此可见,我们不可能为纪录片确定一个公认的和一成不变的定义,而应当以一种多元化的思维来看待纪录片这种充满活力的艺术。纪录片发展的历史在不断地丰富它的艺术内涵和表现方法,我们在这里试图从本体意义上把握纪录片的几个基本特征。

第一,无假定性的真实。真实是纪录片的本质属性,是纪录片存在的基础。所谓无假定性的真实,是相对于艺术的真实而言的。与故事片、电视剧中的假定性的艺术真实不同,纪录片所面对的客体对象必须是现实生活中真实存在的事物和人物,不容许虚构事件。"它的基本手法是采访摄影,即在事件发生发展的过程中,用挑、等、抢的摄影方法,记录真实环境、真实时间里发生的真人真事。这里的'四真'是纪录片的生命。"①而且这种真实能使人从屏幕上感受到,同时也是摄影师有可能拍到的真实事件。

第二,形声一体化的表现结构。电视纪录片记录现实生活中真人真事的功能是通过摄像机这种特殊的电子工具来实现的。现实世界中,客观事物的存在与运动都以形声一体化的完整形态进行,摄像机以一种特殊的记录形态再现了客观事物直观的形声结构和运动过程。这种记录形态强调记录行为空间的原始面貌,强调记录形声一体化的行为活动,使得电视纪录片中人和事物的活动具有一种符合人们日常生活经验的逼真感。正是这种纪录片的纪实本性——客观物质现实的复原,才使得纪录片有着其他节目形态所无法替代的独特价值和永恒的魅力。

过去,由于技术手段的问题,在用摄影机去记录生活时,声音和图像画面往往被机械地分离了。长此以往,由于"宣传"的需要,电视图像脱离了声音,脱离了具体的情境,变成了一种形象记号,使人变成了一个抽象的类概念,人物的活动也变成了某项活动的类概念,这样的图像可任由人们去理解与解释,这样就造成不能准确地还原出现实的真实。我国纪录片自《望长城》的一声"呐喊",开始了电视观念的一次革命,人们开始重视现场声音在画面中的作用。

第三,情境化的叙事方式。情境化的叙事,就是要使纪录片的图像符号所表现的抽象内容具有一种"可经历"的情景意义。纪录片的创作者既不能像故事片

---

① 任远:《电视纪录片新论》,中国广播电视出版社1997年版,第271页。

的创作者一样用虚构的方法来安排情节,也不可能将生活完完全全地记录下来,而只能以真实自然的生活流程为素材,通过择取一个个有"意义"的瞬间和片段来"再现"生活的原貌。这种"再现"是建立在情境完整性的基础之上的。

所谓"情境",应包含三大要素:① 人物活动的具体时空环境;② 人物面临的具体事件或情况,即过程;③ 由此构成的特定人物关系。一部纪录片正是由多个具有一定逻辑联系的"情境"按一定的结构组成从而达到叙事的目的。

以往的电视作品,叙事系统通常是建立在观念表达的基础上,生活内容通常以横断面的方式为主题服务。生活的横断面由于脱离了具体时间、具体活动、具体行为目的的情境,往往变成具有象征意义的抽象化了的材料。

三、纪录片的轨迹

纪录片历经百年,虽说风格多样、思潮迭起,但主导世界纪录片的潮流仍然没有超出两大主流倾向,格里尔逊与真实电影两大传统,并且影响至今。这在下一节"纪录片的创作模式"中将会有详细的阐述。

卢米埃尔兄弟作为纪录片电影的开端,表现在他们对于真实生活的片段记录,但由于受摄影技术设备的限制,他们初期的作品只能是一个短短的活动场景,还构不成较长篇幅的故事情节。而罗伯特·弗拉哈迪的纪录片作品《北方的纳努克》(1922),则可以作为第一部严格意义上的纪录片被奉为经典。其重要性在于它创造了一种新的风格。它不仅表现了罕见的北极风光和一个陌生的民族,更重要的是它改变了长期以来以商业为目的的游戏制作心理。

(一) 纪录片的"真实性"追求

弗拉哈迪把正在迅速消失的文化特点用影片记录下来,甚至有意地排除了现代文明对它的影响。他在描述纳努克一家人的生活时,让他们回到了几十年前爱斯基摩人传统的生活方式之中,这表现了他对纪录片的理解。他曾经这样写道:"白种人不单破坏了这些人的人格,也把他们的民族破坏殆尽。我想在尚有可能的情况下,将他们遭受破坏之前的人格和尊严展现在人们面前。我执意要拍摄《北方的纳努克》是由于我的感触,是出自我对这些人的钦佩。我想把他们的情况介绍给人们。"弗拉哈迪用自己独特的方式为一个行将消失的文化唱起赞歌。在这里,"感触"成了创作的动机。这一点,影响了以后的纪录片创作,创作者的主动性和目的性对于纪录片创作的重要性不再被忽视了。

《北方的纳努克》对后人产生的重要影响,主要还是表现在它对生活的记录方式上。弗拉哈迪跟随纳努克一家人的远行,记录了远行过程中的自然生活形态,尽管由于弗拉哈迪的出发点以及技术设备的局限,这种生活形态不具有严格意义的真实性,比如他们造的冰屋是专为拍摄建造的特大的"电影冰屋",再比如纳努克一家睡觉是在室外刺骨严寒的阳光下拍摄的,但是,它给人的生活气息和人情味却是无可置疑的。"结果要真实,这是弗拉哈迪恪守的信条,即使需要独辟蹊径,他也不会动摇",这就是弗拉哈迪对"纪录片价值"的判断[①]。

从这个意义上说,世界纪录片史也是一部关于"真实性"理解与运用的发展史。格里尔逊坚持了他一贯的为公共事务服务的宣传电影主张,在大多数情况下,他所领导的纪录电影小组,"都在自己效力的公共关系机构建立起了热情和明智的理解",这些导演都具有强烈的社会学意识。在第二次世界大战前,格里尔逊曾与苏格兰政府合作,制作了一批反映苏格兰的民族特征与传统、工业经济发展计划、农业、教育和体育等方面的影片。这些影片对苏格兰的成就和未来进行了独特和引人注目的描述。然而,这些反映英国为解决自身的社会和工业问题而斗争的纪录片却没有被英国议会选中参加纽约世界博览会。为此,这些苏格兰影片和其他一些纪录片卷入了被格里尔逊称作"维护真实性的战斗"中,这场争论实际触及了格里尔逊坚持为之奋斗的事业的精髓。

作为真理电影先驱的荷兰著名电影艺术大师尤里斯·伊文思也对纪录电影的"真实性"有着独特的理解。他早年虽说是先锋派运动时期的一位活跃人物,其作品《雨》《桥》就是受先锋主义影响创作的两部杰作。到了20世纪30年代,他转变成一名"社会活动电影家","飞翔"在美、苏、中、法、德、荷兰、波兰、捷克、古巴、越南等国之间,拍摄了一批"战斗"电影,他在中国拍摄了《愚公移山》。他把"真实"看做自己的信念,指导着全部的艺术实践。伊文斯曾说过,"真实比一切都重要,宁可在画面质量上有些问题,也要求真实"。他相信主动的、积极的,甚至可以说是主观的真实,而从来不相信什么绝对客观的真实。他认为"纪录"和"纪录片"是两个有区别的词,纪录片除了向观众反映情况、使他们感动之外,还应当鼓励、动员他们,让他们对影片中反映的问题采取积极态度[②]。只有这样的真才能动人,只有这样的真才能永存。

相比较而言,在1922—1932年间的德国的一种论战电影则把纪录电影的"真实性"推向了另一个极端。随着第二次世界大战的开始,如同大多数参战国

---

① 钟大年:《纪录电影创作导论》,载单万里:《纪录电影文献》,中国电影出版社2001年版,第374—375页。

② 胡濒:《法国新浪潮中的真理电影》,载单万里:《纪录电影文献》,中国电影出版社2001年版,第71页。

一样,德国利用资料片制作了一些宣传电影。《火的洗礼》(1940)表现了波兰战场的战况,《西线的胜利》(1941)反映了法国战场的情况,这两部蒙太奇电影最能说明这个时期的德国宣传电影的特征。与传播人道主义和提供信息服务的美国和英国电影相反,这两部影片(弗立兹·伊普勒监制)摆出了德意志民族史诗的气派,旨在摧垮易受攻击的个体观众,将预先制造的真实性强加给他们,而他们又无法进行反驳。

(二) 纪录片的体裁形式发展

"纪录片的本性,应当是纪实性——客观物质现实的复原。科学技术的进步,使得人们可以用磁带和胶片,来记录客观世界纯真的面貌。"[①]然而,由于历史的原因,中国的电视纪录片从诞生到确认纪实风格却走了很长的一段路。

1958年,中国国家电视台——北京电视台(中央电视台前身)成立。中国电视纪录片也由此起步。那时,新闻性节目的摄制队伍由原来电影厂纪录片的摄影师和编导组成,他们是电视纪录片的开拓者。电视纪录片的内容也主要是报道型的,以介绍先进典型、宣传党的方针政策、报道领导人出访等重要活动和重要节日为主要任务,同时也有一些表现中国的锦绣山河、人民生活风貌和风土人情的纪录片。这个时期代表性的电视纪录片作品有:《芦笛岩》《长江行》《周恩来访问亚非14国》《战斗中的越南》《收租院》等。在形式技巧方面,受苏联的"概述片"模式和纪录片"形象化的政论"观念影响,比较注重纪录片的教化作用,画面、音乐都十分注重形式美、造型美,倚重解说词和蒙太奇剪接效果,几乎没有用写实音响。

1966—1976年"文化大革命"期间,极"左"路线占统治地位,许多电视纪录片也打上了政治的烙印,被利用为极"左"路线和帮派宣传服务,出现了一些标语口号、形式主义以致假报道的作品。这个时期的纪录片的内容、形态和风格都受到了社会政治的影响。总体上题材面非常狭窄,艺术形式和手法僵化,自然风光、名胜古迹、历史文化这些题材被禁锢而不得问津,诸如知识性、娱乐性的题材被贬斥,不得涉猎;在表现形式上,从镜头运用、音乐音响处理到解说词的写作都有烦琐的不容逾越的清规戒律。在这样的环境中,纪录片艺术被窒息了。

"文革"结束后,电视纪录片的创作进入了初步繁荣期,其特点是:从题材内容到表现形式,迅速冲破极"左"的禁锢,涌现出一大批好作品,如《周总理的办公室》《长白山四季》《雕塑家刘焕章》等。1979年8月,《丝绸之路》中日联合摄制

---

① 安德烈·巴赞:《什么是电影》,中国电影出版社1987年版,第13页。

组开始拍摄活动，揭开了与国外合拍大型纪录片的序幕。《话说长江》《话说运河》《让历史告诉未来》《祖国不会忘记》……如雨后春笋般地接踵而至。也就在这个时期，电视屏幕上相继出现了专门播放纪录片的专栏，如《祖国各地》、《人物述林》、《兄弟民族》、《地方台30分钟》（原《地方台50分钟》）等。这一时期的纪录片，内容题材涉及广泛，无所不包；体裁形式也突破了单纯报道性的传统新闻纪录片形式，出现了散文式、抒情诗式、音画式、调查报告式等。到20世纪80年代以后，ENG电子新闻采集设备的广泛运用更是为电视纪录片的创作带来了极大的便利。但是画面加解说词的模式仍是这一时期我国纪录片的主要样式。

然而，1991年中央电视台大型纪录片《望长城》（见图3-2）（四集，每集分上、中、下三部）的问世则打破了长期由"宣导式"模式主导的局面。"这部片子全方位地遵循了纪实主义的创作方法，解决了以往我国电视纪录片创作方式上众多疑惑的问题，改变了长期以来电视屏幕主观意识过强、说教味浓的局面，为中国电视纪录片恢复纪实本性，起到了正本清源的作用，成为中国电视纪录片发展史上重要的里程碑。"[①]

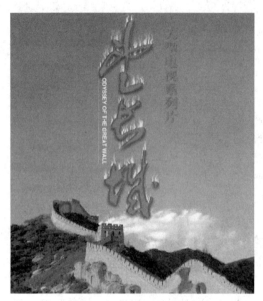

图3-2　纪录片《望长城》图片

（三）电视纪录片的创作繁荣

20世纪90年代以来，我国的电视纪录片创作出现繁荣的景象。随着纪实主义手法的逐渐成熟，中国纪录片引起世界的瞩目，在海内外受到广泛的欢迎。

1991年，辽宁、宁夏电视台合作拍摄的《沙与海》荣获"亚广联"纪录片大奖，这是中国纪录片首次在国际上获大奖，编导高国栋、康建宁。同年，四川电视台拍摄的《藏北人家》荣获四川"金熊猫"国际电视节纪录片大奖，编导王海兵。吉林电视台拍摄的《家在向海》获第五届意大利桑迪欧自然纪录片电影节三项大奖，编导申晓力。

[①]　石屹：《电视纪录片：艺术、手法与中外观照》，复旦大学出版社2000年版，第29页。

1992年在上海国际电视节上,上海电视台的《十字街头》获得短纪录片大奖。

1993年,中央电视台孙曾田编导的《最后的山神》和陈晓卿编导的《远在北京的家》双双夺魁,前者获"亚广联"纪录片大奖,后者获1993年度四川"金熊猫"国际电视节纪录片大奖。同年,辽宁电视台的《两个孤儿的故事》获日本福冈亚洲电影电视节纪录片大奖,编导高国栋。

1994年,上海电视台的《茅岩河船夫》获得"白玉兰"上海国际电视节大奖,编导宋继昌。最为辉煌的是1995年,我国共有8部电视纪录片获国际大奖,它们是《龙脊》《人·鬼·人》《壁画后面的故事》《回家》《龙舟》等。

1997年,独立制片人段锦川的作品《八廓南街16号》获法国真实电影节纪录片大奖,中央电视台孙曾田编导的《神鹿啊,我们的神鹿》荣获第二届帕努国际传记电影节"评委会特别奖"、爱沙尼亚国际影视人类学电影节大奖。

1998年,上海电视台的《回到祖先的土地》获"亚广联"信息类纪录片最高奖。

1999年,沈阳电视台出品的《好大一个家》在第二十届东京影视节上获最高奖;独立制片人张元编导的《疯狂英语》获意大利米兰电影制作人电影节最佳影片奖;杨荔钠编导的《老头》获日本山形电影节优秀奖、法国真实电影节评委会奖。

2000年,上海电视台的《一个叫做家的地方》获"白玉兰"上海国际电视节最佳人文类纪录片奖,编导王小平。

2001年,湖北电视台的《英与白》获四川"金熊猫"国际电视节最佳长纪录片奖、最佳创意奖、最佳导演奖、最佳音效奖四个奖项,编导张以庆。

2002年,《探索·发现》栏目制作播出的3部纪录片接连获得国际电影节大奖:《红柳的故事》荣获法国儒勒·凡尔纳电影节"科技与社会奖";《楠溪江》荣获联合国国际环境、自然与文化遗产电影节最高奖项"评委会大奖";《寻找滇金丝猴》荣获自然银幕电影节"TVE大奖"。

2003年(第七届)四川电视节上,中国电视纪录片参评获得大丰收:中央电视台的《达巴在歌唱》和四川电视台的《抉择》、云南电视台的《落幕》分别获人文及社会类最佳长纪录片和最佳短纪录片奖。在自然及环境类纪录片评选中,广西电视台的《海边有片红树林》和四川电视台的《萨马阁的路沙》分别获最佳长纪录片和最佳短纪录片奖。《丹顶鹤的故事》获得四川国际电视节"2003环境保护电视节目大奖赛"评委特别奖。

纪录片《船工》获第十一届"白玉兰"上海国际电视节评委会大奖和最佳人文

类纪录片摄影奖。《龙井纸事》获得广州国际电视纪录片研讨会"学术奖",《老镜子》获得评审团大奖。

2004年(第十届)上海国际电影节上,湖北电视台张以庆编导的《幼儿园》获最佳人文类纪录片创意奖。

此外,许多系列纪录片,如《丝绸之路》《话说长江》《话说运河》《望长城》《广东行》《毛泽东》《庐山》《中华之门》《中华之剑》《邓小平》《共和国外交风云》《再说长江》《故宫》等,虽然因为篇幅较大没有机会在国际电视节上获奖,但它们在海内外观众中产生的反响或许更为强烈。

2005年,《小小读书郎》获亚洲电视节最佳长纪录片奖。

2006年,《蜕变》获得第16届东欧"媒体震撼"国际影视节"最佳长纪录片奖",这是亚洲人首次在这一国际影视节中获奖。

(四) 电视纪录片制播的多样化

1. 纪录片频道开播

2011年1月1日,中央电视台纪录片频道开播,分为中英文双语版两套节目,全天候24小时面向全球播出。同年7月1日,北京纪实频道开播,而后于2014年6月8日上星播出,成为地方电视台纪录片频道中首家上星播出的专业频道。而作为中国第一家纪录片专业频道的上海纪实频道(成立于2002年1月1日),也于2014年6月16日上星播出。此后,2016年1月1日,湖南金鹰纪实频道(2008年3月12日开播)正式上星播出。

2. 纪录片栏目开播

2012年4月16日,中央电视台综合频道CCTV-1推出纪录片栏目《魅力纪录》,秉持全球视野和人文情怀,纵览天下奇观,探寻世界奥秘,揭开历史悬疑,荟萃全球顶级纪录片。该栏目5月播出的原创纪录片《舌尖上的中国》,引领了收视热潮,超过了同时段播出的综艺节目。

2013年11月11日起,由中央电视台纪录频道牵头构建,全国70家省、市级电视台同时开播《纪录中国》栏目,对我国纪录片产业发展起到巨大推动作用。

2014年,国家新闻出版广电总局下发通知,要求各省卫视综合频道平均每天至少播出30分钟的国产纪录片。

3. 纪录片网络传播

2016年,《我在故宫修文物》爆红网络。

2017年新年期间,东方卫视采用"电视+网络"的传播范式,在黄金档推出一部关于中医药文化的纪录片《本草中华》,得到了年轻用户的广泛认可。在东方卫视播出期间,30岁以下观众的比例达65%;而通过爱奇艺观看该片的30岁以下的受众占比则高达95%。

2018年年初上线的《水果传》,一改传统纪录片的沉闷、冗长,以精美视觉、年轻语态和当代表达让观众耳目一新,成为年轻人群中当之无愧的爆款纪录片。其中,35岁以下互联网观众占96%。在四大主流视频网站上,《水果传》播放量破亿,且登顶了所有纪录片排行榜,并成为知乎热榜上唯一的"电视节目"。这表明,纪录片类节目的用户构成转向以年轻人为主要用户。因此,各大卫视与视频网站纷纷以优质纪录片抢夺年轻观众,正是看重了纪录片指向未来受众的属性。

以上这些成就标志着中国纪录片已跟上世界纪录片纪实主义的潮流,迈入成熟期。

第二节 纪录片的创作模式

电视纪录片发源于西方的纪录电影,电视纪录片的基本创作原则和手法都是从电影纪录片那里继承来的。从最早的纪录电影——法国卢米埃尔兄弟拍摄的《火车进站》《工厂的大门》,到如今的电视纪录片,尽管千差万别、风格多样,但从基本创作手法及模式来看,仍然可以归于四类主要的创作模式,分别为:格里尔逊式、真实电影式、访问式和反射式。

一、格里尔逊式

格里尔逊式又称直接宣导式。这个模式是以英国著名纪录片导演约翰·格里尔逊(John Grierson)命名的。1929年,在英国出现了以格里尔逊为首的"英国纪录片运动",其特点是影片内容重视社会功用,形式上依靠解说词来配合画面,强调把电影用于教育和宣传的目的。正如格里尔逊公然宣称的:"我把电影视为讲坛,用作宣传,而且对此并不感到羞愧,因为在尚未成形的电影哲学中,明显的区别是必要的。"[1]这种模式把纪录片当成了传播与劝服的工具,认为它是一种直接宣传的手段。

---

[1] 单万里:《纪录电影文献》,中国电影出版社2001年版,第9页。

格里尔逊的纪录电影主张，与其本人1924年在美国学习社会科学有关。他在美国三年的学习时间里，潜心研究传播手段影响人类思想的威力及其根源，这段学习经历决定了他未来的选择及纪录电影主张。

格里尔逊反对不加选择地传播事实，"主张根据事实对人类的重要性而对事实进行有选择的戏剧化。通过戏剧化的媒介对事实进行阐释能够使个人产生一种相同类型的思想和感情模式，个人可借以有效地处理现代生活中的复杂事件"①。

在这一主张下，格里尔逊于1929年成功地拍摄制作完成了第一部纪录片《漂网渔船》。在这部反映北海捕鲱生活故事的纪录片中，漂网渔船从灰雾蒙蒙的狭小港湾驶向茫茫大海；渔网从颠簸摇曳的船上撒开；渔夫们紧张繁忙地劳作着，日复一日年复一年。这部纪录片第一次将普通英国人的生活搬上银幕，也是一部在现实生活中拍摄的影片，在当时简直称得上具有革命意义的作品。这部纪录片的成功，使格里尔逊更加坚信电影是实现自己作为一个社会学家的意图的最有效的媒介。在他的带领下，英国纪录电影逐渐形成了格里尔逊式（直接宣导式）的风格。

这个学派的代表作品有《锡兰之歌》《住房问题》《夜邮》等。"第二次世界大战爆发后，他们全力以赴地为战争宣传服务，在创作上出现了两种倾向：一是以保罗·罗沙为代表的'纪事体裁'，即通过解说词把现成的画面串联起来，用以体现特定的富于教育意义或宣传目标的主题。另一个倾向以汉弗莱·詹宁斯为代表，强调纪录片的人情味和幽默感，让真实生活中的人去表演。"格里尔逊式的纪录片，在作品中解说词明显地压倒了画面。

格里尔逊后来将纪录电影定义为"对现实的创造性处理"，这是对他的纪录片主张和实践最好的注脚，并影响至今。所谓"对现实的创造性处理"（the creative treatment of actuality），主要是指采取戏剧化手法对现实生活事件进行"搬演"（reenactment 或 staging）甚至"重构"（reconstruction）。在纪录电影的社会功能方面，格里尔逊与罗伯特·弗拉哈迪不同，他反对将眼光投向天涯海角，主张纪录电影应拍摄"发生在家门口的戏剧"。在影片的样式方面，由于格里尔逊坚持把电影用作一种新的"讲坛"，发展了以解说为主的影片样式，以至于数十年间许多观众心目中的纪录片就是这种样式的影片。格里尔逊十分强调纪录电影工作者的社会责任感，因而，当时的纪录电影主要被用来指"社会评论片"

---

① ［英］弗西斯·哈迪：《格里尔逊与英国纪录电影运动》，载单万里：《纪录电影文献》，中国电影出版社2001年版，第33页。

(film for social comment)。从这里不难理解,为什么格里尔逊式纪录片创作模式的主要特征是以解说词为主来结构全片的。

在方法论方面,格里尔逊将电影用做"打造自然的锤子",而不是"观照自然的镜子",正如他所说的那样:"在一个充满活力和迅速变化的世界上,观照自然的镜子不如打造自然的锤子那样重要。"在他的这种思想指导下,英国纪录电影运动中的许多影片都带有人工"打造"的痕迹。例如,表现夜间运输邮件的火车为主题的影片《夜邮》(巴锡尔·瑞特、哈莱·瓦特,1936 年)即是其中的一例。在 20 世纪 30 年代,如果想在火车上实地拍摄的话,当时的录音条件很难做到。这部影片的实际拍摄过程是把火车拉到一个摄影棚里,让邮差到车厢里去,经过打灯布光之后才进行拍摄。为了制造整个事态像是真的发生在火车里一样,就在车厢底上装上弹簧,使车厢晃动,演员经过排练后进行拍摄。这跟现在的大部分人所理解的纪录片拍法非常不同,但在 30 年代的英国却是普遍使用的,而且当时被认为是拍摄纪录片的一种手法,也就是所谓的"对现实的创造性处理"①。

但格里尔逊从不将刻板的模式强加给编导,而是鼓励他们根据不同的主题尝试使用丰富多彩的风格和样式。他说:"无论如何,所谓纪录电影意识,无非是要求把我们这个时代的事件搬上银幕,至于形式,只要能够激发想象力,能够对事件进行细致入微的观察就可以。影片的视觉形象可以是新闻体的,也可以提升到诗歌和戏剧的高度,另一方面,影片的美学质量也可以建立在对事件所做的纯粹而清楚的展示上。"②

二、真实电影式

"真实电影"是对 20 世纪 60 年代出现于欧美等国的"真理电影"(法语 cinéma vérité,汉语也可译成"真实电影")和"直接电影"(direct cinema)的统称。"真实电影"的观念可以追溯到 1922 年苏联导演兼理论家吉加·维尔托夫倡导的"电影—眼睛"学说,这位最早的苏维埃纪录片工作者主张一种"无演员、无布景、无剧本、无表演","出其不意地抓取生活"的影片,然而由于社会和技术的原因,"电影—眼睛"学说在当时未能顺利发展下去。而第二次世界大战以来出现的纪实主义文化浪潮为"真实电影"的产生提供了社会土壤,便携式摄影机的出现和同期录音技术的突

---

① 《格里尔逊与英国纪录电影运动》,载单万里:《纪录电影文献》,中国电影出版社 2001 年版,第 9 页。
② 同上书,第 40 页。

破又在技术上为"真实电影"铺平了道路,"真实电影"就这样应运而生了。

"真实电影"强调纪录片对现实进行"客观"展示。从影片样式来看,这种模式可以说是对格里尔逊式以解说为主的纪录片的反叛。"最纯粹的'真实电影'甚至视解说为天敌,通篇没有一句解说词,只是'客观地'记录被摄对象的声音。"由于对"真实"的理解有所不同,"真实电影"又分为直接电影和真理电影两个流派。

(一) 直接电影

"直接电影"是20世纪60年代初美国纪录片制作中一次独具风格的电影运动,它主张摄影机和拍摄人员应该像"墙上的苍蝇"一样,不与被拍摄者发生任何瓜葛,以求能拍摄出即使摄影机不存在时也同样发生的事,在不介入的长期观察中捕捉真实。在这方面进行探索最具成效的是罗伯特·德鲁在纽约《时代》周刊组织的电影小组,其代表作品有《初选》(1960)、《幸福母亲的一天》(1963)等。

1960年,德鲁小组在美国威斯康星州拍摄了反映民主党总统候选人的初选活动(约翰·F·肯尼迪对休伯特·汉弗莱)的《初选》。这部纪录片的制作者们"不再说话而让画框里的动作来讲述故事"。当两位候选人在群众大会上演讲、在街头散发传单、在咖啡馆里逗留、准备电视采访、在汽车和旅馆房间里抽空打瞌睡,以及观看电视上播放的竞选结果的时候,摄影机和话筒都跟随着他们。

《初选》在直接电影的美学发展中是一部里程碑式的影片,其表现的真实电影美学是:不加控制情境的同步声外景拍摄、最低限度的解说和纪录片制作者在剪辑时所表现的"客观性"。

直接电影的结构原则是:无论是一个镜头中的影像关系,还是镜头间的关系,都是由被拍摄事件的"即发性"决定的,而不是被纪录片制作者强加于素材的。也就是说,直接电影作品希望给予观众一种正当摄影机前的事件展开之时"身临其境"的感觉,如上述《初选》纪录片。这些影片"表明了自发的、不受约束的拍摄影片的可能性,并且第一次直接触及了这一做法所派生出来的主要美学问题。德鲁小组实际上为美国真实电影作了界定,他们创建了一种强有力的方法,其影响至今仍起着主导作用"[①]。

著名电影理论家罗伯特·C·艾伦曾把电影生产类型分为三种不同的控制层面。第一层面,包括拍摄前、拍摄中和拍摄后的控制,大多数故事片都可归入这一类。第二层,只对如何记录事件和怎样剪辑记录该事件的影片保持控制权,

---

① 史蒂文·芒贝:《美国的真实电影》,转引自单万里:《纪录电影文献》,中国电影出版社2001年版,第77页。

纪录片通常归于这第二级控制层面。第三层，通常影视制作者只在一部影片拍摄之后才去控制它，这种只依靠剪辑的影片属第三控制层面，叫做专题片。电视专题《震撼》类似于第三层面。而上述主要适用于纪录片和专题片的第二、三层形式中，影视制作者放弃了对制作过程的第一层拍摄前的控制，以此向人们昭示了纪录片在某种程度上的真实性和可信性。

直接电影作为一种纪录片的风格，其基本目的是尽可能准确地捕捉一个正在发生的事件，并将纪录片制作者的干预或阐释降低到最低程度。史蒂夫·芒贝曾这样评论直接电影的目的："它是以忠实于未加操纵之规定、拒绝损害自然呈现的生活形态为基础的一种实际工作方法。"[①]

用来达到上述目的的制作策略有：

（1）依靠同步录音，避免画外解说或音乐所提供的"阐释"。

（2）将社会事件中的节目制作者的干预降至最小限度，绝不影响影片主体的言语内容或行为方式。影片拍摄过程要尽可能不引人注目。

（3）在剪辑过程中避免"暴露剪辑观点"。也就是说，剪辑不能用来体现制作者对影片主体的态度，而是要尽可能忠实地再现观者将要亲眼看到或亲耳听到的东西，如同他们亲身见证了影片叙述的事件一样。

"直接电影……是以记录某一时刻在摄影机前存在的生活为基础的。此时，电影制作者的作用是绝不要用指导动作来使自己干预影片——绝不要改变正在发生的事件……他的工作仅仅是记录他在那儿看到的事情。"[②]

"直接电影"绝不采用访问，一般利用同期声、无画外解说和无操纵剪辑，尽可能忠实地呈现不加控制的事件，让观众自己下结论，而无需任何含蓄或直率评论的带动，并给观众一种正当摄影机前事件展开之时"他们身临其境"的感觉。我国成都电视台拍摄的电视纪录片《平衡》就是一部"真实电影"方式的成功之作。作者以崇高的敬业精神，以亲历者的身份在青藏高原可可西里跟拍了三年，运用挑、等、抢的纪实摄影手法，真实地记录了反偷猎队打击盗猎分子惊心动魄的战斗场景。对主要人物长篇访谈，全片不用解说词，却能真实地展现环保勇士们的鲜明形象，这是"真实电影"手法的娴熟运用。创作者用全部的心血感受生活，记录生活，捕捉到视觉和听觉统一完整的形象，具有强烈的震撼力，使纪实美得以升华，是当年纪实作品的成功力作，并获2001年第19届电视金鹰奖最佳纪录片作品奖。

---

① 史蒂文·芒贝：《美国的真实电影》，转引自单万里：《纪录电影文献》，中国电影出版社2001年版，第79页。

② 帕特里夏·贾菲：《剪辑真实电影》，《电影评论》1965年夏季号，转引自单万里：《纪录电影文献》，中国电影出版社2001年版，第80页。

(二) 真理电影

20世纪60年代，在法国电影银幕上出现了关注社会问题的影片，电影干预社会的倾向日趋明显，这股潮流在当时被称为现实主义潮流。后来这股潮流逐渐演变为影片的主题，最后在人种学电影和电视的影响下出现了现实主义内容与形式相统一的真理电影。

真理电影的先驱是荷兰著名电影大师尤里斯·伊文思。他认为纪录片除了向观众反映情况、使他感动外，还应当鼓励、动员他们，让他们对影片中反映的问题采取积极态度。在纪录片的真实性问题上，伊文思从来不相信什么绝对客观的真实，这种观点影响了后来整整一代真理电影工作者。

图3-3 法国纪录片《一个夏天的记录》

受伊文思的影响，以法国人类学电影工作者让·鲁什为代表的一派承认摄影机的存在可以对现实产生影响，理论界将他们称之为"真理电影"派。"真理电影"最重要的代表作品是让·鲁什和社会学家埃德加·莫兰在1960年合作拍摄的《一个夏天的记录》（见图3-3），它提出了新的纪录片观念："纪录片制作者不再是躲在摄影机后面的局外人，而是要积极参与被拍摄者在被拍摄的那一刻的生活，促使被拍摄者在摄影机面前说出他们不太轻易说出的话，或不太轻易做出的事。"

《一个夏天的记录》（也译作《夏日纪事》，1961年上映）这部纪录片，反映了同年夏天导演本人的一段真实经历。导演让·鲁什力图实验使电影成为人们真实生活的纪录。他们首先对街上碰到的人进行采访，有时深入到他们的家庭中去，记录他们的日常生活情景。在巴黎街头拍摄期间遇到了一些工人、学生、服务员、外籍人、工作人员等形形色色的人物，并向他们提出了一系列相同的问题："你们生活得幸福吗？……"回答者在不同的场合，有的倾诉了个人的经历与烦恼，有的又好像在有意做戏。镜头里有真挚的泪水、有歇斯底里的发作等，镜头真切、新鲜、感人。对此，导演不做任何控制，使其自然地"表演"，这表明了这部影片对真实生活记录的一种风格追求。《一个夏天的记录》上映时，刻意用"真实电影"这个概念做宣传手段,以此标签区别于美国"直接电影"纪录片派系。

相对于直接电影来说,法国的纪录电影概念得到更新。这种更新表现在:将镜头重新对准被摄主体,让被拍摄对象自己说话,而不是将作者的话语强加给事先组织好的场面,这是真实电影的纪录方式。为了避免与直接电影模式的混淆,单万里在对大量的纪录电影文献研究后建议:① 将 diréct cinéma 译作"直接电影",用来指 20 世纪 60 年代初以德鲁小组为代表的美国纪录电影运动和电影风格;② 将 cinéma-vérité 译作"真理电影",用来指 60 年代初以让·鲁什为代表的法国(包括法语地区)的纪录电影观念与实践。

除了《一个夏天的记录》,"真理电影"的代表作还有《美丽的五月》《向变化挑战》《孤独的男孩》《至关重要》等。这些电影持续影响了整个 70 年代直至今日的法国电影,在法国电影史上占有重要位置。

"直接电影"与"真理电影"虽然都是以追求真实为目的,并且都是在同期录音的实践中发展起来的,但二者之间的区别还是很明显的。美国电影史学家埃里克·巴尔诺把它们的区别总结为四点:① 主张"直接电影"的纪录片工作者手持摄影机处于紧张状态,等待非常事件的发生,而让·鲁什式的"真理电影"纪录片人则试图促成非常事件的发生;② "直接电影"艺术家不希望抛头露面,而"真理电影"艺术家则主张参加到影片中去;③ "直接电影"艺术家扮演的是不介入的旁观者的角色,而"真理电影"艺术家起到的是挑动者的作用;④ "直接电影"作者认为事物的真实随时可以收入摄影机,而"真理电影"是以人为的环境能使隐蔽的真实浮现出来这个论点为依据的。

简而言之,"直接电影"与"真理电影"的区别,关键在于对"纪录"与"虚构"的看法存在根本分歧。前者认为纪录电影应该是对现实的纯粹记录,在被动状态中捕捉真实,反对在纪录片中使用虚构的手法;后者则认为纪录电影不应该纯粹地记录现实,而应该主动地去挖掘真实,不排斥在纪录电影中采用虚构等策略。

鲁什在拍完《一个夏天的记录》几年后接受采访时重申,他确信电影具有"揭示我们所有人内心世界中虚构部分的能力,尽管很多人对此表示怀疑,但对我而言这正是一个人的最真实的部分"。摄影机是否具有刺激人们在它面前展现他们内心的虚构部分,展现他们作为想象、幻想和神话的生物部分的能力,这正是被鲁什称为"真实电影"实践的试金石①。电视纪录片《我们的留学生活》(1999)是一部介绍新一代海外学子在日本求学奋斗的系列纪录片,其中就大量运用了主动采访被摄对象,让拍摄对象对着摄像机讲出他们不太轻易说出的话,例如

---

① 单万里:《纪录电影文献》,中国电影出版社 2001 年版,第 12 页。

《初来乍到》一集中，初来日本留学的韩松及王尔敏的多次对内心活动的倾诉。

"真实电影"试图给人以完全客观的真实感，但它们经常使人困惑为难，因为"真实电影"很难得向观众提供历史、社会背景以及对前景的预见和推测，以至于创作者感到不能尽所欲言而观众又往往觉得不知所云。因此，到了20世纪70年代，又出现了第三种模式。

三、访问式

每一种方式的产生都与社会背景和观众的心理有关。正如前面所述，"直接宣导"式的衰落，在于它的"说教"，在于那种脱离画面的解说，因此，产生了纯粹"观察式"的纪录片。而这种观察式纪录片又因纯自然的观察记录而无法满足观众想要得到更多的历史、社会背景及其真实的心理活动，于是由真实电影的孕育，产生了访问式纪录片。

访问式是在20世纪70年代纪录片美学观念发生重大革新的情况下出现的。纪录片工作者们不满足"直接电影"对创作主体的限制，又不甘心重蹈格里尔逊说教模式的覆辙，他们在让·鲁什"真理电影"风格基础上创造了一种全新的"访问式"。这种模式的纪录片完全由访问和谈话组成，一个访问接一个访问，整部片子是建构在访问上面的。针对"真实电影"的不足，访问式将被摄对象、主持人直接面向观众的讲话与采访、会见形式结合起来，这种纪录形式首先出现在美国女权主义的一些纪录片中，以后又为政治性的作品所普遍采用。"见证人——事件参与者，直接站在摄像机前讲述自身的经历，时而做发人深省的揭露，时而做片言只语的佐证，形成了当代纪录片的标准模式。"[1]

这种模式似乎是20世纪60年代女性主义运动的直接结果。女性主义理论对纪录片中强势的写实主义表现方法持反对的立场，"它们的目标并非单纯地只在影片中以女性的声音来取代男性的声音，它们更想打破的是过去传统与被动的观影方式"[2]。

访问式弥补了"直接电影"那种含糊其辞的似是而非所造成的困惑，又避免了格里尔逊式的直接说教，呈现出一种主观性和客观性彼此交融的状态和辩证的特质，使人感到作品公正、客观、可信。但是，它也存在缺陷，"最严重的问题，

---

[1] 北京广播学院电视系学术委员会：《中国应用电视学》，北京师范大学出版社1993年版，第330页。

[2] 王亚维：《纪实与真实》，台湾远流出版事业股份有限公司1996年版，第521页。

就是要保留被访者声音与主题整体声音之间的差异"。"当被访者对事件表达得不清晰,而影片又未再提出疑问时,问题就再明显不过了。"访问式纪录片中最著名的当属美国哥伦比亚广播公司的节目《60分钟》。我国中央电视台的《新闻调查》也属于这一模式。1999年,《新闻调查》栏目主要以访问式摄制的反映中国农村民主化进程的纪录片《海选》,获得蒙特卡罗国际电视节银奖,这表明我国访问式纪录片的创作已逐渐得到国际认可。

四、反射式

"反射式"是在拍摄过程中,把拍摄者与被拍摄者之间如何运作和互动的关系呈现出来,也就是被拍摄者像一面镜子一样把拍摄者给"照"出来的一种创作模式。这种模式有效地集中了前三种纪录片的优势,混合了观察、访问以及摄影机前后人物之间互动等多种记录方式,使"纪录片永远不再是再现的形式"。也就是说,这种由纪录片创作者全然主导的纪录片创作方式,给予了被拍摄对象参与的空间,同时也给予了观众在观看纪录片时的思考空间。美国电影理论家比尔·尼柯尔斯是这样评述它的:"影片工作起来像个自由的整体,影片比它的所有组成部分都伟大而且将各部分组织结构起来;① 吸收进来的人声,吸收进来的背景音响和画面;② 影片整体的风格讲出的'声音'(包括同吸收进来的声音有关的);③ 历史环境,这是影片本身的声音无法成功地超越和完全控制的。这种历史环境也包括对事件本身的观察。"[①]

在"反射式"纪录片作品中,制片人本身成为事件的见证人——参与者,也是作品社会积极意义的创立者,被摄者与拍摄者之间的互动过程被坦率而清晰地表现出来。例如我们经常可以在这类作品中见到拍摄者伸出手与被拍摄者握手,拍摄者在摄影机后面和被拍摄者讲话等镜头,这些镜头有些是不自觉地做的,有些是创作者刻意追求的。纪录片创作者一方面告诉观众,影片是经过纪录片工作者过滤和构建出来的;另一方面,也表明纪录片工作者只是也只能是一位诠释者,他的看法无法取代事实本身。

"反射式"的应用关键是培养摄影机与被拍摄对象之间的一种关系。澳大利亚纪录片制作人鲍伯·康纳里(Bob Connolly)夫妇拍摄的《队伍中的老鼠》(*Rats in the Ranks*)中的莱耶放下电话就对摄像机说话,这是因为他已经同摄像机相处了7个月时间,这就是自然的流露。例如《我们的留学生活》中许多对摄

[①] 任远:《世界纪录片史略》,中国广播电视出版社1999年版,第25页。

像机讲话的镜头,也是这种方式的灵活运用。这中间的关键是应该用技巧来培养这种关系,从开拍之初,心中要有一种培养这种关系的想法。

通过对世界纪录片模式演变的回顾,我们可以看到纪录片在发展策略上自我完善的历程,它清楚地表明:纪录片在创作模式上的演化,是以对纪实的追求为原动力的,具体体现为叙事方式由封闭型向开放型的过渡。同时我们还可以看到,纪录片概念的内涵丰富,它没有一个对题材或是对内容和形式的限定。这种宽松给了创作者一种自由思维和行动的空间,形成了纪录片的多元化的风格、形式和创作手法。

第三节 直接宣导式纪录片

直接宣导式纪录片与当代中国电视专题片在形态上十分接近,或者说,中国电视业界概念中的"电视专题片"从形式到创作手法都与直接宣导式一脉相承。虽说中央电视台主导的中国电视专题节目词条界定(1993年),将电视专题片这一具有中国特色的概念归并到纪录片中,但在现实实践中,包括中央电视台在内的节目制播宣传推广和理论研究中仍然大量使用"专题片"称谓。为此,对相关概念之分稍作阐释。

一、纪录片与专题片概念之争

纪录片的概念来源于电影,而专题片则是电视所特有的概念,甚至是中国电视所特有的概念。它的名称来源于中国电视界约定俗成的称呼。所谓"专题",主要是与电视屏幕上大量存在的"综合"性节目形态相对应的。它是集中对某一社会现象和人生课题给予深入的、专门的报道和反映的电视节目形态。尽管有时也采用纪实手法,但允许创作者在作品中直接阐述对生活的理解、认识和主张。

"电视纪录片"和"电视专题片"的论争存在着等同说、从属说和独立说之观念。

所谓"等同说",即认为专题片就是纪录片,它们只是一种形式不同的叫法而已。

"从属说",即指"纪录片从属于专题片",或"专题片从属于纪录片"两种看法。认为纪录片从属于专题片者,是把专题片当作"专题节目"和"专栏节目"这个更大范畴的概念来看待的,因为专题节目或专栏节目中最常使用的一种形式即是纪录片。而认为专题片从属于纪录片者,则是把专题片等同于专题报道或专题新闻,把它归为纪录片形式中的一类,就如同纪录电影中新闻纪录片和文献纪录片、风光纪录片和历史纪录片并列存在一样。

"独立说"认为,专题片与纪录片是两种不同的形式,虽然两者都取材于真实的现实生活并都以真实性为生命,但专题片"允许作者对生活的艺术加工""有较强的主观意念的渗透""允许表现",这些区别于纪录片的特点使其成为一种独立的节目形态,例如政论片《复兴之路》就属于典型的专题片形态。

电视专题片虽然与电视纪录片有较多的共同特征,并且是由纪录片里的直接宣导式模式发展而来,但随着时代的发展,电视专题片在形式、功能和创作方法等方面与纪录片已经有明显的差异,存在许多不同于纪录片的明显特点。

(1) 创作思维不同。电视纪录片的创作思维是要"客观"地"再现"社会生活,不允许创作者主观意识的直接表露,主体意识要尽量隐蔽,让事实本身说话,创作者的思想应渗透在对生活的展现之中。而电视专题片的基本思维是揭示思想,具有较强的主体意识的渗透,它直接表现创作者对生活的看法和主张,甚至允许采用"表现"的手段艺术地反映社会生活。

(2) 表现生活的手法不同。因为要"再现"生活,电视纪录片纪实手法较为单一,一般多采用长镜头或同期声展现生活的真实,能反映真实"情境"的画面(包括同期声)在片中处于主导的地位。由于题材多为反映"一般现在时"的生活,所以较多地运用跟拍、抓拍、偷拍等拍摄方法;而电视专题片则由于"表现"生活的需要,较多地运用象征、联想、烘托、对比等艺术手法,并根据特殊的创作需求,允许在一定程度上的扮演、补拍、追述和摆拍。在电视专题片中,声音往往居于主导的位置,而画面在大部分情况下只是声音的注解和说明。电视专题片的时空处理也较纪录片自由,它可以根据主题的需要以解说词为引导任意地转换时空,而将自然时空"撕得粉碎"。

(3) 结构形态不同。电视纪录片由于要"纪录生活的流程",其结构一般是以"时间"变化为依据的"纵向结构";而电视专题片因为以思想阐述为主,往往是"主题先行",依据主题的需求而选材,材料与材料之间都是破碎的、不连贯的材料组合,故而多采用以"空间"变化为依据的"横向结构"。

然而,不论是格里尔逊式纪录片还是专题片,从表现方式和风格上,都可以归属于"直接宣导式"纪录片。因此,在研究与实践中,有时将专题片等同于直接宣导式纪录片。20世纪80年代末期播放的史诗性巨片《让历史告诉未来》,充满了格里尔逊式的解说。片中那大气磅礴的气势、激情洋溢的文笔,听来荡气回肠,观之心灵震撼。而在经历了90年代的纪实风潮后,"宣导式"叙述方式在特定的年代又有了它的用武之地,在人们看腻了"跟腚派"纪实作品后,那种文学性、政论性专题片相反会给人以思想上的震撼。例如2008年中央电视台播放的专题节目《雪战》《震撼》等,都可以看出格里尔逊式的创作模式痕迹。

二、(专题)纪录片的叙事

人类自从有了历史,就有了叙事。无论在什么地方,没有叙事的民族是不存在的。叙事是国际性的、跨历史的、跨文化的:它是一种存在,就像生命的存在一样,并不在乎好的和坏的文学之分①。

叙事和语言是各种社会所共有的两个主要的文化过程:它们"像生活本身一样,是一种存在"。如果说叙事是一个非常重要的文化过程,那么电视的表现方法主要是叙事式的也就不奇怪了②。而以叙事为主的电视专题片与电视纪录片更是应用叙事结构来表述它们的主题。

(一)叙述者:谁在说

叙述者是叙事学中最核心的概念之一,即指叙事中的"陈述行为主体",或称"声音或讲话者",作为直接宣导式纪录片中"上帝的声音"或偏重喋喋不休的画面解说与视角一起,构成叙述。

传统的叙述者类型,根据叙述者的声音划分为"第一人称"或"第三人称"。叙事学家热奈特则认为:"叙述者在叙述中只能以第一人称存在。"巴尔进一步解释说,第一人称与第三人称叙事的"区别在于表达的对象上",或者是"我"讲我自己的事,或者是"我"讲别人的事,而不在讲话者本身③。

1. 异叙述者与同叙述者④

根据叙述者与叙述对象的关系划分,将叙述者分为异叙述者与同叙述者。

(1)异叙述者,不是故事中的人物,他讲述的是别人的故事。其优势在于可以凌驾于故事之上,掌握故事的全部线索和各类人物的隐秘,对故事作详尽全面的解说。同时,采用纯粹的观察记录,能有节制地发出信息。

专题节目《惊心动魄22小时——解救吴若甫纪实》,摄制人员置身于指挥部

---

① [法]罗兰·巴尔特:《叙事作品结构分析导论》,载王泰来等:《叙事美学》,重庆出版社1987年版,第61页。
② [美]约翰·菲斯克:《电视文化》,祁阿红、张鲲译,商务印书馆2005年版,第185页。
③ 转引自胡亚敏:《叙事学》,华中师范大学出版社1994年版,第39页。
④ 同上书,第41页。

和抓捕嫌犯两个现场,对整个事件全知全觉。节目叙述者既了解警察与歹徒两种人,又能全程观察破案过程,通过选择6个场景组合讲述了一个"惊心动魄22小时"的故事。但异叙述者的劣势是不能表现人物的心理活动。例如,《解救吴若甫》中,犯罪嫌疑人王立华被拘捕后,不时看着墙上的钟表,那么,他在想什么呢?叙述者不知,只能通过侦察员同期声来阐释:他(犯罪嫌疑人)看着表呢,我估计他在看约定时间。

(2) 同叙述者,故事中的人物视角,他(她)叙述自己的或与自己有关的故事,基本采用"访问式纪录片"叙事手法。其优势在于能剖析人物内心活动,特别是处于各种矛盾中心的主人公的叙述在某种程度上更容易与受众产生共鸣。例如,《东方时空·面对歹徒》是事后录制的北京市一家三口人与入室歹徒搏斗的故事,该节目讲述采用同叙述者与次同叙述者互为补充的方法,让事件亲身参与者绘声绘色地讲述亲历的故事过程,声情并茂地再现了正义与邪恶搏斗时惊险无比又精彩绝伦的一幕。节目中的同叙述者(讲故事的主角):陈焕与妻子共同讲述了一个生死攸关的时刻,父亲如何反抗、儿子如何呼应、妻子怎样搏斗、邻居怎样表现的故事情节。

节目中还出现了次同叙述者的视角,即同叙述者还可作为故事的次要人物或旁观者,以此拉开观众与主人公的距离,增加节目的层次感和客观性。节目中的次同叙述者有:儿子、妻子相对父亲、丈夫的角色转换等。在故事讲述中,作为父亲回顾叙述的补充,儿子随时作为次同叙述者补充细节:"我"爸带那(歹徒)走进书房,……我爸"哎哟"两声(被歹徒连刺数刀)。妻子接着补充:我爱人喊了一声……在这里,故事讲述的次同叙述者作为旁观者的补充,使作品的层次感增强,也加深了故事的感染力。

此外,故事中还穿插了其他次同叙述者的讲述:居委会主任报警,治保主任堵逃,邻居秦新国援助,派出所长介绍案情,整个故事都以同叙述者和次同叙述者的身份娓娓道来,增强了节目的真实性。故事从一个情节发展到另一个情节,从心理反应到行动反应的变化,从持刀搏斗到空手搏斗的转换,从家人反应到邻居小伙的出现,从歹徒的挣扎到邻居的救援,故事按时间顺序发展,节目剪辑在悬念剧情中连接,一环扣一环,高潮迭出,引人入胜。

2. 外叙述者与内叙述者

外叙述者作为第一层次故事的讲述者,在故事中居支配地位,起框架作用。在《面对歹徒》中主要指主持人与无形的叙述者。

内叙述者主要指故事内讲故事的人,或说,故事中的人物变成了叙述者,如陈焕一家三口人。

内、外叙述者呈现出一种因果关系。节目中的内叙述者充当理解的角色,通过他的叙述回答外叙述者的问题,例如《面对歹徒》中一家三口如何与歹徒斗争。

3. 客观叙述者与干预叙述者

这是根据叙述者对故事的态度划分的叙述者类型。客观叙述者,即只充当故事的传达者,不表明自己的主观态度和价值判断,一般表现出两种趋向:一是对外部世界的"实录";二是对内心世界的"复制"。干预叙述者指具有较强的主体意识,它可以或多或少自由地表达主观的感受和评价,在陈述故事的同时具有解释和评论的功能。凤凰卫视的周播节目《皇牌大放送》,即是凤凰卫视中文台精心制作的社会纪实片,节目题材紧随社会历史文化热点,多采用客观叙述者与干预叙述者相结合的视角,将最热门的社会或时政事件在最令人关注的时间点展现。

而以干预叙述者的身份讲述一个历史故事的美国专题节目《在路上》则是这方面的典型代表作。美国名作家查尔斯·库拉尔特曾制作了一个题为《在通往'76的路上》(简称《在路上》)的特别节目,以纪念美国独立200周年。其中的一条报道是反映蒙大拿州历史上的"小巨角羊"战斗情况的,距他们报道时已有100年了,当时不可能留下任何图像资料。用库拉尔特的话说:"那里没有可采访的人,除了青草、河水和墓碑,什么都没有,但无论如何,我都要做出报道来。"怎么报道?库拉尔特在昔日的战场上来回走动、沉思,花了一整天时间,什么镜头也没有拍。然后,他回到车上根据书上有关这场战斗的故事,先写报道文稿,再拍昔日战地的空镜头,这样完全"颠倒了工作程序",居然也获得了成功。事后他说:"如果你有一个精彩的故事,那么你光自己说不用采访,你就能顺利地完成报道。"

在路上·蒙大拿
1975年9月4日

【镜头】	【解说】
库拉尔特在镜头前	这里微风轻拂、芳草离离。山脚下河水流淌。
	这里只有轻风、芳草和河流,但在我眼中,这里却是全美国最令我伤感的地方。
浮光波动的河	这条河印第安人把它叫做"肥草";白人则把它叫做"小巨角羊"。
镜头从鞍形山谷拉到广阔的草原	由这个山谷向东,乔治·卡斯特少将正率领他的第七骑兵团于1875年6月25日清晨,向"小巨角羊"进发。

俯看河流	卡斯特先派遣了一支小分队,由马库斯·雷诺带队,去袭击他认为有敌意的苏族人的村庄。而他自己则带领部下从山脊后面向村庄的北部包抄过去。
镜头从山上移下 镜头移到山下的广袤的平原	当卡斯特带领231名骑兵最终爬上山顶,往河的方面俯看时,他看到的是绵延2英里半的15 000名印第安人已经在山下扎营。
镜头快速向河流推近	这是有史以来印第安人的最大一次聚集,1 000名骑马的印第安勇士正向卡斯特扑来。
山脉的镜头	与此同时,雷诺和他的手下已经被印第安人击败,残兵败将一路被追赶着过了河。
镜头回到山上草丛间的墓碑	此时正在一个无名的山头拼命抵抗。
镜头在草丛间来回移动	他们围成了一小圈,中间的一块低地就成了一名幸存的医生的临时野地医院,医生竭尽全力抢救着受伤的士兵。
镜头停在墓碑的十字架上浅战壕………往里看	这块地方现在已经被草淹没了,草长满了那天用刀、锡杯和手指挖出来的浅浅的战壕。
库拉尔特在镜头前	士兵查尔斯·温多尔夫和朱利安·琼斯就在这里并肩作战,他们战斗了一天一夜,没有合过眼。他们不断说着话。两个人的内心都很害怕。
镜头下摇到墓碑	查尔斯·温多尔夫说:"第二天早上,战斗开始时,我对朱利安说:'我们最好把外套脱了',但他一动不动,这时我看到有颗子弹射穿了他的心脏。"
从山头俯视	查尔斯·温多尔夫幸存下来,获得了国会荣誉勋章。他活了98岁,直到1950年才去世。这么多年来,他没有一天不想起朱利安·琼斯。
远景,远处有一些白色的石头	卡斯特的士兵,离这里大概也就是4英里吧。草丛里的那些石碑会告诉我们卡斯特士兵们的故事。
一块石头上写着	所有的石头上都叙说着同样的故事:"美国士兵,第七骑兵团,在这里倒下,1876年6月25日。"
从草切到石头	印第安首领盖尔率领着部下先对卡斯特发起了进

从一两块石头切到一堆石头	攻,并冲散了卡斯特的部队;另两个部落发动了第二次进攻。当卡斯特带领他的残余人马想占领一个山头时,几百名印第安勇士骑着快马向山上进攻,直冲卡斯特的部队。事后,参战的印第安人承认了两点:一是卡斯特和他的部下异常勇猛,二是半小时后,他们全部战死沙场。
更多的石头	
镜头急推到草丛	
到刻有卡斯特名字的石碑	
战场的远景远处是石碑	不用说,这年冬天又来了军队。军队打败了苏族人和夏安族人,并把他们赶回没有粮草的印第安人特居地。
更多的草丛和石碑	在一个名叫"松树脊"的印第安人特居地,那里死去的妇孺老人比卡斯特战败的士兵还要多。
库拉尔特在镜头前	这就是这里成为一个伤心之地的原因。对于卡斯特和第七骑兵团来说,他们的勇猛带来的只有死亡;对苏族人和其他印第安部落来说,他们的胜利最后也只能导致重创。
凄凉的战场画面	什么时候,你可以到这里来一趟,你会感受到这里悲风阵阵、芳草萋萋,连河水也在哭泣。
最后推向河水	哥伦比亚广播公司新闻记者查尔斯·库拉尔特在蒙大拿为你报道《在通往'76的路上》

　　这是一个纪录历史事件的经典案例,"小巨角羊"战斗已过去100年了,历史性镜头的缺失并没有成为哥伦比亚广播公司对重大题材报道的障碍。凭着库拉尔特在昔日荒凉战地的精彩叙述,我们仿佛看到了一个骑兵部队与印第安人浴血战斗的场景:这里只有"微风吹拂、芳草离离",却似千军万马遍布山谷;这里只有"河水流淌""墓碑""石堆",却使尸骨遍野、壮怀惨烈景象浮现在眼前。库拉尔特对历史性题材的精彩把握,使得他获得了"作家中的作家"的赞誉,许多电视网的记者也都承认他们从库拉尔特的节目中受益匪浅。

　　在这个特别专题节目中,记者开始以异叙述者的身份讲述了"小巨角羊"的战斗故事。节目最后,记者又作为干预叙述者,直接点明了"这里成为一个伤心之地的原因",并表达了主观的评价和感受:"对于卡斯特和第七骑兵团来说,他们的勇猛带来的只有死亡;对苏族人和其他印第安部落来说,他们的胜利最后也只能导致重创。什么时候,你可以到这里来一趟,你会感受到这里悲风阵阵、芳草萋萋,连河水也在哭泣。"

(二) 叙述视角

叙述视角是指叙述者或人物与叙述文中的事件相对应的位置或状态。或曰,叙述者(或人物)从什么角度观察故事。根据观察角度的不同,叙述视角可分为以下几种类型。

1. 非聚焦型

这是一种无所不知的视角类型,叙述者或人物可以从所有的角度观察被叙述的故事,并且可以任意从一个位置移向另一个位置。其特点是:擅长作全景式的鸟瞰,尤其描述那些规模庞大、线索复杂、人物众多的史诗性作品。中央电视台为纪念建军60周年而制作的专题《让历史告诉未来》(12集)就体现了这种视角。该片于1987年在央视首播,以磅礴的气势和动人的诗情再现了我军60年的光辉历程。在表现方式上,充分利用电视的优势,大跨度跳跃,大反差对比,全方位联想,时空交错,上下纵横,角度多变,挥洒自如。

例如第二集《苦难风流》,从今天骑"雅马哈"飞驰的年轻人到遥远而又遥远的长征的传奇故事的跳跃;从蒋介石以50万军队发起对中央苏区的第五次"围剿",到毛泽东领导的工农红军被迫长征;从张国焘的分裂红军到刘志丹的苏区建立;从项英、陈毅率领的游击队到李先念率部西进的西路军,节目纵横捭阖、大气磅礴,写尽了红军的"苦难风流"。

运用非聚焦型视角,还能从容把握各类人物的所作所为、所思所想。《让历史告诉未来》第七集《为了和平》(抗美援朝)写麦克阿瑟将军就运用了各种视角,把一个骄横跋扈、不可一世的傲慢形象暴露无遗。节目首先运用叙述者视角对麦克阿瑟的狂妄作了一个铺垫:"10月19日夜里,当二十万志愿军部队隐蔽地渡过了鸭绿江时,麦克阿瑟刚刚在太平洋的威克岛与美国总统杜鲁门进行过会晤。他告诉总统,中国共产党不会出兵,并且保证在感恩节前结束战争,在圣诞节把第八集团军撤回日本。"然后,该片又运用非叙述的评论者视角,对麦克阿瑟作了一个极具反差的调侃与讽刺:"直到这时麦克阿瑟将军才发现,与中国军队作战,并不像他在学校里获得网球赛冠军那样轻松。当圣诞节来临的时候,士兵们等到的不是圣诞老人的礼物,而是'死神的亲吻'。倒是被俘的美国士兵,能够安全愉快地过一个节日。"

2. 内聚焦型

即从故事人物的角度展示其所见、所闻、所思。"每件事都严格地按照一个或几个人物(主人公或见证人)的感官去看、去听,只转述这个人物从外部接收的

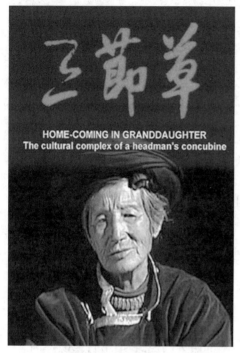

图 3-4 纪录片《三节草》主角：母系社会摩梭人最后一位土司夫人肖淑明

信息和可能产生的内心活动,而对其他人物则像旁观者那样,仅凭接触去猜度、臆测其思想感情。"①

内聚焦型特点是,多叙述人物所熟悉的境况,而对不熟悉的东西保持沉默。这种视角能充分敞开人物的内心世界,淋漓尽致地表现人物激烈的内心冲突和漫无边际的思绪。

电视纪录片《三节草》(见图3-4),讲述了最后一个母系社会——泸沽湖畔摩梭人最后一位土司压寨夫人肖淑明的人生故事。45年前(1951年),她在雅安中学还未毕业时,就从一个活泼的少女被父母强制嫁到泸沽湖畔,经过一个月的跋山涉水,到达远离家乡的"最后一个母系社会"里作了土司喇宝成的夫人,随后在这里生儿育女,过上了一段纵马驰骋、随心所欲的贵夫人的生活,但唯独排解不了的是那种思乡的苦恋。

该片主要以故事人物肖淑明的倾诉为基本视角,展示了她的"所见、所闻、所思"。

我的经历——远嫁泸沽湖

我的家庭——引出"二女儿的三女儿"拉珠的故事

我的文化——知识女性形象的自然表现

我的思念——回成都老家

我的荣华——飞马打双枪

我的性格——宽容、干练、自信

我的思想——开明(拥护共产党、解放后主动上缴枪支等)

我的焦虑——孙女拉珠是否能到成都工作,实现我回到家乡的夙愿

---

① 胡亚敏:《叙事学》,华中师范大学出版社1998年版,第27页。

我的失落——伤感,正在消失的泸沽湖

我的感叹——45年前"我"走进泸沽湖,45年后(1996年)我的孙女"拉珠"走出泸沽湖,成为"我"生命的轮回

我的梦圆——圆梦成都、探亲之旅。

3. 外聚焦型

即叙述者严格地从外部呈现每一件事,只提供人物的行动、外表及客观环境。在这种视角中,"观察者像一台摄像机,摄入各种情景,但却没有对这些画面作出解释和说明,从而使情节也带有谜一样的性质"[①]。这种视角在以解说词为主导的电视专题片创作中最为普遍和常用。但由于当今电视节目的创作,往往是各种手段、多种视角并用,可通过人物活动反映"动机、目的、思维和情感",也可通过采访探知对象的内心世界。

(三) 叙事结构

结构是对人物生活故事中一系列事件的选择,这种选择将事件组合成一个具有战略意义的序列,以激发特定而具体的情感,并表达一种特定而具体的人生观。

1. 叙事结构范式

托多洛夫的叙事模式(结构范式)研究表明,故事中的事件总是围绕着谜和解谜的基本结构来组织的,它表现为打破平衡—重找平衡的结构模式:故事开始的时候,往往有一个意外的事件打破了业已存在的平衡与和谐世界;然后,叙事电视的任务就是着手对付失衡的世界,并重新找回世界的平衡与和谐。事件结构规律往往依因果关系组织,使叙事事件之间具有逻辑联系。

电视纪录片《爱的变奏》(央视,2002),讲述了两个家庭在医院分娩时抱错女儿,11年后面对这一事实所表现出来的对爱的不同理解。

故事结构(符合叙事基本结构):从女儿金子的"秘密"开始打破平衡,由此引起浙江来山西的裁缝施良飞、朱爱月(金子的生父母)夫妇在了解真相后的街头寻子、电话调查、亲子鉴定,以致真相大白的震惊。然后是施、段(金子的养父)"两家"认女,试图重找平衡,其间出现了施家、段家反应与换女的矛盾。而抱错的"两女"(金子、娟子)却采取了逃避的态度,这又再次打破平衡。节目最后是,

---

① 胡亚敏:《叙事学》,华中师范大学出版社1998年版,第33页。

施、段两家决定尊重两个孩子的意愿,暂时放弃换回亲生女的愿望——一个没有结局的故事告终,意在"为孩子的心灵建起一座避风的港湾",至此,又暂时恢复了平静。故事虽然发生在施、段两家两代人身上,但故事矛盾的斗争与解决,却因深层的社会因素使故事趋向错综复杂。

结构方法以符合叙事因果逻辑为基本依据,故事以悬念式开头,通过金子的秘密而奠定了叙事的基调,暗示了故事的走向。从施家寻女、段家认女(两家父母),到梦娟(施家养女、段家生女)逃避、金子拒认,这一系列的因果关系组织,使"寻女""认女""换女"等事件之间具有一种严密的逻辑联系。

2. 叙事结构技巧

叙事结构范式与叙事结构序列分别揭示了叙事结构的规律和逻辑,而在媒体激烈竞争的当代,要想吸引受众的"眼球",仅仅在事理上探讨是不够的,还必须在创作实践中探讨叙事结构的技巧。而讲故事的一个重要技巧,就是要精心构思,巧设连环悬念。下面以美国NBC"9·11五周年纪念"特别节目的设计为例,分析叙事结构技巧与表现方法。

NBC所做的专题为《汤姆·布罗考特别报道:美国永远记得"9·11"那天的飞行调度员》。该节目通过全美近20位飞机调度员的回忆,向观众呈现了当时如何发现、跟踪恐怖分子以及和驾驶员一起与恐怖分子周旋、斗争的过程。

整个专题以"9·11"事发当日飞机的动向为顺序,通过在全美总控制室、三个地区飞行指挥室、雷达控制室的30多个当事人诉说亲自遭遇,再现恐怖袭击全过程。节目表现元素丰富多样,画面由片头、主持人演播室导语、当事人在演播室叙述、工作现场叙述、工作场景再现(飞行指挥室、雷达控制室)、资料镜头(当年飞行监视画面)、三维飞行地图动画、雷达屏和一些交代情绪的空镜头(如云层)交叉组成,声音包括主持人旁白、被采访人叙述、主持提问和资料现场声等。具体版块设计如表3-1。

表3-1 NBC"9·11"五周年特别节目设计版块

版块	时 间	内 容
第一段	00分30秒—01分15秒	主持人在演播室开场白
	01分15秒—04分40秒	5年前的9月11日,飞机控制室的工作人员忙碌地工作,雷达屏上一切正常。

(续 表)

版块	时间	内容
第一段	04分40秒—09分30秒	6位工作人员被请入演播室，与主持人交谈，回忆当日的情形：一位工作人员发现"美航11号"偏离预定航线，按照程序他设法和飞行员联系，但没有反应，他估计是通信故障，立即报告上级。
	09分30秒—10分40秒	"美航11号"再次转向，工作人员听到阿拉伯语从麦克风中传来，估计飞机被劫，并且可能会折回机场……
广告一	10分40秒—13分45秒	广告一
第二段	13分45秒—19分00秒	纽约雷达控制室的3位工作人员也被请入演播室回忆：他们也在密切注意"美航11号"的飞行轨迹，不断试图和飞行员联系。发现"美航11号"在空中转了个大弯后飞向纽约市，消失在雷达屏上。
	19分00秒—20分50秒	在搜寻"美航11号"的时候，他们突然发现另一架飞机"联航175号"也发生异常动向，整个工作站变得混乱，大家都意识到将有恐怖事情发生……
广告二	20分50秒—23分00秒	广告二
第三段	23分00秒—25分00秒	在新泽西机场，"美联93号"起飞。事后才知道这架飞机上的乘客与劫机者英勇搏斗，飞机在一个空旷的地区坠落。
	25分00秒—28分00秒	就在"美联93号"起飞不久，机场人员透过玻璃看到远处的世贸大厦冒出滚滚黑烟，大家明白一定是失踪的飞机撞上大楼。这时两架F16战斗机出发，去保护纽约的领空。
	28分00秒—32分00秒	一切已晚，第二架飞机撞到世贸大厦。控制站的工作人员感到惊讶、恐惧、无助和悲伤。同时，负责人打电话给白宫，提请让美国所有飞机停止飞行……
广告三	32分00秒—35分40秒	广告三
第四段	35分40秒—39分40秒	工作人员发现"美联93号"和"美联77号"被劫，向华盛顿飞去。
	39分40秒—42分00秒	从"美联93号"传来劫机者的声音，因为飞行员在临死前打开麦克风。

（续　表）

版块	时间	内容
第四段	42分00秒—44分40秒	控制室里人们手忙脚乱地安排飞机降落在就近的机场,监控"美联93号"的工作人员看到飞机消失在雷达屏上。飞机上的乘客用自己的生命捍卫了白宫的安全。
广告四	44分40秒—48分00秒	广告四
第五段	48分00秒—54分25秒	美国飞机基本得到控制。6个工作人员谈对"9·11"的感想以及自己如何摆脱心中的阴影,重新投入工作。生命总是充满了遗憾;如果战斗机早一步到达纽约,另一幢世贸大厦可能得到保全;如果"美联93号"能晚几分钟起飞,多少无辜的生命能够挽回。
	54分25秒—55分00秒	主持人在演播室总结
广告五	55分00秒—60分00秒	广告五

从表3-1可以看出,该节目在五个版块中,共设置了若干个悬念:美航11号是否被劫?联航175号发生何种异常动向?两架飞机撞到世贸大厦,白宫是否采取了措施?美联93号如何在雷达屏上消失了?节目通过对一个个悬念的解答,解开了当时飞机上发生的事件之谜。

3. 叙事结构方法

电视作品的结构框架是电视节目制作者在制作中始终都必须反复考虑的问题,因为它直接关系到节目的成败,无论你前期拍摄的素材多么丰富,如果结构不好仍然不会产生好的作品。结构的任务就是把前期拍摄获得的纷繁复杂的素材根据一定的主题需要,恰当地组成一个有机的整体。结构有两层含义:一个是外部结构,这是对作品整体形式的把握,使作品层次分明、结构完整;另一个是内部结构,这是对影片中各局部之间的构成和转换的把握,使作品上下连贯、过渡自然。

（1）外部结构。

专题(纪录)片的结构形式有着很大的自由度和灵活性,因为它不像故事片那样受既定故事情节的限制,不同的作者更是有不同的风格。但是我们仍然可以从大量的作品中总结出一些有共性的结构样式来。

① 中心线串联式。

这是纪录片最常用的结构形式之一。所谓"中心线串联式",就是把几部分不同的材料用一条或若干条主线依序串联在一起,从事物的不同方面展现同一个主题。我们熟知的一些大型电视片如《丝绸之路》《话说长江》《黄河》《望长城》等采用的都是这种结构方法,通过一条条或自然或人为的中心线,将纷繁复杂的内容串联起来,构成一部又一部的宏伟作品。在这种结构形式中,通常中心线本身并不是节目的主题,而只是为了便于反映主题而选择的一个由头、一个话题、一条供叙述之用的元素。例如在《望长城》中,贯穿整部片子的中心线是长城,由于长城这条中心线的作用,创作者们能够用比较清晰的思路来拍摄"沿线"的风土人情、民间习俗和人文景观,描绘生活在长城脚下的中国人的风貌。中心线串联式的合理运用,可以使一个庞杂的主题变得清晰明确,同时还可以给后期编辑带来意想不到的方便。

② 逐层递进式。

这种结构形式是按照事物发展或人们认识事物的逻辑顺序来安排层次的。这种安排方法使整部作品有明显的发展线索,循序渐进,层层递进。它可以时间为线索来安排结构层次。所谓时间结构,是以时间为轴线,按人物活动的线性发展、事物进程的自然顺序组织安排材料,具有较强的叙事性和较严格的生活逻辑。

上海电视台摄制的《半个世纪的乡恋》就是这种结构方式的佳作。《半个世纪的乡恋》真实地展现了第二次世界大战期间,一个13岁就被日军从韩国抓到中国成为日军"慰安妇"的李天英老人长达半个世纪的人生经历和情感世界。该片以李天英回国探亲的归程为主线,展开了一个凄婉哀怨的故事。

纪录片还可以认识事物的顺序来安排层次,也可以时间推移为纵轴,空间展开为横轴,纵横交叉式地安排作品的层次。《我们的留学生活》同时反映了多个主人公的经历,就其中一个人物而言,片中是以时间为顺序来讲述他(她)的生活的,而整部片子则采用了纵横交叉式的结构方法,这样就把同一时间不同地点发生的事情紧凑地交织在一起。

逐层递进式的结构方法很常用,因为它比较符合人们认识事物的特点,人们认识事物总是由浅入深、由现象到本质的。这种结构的另一优点就是它便于讲述故事,便于设置悬念,从而克服了电视节目中一个常见的缺陷——平铺直叙。

③ 放射式。

这种结构形式是先确立一个比较明确的主题,然后将几大块相对独立的内容并列地组织在一起来说明这个主题。用这种方式结构作品,材料的使用有很大的随意性,可以不受严格的逻辑要求限制。层次演进不再是单线条式的从开头到发展再到结尾,而是呈放射性线条,每一部分相对独立的内容沿自己的方向向外发散,而所有的放射线又都有同一端点,这个端点就是一个题目或作者的一种想法。例如《半个世纪的爱》,共介绍了14对金婚夫妇的具体生活历程,显然是由14块素材组合而成。全片真实地再现了14对不同类型老人的真情生活,他们都围绕着人类最珍贵的"爱"这个主题而从横向上构成了开放型的结构。

国外电视片用放射式结构的比较多,其具体形式往往是由一个主持人或类似的人物提出一个题目,然后用不同的材料来说明或证实它,具有强烈的主观色彩。

(2) 内部结构。

电视纪录片写作的一个重要任务是写好开场白、结束语、场面转换及段落衔接、悬念设置、戏剧化的矛盾冲突与高潮等,这通常被认为是节目的内部结构。

① 开头。

我国著名电视人陈汉元先生在一次纪录片讨论会上幽默地说:"电视片的开头就像一个人的脸,一个小伙子一眼就看上了一位姑娘,还不是那丫头有一张让小伙子受感动的脸。"①

美国学者罗伯特·赫利尔德认为:"从大量录像材料中认真选出几段相关人物的简短陈述,迅速把它们提供给观众,以便获得他们的注意和兴趣,并直接、具体地告诉他们节目是关于什么问题的。质朴无华的开头——没有介绍语、没有音乐、简单的陈述——能使开头有力。应尽早让观众获知电视节目将采取的态度。"②

下面看几例专题(纪录)片的开头:

例一:《雕塑家刘焕章》

俗话说,外行看热闹,内行看门道。有人说他是木匠,有人说他是石匠。然而,他不做家具,也不砌墙。是啊,他从少年时代开始就同木头、石头打交道了。

起初,大概是因为好玩儿,后来却成了他拆不开、放不下、棒打不回头的爱好和职业了……

例二:《让历史告诉未来·苦难风流》

天黑了。没有一个人知道,自己是否能活着走到下一个宿营地。然而靠着那不死的生命,红军队伍仍在前进……

---

① 陈汉元:《水淋淋的太阳》,北京广播学院出版社1994年版,第10页。
② [美]罗伯特·赫利尔德:《电视广播和新媒体写作》,华夏出版社2002年版,第163页。

长征是他们的苦难,苦难是他们的光荣。

对于今天驾着"雅马哈"飞驰的年轻人来说,长征已变成了一个老掉牙的传奇故事了,遥远而又遥远。

例三:《义务兵的好母亲》

母亲是伟大的,它是善良、慈爱、牺牲的化身,母亲的身上集合了人类最美好的品质和性格。慈母情深,谁都不要有负于母亲。

上述第一例的开头语,语言平实,但却充满着悬念:他是谁?带着疑问,开篇马上把观众带进节目中。第二例开头具有强烈的抒情性,作者用诗一样的语言,充满激情的叙述,在巨大的反差对比中拉开了长征的故事序幕。第三例,以议论方式开头,直接点明了本片的主题,全片紧紧围绕义务兵的母亲是伟大的母亲这个主题展开情节,从而一开始就引导观众沿着这条主线去思索、去寻觅。

电视片的开头方法各种各样,无定式可循,主要视作品的内容和作者叙述风格而定。一个好的开头,需要有"语不惊人死不休"的严谨态度。据说,陈汉元先生在撰写《话说运河》第一回时,为寻到一个好的开头,竟在中国地图前凝视了三天,才写出电视解说词的"神来之笔":

你看,这长城是阳刚雄健的一撇,这运河不正是阴柔、深沉的一捺吗?长城和运河是中国人为人类所创造的两大人工奇迹。

作者充分发挥想象,从中国地图里看出了长城与运河所组成的图形正好显示出中国汉字里的一个最重要的"人"字,人类的人,中国人的人。在导语中,人、历史、文化就这样紧紧地联系起来了。这"一撇一捺"有如石破天惊之势,将千里秀美的运河画卷在这惊人的比喻中徐徐展开。

② 结尾。

结尾对于一部电视纪录片来说也是非常重要的一部分。一条电视新闻的结尾可有可无,然而一个纪录片的结尾则是结构的一个必要组成部分。好的结尾可以收到"言有尽而意无穷"的效果。因此,在电视讲完了故事以后,不要就此结束。要通过采访与解说,暗示事件中还有比人物、事件、时间和地点更多的东西,要使作品能引起观众的共鸣,能引起观众的思索。

这里还以本章在"内部结构"阐述时所举三个电视节目为例,分析几种常见的结尾方式:

例一:《雕塑家刘焕章》

假如你要寻找刘焕章的家,那是太容易了。你不必背记门牌号码,而只要记住胡同就行了。因为在他家的窗户外面,长年累月垒着那么多怪里怪气的大树桩。

那么,刘焕章在不在家呢?

你听——(深沉的劈木、凿石之声,一直延续到本片职员表完)

例二:《让历史告诉未来·苦难风流》

(画面提示:红军长征胜利。张学良、杨虎城发动了西安事变)

红军战士们怎么也想不到,由此发生的一系列变故,将导致他们摘下戴了十年的红军帽。

中华民族,危亡在即!

例三:《义务兵的好母亲》

(画面提示:妈妈屋内满墙锦旗,各地来信入画面,孩子们拥向赵妈妈,妈妈在花丛中)

教子成才,当今岳母,

胸怀全局,爱国拥军。

普通而又伟大的母亲啊,您付出的巨大辛劳,您作出的高尚而又自觉的牺牲,儿女们永远不会忘记。

例一的结尾,可以说是解说词写作"大家"陈汉元先生的经典之作,曾被无数次引用分析。当时,在电子摄录机的功能尚未开发出来,同期声的作用尚未重视开掘的历史背景下,这部作品对解说词的表现功能作了大胆尝试,将解说词与画面作了天衣无缝的组合,巧妙地运用音响声应和解说之声,给观众以遐想的广阔空间,真是令人耳目一新、拍案叫绝。这段结尾解说词与整部作品风格一致,看似清雅朴实,实则韵味无穷,那一唱三叹、余音绕梁的结尾给人留下回味无穷、意犹未尽的思考。

例二的结尾,在电视专题片中运用较多,一般总是用充满激情的语言,给人以鼓舞,给人以号召,给人以希望。《让历史告诉未来·苦难风流》这一集专题反映红军二万五千里长征的故事,当红军爬雪山,过草地,被迫西行突围,打破了国民党军队的无数次围追堵截,历经九死一生,终于在甘肃会宁会师,胜利完成了战略转移任务的时候,却要让每一个红军战士摘下红星帽,换上国民党的青天白日徽,多少战士想不通啊,多少人从睡梦中惊醒过来!正是面对着这一"变故",撰稿人怀着对红军战士的同情心,突然笔锋一转,以极其简练的语言、充满迷茫的感叹,准确地描写了广大红军战士此时的心情与态度。然而,为了团结抗日,为了救中国,解说词结尾以震撼人心的口号"中华民族,危亡在即",唤醒民众,顾全大局、共赴国难。同时,这段结尾解说词在系列专题节目之中,又好比一篇文章中的段落结语,还要为下一集抗日的《血肉长城》起着承上启下的过渡转场作用。

例三采用了总结式结尾方法,以抒情式的议论照应开头,一气呵成,给人以水到渠成之感。如果说开头部分是中华民族概念化母亲形象的虚议,那么,结尾则是对义务兵的好母亲忍辱负重的高尚情怀的实论,这种由衷的议论是对模范人物最真实、最贴切的评价总结,也概括了全片的意义。

③ 悬念与高潮。

悬念与高潮的设置是电视专题片创作中至关重要的环节,它是一部作品成功与否的关键。优秀的文学作品和电影故事片,必须要有完整的情节和戏剧冲突,才能引人"入画",电视作品亦然。

系列片《让历史告诉未来》几乎都是用历史文献的"碎片"画面构成,它没有长镜头的过程展现,很少出现戏剧性场面,但它却可以通过后期编辑和解说词的有机串联、铺垫,给我们设置一个个高潮。

例如第三集《血肉长城》,反映抗日战争时期的平型关大捷、击毙日军"名将之花"的陈庄战斗、振奋人心的"百团大战"、震惊中外的"皖南事变"等,都以重笔描绘而令人惊心动魄。尤其是作品中运用对比的手法,对抗战两个阵营泾渭分明的描述突显出"抗联"战士的悲壮,使全片达到一个新的高潮:

人和人十分相像,又十分不一样。有人壮烈战死,也有人屈膝投降。就在我们的孩子把买糖的钱都捐献出来、支援抗战的时候,国民党副总裁汪精卫却公开投降日本,成了中国最大的汉奸。抗战期间,投降的国民党将军以上的官员有五十多人,倒戈投敌、充当汉奸和伪军的中国人多达八十万。数量如此之多,难道不令人痛加思考吗?

然而,有人低头,有人挺胸!千千万万不愿意做奴隶的中国人民在战斗。

八个姑娘,普通的抗联战士,在敌人包围紧逼的情况下,投入牡丹江。至今人们仍在传说着"八女投江"的悲壮故事。

1940年2月,抗联军第一路军总指挥杨靖宇将军,率部与日军激战几个月后,仅剩下他一个人,弹尽粮绝,壮烈牺牲。日军将他的遗体运回解剖,杨靖宇将军的肠胃里竟然没有一粒粮食,全部都是草根、树皮和棉絮。

在场的中国人流泪了,日本人震惊了,他们无法想象世界上竟会有如此坚强的人!是的,他们终于明白,中国的大好河山,不是他们随意征服的王道乐土!中华民族不是随意践踏的民族!

电视片高潮的形成,一般都在事情发展到最重要或情绪发展到最饱满的时刻,所以,这样的内容出现时,要利用一定的手段加以强化。《让历史告诉未来·血肉长城》在抗日战争最艰难的环境里,选择情绪最饱满的时刻,将抗联战士"八女投江"、杨靖宇将军的壮烈牺牲演绎得荡气回肠。这时情感的凝聚点被充分展示,作品的主题得以升华,节目的感染力也达到了新的高潮点。

三、纪录片的写作

电视专题片与电视纪录片最大的区别在于:电视专题片所表现的事件结果是已知的,而纪录片所要拍摄的事件与人物的结局是未知的。已知的事件结果使电视制作者能全盘驾驭事件,从而完全正确按照编导者的意图设计处理素材,以致完全可事先写好专题片的解说词,在此基础上,寻找拍摄所需画面。而纪录片则只能跟随事件的发生、发展过程,纯粹观察式地记录,这是二者的主要区别。由此,写作也成为电视(专题)纪录片的主要研究对象。

(一)确立主题

主题即立意,或说是中心思想。无论制作什么节目,都有一个基本目的,总是要说明点什么,或介绍某事,或宣传一种思想,或表达作者的某种情绪和感受。创作者在深入生活、观察社会的过程中,对许多社会现实、自然风貌、人物形象等都会表达出自己的态度、看法和主张,这些引起创作者创作冲动的基本事实和问题的提炼,就成为一件电视作品的主题。

大型电视纪录片《东方主战场》(2015年8月央视播出,见图3-5),以世界反法西斯战争及中国抗战各阶段与东方主战场主题有关的重大史实为依据,深入阐述中国抗日战争为战胜日本法西斯所作出的伟大贡献,客观剖析东方主战场的精髓——中国共产党的中流砥柱作用和中华民族不屈不挠、英勇抗战的精神,并从中国与同盟国合作和海外战场共同行动的视角,展现中国在国际反法西斯统一战线中所发挥的重大作用。这即是该片为纪念中国抗日战争暨世界反法西斯战争胜利70周年特别制作纪录片所确立的主题。

主题的确立,通常有两种方法:

一种是"意在笔先",即创作之初已定下一个创作宗旨,然后根据这个主题来选材、结构。《东方主战场》制片自启动以来,始终秉持"铭记历史、缅怀先烈、珍爱和平、开创未来"的创作宗旨,将全片分为8集,分别是:第一集《东方危急》;第二集《共赴国难》;第三集《浴血坚持》;第四集《艰苦卓绝》;第五集《同盟抗敌》;

图 3-5　纪录片《东方主战场》

第六集《民族血脉》；第七集《大地坚韧》；第八集《正义必胜》。全片力争通过准确的史料、精彩的影像、高超的手段，创作出能够代表国家观点，具有国际视野的"扛鼎之作"。

另一种是在创作中不断修正、深化主题，有时到节目接近完成时才最后形成[①]。这种情况在创作中经常遇到。但是解说词的中心思想不能凭空而出，必须以大量的形象材料作基础、作铺垫，从事实的分析中得出结论。《东方主战场》第七集讲的是全民抗战，原标题为《同仇敌忾》，但该集撰稿总感觉到"不准，不美，不新鲜。尽管也是表达全国各地都在抗战，但是让人感受不到960万平方公里大地上的抗战力量"[②]。后来反复咀嚼、推敲该集内容，台湾义勇军的抗战，新加坡华侨的抗战，西藏、新疆及回民支队的抗战……一幅幅鲜活的画面启发了灵感，决定改为《大地坚韧》，得到专家们的一致赞同，认为较准确地反映了中华同胞都在努力扛着苦难，努力守护这片土地的精神[③]。

（二）为看而写

文字解说词弥补了画面所不能传达和未能传达的事实和细节，从而构成声画合一或声画对位的关系，使声画两者互为补充、照应，形成复合语言，使新闻信

[①] 钟大年：《纪录片创作论纲》，北京广播学院出版社1997年版，第279页。
[②] 孙莲莲：《王久辛：让历史叙述有生命感》，《中国电视报》2015年8月20日第A19版。
[③] 王久辛：《〈东方主战场〉第七集标题的修改过程》，《中国电视报》2015年8月20日第A19版。

息传播进一步被视觉化。

所谓"视觉化",是指"世界的图像化",即是使物从不可见转化为可见的运作的总体性。"总体性"既包括看与被看的结构关系,也包括生产看的主体的机制、话语之间复杂的相互关系和构成看与被看的结构场景。在纪录片中经常将记者采访中获得的大量的生动材料有机地组织起来,特别是注重运用可视化的手法来描述抽象的事实,给人以置身现场的感受。

《东方主战场》第三集《浴血坚持》,主要反映二战在欧洲爆发后,日本与德意法西斯国家结成军事同盟,成为全世界共同的敌人。当时,相对于欧洲国家的一触即溃,中国人民则在毛泽东"论持久战"思想的指导下,在抗日民族统一战线的旗帜下,团结一心,坚持抗战不投降。国民党正面战场和中国共产党领导开辟的敌后战场协力合作,形成了共同抗击日本侵略者的战略局面,极大地支援了处于低迷时期的世界反法西斯战场。毛泽东的《论持久战》作为本集的"纲"和主线,如何将《论持久战》文本视觉化、电视化,成为本集成功与否的关键。"如果孤零零地拿一本书在讲,感觉就不对了",本集撰稿人说。为使文本更适合视觉观看,作者将毛泽东的持久战思想和众多战役、战争进程紧密联系起来,"把这一时期的昆仑关战役、长沙会战、黄土岭战役、百团大战巧妙衔接,用以印证毛泽东的持久战思想的睿智和游击战的创意,正因为有正面战场和敌后战场的战略性配合,才使得持久战的局面成为现实"①。

《东方主战场·浴血坚持》

1938年5月19日,徐州失守,战局走向混沌迷离。亡国论者认为中国不可能取胜,速胜论者却认为日军已是强弩之末。

在延安简陋的窑洞里,毛泽东废寝忘食,写成5万余字的《论持久战》。5月26日,他以持久战为题,在延安抗日战争研究会发表演讲。他告诉读者:中国会亡吗?答复:不会亡,最后胜利是中国的。中国能够速胜吗?答复:不能速胜,抗日战争是持久战。

《论持久战》于1938年7月出版,在延安解放社出版的最早单行本扉页上有毛泽东的题词:"坚持抗战,坚持统一战线,坚持持久战,最后胜利必然是中国的。"简明扼要的25个字,便提炼出《论持久战》的精髓。毛泽东判断的依据来自中日双方四个基本特点:"敌强我弱,敌小我大,敌退步我进步,敌寡助我多助"。

攻占武汉被东京当作是结束对华战争的最后一战。毛泽东则预言武汉失守

---

① 孙莲莲:《访8集大型纪录片〈东方主战场〉撰稿团队》,《中国电视报》2015年8月20日第A19版。

后,战略态势反而开始有利于中国。

当日军如愿占领了武汉,日本天皇担心的"帝国雄师百万受制于中国"的局面却出现了,日本侵略者已陷入亚洲大陆的泥潭,不得不大幅度调整战略,准备长期战争。战局的演变和《论持久战》的判断惊人的一致。……

共产国际总书记季米特洛夫读了《论持久战》后感叹道:"有史以来,还没有人把军事问题、战争问题说得这样透彻过,《论持久战》是一本划时代的著作。"

【采访军事科学院研究员支绍曾】

在《论持久战》中,毛泽东准确地预见抗日战争将分成战略防御、战略相持和战略反攻三个阶段,而且阐明了每个阶段的特点和应对方策。比如,他说相持阶段是漫长而持久的,同时又是敌强我弱形势转变的枢纽。他认为,游击战争是促成这种转变的关键。大规模的敌后游击战争在战略相持阶段会成为中国抗战主要的战争形式。

纪录片通过相关资料的重新结构组合,对《论持久战》的战略指导意义给予形象化的感受,使受众从文字解说中"看到"新闻事实中的人物表情、现场情景、场面与氛围、地域特色等,这种视觉传达有更大的可信性,也有更强的感染力。

(三) 为听而写

纪录片的解说词必须与节目风格一致,对外在客观现实状况作具体刻画或模拟。这种刻画或模拟就像一面"镜子",应当直面现实,正视现实,忠实于现实生活,而不是再造生活,它是"把生活复制、再现,像凸面玻璃一样,在一种观点之下把生活的复杂多彩的现象反映出来,从这些现象里面吸取那构成丰满的、生气勃勃的、统一图画时所必需的种种东西"[①]。

著名电视编导、原中央电视台副台长陈汉元先生的解说词风格兼具朴实、自然、亲切、幽默,观众能从中品出优雅,读者能从中读出"文学意味",看似质朴,却显出非凡的功力。他在作为总撰稿的《话说长江》创作中,将平实的风格发挥到极致,成为《话说长江》的创作基调。在他负责撰写的四川、成都、重庆这几集解说词中都充满了浓烈的地域风味。

他写四川,"冬季温暖,春天来得早,夏天比较热,秋天很凉爽,冰冻时间短,雨水很充足。当然,农业生产的发展不能只靠老天爷的恩赐,只要不人为地乱折腾,那么,这个风调雨顺的好环境,是有可能让这个盆地年年五谷丰登的"。

[①] [俄]别林斯基:《论俄国中篇小说和果戈理君的中篇小说》,载《别林斯基选集》第1卷,上海译文出版社1979年版,第154页。

他写重庆,"重庆的台阶特别多,好像是数不尽的钢琴键。勤劳的山城居民们不分男女老少,从黎明到午夜,就这样共同演奏着生活的交响乐,就这样弹出了时代的最强音"。

他写成都,把成都的闲适表现得淋漓尽致。即便是成都茶馆里的倒茶伙计,也能让他写出几分情趣:"射程多远,范围多大,凭的是手腕功夫。不射则已,一射准保无误,而且不溅水花,真不愧是高明的'射流技术'!"

他写游人,游泰山的姑娘们因为不知"高处不胜寒",结果,只得"裤子套裙子,裙子套裤子,真所谓乱套了"!

陈汉元还写过《收租院》《话说运河》《泰山》《下课以后》《唐蕃古道》《黄河》等。对陈汉元的作品不能仅凭只言片语妄加评断,要真正领会其风格的精髓,还必须深入陈汉元的全部作品中,从整体上细细品味专题片解说词撰写的真谛。

在纪录片的写作中,同样于平实之中见气势、叙述之中见艺术功力的另一个电视解说词写作高手,当推中央电视台原军事部主任刘效礼少将。其作品每部都在社会上引起很大反响,从《说凤阳》《干枝梅颂》到《让历史告诉未来》《望长城》《毛泽东》《邓小平》等,都可称得上经典。

刘效礼撰稿的《让历史告诉未来》,于1987年7月27日至8月7日在中央电视台首播后,受到各界舆论的一致好评。许多不同层次的观众通过写信和打电话,称赞这是一部主题思想鲜明、编辑手法新颖、资料运用充分、解说生动感人的好片子。该片"以新的视角,回顾了我军六十年走过的光荣道路,不搞编年史,却大事不漏,脉络清晰;不搞传记片,却在个人的点滴小事中让你领悟出历史的真谛。在明快的节奏中,60年的历史被浓缩在240分钟的节目中;在精选的事件及人物中,你却如读一部军史。这部大型节目,激情与深沉同在,歌颂与思考同行,对历史的尊重,对现实的思考全在一场精心剪裁的场景中"①。

下面,我们还是通过摘录《让历史告诉未来》中的一集内容,以领略这部专题片解说词的优美的文笔。

《让历史告诉未来·为了和平》

(歌声:一条大河波浪宽,风吹稻花香两岸)

结束了二十二年的战争,中国人民获得了渴望已久的和平。在这片新生的土地上他们播种希望,医治创伤,开始建设幸福美好的家园。

然而,1950年6月25日,朝鲜半岛爆发战争。两天后,美国海、空军武装入

---

① 《中国青年报》评论,转引自《1987年全国优秀电视新闻选》,北京广播学院出版社1988年版,第538页。

侵朝鲜,第七舰队进逼台湾海峡。7月2日,第一批端着卡宾枪的美国士兵,就踏上了朝鲜国土。三千里江山陷入浓烟烈火之中。

9月15日,麦克阿瑟将军指挥四万美军在朝鲜仁川大规模登陆,不顾一切地向北线推进。十五天后,战火已烧到鸭绿江边。

怎么办? 出兵迎战还是坐视不动? 北京的最高统帅面临严峻的选择。

10月4日,彭德怀将军突然被召去北京。中南海里正在开会,讨论出兵援助朝鲜问题。中国、朝鲜,唇齿相依。毛泽东在会上说:"别人危急,我们站在旁边看,怎样说,心里也难过。"

但是出兵又如何? 千疮百孔的国民经济有待恢复;新区土地改革刚刚开始;国内残匪还未肃清。况且对手又是海空军力量堪称世界第一的美国。他手中的原子弹可以在刹那之间让北京上海变成广岛第二……

彭将军当晚在北京饭店怎么也睡不着,从沙发床搬到地上睡,还是睡不着。第二天发言的时候,他力主出兵。

战还是不战? 经历了二十二年战争生涯的毛泽东,闭门思考了整整三天三夜。10月8日,他终于下达了出兵朝鲜的最后决定:"现将东北边防军改为中国人民志愿军迅即向朝鲜境内出动,协同朝鲜同志向侵略者作战并争取光荣的胜利。"

[字幕:彭德怀受命挂帅出征]

[字幕:志愿军大军中,也包括毛泽东的长子毛岸英]

10月19日夜里,当二十万志愿军部队隐蔽地渡过鸭绿江时,麦克阿瑟刚刚在太平洋上的威克岛与美国总统杜鲁门进行过会晤。他告诉总统,中国共产党不会出兵,并且保证在感恩节前结束战争,在圣诞节把第八集团军撤回日本。

正如丘吉尔喜欢在休息时打毛线,杜鲁门爱打桥牌一样,麦克阿瑟将军的爱好,是浏览世界杰出领导人的传略。不过,当他以指挥仁川登陆的成功而名声显赫的时候,不幸竟忽略了研究彭德怀这样的中国军事对手的情况。他应当知道彭德怀是酷爱下棋的,并且布棋如布兵,大胆果断,每盘必杀出输赢才罢手。

三十六年之后,当我们来到当年的志愿军总部指挥所时,似乎又回到了极度紧张的日日夜夜。志愿军司令员兼政委彭德怀,副司令员兼副政委邓华,副司令员洪学智、韩先楚,参谋长解方,政治部主任杜平等,都在这一百八十平米的作战室里指挥着刚入朝的志愿军部队,向悠然自得开进的美伪军展开袭击。

这是一场武器装备力量极为悬殊的战争,志愿军入朝二十天,汽车就被敌机炸毁六百多辆。铁路瘫痪,物资积压。在零下三十几度的严寒中,许多战士没有鞋穿没有棉衣,冻伤了手脚。"一把炒面一口雪",志愿军战士就这样,同人民军战友并肩作战,创造了令全世界惊奇的战绩。

志愿军出兵六十五天,连续两次攻势凌厉的反击战,一下把麦克阿瑟从鸭绿江赶回到三八线以南,歼敌五万多人。美国报纸把第二次战役称为"美国陆军史上最大的失败"。直到这时麦克阿瑟将军才发现,与中国军队作战,并不像他在学校里获得网球赛冠军那么轻松。当圣诞节来临的时候,士兵们等到的不是圣诞老人的礼物,而是"死神的亲吻"。倒是被俘虏的美国士兵,能够安全愉快地过一个节日。……

经过五次战役的较量,打掉了侵略者的气焰,双方在三八线一带转入阵地对峙状态。1951 年 7 月 10 日,停战谈判终于在开城开始。三天后美国报纸不禁慨叹地说:"一个美国司令官,在美国政府命令下,插起白旗前去和敌人谈判,在美国立国一百七十五年来的历史中,这是第一次。"

为了维持"霸主"的体面,挽回败局,美军又把攻击的突破点选在了一个名叫上甘岭的地方。

发生在上甘岭的战斗,称得上是世界军事史上的奇观。小小三点七平方公里的高地,四十三天中承受了一百九十万发炮弹和五千多枚炸弹。美国和南朝鲜军队为了夺取它投入了六万多兵力,飞机轰炸了三千多架次。整个山头被削低了两米。谁能想象,在任何生命都不复存在的这片焦土上,上甘岭的守卫者们竟以罕见的英勇,反击了美伪军近三个师的九百多次冲锋。潮水一般涌上来的敌人,在阵地前伤亡二万五千多人,损失飞机三百多架。但坑道里仍然坚守着我们的志愿军勇士,等待冲锋号响,把胜利的旗帜插回主峰!

就是这个枪眼,夺走过多少中华儿女的生命。特等战斗英雄黄继光,当年就用自己年轻的胸膛堵住了罪恶的枪弹。……

1953 年夏季,志愿军和人民军并肩作战,为迫使美国老老实实回到谈判桌上来,发起了 1953 年夏季攻势。这时指挥志愿军的,是志愿军代司令员兼代政治委员邓华以及副司令员杨得志。

6 月 7 日,美国总统艾森豪威尔写信给南朝鲜伪总统李承晚说:"我们已在一起遭受到成千上万的伤亡。我深深相信,在这种情况下,接受停战是联合国和朝鲜所需要的。"第二天,在板门店的朝鲜停战谈判全部达成协议。

板门店,因此成了一个举世闻名的地方。1958 年 7 月 27 日上午 10 时,联合国军总司令克拉克将军在朝鲜停战协定上签了字。他描述自己签字时的心情说:"我成了美国历史上第一个在没有取得胜利的停战协定上签字的陆军司令官。"从这一点看,他的两个前任麦克阿瑟和李奇微,倒是比他幸运得多了。……

人民军队的 60 年，是一部有声有色、神秘壮观、引人入胜的史诗。然而如何经过电视创作打动观众呢？中央电视台军事部总结《让历史告诉未来》创作经验时，提出了"五个要"，即要真实（客观）、要有气势、要有人物、要有联想、要多角度①。

关于作品的气势，我们从《为了和平》这一集的字里行间可以明显感受到。不仅如此，我们从该片的整体结构到各集风格，包括总片名和各集片名的命题，都可以感受到作品的深沉凝重、气势磅礴，给人以不可战胜之感，如第一集《血的奠基》、第二集《苦难风流》、第三集《血肉长城》、第四集《醒来的黄河》、第五集《命运的决战》。

关于写人物，特别是一部历史性纪录片，如果没有人物，留下的印象只是编年史。在人物描写上，《让历史告诉未来》将他们的命运与当时的历史环境结合在一起，明显地增加了历史的厚度，让枯燥的历史活了起来。第七集《为了和平》如果只写志愿军"雄赳赳，气昂昂"就没有力度，必须写最高领导层的决策，写领袖人物面临难关的内心活动，比如彭德怀睡不着搬到地上睡，毛泽东三天三夜的犹豫和思考。领袖也是有血有肉、有喜有忧的凡人，这样一下子使观众与领袖彼此沟通了。

关于联想，是使一部作品充满文学意味的重要手法。《让历史告诉未来》在历史的叙述表现方式上，尝试进行了大跨度的跳跃、强烈的对比和广泛的联想，打破了时空距离，充分利用电视的手段，让观众的心绪在历史的长河中追随历史人物的命运变迁，自由地驰骋。从爱打桥牌的杜鲁门到喜欢打毛线的丘吉尔，从爱好浏览世界杰出领导人传略的麦克阿瑟将军到酷爱下棋的彭德怀，从朝鲜战场王海击落美军飞行员到三十年后重逢北京……这些看起来偶然巧合的事件，里面却带着深刻的历史必然性。

第四节　真实电影式纪录片

真实电影式纪录片，采用了现实主义创作方法，关注日常生活，关注同时代的问题和普通人，尽量不歪曲地复制现实。在拍摄客体和事件时，主创人员尽力再现出现实本身的丰富性，记录现实生活的真实。

---

① 中央电视台军事部：《〈让历史告诉未来〉创作谈》，引自《1987 年全国优秀电视新闻选》，北京广播学院出版社 1988 年版，第 539 页。

真实,表现为不加控制情境的同期声外景拍摄,最低限度的解说及剪辑时的"客观性"。

真实的风格表现为自然的布光和音响,平实的拍摄和剪辑风格,真实的交谈般的对话,简单的"生活源"般的情节安排。

真实电影的结构标志是,无论是一个镜头中影像之间的关系,还是镜头之间的关系,都是由被拍摄事件的"即发性"决定的,而不是被制作者强加于素材的。

一、真实电影式纪录片的题材选择

电视纪录片的创作,是一个创作者对客观事物的感悟与思考进行艺术化表述的过程。就是要用镜头来真实、完整、客观地反映我们的所见所闻和所经历的事物,提供正常的信息,改变人们对事物的一些看法,并欣赏这些事物。一般来说,电视纪录片就是讲故事,纪录片的创作就是要解决讲什么样的故事,如何讲故事,并把握好讲故事时的技巧。讲故事的技巧,涉及许多创作环节——选题、采访、构思、提纲撰写、拍摄、剪辑、解说词的写作、配音配乐合成等。其中从采访到图像、音响素材的获得,我们一般称之为前期拍摄;从剪辑、解说词写作到整部片子制作完成,一般称之为后期编辑。不论是前期还是后期,都必须紧紧围绕"如何讲好故事"来实践。

纪录片讲故事,首先遇到的是讲什么故事,也就是从生活中选取什么样的题材和素材来从事创作。在纪录片创作中,可以说好的选题是成功的一半。纪录片的选题范围是不受限制的,一切非虚构的题材都可以成为纪录片的选题。但是要从大千世界中找到一个好的题材,并以此创作出一部好的作品却并非易事。这要求创作者在社会生活中,通过对历史和现实的研究,对某些社会现象和历史内容产生认同。其中,创作者的审美情趣、价值取向、素质高低都对题材的选择产生着重要的影响。但是,无论纪录片创作者选择什么样的事实作为题材,这种事实都必须具备一定的基本条件,才能成为纪录片所表现的对象。所以,对于一个创作者来说,了解题材选择的一般的要求是必要的。

纪录片题材大致可以分为两类:一类是人文与社会类的题材,另一类是自然与环境类的题材。这两类题材的选择各自有着不同的要求。

(一)人文与社会类纪录片题材的选择

人文与社会类的题材,是指那些同人们的社会生活联系紧密的,同历史或现实有直接关系的题材。这是纪录片涉及最多的题材,其选题应具备如下几个特性。

1. 时代性

记录历史是纪录片的主要功能之一,优秀纪录片的内容总是与时代同步的。"所谓'时代性',就是指题材能够反映特定时代的风貌,触及时代的矛盾,揭示时代的本质,体现时代的精神。"①如果题材本身不具有时代性,即使创作者有十分娴熟的创作技巧,也很难创作出富有时代感的好作品。时代感不是一个空泛的概念,它是特定历史时期的主流倾向在社会生活中的反映。

20世纪三四十年代,正值第二次世界大战爆发之际,这个时期的纪录片有相当一部分就是以战争为题材的,如《伦敦大火记》(1943,英国,汉弗莱·詹宁斯)、《战斗中的列宁格勒》(1942,苏联,罗曼·卡尔曼)、《沙漠大捷》(1943,英国,洛丁·布尔丁)、《我们为何而战》(系列纪录片,1942—1945,美国,弗兰克·卡普拉)、《四万万人民》(1938,荷兰,尤里斯·伊文思)等。这些作品都因记录了这场人类历史上最残酷的战争而成为纪录片史上的经典之作,它们的作者也因此闻名于世。

第87届(2015)美国奥斯卡金像奖最佳纪录长片《第四公民》,这部纪录片题材本身具有很强的时代感。影片描述了关于美国国家安全局"棱镜计划"对人的监控,被曝公民的每一个刷卡记录、每一通电话、人的一举一动,都在政府的掌控之中的故事(见图3-6)。

图3-6　纪录片《第四公民》主角爱德华·斯诺登

---

① 钟大年:《纪录片创作论纲》,北京广播学院出版社1997年版,第249页。

该片高度还原了"棱镜门"事件始末,为观众真实揭秘了因将美国国家安全局的监控丑闻公之于众而身处漩涡中心的爱德华·斯诺登。纪录片导演柏翠丝本人也是"棱镜门"事件的核心人物,片名"第四公民"(citizen four)正是斯诺登早期与柏翠丝邮件沟通时使用的匿名代号。2013年6月,当柏翠丝第一次飞往香港与斯诺登见面的时候,她随身携带的摄像机也真实记录了当时的场景。这部纪录片按照时间轴,顺序记叙了记者和斯诺登联系、接头、采访、报道刊发的过程,并使斯诺登成为事件后的国际关系、各方斡旋的焦点。这部纪录片的公映无疑轰动了当代世界,因为它不仅仅是"斯诺登传",还向观众展现了现代媒体业在"棱镜门"前后的多样环境,包括政府权力、网络技术和个人隐私交锋下的伦理问题,内容涉及美国反恐计划、占领华尔街事件等。

纵观当代中国荧屏,凡是能引起社会轰动效应的电视纪录片,无一不是把握了时代的脉搏,贴近了人民大众的生活。曾荣获1993年度中国四川国际电视节电视纪录片"金熊猫"大奖的《远在北京的家》,通过讲述几个安徽姑娘到北京当保姆的故事,向观众展示了当代中国从农村到城市的恢弘画卷,由点到面折射出农村生活的变迁。20世纪90年代以来,出国留学在中国成为一股热潮,国内的人们渴望了解留学人员在异国文化中的生活,《我们的留学生活》的编导敏锐地抓住了这一时代题材,制作了这部反映日本的中国留学生生活的系列纪录片,在国内播出后引起极大反响。

虽然时代性蕴含在社会生活当中,但有些题材的时代特征是鲜明的,而另外一些题材看似远离社会,实际上却蕴含着深刻的时代性,这就需要创作者有独到的发现和挖掘。1993年获亚广联纪录片大奖的《最后的山神》,通过真实地记录鄂伦春族最后一个老萨满孟金福的独特生活过程、独特的文化心理和具体情状,表现了他对古老文化的依恋和执着,以及对现代文化的向往追求,反映了社会变迁中人的心态,这种心态实际上是传统文化与现代文化相碰撞的反映,它也反映了一种民族文化的时代性,深刻地揭示出社会发展后,历史演进过程中的规律和不可抗拒的人类文明法则。在授予《最后的山神》第30届亚广联纪录片大奖的颁奖典礼上,评委会主席宣读了如下的评语:"评委会高度赞赏《最后的山神》自始至终地表现了一个游牧民族的内心世界,这个民族的传统生活方式随着一代又一代的更迭而改变着,本节目选取这个常见的主题描绘了新的生活。"[1]

题材的时代性与电视纪录片的传播效果是紧密相关的,电视观众希望能在纪录片中看到自己关心的事物,看到同自己的生活息息相关的东西。因此,纪录

---

[1] 张明:《记录正在消失的文化》,《现代传播》2000年第6期。

片创作者应该有意识地注意我们时代的发展,随时发现新矛盾、新事物、新问题,及时发现代表时代精神的新人新事,并把它们通过纪录片反映出来。有些题材看上去是年代久远的事,实际上却蕴含了深刻的时代精神,如果不是有意地去发现和挖掘它,很可能就会被忽略过去。2006年11月,12集大型电视纪录片《大国崛起》在央视经济频道推出,该片试图以历史的眼光和全球的视野,来解读15世纪以来世界性大国崛起的历史,探究其兴盛背后的原因,为当下中国的现代化发展寻找镜鉴。刘效礼认为:"该片没有把着眼点放在对历史细节的考证和历史真相的探询上,而是以一种宽广的胸怀和海纳百川的气概,用分析、探索的眼光,寻找其他国家迅速崛起的主要推动力,以此来为中国的发展之路提供参考和借鉴。正是这种立意与'务实'的风格,让该片超越了传统纪录片的欣赏人群,引起了当代社会的广泛关注。"① 罗明认为:"所有的历史都是当代史。没有人能够真正还原历史的岁月,著史和读史的人都免不了当下的情怀与眼光。"②

2. 新鲜性

新鲜性,就是题材具有人们所不熟悉的,又普遍感兴趣的有别于事物常态的性质。

纪录片题材的新鲜性,首先从及时性上体现。这是一个从新闻角度选择纪录片题材的问题。把生活中刚刚发生的重大事件及时地报告出来,直接触及社会最敏感的神经,必然会引起较大的反响。震撼人心的八集系列纪录片《中华之剑》,可以说是明显地代表了这种价值取向。当毒品在中国大地死灰复燃,成为一个不容忽视的社会问题时,以完全纪实手法拍摄的《中华之剑》与观众见面了。在中央电视台首播时有60多个国家的十几亿观众同时收看了这部纪录片。就连境外的毒枭收看这部纪录片后也感到了巨大的舆论压力,导致了贩毒集团杨茂良部128师的哗变,造成了权力的再分配和贩毒集团力量的削弱。可见一部触及现实生活敏感神经的纪录片具有多么大的威力,据称"这也是中国缉毒史上第一次'不战而屈人之兵'"的实例。纪录片的新鲜性与新闻的及时性是不完全一样的,纪录片的时效性没有新闻那么强,纪录片的价值在于它所反映的内容是否能够及时地抓住生活中最新的现象,及时解答人们的疑问。

其次,纪录片题材的新鲜性从特殊性上体现。电视观众在看电视时有一种窥视的心理,特别是对于自己不熟悉的、以前没有见过的事物,这种心理更

---

① 刘效礼:《〈大国崛起〉有一种哲学的味道》,《中国电视报》2006年12月4日。
② 罗明:《电视人也在铸史》,《光明日报》2006年12月2日。

为强烈。这里的特殊包括特殊的人物、特殊的环境、特殊的事件、特殊的视角等。

《超级中国》(见图3-7)是2015年韩国KBS电视台推出的新年特别纪录片，几乎同时在中国广泛传播。该片全面介绍了中国的发展现状，一经播出就在韩国引起了很大反响，并在韩国各界掀起了一股"中国热"，最高收视率超过10%，同时，也"震撼"了国人的心。为什么？因为《超级中国》有别于传统西方纪录片的视角，80%以上的镜头都可以成为证明"中国自信"的证据，充满了中国的正能量，把中国13亿人非同凡响的影响力充分展现出来。

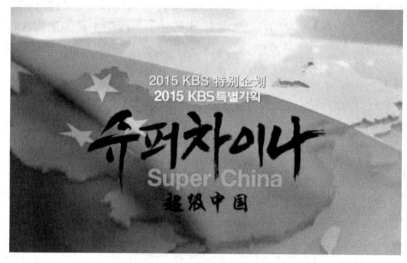

图3-7 纪录片《超级中国》

例如《超级中国》第一集《13亿的力量》，一开头并不是从中国讲起，航拍的农场也不是中国，而是远在南美洲的阿根廷。该片解说词告诉我们，为什么最大的牛肉输出国之一的阿根廷现在牧场关闭，变成了最大的黄豆输出国之一，原因是中国。镜头切到中国餐桌的回锅肉，旁白在告诉我们：因为13亿人口要吃猪肉，需要喂猪的饲料，而种黄豆比养牛更赚钱。独特的拍摄视角凸显了该纪录片题材的新鲜性。

然而，纪录片题材的特殊并不意味着要去猎奇，这是一个创作者需要避免的误区。过去，我国的纪录片热衷于边缘题材，当这类节目经过不断的没有新意的重复后，只会让观众感到单调乏味。因此，选取题材时应该注意抓取普通事物的特殊点，而不应该盲目地求"奇"、求"怪"。

3. 复杂性

复杂性是指题材所提供的内容不能过于简单,要有一定的容量,它所涉及的材料要足以支撑所要表达的主题和相应的时间长度①。纪录片的体裁与功能决定了纪录片需要有一定的深度,有一定的典型意义和艺术性,这些都必须有一定的篇幅和足够的内容来支撑。

第一,曲折的人物经历。选取的题材,最好是主人公的经历较丰富曲折,这样才容易引起人们的兴趣和情感上的共鸣。一个平平淡淡的经历,即使是名人也不大容易拍出好片子。纪录片《三节草》讲述了一个16岁嫁入泸沽湖摩梭人土司做压寨夫人的汉族女子肖淑明的传奇故事,反映了她从一个正在接受现代教育的中学生转变成为摩梭人母系社会的土司夫人所经历的心路历程。主人公丰富的经历本身就为选择素材提供了余地,同时也容易激起观众的兴趣。

第二,较深刻的思想内容。纪录片应该具有较丰富的思想内涵,而不是停留在简单的现象罗列上。表象的真实不等于真实,纪录片应该努力反映表象后面的深层次意义。中央电视台的《神鹿呀,我们的神鹿》在第二届帕努国际传记电影节上荣获"评委会特别奖",片中的主人公柳芭属于饲养驯鹿的鄂温克族,她从中央民族大学美术系毕业后分配到一家出版社,由于始终觉得自己无法融入汉文化的氛围,她又返回了祖居地——大兴安岭的最后一块原始森林。森林、驯鹿、姥姥、妈妈、画家柳芭组成了一个童话般美丽的世界,但后面却隐藏着传统文化消失的无奈和挥之不去的沉重。这期间,她们饲养了14年没有怀孕的神鹿突然奇迹般地怀孕了,然而这唯一的神鹿最后却死于难产,同时有孕在身的柳芭也在痛苦中生下了一个女孩。作者孙曾田从文化的角度解释了柳芭和神鹿的命运悲剧:神鹿是一个文化符号,是一个象征,神鹿最后死了,象征文化的没落。这部纪录片渗透了作者对山林民族的人文关怀和人类学思考,弥漫着对人类文化多样性丧失的忧虑和怜悯之情。这样的纪录片无疑是具有丰富的思想内涵的。

第三,较广泛的涉及面。由许多方面的内容组合在一起构成一个题材,或一个题材内容涉及广泛的范围都能体现出复杂性。这对于大型系列纪录片来说尤为重要。如我们所熟知的《话说长江》《话说运河》《望长城》《中华之剑》《中华之门》等都是内容广博、主题深刻的纪录片。《中华之剑》是中华人民共和国成立以来第一部大规模反映我国禁毒领域的电视纪录片,也是世界上首次用300分钟以上的电视纪录片向公众展示所面临的毒品问题的纪录片。该片编导行程13 000多公里,真实地拍摄了公安干警与贩毒分子的枪战情景,表现了吸毒者

---

① 钟大年:《纪录片创作论纲》,北京广播学院出版社1997年版,第253页。

的懊悔和悲惨的下场,以及我国缉毒干警在艰苦的工作环境中顽强战斗乃至献出宝贵生命的鲜为人知的事迹。该片共8集:第一集《失乐园》,第二集《谁之罪》,第三、四集《剑之威》,第五集《剑之光》,第六集《剑之魂》,第七集《再造方舟》,第八集《共同期待》,涉及禁毒、缉毒的各个方面。

第四,较完整的事件情节。纪录片的题材应该注重故事性,这是满足观众收视兴趣和收视期待的需要,也是纪录片纪实手法发展的必然结果。美国《60分钟》原总制片人唐·休伊特说过:如果我们能使节目的主题多样化,并采用讲故事的手法,那么收视率就能翻一番。与故事片相比,纪录片的故事更真实、更生动、更有感染力。因为它是现实生活的再现,更贴近观众,更容易引起观众的共鸣。

在国内引起较大反响的《我们的留学生活》就采用了讲故事的叙事方法,整部片子由一个个情节完整的故事构成。例如留学生韩松一出机场,摄影机就开始跟踪拍摄,随后按照事件的发展顺序记录了他艰辛的生活直至他考上大学的全过程。观众看到了他住在简陋、脏乱差的租房里;他"一年把这一辈子的碗都洗完了";他每天学习到凌晨4点,却只能吃到最廉价的鸡腿,青菜想都不敢想……这些过程的记录十分感人。最后,韩松终于考上了他向往的大学。那一刻,他近乎疯狂,泪流满面,与朋友紧紧地拥抱,甚至说话都语无伦次。但是观众都能够体会,甚至和他一样激动,一样泪流满面。这部片子之所以具有如此魅力,很大程度上来源于题材自身的故事性。在谈到《我们的留学生活》的创作时,制片人张丽玲说她先期采访了300多人,选取了66人作为拍摄对象,但最后绝大部分都因为缺乏完整的故事情节而舍弃了。

4. 人文性

所谓题材的人文性是指题材的性质应该蕴含人类普遍的生存价值和道德意义,应该引起人类普遍的情感体验和审美感受。"纪录片直接关注人,着重人的本质力量,人的生存状态,人的性格和命运,人与自然的关系,人对宇宙和世界的思维。它是以人为核心向外辐射出世界的纷纭、社会的动态、科学的进步等。题材的人文特征是纪录片的特点,它的主题趋向于更为深层更为永恒的东西。"[①]人是纪录片永恒的主题。在表现生与死、爱与恨、善与恶、喜与悲,对生活的追求与抗争,对人生的感慨与探索等内容时,尽管受到价值观念、生活经历和意识形态的影响,但是人类普遍的精神体验却具有永恒的生命力。这种永恒的生命力,源自民族的社会生活之中,在于它真实地反映社会生活的情状。如《望长城》《德

[①] 朱羽君:《现代电视纪实》,北京广播学院出版社2000年版,第98页。

兴坊》《最后的山神》《远在北京的家》《八廓南街16号》等节目,这些题材都具有普遍的人文价值和人生意义。人文性的核心是人,是人对社会的叛离与亲和。人或人的存在,在艺术审美活动中,不仅仅作为一种暂时的现实存在被人们感知和评价,而且作为一种永恒的存在被人们去认识①。

中国的电视纪录片在20世纪90年代的崛起并真正成为中国电视人的自觉追求,恰是源于纪录片对普通人的生存状态、生活情感的人文关怀。中国的电视纪录片要走向国际,题材的人文性同样是不容忽视的重要方面。据尼尔森网联数据分析,2015年全国性电视平台上播出的受观众欢迎的三类纪录片题材,包括革命历史、真人纪实和旅行探险类,大都蕴含着深厚的人文性(见表3-2)。

表3-2　2015年全国电视纪录片收视率前30位排名表

计数	节目主要描述	频道\变量	收视率
1	不能忘却的伟大胜利	中央四套	1.82
2	劳动铸就中国梦	中央一套	1.60
3	魅力葡萄牙	中央一套	1.44
4	姚贝娜雁过留声	浙江卫视	1.43
5	面孔	中央三套	1.42
6	我的纪录片*我们的歌手	湖南卫视	1.31
7	第三极	中央四套	1.23
8	真诚沟通	中央新闻	1.22
9	中国人的活法	中央新闻	1.20
10	探险家奶爸	中央一套	1.18
11	赛福鼎·艾则孜	中央一套	1.17
12	神秘的西夏	中央四套	1.16
13	中国电影	中央六套	1.14
14	舌尖上的中国Ⅱ	中央二套	1.11
15	流行无限	中央四套	1.10
16	茶,一片树叶的故事	中央四套	1.10

---

① 钟大年:《纪录片创作论纲》,北京广播学院出版社1997年版,第255页。

(续 表)

计数	节目主要描述	频道\变量	收视率
17	寻找最美花园	中央四套	1.08
18	记住乡愁	中央一套	1.06
19	他们创造奇迹	中央一套	1.02
20	河西走廊	中央四套	1.02
21	舌尖上的中国	中央二套	1.01
22	远方的家	中央四套	1.00
23	中华之光—讲堂	中央四套	0.98
24	案藏玄机	中央四套	0.97
25	走遍中国	中央四套	0.96
26	我的纪录片＊花儿与少年远行	湖南卫视	0.94
27	状元360神勇搭档	中央一套	0.94
28	追潮	中央四套	0.94
29	崛起的希望：重建震后四川	中央四套	0.94
30	鉴史问廉	中央一套	0.93

(二) 自然与环境类纪录片题材的选择

自然与环境类的题材，主要指那些和人们的社会生活联系不那么紧密，以自然界和自然物为主要表现对象的题材，如山水风光、名胜古迹、动物世界、海洋奇观等等。在国际著名的电影、电视节上都专门设置了人文及社会类、自然与环境类纪录片大奖，以四川国际电视节为例，就专门设置了自然与环境类的奖项：最佳长纪录片、最佳短纪录片、评委特别奖、最佳创意奖、最佳导演奖和最佳摄影奖。

近几年来，自然与环境类纪录片频频在国际电影（视）节获大奖，并获得了较高的影院上座率，像2003年荣获奥斯卡最佳纪录片奖的《迁徙的鸟》《帝企鹅日记》等，后者更是"一部全家老少可以一起看完的罕见纪录片"，它真实再现了一个奇妙族类迁徙的过程，成为影史上第二卖座纪录片（仅次于《华氏9·11》），在2005年轰动全球，摘取了包括奥斯卡在内的多个最佳纪录片奖。

纪录片《帝企鹅日记》讲述的故事是：每年3月开始，南极洲进入了持续9个月的寒冬。正是在这个时候，成千上万的帝企鹅便离开了它们的海洋家园，来到这一片冰川——荒凉孤寂的南极洲上。为了找到一个安全的环境繁衍后代，企鹅们放弃海里的悠闲生活，冒着昏天黑地的大风暴，如婴儿学步一般地开始一段漫长而艰辛的旅程。凭着天性和南十字星的引导，企鹅们准确无误地向着自己的出生地前行。它们在那里组成一对对的"夫妇"，繁殖和抚育后代，直到企鹅宝宝第一次尝试潜入南极海水中。

影片用纪实的方法，记录了成年帝企鹅求爱、成婚及在小企鹅诞生、成长过程中必须面对的艰险。影片运用旁白方式，拟人化地介绍企鹅们的生活。观众为之震撼，为风雪中来不及孵化就冻裂的企鹅蛋而难过，也为失去了自己孩子的企鹅妈妈抢夺他人子女的做法而动容。影片是美妙惊奇的，同时也是发人深省的，因为美丽无辜的企鹅所遭遇的环境威胁其实也正是我们人类自身正在面临的问题。

在我国，随着我国政府对环保工作的加强和人民群众环保意识的增强，新闻媒体加大了对环保题材的报道力度，甚至开办专门性的环保栏目。作为以人类与自然为报道主题的电视纪录片，在这一世界性的话题中尽显出报道优势和威力。从我国2000年度纪录片学术奖的获奖作品来看，环保题材占了相当大的比重。获奖作品《平衡》(成都电视台)生动地记录了发生在青藏高原可可西里地区偷猎珍稀野生动物的真枪实弹的武装斗争；《中国金丝猴》(中央电视台)、《孤岛护鸟人》(大连电视台)、《潜水日记》(海南电视台)等作品，以新颖的视角生动地反映了我国人民全新的环保意识和积极行动。

在2003年第七届四川国际电视节上，广西电视台的《海边有片红树林》获得了自然及环境类最佳长纪录片奖。影片立意高远，不单鞭挞了对红树林资源的掠夺性开发，更警示人们换位思考：不是我们该如何保护红树林，而是红树林在如何庇护着我们。

这一类电视纪录片的选题注重知识性、观赏性和寓意性。知识性和观赏性题材是国外自然与环境类纪录片较为注重的题材，其运用高超的摄影技巧和大投入的制作，往往是我国纪录片工作者难以企及的。像《皮肤面面观》就是一部可看性很强的自然类纪录片。我们知道，皮肤覆盖着人体的全部，可我们对于皮肤究竟了解多少？该片从具体的生活情景切入，将生活中的实践和科学的原理进行有机的结合。片子一开始时的那段展示裸体的"行为艺术"，既表现了皮肤的美，也引发了观众对"皮肤的奥秘"的兴趣。

二、真实电影式纪录片的故事叙述

在全球化的今天，我国力图进一步深化改革开放，扩展中国的世界影响力，而其中最有效的方式之一是"用世界语言讲中国故事",这是因为纪录片作品通过形象化的叙事(故事),能如同生活一样超越国家、历史和文化存在着。

所谓故事,指按实际时间及其因果关系等条件所排列的所有事件。事件,即意味着变化,是从一种情境到另一种情境的转变,故事事件就是要创造出人物生活情景中有意味的变化,而这种变化是用某种价值来表达和经历的,并通过冲突来完成。

事实上,我们的一生都被叙事所包围着。我们的生活就是不停地和叙事、和讲述的故事交织在一起,从而演绎成为我们人生故事的纪录片。

(一)现实生活与纪录表达

央视纪录频道原创纪录片《超级工程》,作为中央电视台的一个成熟的国际纪录片品牌,第一季先后在全球70多个国家和地区落地播出,在海内外创造了不俗的收视业绩,先后获得十余个国内外专业奖项。该片记录了中国交通领域以路、桥、车、港为代表的重大工程节点,着力表现中国用了不到30年的时间,建成了世界上最大的高速公路网络;高铁也只用8年时间,从零变成了世界最大;中国的桥梁建造能力,更是从20世纪90年代起突飞猛进,无论从体量上、难度上,还是从规模上都是世界拔尖的;还有让国人骄傲的就是港口,现在世界上吞吐量位于前十的港口,中国就占有七个。

《超级工程Ⅱ》主创团队抓住现实工程的核心关键节点讲故事,努力制造更多悬念,吸引观众收看。例如平时不可能到达的地方、不可能看到的一些内容,该片会通过摄像机带领观众到现场一探究竟。特别是第二季每一集讲述一个领域,能够发现更多激动人心的瞬间,凝集更多的精彩素材,有助于《超级工程Ⅱ》表现更多的情节。同时,从前期策划上就开始充分注意海外受众的欣赏需求,音乐的选择、镜头剪辑方式上,都力求通过影像语言的表达方式,达到海内外观众能够接受的程度。

(二)人物命运与故事情节

好故事是纪录片的灵魂。《舌尖上的中国》第二季在延续第一季国际叙事表达的同时,也在用心为观众讲述着一个个故事。该片力图通过一帧帧唯美清新的画面,一道道美味佳肴,一个个动人心扉的故事打动观众。在第二季的发布会上,摄制组成员介绍,寻找故事的主人成为拍摄中最繁重的工作,而导演组"找人"也没有任何诀窍可言,就是直接到民间去找。

其中在讲蜂蜜的一集里,主人公是四川乐山的一对养蜂夫妻,导演为记录他们养蜂的故事,从乐山到秦岭,再到甘肃山丹牧场,前后跨越6个月,与他们一起风餐露宿,甚至坐在卡车车斗里行程2 000多公里。"这种游牧式的养蜂方式我小时候见过,现在有机会把这个事情拍出来,通过食物展现出来,其实也是一种思考个体命运的方式。"该片总导演陈晓卿介绍。"拍摄在所有环节里是最简单的。如果你能找到合适的人物,寻找到合适的故事,想到展现的方法,接下来拍摄就比较顺理成章。寻找影片的主人公,我们花了20多天时间,走了很多很多的地方,而拍摄只花了四天。"该片分集导演邓洁介绍,好的故事是一部片子的灵魂①。

(三)设谜、解谜与故事结构

纪录片如何讲故事?主要是通过设谜与解谜的悬念结构来展示故事。《超级中国》在叙事策略上表现出明显的故事化结构特征。

第一集刚开始,叙述者就留给观众一个问题:在二三十年间,为什么阿根廷的牧场主们会放弃他们曾经赖以生存的养殖业而大面积种植大豆?(设谜)使观众开始思索,为纪录片所吸引。

随后画面一转,阿根廷当地农夫鲁贝勒特开始讲述自己原来在牧场工作的生活,是因为大豆的价格年年攀升促使他改种大豆,结果他的生活水平有了显著的提高。接着,开始出现中国商人在阿根廷考察大豆种植情况的画面。这时,叙事者终于道出了事情的真相:大豆价格的上涨关键在于13亿中国人的需要。(解谜)

第二集,没有正面表现中国经济的飞速发展给世界经济带来的影响,而是讲述纽约曼哈顿有着90年历史的地标性建筑被中国海尔公司购买,观众很自然就对海尔公司产生好奇:为何海尔公司如此富有?这是一个什么公司?(设谜)

接着,叙述者开始一步步介绍海尔公司兴起的历史,从最开始海尔创始人严把产品质量关、亲手砸次品,再到征服美国家电市场,让观众一改中国产品质量差的印象,认识到海尔乃至中国企业的飞速发展有着其内在原因,对中国经济发展前景和对未来世界经济的影响力有了自己的判断。(解谜)

三、真实电影式纪录片的摄制技巧

电视纪录片的前期拍摄,是向生活选取素材的过程,也是把创作者的构思物

---

① 刘梦迪、李蕾:《好故事为观众打开味蕾》,《光明日报》2014年4月16日第7版。

质化的过程,通过摄像机拍摄的素材,它所占有的时间和空间,它所记录的形象、声音是一种物质材料,是物化了的生活现实,可以对它进行保存、编排和复制。在研究纪录片技巧时,必须把时间本身当作一个美学元素考虑进去。理想的纪录片技巧是:交替使用叙事的或逻辑性展开的形式。逻辑性展开的过程也是一种叙事的形式,例如描述小鸡如何从卵细胞发展到孵化成形的过程[①]。由于纪录片的取材特点,纪录片的拍摄不但要求拍摄者具备扎实的基本功,而且还要有很强的观察力和想象力。

(一)纪录片的拍摄构思

纪录片的构思工作主要是在前期采访和撰写提纲这两个环节中完成的。一般说来,在确定电视纪录片的拍摄选题之后,在正式开机拍摄以前,编导应该先对拍摄对象进行前期采访,在采访过程中编导要了解大量的实际情况和背景材料,获得丰富的感性认识,并逐步发掘主题和寻找立意。在采访过程中还要熟悉所要表现的人物和事件,搞清事件的来龙去脉及其与周围环境的关系。在掌握大量有关拍摄对象素材的基础上,编导要按照事物发生发展的一般规律来为未来的纪录片确定一个大致的设想,并形成文字——拍摄提纲,然后根据这个提纲的立意到现实中进行拍摄。在拍摄过程中,事物会按照自身内在的规律去发展变化,其结果并不一定符合创作者的主观愿望,这个时候创作者就要使自己的思想符合实际,及时修正原来的提纲,按照生活的真实面目去反映生活,而绝不能去导演生活,这是由纪录片的纪实本性所决定的。

纪录片拍摄提纲的撰写没有一定之规。由于题材内容不同、创作者风格不同,纪录片拍摄提纲的撰写方法也不尽相同。就一般类型来说可以分为两种:

一是有较完整细致的构思甚至详细的分镜头计划的提纲。这种提纲适用于那些内容已经相对固定,一般不会有太大变化出现的题材,如历史文献片、政论片、风光歌舞片以及按照一定程序进行的预发性事件等。在香港回归十周年之际,中央电视台新闻中心推出了十集大型纪录片《新香港故事》(2007年6月18日),该片历时一年多摄制完成。在策划构思时,其叙述方式就没有采用一般政论式,而是采取讲故事的方式,将聚焦点放在一个个具体人物身上。每一集试图通过三四个人物的亲身经历和口述,描绘出回归十年香港社会发生的巨大变化,这些变化包括"边界的模糊""普通话的流行""北上的热潮""本地文化的复兴"

---

① [美]帕·泰勒:《故事片中的纪录技巧》,载单万里:《纪录电影文献》,中国电影出版社2001年版,第401页。

"赛马会的变迁"和"金融服务业的崛起"等。

二是无具体的拍摄细节,只是对事物的发展趋势作大致预测的提纲。使用这种拍摄提纲的一般是创作者对未来的拍摄只有一个粗略的构想,这个提纲主要是为未来的拍摄提供一个大致的方向而用的。这种提纲一般包括纪录片的主旨、风格、大致内容等,而没有列出具体的分镜头。

(二) 纪录片的拍摄方式

电视纪录片是纪实的艺术,是一种特殊的纪录形态,它强调记录行为空间的原始面貌,也就是那种"带毛边的生活";它强调记录形声一体化的行为活动,忌讳那种强加上去的"上帝的声音";它强调再现事物发展的逼真效果,使画面人物具有一种符合人们日常生活经验"可经历"的逼真性。因此,它的纪实本性决定了电视纪录片的拍摄必须重视与生活同步的记录,重视过程,重视声音和画面的同构关系。

1. 前进式纪录

电视纪录片的拍摄内容主要是采取一种向未知取材的方式,与生活同步摄影,在动态的选择中向未知索要素材。已经过去了的事件很难作为纪实的画面来展现,因为它失去了事件行为动作的外在氛围和内在动因,失去了鲜活性。而正在发生或将在未来发生的事情,是生活的自然流程,它包括可以预期的或是突如其来的未知因素,未来的事情总是充满悬念和期待的,是可以与观众一起探求、一起体验的真实时空。时间的一维性决定着纪实画面的链条只有向前,才会具有纪实节目的鲜活性、动态性,具有全方位信息的特质。

电视纪录片这种向未知取材的特点使拍摄者在拍摄时总是处于一种紧张的探索状态之中。在实际拍摄中,拍摄者经常要对事物的发展做一定的估计并有预见地提前开机,以抓住事物在生活自身的发展之中的第一感觉、第一反应,让兴奋点在你的眼前,让过程展开在镜头之中。我们有些摄像师习惯于在高潮的时候才开机,或者看到有意思的场景才开机。其实对于电视纪录片来说,这个时候开机已经晚了。而且,如果有价值的事件发生前观众没有一点心理准备,也难以领会它的意义,它的价值也就得不到完整的体现,其应有作用也就不会完全发挥出来。

绝大部分纪录片都是在没有完整分镜头剧本,更不可能经过事先排练,甚至在没有架好三脚架的情况下拍摄的,现场突发意想不到的情况,而且是非常精彩的段落,这就要靠摄像师在多变的现场面前表现出过人的理解力、灵敏的反应能力和重新组织镜头的能力。荣获 2001 年中国纪录片学术奖的《达比亚》(中央电视台)仅用短短 30 分钟时间,为电视观众讲述了发生在 20 世纪末云南怒族福贡县架究村中,一个名叫欧得得的怒族民间乐手,作为怒族古老乐器"达比亚"的唯一传人,因祖传乐器继承问题引发出的一段伤心故事。故事一波三折,令人扼腕长叹,但更令人拍案叫绝的是其中两个长镜头的运用:面对两个光棍汉报复的杀羊风波,以及家庭内因"达比亚"(一种弹奏乐器)传承引发的饭桌风波,纪录片创作者用长达 10 分多钟的时间拍摄了两个突发事件的全过程。面对陌生的环境、陌生的语言、陌生的习俗,凭着对镜头内容的高度感知力,创作者始终从容智慧地把握着画面,在多次出现连续的突发情况面前,应用镜头内部蒙太奇调度,完整地呈现了杀羊风波和饭桌风波的矛盾冲突。这个事件表现过程,让我们处处感受到编导摄像(该片集于一人)杰出的感知力、预见力和娴熟的技术处理能力。在拍摄这些场景时,摄像师能随突发事件的发生、发展、高潮而同步记录下完整的过程,充分表现出创作者良好的心理稳定性,做到了在关键环节上无一遗漏。

2. 过程式纪录

电视纪录片要重视"过程"的记录,也就是要注意表现事物发展的连续性。生活本身是发展着的,生活本身就有许多矛盾冲突,当把这种冲突和矛盾加以提炼和概括时,纪录片的叙事就变成了有起因、发展、高潮、结尾的叙述过程,诚如纪录片《达比亚》。一个完整的过程胜过许多支离破碎的内容,电视纪实就需要在完整的动态发展过程中传达人文信息。

美国著名纪录片制作人弗雷得里克·怀斯曼(Frederick Wiseman)认为,影片很重要的一点就是记录过程,过程就是纪录片的情节。他说过,他的片子的最基本单位是一个段落,即一组镜头形成的一个段落;他在建构影片时,先把段落处理好,每一个段落可以四五分钟,而每个段落就像一个岛屿一样,然后他再寻找岛屿之间的小关系,形成一个列岛。所以,"过程"就是岛屿的形成,要不然,每一个段落都是一个孤岛,也就没有过程。过程式纪录的一个重要特征是情境化的叙事方式。情境,包括"具体"的意义,某地、某时、某个特定的环境;情境,又包含"个体"的意义,某人、某事、某种行为;情境,还包含"整体"的意义,完整的时空、完整的过程以及在这个过程中事物与外界的关系及反应。由此可见,情境化的叙事方式是以对事件过程的完整记录为基础的。注意过程的记录也就是注意事物发展的延续性,这也是电视纪录片中长镜头比较多的主要原因。纪实性长镜头的主要特征就是"单独的一个镜头记录一个完整的动作和事件,它不依赖于同上、下镜头的连接就能以独自的含义而独立存在",以及"时间空间的真实,使得特定的事件或动作能在一段连续不断的时间里延伸发展"。中央电视台《万里海疆》大型系列片摄制组曾经拍过一个放生海龟的情景,编导对摄像师所拍摄的镜头十分不满,他事后这样回忆:

当时海龟入海的情景很令我感动,它慢慢爬向大海,在整个过程中停顿了三次,其中有一次还深情地晃动了几下脑袋。海龟停了三次,我们的摄像师也停机三次,仿佛他的职责只是记录海龟如何爬行,而且是同机位、同角度的三次。

我问:"你的镜头为什么要断?"

他说:"它不走了,我拍它干吗!"

我说:"正因为它不走了,才应该拍,而且要精心地拍摄它如何不走。"①

编导与摄像师产生分歧的根本原因在于摄像师采用了拍摄新闻的手法来拍摄纪录片。这个例子生动地说明了电视纪录片的拍摄与电视新闻拍摄的一个重要区别:电视纪录片的画面注重对过程的记录,多用长镜头;而电视新闻的画面则多由成组的分镜头组成,对过程的描述更多地是由解说词来完成。

3. 观察式纪录

电视纪录片是发现的艺术,即直接取材于现实生活或历史资料,要求创作者从自己的经验世界里,去发现最典型、最有意义、最有趣、最鲜明的事实、细节、场景。而这种发现,终将得益于认真的观察。从拍摄角度讲,纪录的过程实际上是一个创作者对被摄对象的观察过程。

当代电视纪录片越来越趋向于开放式的叙事结构,创作者力图做到只是把真实的世界展示在观众面前,最后的结论由观众自己去把握。这种创作观念对电视纪录片拍摄产生的影响就是拍摄者越来越把自己摆在一个观察者的位置上。观察式纪录可以分为两种:纯粹式观察与参与式观察。纯粹式观察主张主客体截然分开,拍摄者应该像"叮在墙上的苍蝇"一样不介入生活,而摄像机则像"没有记忆的镜子"一样把直观事物呈现在观众面前。由西藏文化传播公司和中央电视台联合摄制的电视纪录片《八廓南街16号》,以一种非常沉静的态度和纯粹的纪录语言,把西藏拉萨一条街上的一个居委会里发生的事,哪怕是极其琐碎的小事都记录下来。该片编导段锦川说,他拍这部片子时是像上班一样在居委会待着,并且开始并不急于开机,很耐心地等待,所以片中似乎不经意拍摄下来

---

① 高峰:《电视纪录片及其审美选择》,中国广播电视出版社1996年版,第28页。

的事情,都是有一番成熟考虑的,这体现了导演的一种"观察者"身份。有人在分析此片成功的原因时,也指出来自制作者在作品中坚持的"观察者"立场和风格,像怀斯曼那样,花很多时间在现场,不打扰对方,让被拍摄者习惯摄像机的存在。编成后的片子,既没有音乐,也没有利用旁白对居委会的事情说好说坏,它给观众一个机会,让观众自己去考虑,去得出自己的结论。这部纪录片后来获得了第19届法国真实电影节(1997)最高奖。电影节评委会对此片的评语是:"这部影片不但向我们提供了一个广阔的空间,让我们自己主动地去了解今日西藏的真实现状,同时也展示了一个我们从来不了解的西藏。"

另一种观察方式为参与式观察。参与式观察受互动理论的影响,认为正如足球赛中的观众的情绪与呼声都会无形中影响球员的场上表现,从而也影响比赛结果一样,拍摄必然会对被拍摄对象产生影响,坦率地承认这种影响才是反映了真实的世界。由此我们可以看出观察式纪录的核心理念,无论是哪一种观察方式,其目标都是力求在拍摄中抓取到那些最能反映真实情形的元素。

(三)纪录片的剪辑结构

电视作品的结构框架是电视节目制作者在制作中始终都必须反复考虑的问题,因为它直接关系到节目的成败,无论你前期拍摄的素材多么丰富,如果后期编辑结构不好,仍然不会产生好的作品。结构的任务就是把前期拍摄获得的纷繁复杂的素材根据一定的主题需要,在后期编辑时恰当地组成一个有机的整体。

电视纪录片的结构有种:一个是外部结构,这是对作品整体形式的把握,使作品层次分明、结构完整;另一个是内部结构,这是对影片中各局部之间的构成和转换的把握,使作品上下连贯、过渡自然。结构不仅是一部纪录片的骨架,也是一部片子的内容。对创作者来说,结构是掌握全局的重要手段,也是创作者思想观念的体现,同时,还是观照自我、观照人生、观照世界的体现。

1. 中心线串联式结构

这是电视纪录片最常用的结构形式之一,在前文中已经提到,即把几部分不同的材料用一条或若干条主线依序串联在一起,从事物的不同方面展现同一个主题。

中心线串联式的合理运用,可以使一个庞杂的主题变得清晰明确,同时还可以给后期编辑带来意想不到的方便。例如在庆祝香港回归十周年时,中央电视台海外中心制作了8集大型电视纪录片《香港十年》(2007,见图3-8)。这部片子"以真实为灵魂,以人物为主角,以故事为载体,以情感为核心",用影像记录了香港十年来的风雨历程,向世界昭示了中国政府"一国两制、港人治港、高度自治"实践的成功。

第一集《十年见证》总领全片,主要着眼于香港回归及回归后十年来的发展。

第二集《历练之路》回溯了香港回归十年历程中的几个重要命运转折点,展现香港政府和民众经历风雨后走过的一条历练之路。

第三集《和谐相融》以和谐为主题,聚集了最普通、最典型的香港人的生活。

第四集《活力重现》讲述了回归以来,香港金融、航运、贸易等几大行业在全球的中心地位未曾改变,得到了国际社会的肯定和大量资本的注入。

图 3-8　电视纪录片《香港十年》片头

第五集《背靠祖国》回顾了中央政府为恢复香港经济而制定的 CEPA 和自由行的实施等重大历史事件,讲述了一些在祖国支持下香港发展的故事。

第六集《我是中国人》通过香港人对中国人身份的认同,表现了这一回归以来最大的变化。

第七集《血脉相连》从生活在深港边界禁区的罗湖人家——袁仁基一家迎接新年开始,讲述内地和香港的血脉之情。

第八集《龙腾香江》记录了香港新一代协会"明日领袖"们自上海回港后探讨香港未来的经历,在这个过程中,责任、使命和创新成为香港未来不可或缺的核心价值观。

大型纪录片《香港十年》以香港的十年为中心线,串联起香港重要命运的转折、普通人的和谐生活、全球中心地位的不变与身份认同的最大变化。在创新上,寻找与十年前央视拍摄的 12 集纪录片《香港沧桑》的延续关系,从内容的延续到场景的延续,涵盖了一个最核心的主题,即回归后人心的变化。

2016 年一部名为《中国新年》的 BBC 纪录片,在中国确是"火"了一把。这是一部以"中国新年"为主题拍摄的三集纪录片,包括《回乡》(见图 3-9)、《团聚》、《欢庆》,将我们中国人过春节的热闹盛况完整地记录下来,突出了中国传统节日特色。

图 3-9　BBC 纪录片《中国新年》片段

以第一集《回乡》为例,讲述的是中国人在路上的故事。BBC 称春节春运为"春天的迁徙",为了这场迁徙,在北京有着最繁忙的公路交通系统、有着全世界最繁忙的机场、有着最"惊人"的火车站,在摩肩接踵的场面中开启了最心切的归家路。在南方,还有近几年出现在视线中的摩托车回家大队,以及守在家的人们。图 3-9 即表现了 BBC 两位主持人随中国部分农民工回乡途中的一个场景。同时,该集主持人还对中国哈尔滨冰雪节、蔚县打铁花等春节文化进行了介绍,并到云南白马雪山探寻金丝猴的保护情况,介绍中国十二属相文化等等。

面对如此众多与中国春节有关的丰富元素,BBC《中国新年》如何剪辑?从成片看,该集编导紧紧扣住"春运文化线"(中国特有的文化风貌),顺"序"总体介绍中国:冰雪文化(冰城、冬泳)——"团圆"文化(回家的曲折、途中的关怀、家庭的温暖)——冰雕文化(从技术、艺术的角度)——"灯花"文化(从点亮冰灯转接到"花火"表演)——生肖文化(民俗的解读)——"猴"文化(动物保护)——节目最后的回顾、道别、祝福等,层次清晰,主线明确。BBC 一改过去报道中国的预设立场甚至偏见,镜头展示的是工业水准的冰灯节、延续千年的打树花、人头攒动的逛庙会、飞速变化的城市、调度有序的春运、热情好客的民众,以及北京城里的蓝天。《中国新年》以客观、真诚的眼光去打量中国,给世界带来了不仅是一部好看的纪录片,也带来了一个更接近真实的中国社会。

2. 逐层递进式结构

这种结构形式是按照事物发展或人们认识事物的逻辑顺序来安排层次的。

这种安排方法使整部作品有明显的发展线索,循序渐进,层层递进。它可以以时间为线索来安排结构层次。

所谓时间结构,是以时间为轴线,按人物活动的线性发展、事物进程的自然秩序组织安排材料,具有较强的叙事性和较严格的生活逻辑。上海电视台摄制的纪录片《半个世纪的乡恋》就是这种方式结构的佳作。《半个世纪的乡恋》真实地展现了第二次世界大战期间,一个13岁就被日军从韩国抓到中国,成了日军"慰安妇"的李天英老人长达半个世纪的人生经历和情感世界。纪录片以半个世纪后李天英回国探亲的归程为主线,展开了一个凄婉哀怨的故事。

纪录片还可以认识事物的顺序来安排层次,或以时间推移为纵轴,空间展开为横轴,纵横交叉式地安排片子的层次。

韩国KBS纪录片《超级中国》(2015),就是围绕中国经济发展线,从人口、经济、资源、军事外交、文化软实力和政治等方面层层递进地展示了中国力量。

第一集《13亿的力量》,分析"从世界工厂成长为世界市场再到号令世界,拥有13亿人口这一巨大力量的中国,给世界带来了怎样的影响"。

第二集《钱的力量》,以中国庞大惊人的外汇储备为线索,考察中国对外投资在世界各国产生的影响。

第三集《中国治世》,详细介绍了中国的军事实力,挑战美国,并分析了"中国霸权"时代到来的可能性。

第四集《大陆的力量》,即中国大陆丰富的资源如何影响中国发展。

第五集《软实力》,讲述中国通过建立孔子学院、电影业进军好莱坞等,强化文化战略,讲述中国艺术发展的无限可能性。

第六集《中国共产党的领导力》,突出了引领中国前进的正是中国共产党。

第七集《中国之路》,综合前六集主要内容,介绍了中华民族伟大复兴的中国梦。

七集纪录片,围绕中国梦逐层介绍了中华民族伟大复兴的力量。先是总体概括人口的力量(消费能力、市场、劳动力),接着从投资层面(收购公司、购房、接盘国有资产、矿山、国债等)展示中国"钱的力量",以及军事外交层面(以经济为基础发展军事、护航、援建、30年代美国中心的崩塌)的军事力量,资源层面(稀土、锑、八角、新城、边境交流)的大陆力量,文化层面(音乐、古董、古代贸易、孔子学院)的软实力,政党层面(市场经济与共产党执政并存、贫富差异问题、改革创新)的领导力。

逐层递进式的结构方法很常用,因为它比较符合人们认识事物的特点,人们认识事物总是由浅入深、由现象到本质的。逐层递进式的另外一个优点就是它便于讲述故事,便于设置悬念,展示情节,通过起、承、转、合克服纪录片的一个常见缺陷——平铺直叙。

BBC纪录片《中国新年》的编辑成为善用情节起、承、转、合的一个典范。

"起",从具有典型意向的撞钟开启,主持人简单介绍和中国新年各方面的总体描述。

"承"与"转",例如,从春节回家路上的天气"冷"到粥是"热"的,再到家是温"暖"的,平滑地实现了从"冷"到"热"和"暖"的转换。再如,从"冰灯"到灯火文化再到打铁(树)花,流畅地完成了从灯画到火花、灯文化的自然承接。

最后是"合",《中国新年》每一集都对重要情节回顾,对下一期香港、北京等地春节活动的预告、道别和祝福。《中国新年》通过五位主持人的见闻、采访与体验串联,既表现了一个个故事讲述者的形象,也保持了节目转换的自然与流畅。

第五节　纪录片的发展走向

对任何事物的未来进行展望必须以它的过去和现在为基础。纪录片从诞生到现在已经有100多年的历史,电视纪录片的创作也有近半个世纪的历史,回顾过去,我们可以清楚地看到影响纪录片发展的几个关键因素:不同的历史时期有着不同的时代主题,纪录片工作者有着不同的历史任务;科学技术的发展不断地为纪录片的创作提供新的表达手段;社会审美思潮的变化和创作者的动机造就了不同的创作观念和风格样式。这些因素必将继续影响着电视纪录片创作的未来走向。

一、纪录片选题的多元化

纪录片的选题可以说是无所不及、无所不能,一切自然的、非虚构的题材都可以用来创作纪录片。然而以前纪录片的选题范围是很狭窄的,大都局限于人类学的范畴,关注个体的人,关注现实的社会条件下的普通人的生存状态和内心世界。而对当今世界发生的重大社会变革、科学文化潮流以及自然环境状况等题材有所忽视。形成这种局面的原因大概有两个:一是由于我们过去过于强调纪录片的教育功能和宣传功能,而忽略了纪录片的其他功能;二是由于电视管理体制的原因,纪录片的创作者们没有遇到大的市场压力,其主要创作动机是为了获奖,以至于很多纪录片创作者热衷于选择边缘题材,热衷于表现底层和边缘人物的命运,而对社会的其他内容关注较少。当前我们正处在一个多元化的时代,人们对电视纪录片的功能也提出了多样化的要求。世界纪录片发展的一个显著趋势就是纪录片在发挥教育和信息功能的同时,也具有极强的娱乐性功能,这就促使纪录片创作者的选题视野向更广阔的领域拓展。美国探索频道在某种意义已成为"最佳纪实娱乐"的代名词。2003年,我国中央电视台《探索·发现》栏目也提出了"娱乐化纪录片"的理念,明确提出要拍观众喜欢的纪录片。

随着我国市场经济的发展,电视纪录片将逐步走向市场,纪录片的选题必须考虑到市场(观众)的需求,不然将无法生存。除了电视台以外,国内将产生越来越多的纪录片专业制作公司和独立制片人参与纪录片的制作。这些完全按照商业规则运作的公司和个人,将带着现代市场意识去生产能够满足各类观众需求的纪录片,这必然会大大拓展纪录片的选题范围。科学技术的发展也为纪录片选题范围的拓宽提供了手段。随着计算机和图像处理技术的进步,人工图像和实拍镜头可以完美结合,以前一些被认为是很难用影像来表现的题材也逐渐进入纪录片的选题视野。在1992年,美国导演莫里斯制作完成了《时间简史》。这部纪录片以科幻片样式向人们阐释了英国科学家霍金的经历以及他的宇宙大爆炸理论,进入了对传统纪录片来说完全陌生的纯科学领域。

二、纪录片创作的多样化

纪实性是纪录片的本质属性。人们总是不断地在重申纪录片必须真实,必须以真人真事、真实环境为取材基础。但我们还应该认识到,"纪实手法"只是纪录片的一种主要创作手法,它不等于真实。反映真实可以采用多种创作手法和技巧。

20世纪90年代中国的纪录片逐步与国际接轨,符合纪录片创作的主流。然而与此同时,西方纪录片的创作已经悄然发生变化,出现了否定"非虚构片"的"新纪录电影"运动。

"新纪录电影"一词是美国电影理论家林达·威廉姆斯对20世纪90年代以来西方纪录电影创作界出现的新倾向的概括。他认为,"新纪录电影"作品尽管丰富多彩,但有一个共同点,即满足了部分观众了解现实的渴望。这些纪录片在处理题材时所采取的态度更为辛辣,它们所表现出来的真实与人们期待的纪录电影的真实相吻合,而这种真实是纪录电影作者通过操纵性的手段制造和构建的。

"新纪录电影出现在上世纪末期的西方发达国家,可以说是电子时代的纪录片人对传统纪录片表现手法提出的质疑,是对传统纪录片的真实观发出的挑战。生活在高科技时代,人们愈来愈分不清真假,对周围的一切都会产生怀疑,正如当代未来学家约翰·奈斯比特对周围的事物发出的疑问:'她的乳房是真的吗?他的头发是真的吗?探索者号火星登陆舱所拍的照片不会是在亚利桑那州拍的吧?他的'劳力士'是假的吧……'"①高科技时代的事物比以往任何时候都更加真假难辨,传统表现"真实"的技巧遇到了巨大的挑战:表象的"真实"等于真实吗?纪实会是"真实的谎言"吗?纪录片会不会像故事片那样,由于主题和角度的主观选择问题而成为同样具有主观特点和人为形态的产品?严格地区分虚构形式和纪录形式似乎不再有意义。纪录片制作者不得不重新确定纪录片概念的外延。新纪录电影肯定了被以往的纪录片所否定的"虚构"手法,认为纪录片可以而且应该采用一切手段,包括故事片的虚构手段与策略以达到"真实"。正如美国电影理论家林达·威廉姆斯所评价的:它们明显引入了一种更新的、更偶然的、相对的、后现代的真实,这是一种远未被放弃的真实,当纪录片传统渐渐消退的时候,这种真实依然强有力地发挥着作用。

  由此我们可以看出,"新纪录电影"表面上好像是否定了传统纪录片的真实,实际上是一种对真实的认识的螺旋式上升。事实上,纪录片创作者们这种对"真实"认识的不断深入,在历史上一直在进行着,以后也不会停止。采用故事片的"重演"手法来表现过去了的事件在国际纪录片创作界方兴未艾,越来越多的西方以及部分东方国家如伊朗、日本等国的纪录片导演采用了表演和纪录混合而成的形式来制作纪录片。很多故事片导演也开始学习纪录片的创作手法,例如我国著名导演张艺谋的《秋菊打官司》《一个都不能少》等片中都可以看到纪录片的影响。纪录片与故事片的界限变得相对模糊了,这也证实了纪录片大师伊文斯的著名论断:"纪录片向故事片靠拢,故事片向纪录片靠拢。"而我国纪录片在20世纪90年代以后似乎走入了"纪实主义"的误区,纪实手法一统天下。由于无法容纳"纪实"以外的创作手法,造成了我国纪录片创作手法的单一化,从一定程度上阻碍了我国纪录片创作的繁荣。进入21世纪以来,这种情形在发生着变化,用"重演"(真实再现)手法创作的纪录片在国内已经出现。中央电视台拍摄的电视纪录片《故宫》就大量采用了这种新纪录电影的摄制手法。

  不过,对"真实再现"手法的运用应有一定的限度,有学者认为:在题材上,"真实再现"主要应用于历史电视纪录片;在具体手法处理上应做到,在同一部作品中,扮演、重构部分的比例不能超过纪实的部分;"真实再现"的部分必须对观

---

① 单万里:《纪录电影文献》,中国广播电视出版社 2000 年版,第 14 页。

众作出明确说明。

目前国内纪录片界出于对新手法的追求,对格里尔逊模式已冷落得太久。事实上,这一手法由于具有信息量大这一优势,正大量地被西方电视台采用,他们播出的纪录片,绝大多数都是这种手法。在各种电影节上,这种风格的纪录片一般也占入围片总数的 1/4 和 1/3。

当然,矫枉不能过正,纪实仍然是也必然是纪录片的主要表现手法,但纪录片的表现手法应该而且已经趋于多样化是不争的事实。

我国著名电视纪录片编导张以庆的作品《幼儿园》,在 2004 年(第十届)上海国际电影节中获最佳人文类纪录片创意奖后,曾引发了我国纪录片理论界的一场争论,赞赏者有之,于欣赏中的担忧者有之。例如我国纪录片学术委员会名誉会长陈汉元先生所说,张以庆很有激情,他不太在意社会的时尚理念,他要顽强地表达自己各方面的感受,但这样做是要冒风险的。而中国传媒大学朱羽君教授则更直接地批评说,严格地说《幼儿园》不属于纪录片,该片把孩子当成了符号,来组织自己的思维,来表现他自己内心的东西,而不是表现生活本身的东西。朱羽君说,纪录片应该是纪实的,而该片是属于艺术的。她认为,纪录片再自由、再宽泛,它也应该有自己最严谨的内核,张以庆已经超越了这个界限①。

关于纪实与艺术的关系问题,早在帕·泰勒的《故事片中的纪录技巧》一文中就已经有所阐述,他认为,纪录片仿佛处在艺术与实况纪录之间的分界线上,因为纪录片首先必须尽量简洁地和逻辑地安排一系列有既定顺序的事实。而在想象力特别强调的纪录片中,对事实的逻辑安排则变成了重新安排,造成一种几乎是诗的而不是逻辑的顺序,用文字语言来说,就是成了讲真人真事的高级叙事散文。他说,当初使格里尔逊羡慕不已的正是弗拉哈迪早期作品中这种流畅的叙事散文式纪录片:使人感到是在处理一个不仅真实,而且是美的题材②。笔者以为,张以庆的《幼儿园》在艺术表现方面做到了优美、和谐,可以称得上"至善至美",作为一种风格,在纪录片的长河中应当有它的一个位置,也应当鼓励、发扬光大。

三、纪录片经营的市场化

第六届四川国际电视节上,有人对中国电视纪录片创作的一种现象表示担

---

① 刘洁:《关于〈幼儿园〉的专家评论》,《纪录手册》2004 年 8 月。
② [美]帕·泰勒:《故事片中纪录技巧》,载单万里:《纪录电影文献》,中国广播电视出版社 2001 年版,第 402 页。

忧——只为获奖拍片,只为任务拍片!有人为此诘问:获奖,是不是就意味着被认可?如果被认可,它是被谁或谁们认可?而认可的谁和谁们又是不是作品本应该面对的群体?这些问题的提出,实际上反映了我国电视纪录片是否面向市场的问题,这也是我国纪录片创作最为迫切的问题。

纪录片由于自身的纪实本性,使其成为当今人们实现文化沟通的最先进、最生动又最有效的形式之一,优秀的纪录片在国际电视节目市场上极受欢迎。近些年来,国内获奖的纪录片虽然不少,但是可走入市场受老百姓欢迎的片子却难以寻觅。形成这种巨大反差的原因是多方面的,既有纪录片创作的内部因素,如缺乏受众意识、选题范围过窄、缺少标准化时长等等,也有外部因素,主要是我国纪录片市场规模太小,未能建立起一个现代意义上的规范市场。

长期以来,我国纪录片的制作大都采取政府或电视台拨款的方式,创作者主要关注影片的社会效益,却很少考虑观众(市场)的需求,缺乏市场运作的意识。随着我国社会主义市场经济体制的逐步确立,影视片的投资者、创作者考虑经济效益成为理所当然的事情。另外,我国加入世界贸易组织以后,本国的纪录片市场也必然会受到国际纪录片市场的冲击。因此,中国纪录片以商品的形态步入市场之中,走市场化的道路势在必行,否则中国纪录片将难以生存和发展。

市场化问题现在已经成为我国纪录片创作和发展的瓶颈。纪录片市场化的趋势要求中国纪录片创作上的转型。这种转型的中心是确立受众本位意识,纪录片的创作必须重视受众(市场)的需求,纪录片的选题要同市场相结合,叙事方式要适应受众的收视心理,制作水平要向国际标准看齐。

市场化的标准是什么?中央电视台著名纪录片编导魏斌认为,就是要形成流畅的市场供需体系,要有足够丰富、一定规模的产品供应;要有比较规范流畅的交换渠道;要有广泛而持久的产品的需求者。为达此标准,对创作者、创作方式、创作观念都提出了变革的要求[①]。

在创作上,要摒弃个性至上、漠视收视对象的观念,要真诚地用心琢磨观众喜欢什么样的纪录片。魏斌认为,观众一般喜欢听故事而非说教;喜欢有思想、有情趣的讲述,而不是肤浅的现象的介绍。

在创作方式上,还要摒弃作坊式的个体手工打造,建立流水线式的专业分工制作体系,包括建立策划、导演、拍摄、剪辑等专业化的程序,以及流水线创作的管理结构和机制,以便于类型化的纪录片市场体系运行。在这方面,作为全球最大的纪录(实)片制作商及买家,美国探索频道已为我们树立了市场化运作成功

---

① 魏斌:《略论中国纪录片的市场化》,《纪录手册》2003年6月。

的先例。

美国探索频道目前已通过 15 颗人造卫星,用 24 种语言,向全球 170 个国家和地区播放,各类纪实产品订户约 14 亿,每天大约有 4 亿家庭用户收看探索频道节目,在中国也已有数十家电视台播放探索频道的节目。探索频道成功的经营原则是:

- 坚定不移地保证质量,永远不会为了迎合顾客而牺牲优质的节目内容。
- 永远记住故事与生俱来的价值。
- 全球化思考,区域化执行。
- 努力提高社会团体精神。通信的新方法已经使地球成为一个全新的大城镇。
- 将权力赋予观众,我们不仅给观众提供信息,还必须提供对他们有用的新闻,提供能帮助他们更好生活的工具。
- 运用最新的传媒技术,拓展教育机会。
- 运用突破性科技成果为人们平衡工作与家庭之间的关系。
- 我们永不骄傲。我们必须保持开放和好奇的心境,随时准备迎接技术革新所带给我们的惊奇。在我们面前的疆界永远都是变化的,除此之外我们都不能肯定[1]。

市场化的运作除了要有制作的优质产品外,还必须为这些产品提供市场交换的渠道。目前,我国纪录片界从对市场的漠视到对市场化的逐渐熟悉、青睐,已从整体上对纪录片的市场化表示认同,并迈出了实际的步伐,这从广州国际纪录片大会得到证实。

中国(广州)国际纪录片大会,自 2000 年开办,致力于为纪录片搭建一个交易市场,并引进了国际纪录片交易市场上的一个交易方式 documart(纪录片制作方案预售),从 2004 年开始付诸实践,这在我国当属首次。

过去,我国的纪录片交易方式往往采取在参展会上摆摊位看成品的方式,这样,由于大多数作品不符合国际电视机构的标准而成为"看品"。而纪录片预售方案相对于成片来说,是使买卖双方从纪录片制作一开始就介入整个流程,更有利于制作出符合买方需求的片子。其方式是,由制片人或导演带着预售方案在交易会上推介,寻找对他们的方案感兴趣的国家。一旦达成协议,就意味着预售方案获得了国际融资。早在 2006 年第四届中国(广州)国际纪录片大会上,参加交易的纪录片方案就已达 423 个,其中我国就有十几个方案获得包括探索频道

---

[1] 唐世鼎、黎斌:《世界电视台与传媒机构》,中国传媒大学出版社 2005 年版,第 81 页。

在内的国际市场不同程度的合作。这种交易平台,使中国的资源和国际的资源碰撞交流,把中国的产品推向了国际,也通过纪录片宣传了中国的文化和中国的社会发展。

四、纪录片播出的栏目化

随着卫星电视和有线电视的飞速发展,电视频道越来越多、越来越专业化以适应不同层次和不同爱好的电视观众的需要,这已成为一个大趋势。作为电视节目的重要组成部分的电视纪录片也不例外。在欧美国家,纪录片是最重要的电视节目形态之一,各大电视节几乎无一例外地设有纪录片交易和纪录片评奖活动。一些国家早已办起了纪录片频道,如美国的国家地理频道、探索频道,日本的高清晰度电视频道,法国甚至拥有两个纪录片频道。中国中央电视台纪录片频道也于2011年1月1日开播。

进入21世纪,有人预测,最有前景的五类电视栏目是教育类栏目、体育娱乐栏目、电视纪录片、求职类栏目和军事类栏目。作为最有发展前景的五大栏目之一的电视纪录片,市场潜力是巨大的,其"朴实无华的表现手段往往能真正做到'以人为本',这是一个很具品位但缺乏宣传的领域"。

纪录片,作为一种非虚构性的影片开始在西方诞生时,对观众的震撼,来源于那种真实的生活纪录、寻常人的自然表演,它引发了观众对"真实电影"的极大热情和广泛认同。由此,也推动了纪录片创作的发展。

在世界媒体竞争激烈的今天,中国电视界早已提出"频道专业化、栏目个性化、节目精品化"的改革目标。那么,作为电视节目主要样式的电视纪录片,在电视栏目化的生存过程中,能否顺应这一潮流发展?它与电视栏目是什么关系?

(一)纪录片是电视栏目之母

早在1994年,中央电视台《东方时空》的创办人之一童宁就曾撰文谈论"栏目与纪录片的关系",文章结论是:"纪录片是电视栏目之母,电视栏目脱胎于纪录片。只有纪录片再上台阶,栏目才能有水涨船高之势,只有纪录片的大发展,才能带动电视栏目的大提高。"[1]

事实上,我国初期的电视栏目是与电视社教节目同日而语的,而社教节目的

---

[1] 童宁:《栏目与纪录片关系之我见》,《电视研究》1994年第12期。

主要报道形态是纪录片(专题片)。纪录片孕育了电视栏目的诞生,而纪实类栏目的诞生,更是由纪录片直接催生的结果。例如中央电视台于1978年9月开播的《祖国各地》就是纪实类栏目的先导。栏目播出的内容主要是采用纪录片的形态,介绍了我国的山川风光、名胜古迹、民俗风情等。自此,电视纪录片也有了一个较为固定的播出栏目。据统计,当初在1980—1981年的13个月时间里,《祖国各地》栏目共播出电视纪录片87部,其中有介绍山水风光、城市风貌的《大连漫游》《三峡的传说》;有介绍名胜古迹、风土人情的《嘉峪关》《瑶山行》;也有介绍文化与事业发展的《国画之乡》和《藏医》;还有报道人物的纪录片,如《青年采煤队》等。

在中国电视发展初期,一方面,大量的电视纪录片丰富了电视栏目的内容;另一方面,电视栏目的运行探索,又促进了电视纪录片的创作繁荣,其中功不可没的当推中央电视台的《地方台50分钟》(1990年改为《地方台30分钟》),以及上海电视台1993年推出的《纪录片编辑室》栏目。前者为全国地方台开辟了一个展播优秀纪录片的窗口,同时培养了一大批优秀纪录片编导。《地方台50分钟》开办之初的部分节目已历经时间的考验而成为经典作品,至今被作为教案经常出现在各种教学和理论研究之中,如《土地忧思录》《西藏的诱惑》等。

(二) 纪录片靠栏目融入市场

中国影视领域长期以来存在着一个"叫好不一定叫座,叫座不一定叫好"的问题,纪录片领域也不例外。据报道,在2001年第六届四川电视节上,大部分获电视节"金熊猫"奖的纪录片作品都是第一次与受众(仅限于参加电视节的业内人士)见面。有的纪录片甚至在获得多项大奖后,至今仍然没有公映过。为此,有人不禁要问:这些纪录片到底是拍给谁看的? 有人质疑:国内纪录片拍出来以后真正进入市场,进入受众视野的片子又有多少? 难怪有人担忧:中国的电视纪录片是否会步中国电影"金鸡""百花"的后尘——只为获奖拍作品?

造成这种状况的原因固然有很多,但与电视媒体对纪录片的地位与作用的模糊认识,与对电视纪录片传播效果的估计不足恐怕也有很大关系。我们从大多数电视台对纪录片播出时间段的安排就可以看出,只是将纪录片作为一种填补空白的替代节目。

与众不同的是上海电视台,以其对纪录片审美价值和社会价值的高度认可,以颇具前瞻性的眼光,从20世纪80年代中后期就推出了播放纪录片的固定栏目《纪录片编辑室》,该栏目受到上海观众的普遍欢迎,据说还曾出现过万人空巷看纪录片的盛况。1993年年初,上海电视台国际部与北京广播学院共同举办了一次上海电视台创作的纪录片研讨会,笔者参加了这次研讨会,并观摩了上海电视台部分代表作品,不禁被《纪录片编辑室》栏目关注普通人的命运、关注普通人的生存、关注普通人的情感而深深感动。同时,也为上海电视台《纪录片编辑室》培育出一批优秀的纪录片而钦佩:反映上海石库门弄堂居民生活的《德兴坊》;反映老年人再婚社会问题的《老年婚姻咨询所见闻》;报道初中生学习负担过重的《十五岁的初中生》;纪录最后一个母系社会摩梭文化的《摩梭人》;等等。尤其引起人们心灵震撼的《半个世纪的乡恋》,反映了日本"慰安妇"老人长达半个世纪的人生历程和情感世界,揭示了战争与和平的世界主题。

  上海电视台坚定不移地坚持纪录片的栏目化制作与播放,在众多电视台中起到了规范化操作、规模化生产以及示范性的带头推动作用。除此之外,中央电视台在第一套节目中也设置了《纪录片》(后改为《见证》)固定栏目。然而长期以来,缺少标准化时长,没有固定的播出平台,这是中国纪录片不能很好地融入市场、贴近广大受众的主要原因之一。

  为了推动中国纪录片的发展,中央电视台于2012年4月16日在旗舰频道CCTV-1推出一个纪录片栏目《魅力纪录》,秉持全球视野和人文情怀的宗旨,纵览天下奇观,探寻世界奥秘,揭开历史悬疑,荟萃全球顶级纪录片。该栏目先后播出了《生命》《人类星球》《东非大裂谷》《天启》等国际一流水准的纪录片,提升了国家电视台的文化品格和品质,优化了央视主频道的节目结构,丰富了节目形态,满足了观众多样化的文化需求,尤其是吸引了越来越多的青年电视观众回归电视荧屏。

  继而,中央电视台纪录频道又于2013年11月11日牵头,在全国70家省、市级电视台同时开播了一档《纪录中国》栏目,主要播出自然类、社会类、人文类、文献类等国内外优秀纪录片节目。这也是我国电视媒体为落实国家广电总局关于重点实施"纪录中国"工程,不断拓展纪录片播映渠道,持续扩大纪录片影响力的一项举措。该栏目由央视纪录频道投入优质纪录片给各地方台使用,形成真正意义上的"节目资源共享、播出平台共享",成为全国电视台合作模式的一次创新。

  纪录片栏目化的制播,对制作人的创造性提出了更高的要求——在规定的时间内以最有效的方式讲述故事。这样,既控制了节目的生产成本,又缩短了制作时间。同时,也培养出一批高水平的年轻群体。

  (三)纪录片栏目的品牌化建设

  从专业角度看,纪录片仍是当今国际电视节目市场最活跃的形态,也是我国电视"用世界语言讲中国故事"的最好途径。当我国大部分纪录片栏目还在为收视率苦苦挣扎的时候,凤凰卫视却以《凤凰大视野》等栏目为标志,掀起一股凤凰纪录片旋风,其栏目影响已在观众心目树起了一个具有凤凰影响力的品牌。

凤凰卫视纪录片栏目《凤凰大视野》和《凤凰大放送》之所以能形成对观众有强大吸引力的品牌,关键在于坚持利用和满足了受众的一种需求,即用最热点的新闻吸引观众,用翔实的背景、平民化的视角和个性化的解读吸引观众持续收看。

凤凰卫视的纪录片专栏《凤凰大视野》《凤凰大放送》,"和着新闻同步起舞,使纪录片拥有了前所未有的魅力"。例如2004年5月9日,车臣共和国总统艾哈迈德·卡德罗夫在恐怖爆炸事件中身亡,第二天,《凤凰大视野》就推出了《政要谋杀案》纪录片。

这些纪录片因为满足了人们对重大新闻事件深度了解的需求而获得较高收视率。凤凰卫视副总裁钟大年教授在谈到凤凰纪录片的成功时曾说:"新闻性的收视拉动,是他们在整个纪录片运作时的一个基本出发点。当纪录片与时事、政治及人们关心的热点结合在一起的时候,它就不光是纪录片,而是一个社会重大新闻事件的背景提供,所以这就拉动了做纪录片的要点。"

纪录片作为电视节目中的贵族,它以高品质诉求于精英文化,因此需要"精耕细作"。但在市场化的今天,媒介人对电视节目的商业性追求,使大多数纪录片制作人又不得不考虑"大众"的口味;信息时代的节奏,促使电视纪录片制作人在坚持精英路线的同时,也不得不考虑纪录片反映当代社会"火热生活"的敏感度与制作时效。

凤凰卫视敏锐地捕捉到电视市场的这一需求变化,创造了一种"与新闻共舞"的纪录片制作方式,从新闻出发,由"点"到"面",揭示新闻背后的大千世界和人生百味。同时,也创造了一种"最极致"的纪录片制作速度,像报道新闻那样"记录"新闻事件。除了纪录题材的突破,凤凰卫视为铸造品牌,在纪录片的形式上也有较大突破。

传统的纪录片模式主要表现为三种:格里尔逊式、真实电影式和访问式。而凤凰卫视根据本公司的节目制作特性,创造出"演播室+主持人+专题片"的纪录片形式,使纪录片适应栏目化播出,同时保证了纪录片的新闻性制作需要。

传统的纪录片将制作人、采访人隐蔽在摄像机后,避免对客观纪实性的主观介入,而凤凰卫视恰恰借用主持人的名气来吸引观众,吸引广告商,同时,也有效地串接"新闻纪录片",如纪录片《迈克尔·杰克逊》的主持人窦文涛、《中国知青民间纪录》中的主持人陈晓楠、《巴以恩仇录》中的主持人吴小莉、《父老乡亲——

来自田野的报告》中的主持人曾子墨等。据凤凰卫视介绍,《凤凰大视野》栏目主持人在纪录片中发挥了四大作用:调整结构——适当调节纪录片节奏,防止观众的疲惫感;丰富信息——由主持人弥补画面的不足;减少成本——主持人的串场可适当减少片子制作的时长;增加卖点——即使内容不够吸引人,至少可以通过品牌主持人留住观众,这些对纪录片的制播创新发展具有重要的启示性。

本 章 小 结

● 纪录片随着世界电影的诞生而诞生,其本体特征是:使用自然的素材(无假定性的真实)、形声一体化的表现结构、情境化的叙事方式。

● 纪录片的创作模式或风格主要有:格里尔逊式、真实电影式、访问式和反射式。

● 纪实型纪录片的记录技巧关键在于把握三个方面:一是纪录片的选题,在人文与社会类纪录片的题材选择中要坚持时代性、新鲜性、复杂性、人文性原则;二是正确运用纪录片的拍摄方法,主要采用纪实性的过程纪录方式;三是合理设计纪录片的结构,主要有中心线串联式、逐层递进式和放射式结构。

● 纪录片的叙事总是围绕着谜和解谜的基本结构来组织的,表现为打破平衡——重找平衡的结构模式。结构方式主要有中心线串联式、逐层递进式。

● 纪录片的发展趋向于选题的多元化、创作手法的多样化、市场经营的国际化和制作播出的栏目化。

思 考 题

1. 请分析纪录片与专题片的联系与区别。
2. 举例分析格里尔逊式纪录片的创作特征及现实意义。
3. 试比较真实电影纪录片两个流派的创作风格。
4. 试论人文与社会类纪录片的选题原则。
5. 请举例分析纪录片叙事的基本结构方式。

第四章 政论型电视专题：政论片

2004年，一部揭露布什政府发动伊拉克战争真正意图的纪录片，在第57届戛纳国际电影节上荣获大奖，继而在美国社会乃至整个世界都产生了不可低估的反响，这部纪录片就是美国导演迈克·摩尔拍摄的《华氏9·11》。在美国好莱坞大片征服世界观众、娱乐电视风靡全球的时候，却仍然拍出了绝对政治化的影片，并且受到广泛关注，这在娱乐电视大行其道的媒体业界的确引起了不小的震动。这反映出人们不仅需要娱乐，也需要传播公众议题，需要评论公共事务。

2006年，在我国中央电视台经济频道推出的12集大型电视专题（纪录）片《大国崛起》，同样受到社会各界的广泛关注，《人民日报》《中国青年报》《南方周末》等媒体纷纷发表文章，从各方面对其评价。观众更是热情高涨，许多网友在各大网络媒体上也对《大国崛起》作出了积极反应，称"每个中国人都应该看"。更让人始料不及的是，几乎与《大国崛起》播出同步发行的同名DVD光碟，一上市就出现了供不应求的情况，光碟上市第一周就已名列中国音像商务网百科类排行榜第二名。

上述两部影视片，一个偏重国际政治，一个偏重经济政治，为何获得如此广泛的反响？这除了影片具有强烈的视觉冲击力外，还有一个更重要的原因就是：这两部影视片都是具有很强的思想震撼力的政论片，影片对心灵的震撼远大于视觉，这种震撼源于思想内容的深刻。

2015年，韩国KBS电视台推出7集新年特别企划纪录片——《超级中国》，它有别于传统西方纪录片，把中国13亿人非同凡响的影响力展现出来。该片全面介绍了中国的发展现状，80%以上的镜头都可以成为证明"中国自信"的证据。一经播出就在韩国引起了很大反响，掀起了一股"中国热"，最高收视率超过10%。中国网民也评价说，充满了中国的正能量，看了让中国的老百姓热血沸腾。为什么？就因为这部纪录片充满了正面"力量"的论证，可以说是一部韩国版政论型纪录片。

2016年3月,中央电视台《中国舆论场》栏目开播,这是一档将电视、互联网、移动新媒体深度结合,带动全民参与讨论,用观点的碰撞和交流激发社会思考,以使民众明辨是非、凝聚共识的常态节目。该节目自开播以来一直是国内最具影响力的"融媒体新闻评论节目",其利用新媒体搭建"在线观众席",吸引网友成为节目的参与者、评论者,向嘉宾提出疑问或分享观点。全球网友也可以通过微信"摇一摇"进入节目,发布精彩留言,还有机会被选为VIP戴上虚拟皇冠,大大提升了评论节目的趣味性,这种政论片的制播效应说明其在当代仍是受欢迎的节目形态之一。

政论片按照形态分类,可划分为论证性、思辨性、评述性政论片。

第一节 论政性政论片

政论片在我国容易使人想到"宣传"(片)一词。然而,纪录片理论"教父"格里尔逊则丝毫不回避"宣传"这个词,他曾公开宣称:"我把电影看成一个讲坛,并以一个宣传家的身份来利用它。"他认为,他的使命就是要使纪录片作者把问题及其含义以富有教益的形式加以戏剧化,进而给人们带来希望。在这个意义上说,政论片的内容属性应该是泛政治化的,即凡属社会问题评说、政治宣传、文化批评,甚至是经济评论一类的电视片都可归于政论片。

一、政论片的基本特征

政论片,顾名思义为政治性论述(或评论)片。"政治"性界定了该类型片的内容题材范畴,将纪录片当作改变社会的一种工具,在政治、经济、文化等社会领域,发挥着意识形态的宣传作用。

政论片的"论",体现了这一类型片的表现手法主要在于"论"。就是说,电视专题在真实反映客观社会生活的同时,也应当表达创作者对社会生活的看法及观点。这是一个无需回避的主观性问题,因为任何创作者,无论是有意识或无意识的,都必定把自己的思想、倾向、情感、认识和观点带入到作品中来,对它表现的对象进行理性的观照。平面媒体视"评论"为旗帜,电子媒体虽说以视觉形象展现为主要特色,但作为一种媒体的社会功能同样要求其承担起"教育"的社会责任,传播先进的思想观念。基于这一总体特征,政论片的具体特性表现为论证性、思辨性和评述性,相应地也就有论证性、思辨性和评述性政论片之分。

论证性政论片兼有评述性、思辨性的某些特征，相对后两者而言，它更强调问题的结论，更注重结果。这类节目往往取重大的政治主题，从历史的视角去表现当代的重大课题，通过对历史事件和社会文化现象的深刻剖析、论证，得出令人信服的结论。论证性节目通常带有强烈的主观色彩和论战气息，它的指导思想和目的都很明确。好的论证性节目常常采用犀利的语言，论战的方式用层层递进、不断深入的逻辑推理，对其所表现的事件、人物及其所剖析的问题，作出令人折服的评价和结论。由于论点明确、论据充实、说理透辟、态度鲜明、思想深刻，因而使得这类节目常具有高屋建瓴的气势。思想新颖独到、战斗性、科学性和逻辑性的统一是它的特征①。

中央电视台于2007年播出的《复兴之路》(见图4-1)就是一部典型的论证性政论片。这部片子全面、系统地阐释了中国近现代史，是一部站在新的历史起点上，回首过去、展望未来的大型电视政论片。

《复兴之路》共分六集：

第一集《千年局变》(1840—1911)。以第一次鸦片战争至辛亥革命期间，中国社会各阶层救国图强的各种探索为主要内容。其间在历经洋务运动、维新派君主立宪改革政体的探索失败之后，提出了复兴中华民族的历史性课题。政论片指出，直到孙中山提出"振兴中华"的口号，领导辛亥革命摧毁了封建专制制度，才为中华民族的进步打开了闸门，实现了"千年"的"局变"。

第二集《峥嵘岁月》(1912—1949)。辛亥革命的"局变"并没能解决中国的问题。只有在中国共产党诞生之后，才提出了反帝反封建的问题，其间经历了大革命失败后的独立探索救国之路、建立抗日民族统一战线、战胜国民党破坏和平建国主张和政权腐败。历史证明，只有中国共产党的正确领导，才能实现民族独立和人民解放。

第三集《中国新生》(1949—1976)。中华人

图4-1　电视政论片《复兴之路》

---

① 杨伟光：《中国电视专题节目界定》，东方出版社1996年版，第18页。

民共和国在三大改造基本完成后确立社会主义制度,虽然由于缺乏经验、急于求成而导致社会主义道路遭遇曲折,但是党的第一代领导集体在探索适合中国国情的社会主义建设道路上仍然取得了伟大的成就。

第四集《伟大转折》(1976—1989)。"四人帮"被粉碎后,关于真理标准问题的大讨论掀起了全社会的思考。这期间,党的十一届三中全会作出了把工作重点转移到社会主义现代化建设和改革开放上来的战略决策,又经历了转折过程中的种种矛盾和苏东剧变国际大气候的多重考验,因此,邓小平的南方谈话再次为人们对社会主义建设的思考指明了方向。

第五集《世纪跨越》(1989—2002)。党的十五大确立了建立社会主义市场经济体制的目标后,中国经济实现"软着陆"。在沉着、负责地应对亚洲金融危机、取得抗洪胜利和加入世界贸易组织后,中国赢得了世界的赞许,同时在和世界相互了解中一步步走近。党的十六大胜利召开,党和国家的中央领导集体再次实现平稳交替。

第六集《继往开来》(2002—2007)。党中央坚持执政为民的理念,巩固和完善社会主义市场经济体制,提出坚持科学发展、促进社会和谐的重大战略思想,明确了中国特色社会主义事业的总体布局。

以上为6集《复兴之路》的主要内容。事实上,每一集都围绕中华民族的"复兴"展开论证,从中华民族的"局变""解放""新生""转折""跨越"到"开来",都成为中国复兴之路的一个表征符号。全片以全球视角、整体视角、现代视角第一次梳理了中国自1840年至今,为实现民族伟大复兴所走过的历程,用丰富的史实有力地诠释了只有选择马克思主义、选择中国共产党、选择社会主义道路,才能实现中华民族的伟大复兴。这部片子在央视一套播出后,在广大观众中引起了热烈反响。

二、论政性政论片的样本分析

为了加深对论政性政论片的理解,下面对《复兴之路》第四集"伟大转折"的文本(摘录)进行分析,以提供一个学习的参照。

《复兴之路·伟大转折》

[序]

2007年,北京工人体育场正在为迎接奥运会进行大规模的改建。30年前,这里曾经成为世界的焦点。在1977年的一场足球赛上,从公众视线中消失了两年多的邓小平第一次公开亮相。

日本共同社描述道:"数万观众撇开比赛,霎时都站立起来,向他报以狂热的掌声。"

美国《新闻周刊》的评论认为:"在经济事务方面,预计他将逐渐发挥关键作用。"

当时的中国,刚刚结束了长达10年的灰暗岁月。10年间,中国百姓的生活几乎没有得到改善。1977年,全国农村的贫困人口超过两亿。中国经济与世界的差距也在日益拉大。而就在这一时期,中国大陆的四周出现了经济迅猛发展的亚洲"四小龙"。

中国将如何选择前进的方向?在这样一个特殊历史关头复出的邓小平,将如何带领中国实现伟大的转折?

镜头画面:[1976年粉碎"四人帮"][1977年2月7日《人民日报》"两个凡是"]

1976年10月,"四人帮"被粉碎,经历了十年磨难和挫折之后,人们开始企盼着新的生活快些到来。

但是,很快出台的"两个凡是"再次让人们隐入困惑:凡是毛主席作出的决策,我们都坚决拥护,凡是毛主席的指示,我们都始终不渝地遵循。这是否意味着中国还是要继续走"文化大革命"的老路?

采访:天儿慧 日本早稻田大学亚太研究中心主任

当时复出的邓小平认为,应该用更有弹性的思想,更加积极地提高经济活力,否则中国就不可救药了。在这种情况下,必须突破某种思想框框。

镜头画面:[恢复高考 科技大会]

1977年秋天,刚刚复出的邓小平果断决策,恢复因"文革"而中断了10年的高考制度,使570万中国青年获得平等考试的权利;几个月后,邓小平在全国科学大会上提出了一个响亮的口号:"科学技术是生产力",数千名重新回到工作岗位的科学家获得了新生,科教领域的拨乱反正逐步展开。

采访:李正华(当代中国研究所第一研究室主任)

邓小平、陈云等老同志坚决反对"两个凡是"的错误理论,他们认为毛泽东是人不是神,中国要前进,必须要突破"两个凡是"的束缚。

镜头画面:[70年代末中国 1978年5月11日《光明日报》]

人心所向,正在汇成一股推动历史前进的力量。1978年5月,《光明日报》发表了特约评论员文章《实践是检验真理的唯一标准》,剑锋直接指向"两个凡是"的错误思想。

采访：王强华（时任《光明日报》哲学版主编）

这篇文章是用一种理论的形态来批驳"两个凡是"的。文章发表的当天晚上，新华社就全文播发了，第二天，《人民日报》、《解放军报》、中央人民广播电台又全文转载和转发，引起了提出和支持"两个凡是"的人的强烈反对，认为文章政治上是反动的，理论上是荒谬的。

……

镜头画面：〔邓小平　各大报纸表态文章〕

一场关于真理标准的大讨论就此在全社会展开。邓小平说，现在发生了一个问题，连实践是检验真理的标准都成了问题，简直莫名其妙。随后，各省、市、自治区和各大军区主要负责人纷纷表示支持。真理标准大讨论，为"文化大革命"后的中国实现历史性转折奠定了思想基础。

……

镜头画面：〔中央工作会议会址　邓小平发言提纲原件〕

1978年11月，中央工作会议召开，邓小平作了一个主题发言。在三张16开的白纸上，他写下了后来影响中国进程的400多字的发言提纲。

邓小平（同期声）：

一个党，一个国家，一个民族，如果一切从本本出发，思想僵化，迷信盛行，那它就不能前进，它的生机就停止了，就要亡党亡国。如果现在再不实行改革，我们的现代化事业和社会主义事业就会被葬送。

邓小平的这篇讲话，题为《解放思想，实事求是，团结一致向前看》，它实际上成为随后召开的十一届三中全会的主题报告。而"解放思想、实事求是"则贯穿了中国改革开放的整个进程。

采访：石仲泉（中央党史研究室原副主任）

没有这样一个思想解放，就不可能有现在的改革开放，就不可能现在取得这么伟大的成就。

镜头画面：〔雪中北京　十一届三中全会〕

1978年12月18日，这一天的北京白雪皑皑，空气很新鲜。有了之前充分的思想舆论准备，十一届三中全会开得热烈而又轻松。会议否定了"以阶级斗争为纲"的指导思想，作出了把工作重点转移到现代化建设上来和实行改革开放的战略决策。

采访：杨春贵（中央党校原副校长）

十一届三中全会是在"文革"结束之后，中国面临向何处去的这个重大历史关头所召开的一次关系党和国家前途命运的一次极为重要的会议。这次会议实现了思想路线、政治路线、组织路线的拨乱反正,实现了建国以来我们党的历史上的一次伟大转折,开辟了中国社会主义现代化建设的新道路。

采访:芮立(E. Wright 英国诺丁汉大学中国政策研究所顾问委员会主席)

我相信大多数人会同意,这次会议是中国几十年来发生的最重要的变革之一,或许称得上是最具勇气的一次变革,因为它彻底改变了中国从1978年到80年代、90年代,一直到今天的经济发展方式。

镜头画面:[安徽小岗村　经济特区建设　1979年邓小平访美]

以十一届三中全会为起点,中国进入了改革开放和现代化建设的历史新时期。

1979年,中国农民以特有的首创精神奏响了改革的序曲,安徽和四川等一些农村开始试行家庭联产承包责任制。

同一年,深圳、珠海等4个经济特区开始筹建,打开了中国对外开放的窗口。

这一年,一次跨越太平洋的行程,构建了中美两国新的合作基础。时任新加坡总理李光耀评价道:中国开放的大门,以后恐怕再也关不上了。

……

镜头画面:[中共十二大]

此时的中国,改革的初步成果催生了人们的信心和希望,一场奋力图新的社会变革如春潮般涌动。走出一条属于中国自己的道路,是几代中国人始终不渝的奋斗目标。经过几年改革开放的尝试与探索,1982年,一个决定国家未来发展的重要命题被提了出来。

邓小平(同期声):

把马克思主义的普遍真理同我国的具体实际结合起来,走自己的道路,建设有中国特色的社会主义,这就是我们总结长期历史经验得出的基本结论。

……

镜头画面:[1984年邓小平视察深圳]

人们对经济特区的质疑在继续。1984年,邓小平专程去了中国的南方。此时的深圳,已从一个小渔村变成了全国瞩目的经济特区,工农业总产值4年里增长了10倍,一个现代化城市初见轮廓。

采访:闫建琪(中央文献研究室第三编研部主任)

它的发展速度非常快,同时确实也带来了一些很多新的问题。这种情况下到底怎么看待深圳?当时有个极端语言,说除了红旗,其他都变成资本主义了。

镜头画面：[珠海罗三妹山　邓小平题词]

邓小平一路上都在默默地观察和思考。几天后，80岁的邓小平登上了珠海罗三妹的山顶，当有人建议原路返回时，他却意味深长地说：我从来不走回头路。

世事如登山，"不走回头路"。邓小平的南方之行为特区建设留下这样一段题词："深圳的发展和经验证明，我们建立经济特区的政策是正确的。"

这是中国领导人对坚持改革开放的郑重表态。

……

镜头画面：[国有企业"松绑"公开信　沈阳防爆器械厂破产]

建国初期，计划经济体制曾在当时条件下起重要作用，国有企业成为国民经济的支柱。但是，随着经济的不断发展，这一体制统得过死的弊端逐渐显露，国有企业在很大程度上失去了活力。改革开放为数以万计处于困境中的国有企业提供了转机。

1984年3月23日，福建省55位国营厂长、经理联名向省委、省政府写了一封公开信，信中写道："现行体制的条条框框捆住了我们的手脚，企业只有压力，没有动力，更谈不上活力"，"为此，我们怀揣冒昧，大胆地向你们伸手要权"。这封"松绑"公开信很快轰动全国。在随后的几年里，中国大量的国有企业相继实行了各种形式的扩大自主权的制度。首都钢铁公司等一批最早开始承包制试点的国有企业取得初步成效。

到1986年，国有企业改革又迈出实质性一步。这年的8月3日，沈阳市防爆器械厂宣布破产。公有企业破产倒闭，这在中国是第一次。就在当年的12月，我国开始试行《企业破产法》。

……

镜头画面：[1984年国庆35周年庆典　"小平您好"的标语]　[邓小平讲话]

邓小平（同期声）：

今天，全国人民无不感到兴奋和自豪。当前主要的任务，是要对妨碍我们前进的现行经济体制进行有系统的改革。

镜头画面：[天安门　《中共中央关于经济体制改革的决定》]

国庆盛典结束20天后，十二届三中全会召开并通过了一项重要的决定。

采访：刘国光（中国社科院原副院长）

十二届三中全会提出社会主义经济是有计划的商品经济，这是社会主义经济理论一个重大突破。因为这个理论，第一次把社会主义同商品经济联系起来。

……

1989年1月1日,《人民日报》的元旦献词有一段这样描述:我们遇到了前所未有的严重问题。最突出的就是经济生活中明显的通货膨胀、物价上涨幅度过大,党政机关和社会上的某些消极腐败现象也使人怵目惊心。

中国面临着1978年以来最不平静的一段日子。1989年5月到6月,北京发生了一场政治风波。这场政治风波的背后,既有国内小气候的原因,也有国际大气候的影响。

字幕:

1989年9月开始,波兰等东欧社会主义国家相继发生剧变

1990年10月3日,德国统一

1991年12月25日,苏联解体

采访:邢广程(中国社科院俄罗斯东欧中亚研究所所长)

在国际上,几乎是所有的西方国家的主流形态都认为中国也必然会改变颜色,所以,西方一些预言家甚至认为他们有一个计划,在21世纪初要在红场举行一个埋葬社会主义这样的一个葬礼,这是公开讲的一个事情,中国也肯定要(改变),多米诺骨牌也要在中国发挥作用。

镜头画面:〔天安门广场夜景〕

面对错综复杂的国际国内形势,中国将往何处去?

邓小平坚定地说:基本路线要管一百年,动摇不得;不要认为马克思主义就没用了,失败了,哪有这回事?

在风云变幻的关键时刻,认准中国特色社会主义道路,坚持改革开放,这是果敢的选择,也是明智的选择。

镜头画面:〔1992年邓小平在武昌、深圳、珠海、上海等地〕

对于如何看待改革中出现的新事物和新问题,邓小平提出:不要搞争论。"不争论,是为了争取时间干。一争论就复杂了,把时间都争掉了,什么也干不成。"发展才是硬道理。

发表这些意见时,88岁的邓小平再次来到中国的南方。1个多月的时间里,他在武昌、深圳、珠海、上海发表了多次谈话。10多年后,当人们再次聆听这些朴素的话语,依然能感受到深深的震撼。

……

有人说,在中华民族伟大复兴的征途上,推翻封建帝制的孙中山,为中国打开了思想进步的闸门;建立起新中国的毛泽东,让中国人民从此站了起来;而挽

救了社会主义的邓小平,为中国找到了一条使国家强盛、人民富裕的道路。我们将永远铭记,改革开放的伟大事业,是以邓小平同志为核心的党的第二代中央领导集体带领全党全国各族人民开创的。

镜头画面:[新华门升旗天安门晨景]

20世纪的最后20多年,在世界的东方,中国进行了一场卓有成效的社会变革。解放了思想的中国人,焕发出蓬勃的创造力,书写了一个时代最为传奇的一页。

《复兴之路》按历史线索逐集表现中国如何在国家危亡之际开始民族觉醒,如何在民族救亡的探索中选择前进道路,如何在国家建设中实现改革开放的历史性突破,如何建立市场经济,又如何在新的历史时期提出科学发展和和谐社会理念。

1. 选题

渴求复兴,企盼强国,是中国人久远的梦想。如何紧扣"复兴"这个20世纪中国的鲜明主题,实现21世纪企盼的蓝图,是历史赋予我们的任务。中央电视台作为国家级媒体,以高度的社会责任感,将"前事不忘,后事之师"的精髓呈现于方寸荧屏,正所谓"鉴前世之兴衰,考当今之得失。嘉善矜恶,取是舍非"。该片用游动于千家万户的影音符号来传承文明、开拓创新,为国家发展、民族振兴、人民福祉思考并发出自己的声音[①]。这是中央电视台原台长赵化勇为《复兴之路》同名书出版作序中的一段话,实际上道出了中央电视台制作该政论片的缘由。当然,作为该政论片选题的依据,也还有另外一个外界因素的推动,那就是此前中央电视台制作播出的另一部大型政论片《大国崛起》在海内外引起了不同凡响。这部片子论述了世界九大强国的崛起之路,然而作为大国的中国,何时能崛起?这是大多数中国人在观看《大国崛起》后所引发的联想和思考的问题。为了呼应国人的需求,满足中国观众的强烈愿望,还是由中央电视台制作《大国崛起》的原班人马,构思制作了《复兴之路》。

政论片的选题,要立足于历史学的眼光、文化学的高度、政治学的思考、社会学的观察;要有气势、高瞻远瞩,以一个媒体的社会责任意识,关注公共话题,引导公众舆论。正是基于这种思考,面对世界强国的"崛起",中央电视台集中外百余位专家学者的智慧,凝聚成了中国作为第"十个"大国[②]的"复兴之路"。

---

① 赵化勇:《复兴之路》,中国民主法制出版社2008年版,序。
② 《大国崛起》表现了葡萄牙、西班牙、荷兰、英国、法国、德国、日本、俄罗斯、美国等九国的崛起。

2. 立论

论证性政论片强调问题的结论,这就要求政论片在选题之后,首先必须立论,确立"主题思想",然后据此展开论证。《复兴之路》从历史的视角,试图探索自1840年以来160多年中华民族的艰难历程,以此来论证一个基本结论:在走向复兴的进程中,中国必须走自己的道路,建设中国特色社会主义。这是中华民族收获的历史结论,也是《复兴之路》制作组的基本认知。

认识历史,需要求证,也需要见识和胆略,更需要平和的心态。媒体人员绝不是照本宣科地记录历史、讲述历史,而是作为历史进程的思考者,以今天的审美眼光和认知高度来阐释强国之路。

3. 论证

《复兴之路》在整体结构上,透过三个视角去"丈量中华民族160多年的历史":

第一,整体视角。从160多年历史的整体出发,系统观照各阶段、多阶层对中国发展、道路的探索与实践——辛亥革命摧毁了封建专制制度,中国共产党的正确领导实现了民族独立和人民解放,"急于求成"的路线导致了社会主义道路的曲折遭遇,社会的"转折"探明了中国特色的社会主义道路,市场经济体制的确立和科学发展观的提出进一步强化和完善了中国特色社会主义的"复兴之路"。政论片《复兴之路》用6集的篇幅,将论证思考的成果告诉公众,以正世界人心,以聚民意士气,以利国家天下。

第二,现代视角。从中国社会自中华人民共和国成立以来,尤其是改革开放近30年来所取得的伟大成就出发,回望160多年中国的历史变迁。第四集《伟大转折》就立足近30年来我国改革开放的伟大成就,围绕"中国走什么路"的问题,反思了近30年来的艰难探索之路。这种"转折"包括对"两个凡是"的否定、"真理标准"的讨论、党的工作重点的转移、改革开放的推行、法制建设的强化、经济特区的试验、市场经济的确立、"初级阶段"理论的阐述和社会主义本质的揭示等,都从各个阶段的典型事件的反思中,递进式地论证了最终走向"中国特色社会主义"道路的各种重大转折。

第三,全球视角。在全球视野内观察中国发展道路的创新对世界的意义,同时观照世界格局的变化和国际环境对中国发展的影响。对中国这艘巨轮,在经历了各种伟大的转折,驶向中国特色社会主义复兴之路时,它不仅出于自身强国的梦想、艰难曲折的探索,还由于国外政治、经济环境的巨变,推动了中国的改革开放。《复兴之路·伟大转折》截取近30年来国际政治、经济两大领域巨变的转折,进一步印证中国之路探索的世界意义。《伟大转折》在20世纪80年代美、

英、日、苏快速闪动的镜头画面中,伴以"论战"式的解说:

> 中国在变,世界也在变。20世纪80年代,全球经济展开了新一轮的竞争。
> 美、英逐渐放弃了20世纪四五十年代采取的凯恩斯主义。
> 欧洲货币体系的建立,迈出了欧洲统一市场的步伐。
> 日本通过全球贸易,登上了经济强国的位置。
> 苏联于物质短缺的困顿之中,开始找寻改变现状的新途径。

在社会主义阵营方面,波兰等东欧社会主义国家相继发生剧变,德国统一,苏联解体等,都对中国走什么道路提出了考验。正是这一切国内外环境的巨变,有力地推动了中国的"伟大转折",用事实雄辩地证明:历史选择了马克思主义,选择了中国共产党,选择了社会主义,只有中国特色的社会主义道路,才是中华民族伟大复兴的自由之路。

以上通过对《复兴之路》的案例分析,揭示了论证性政论片的一般创作规律,它对其他论政性政论片也具有较强的阐释力,如论证改革开放之路的《十年潮》等,都具有上述创作特色。

在结构方式上,论政性政论片追求严谨、缜密、完整;在审美表现上,它力求达到理性与感性、形式与内容的美感统一;在表现手法上,灵活多样,它可以运用对话、座谈、采访的交替穿插,历史资料与现实景观,以及不同国度文化、经济发展对比等方式,多角度、全方位地展开叙述视角,凝练和深化主题,不断加强论证的说服力和思想深度。《伟大转折》在形式上就大量运用采访,通过专家、学者的访谈,从理论上论证、深化主题。在这一集中,节目制作组专访了国际人士,包括英国诺丁汉大学的中国政策研究专家 E. Wright、郑永年、日本横滨市立大学名誉教授矢吹晋和美国南加州大学东亚研究中心主任 Stanley Rosen 等,他们以旁观者的视角研究中国,或许更为客观、清晰,代表了一种国际观点,对中国正确选择独具特色的社会主义之路的观点更具说服力。

第二节　思辨性政论片

2006年和2007年,中央电视台先后播出了两部大型电视政论片《大国崛起》和《复兴之路》,人们形象地把它们称为姊妹篇,以此来说明二者在寻找中国强国之路上的紧密关系。实际上这两部政论片正好代表着两种不同类型的政论片。《复兴之路》代表着论证性政论片,《大国崛起》代表着思辨性政论片。前者的重点在于"证",以大量的史实和观点证实某一结论,后者的重点在于"辨",以严密的逻辑思辨来回答某一重大问题。如果说前者要以事实为证据来解决"是什么"的问题,那么,后者则是要以观点为依据,来回答"为什么"的问题。

一、思辨性政论片的特征

关于思辨性政论片的特征,《中国电视专题节目界定》是这样阐述的:思辨性政论片是根据某种客观存在,提出、分析、思考问题,并带有强烈的思辨色彩的专题节目。创作者对所报道的历史和现实,不满足于客观的叙述和表层的评价,而往往对所提出的问题赋予探索性、启示性、多义性。这类节目常常并不侧重于对问题作出结论,并不强调结果和解答,而在于引导观众去接近客观真理,寻找问题的症结。当然,这并不妨碍它对某些应当和可能作出结论的问题表明态度、提出见解,作出思想的、道德的、政治的、经济的、文化的、哲理的、美学的评判。思辨性节目给观众更多的思考天地,编导者和主持人提供给观众更多的深入剖析的问题、发人深省的信息,在诸多的问题和见解中表达出强烈倾向。例如《少年启示录》《土地忧思录》《横断的启示》《住房见闻录》等都具有思辨性特征。

1. 探索性

思辨型节目是对提出的问题多以探索性、启迪性、思辨性阐释为特征。例如俗称为"三录"的节目——《少年启示录》《土地忧思录》《住房见闻录》,针对社会生活中最关键的三个领域展开了深沉的思考。《住房见闻录》尖锐地提出了人们普遍关注、涉及千家万户,乃至于每个人的生活条件能否得以改善的重大社会问题;《少年启示录》则尖锐地提出了对青少年的培养和教育问题,而这又恰恰是有关我们民族未来和国家兴亡的重大社会问题;《土地忧思录》则提出了土地被大量占有,可耕地逐年大面积减少的重大社会问题,这些问题都关系到人类的生存环境,至今都未能彻底解决。下面看《土地忧思录》的一段解说词:

【画面】演播室内。主持人出像。背景画面是巍巍青山

【解说】观众朋友您好,今天的《地方台50分钟》节目由我们济南电视台主办,欢迎大家收看。

现在咱们在向小康生活奔波的时候,人们的目光往往集中在这样一些焦点上,比如市场行情、工资奖金,以及孩子的教育、家庭的布置等等。我们围绕自身权衡利弊,从头到脚无所不想。但是,我们却恰恰忽视了一个很重要的问题,这

就是我们脚下这片土地。

【画面】山梁。挥舞的锄头深掘着贫瘠的土地

【解说】谈到土地,也许有人会说,土地与家庭与生活太遥远了。谈到土地,我们又往往陶醉在"幅员辽阔,地大物博"这样一个概念里。可是事实上呢?我们是人多地少,我们是用占世界不到7%的耕地,养活着占世界将近22%的人口;而从1957年到1985年这28年的时间里,我们的人口增长了4亿多,而耕地却减少了2亿多亩,这样的数字对比说明一个什么问题呢?

这段解说词充满着思辨性,记者从人们对土地问题的忽视、对忧患意识的淡化,直到一组怵目惊心的数字对比,顺理成章地提出了一个重大的社会问题:土地忧虑。对这个问题的思索、对问题原因的探讨、对问题可能产生的严重后果的预测都体现出新闻工作者的一种社会责任,字里行间透视出记者的一颗关注社会、热爱生活的赤子之心。

2. 批判性

大凡政论片,都较易在社会上引起轰动性的效应,这可能与政论片的思想性、批判性、犀利性,甚至是文学性相关,它给人的绝不是那种浅薄的嬉闹、浮躁的喧嚣,而是触及心灵的震撼。

回顾中国电视史,第一部电视文化评论片《横断的启示》,以横断山脉为基点,以这一特定地区的区域性文明——沧源岩画、剑川石窟、东巴象形文字等为脉络,以社会历史的发展为背景,以民族的盛衰兴亡为参照系,对中西古今的各种文化形态进行分析、批判,旨在启迪创造精神和开拓思想,呼吁形成一种与全面改革相适应的文化氛围。中央电视台因其立意新、分析透彻,安排在《地方台50分钟》栏目中首期播出。

《横断的启示》从形式到内容全大胆创新,假以理论的利剑,刺开历史的盔甲,透视社会历史发展的客观规律,寻觅古代文化对祖先精神的折射,并向人们提出种种诘问和思考,从而得到来自横断的启示:当前人将历史的航船驶向现代之时发现,中国的改革不仅仅是经济体制和政治体制的改革,而且必须同时促进更深层次的民族文化心理结构、理论思维方式的迅速转变。

二、思辨性政论片的语言

思辨型的节目语言通常带有强烈的主观色彩和论战气息,并采用犀利的语

言、论战的方式,层层递进,逻辑推理,对其所表现的事件、人物及所剖析的问题,作出令人折服的评价和结论。下面通过系列片《世纪行——四项基本原则纵横谈》(1990)第四集解说词片段来进一步体会思辨型电视片的特点。

《道路篇·选择与挑战》

再有10年,一个新的世纪就要来临。回顾过去的两千年,在人类的旅途上,充满了苦难、战争、贫困和压迫。于是从很久很久以前,就出现过许多伟大的梦想家,他们在梦想一个完美的社会。

林尽水源处有一绝境,土地平旷、屋舍俨然,有良田美池桑竹,男女来往耕作,怡然自乐。这个不知今昔何年的人间仙境,就是东晋大诗人陶渊明笔下的桃花源。可惜,这位闲云野鹤的感怀,只是战乱年代的一种自我躲避罢了。

1535年,英国首席大法官托马斯·莫尔被斩首示众。头被砍了,却砍不断他的梦想。那双浅蓝色的眼睛大睁着,好像还在凝视着他憧憬的《乌托邦》。在那块新月形的岛国,人人都是"穷人",因为没有私有财产。金子银子都失去价值,只配去做尿桶和垃圾箱。在莫尔诅咒的"羊吃人"的英国社会里,乌托邦真像一朵缥缈的彩云。

空想也是理想。异端的空想也会招来迫害的疯狂。莫尔死后60年,意大利的康帕内拉,也经受着炼狱般的酷刑。33年监禁,转换50所牢房,使康帕内拉构思出不朽名著——《太阳城》。在那座天堂里,大家每天只从事4小时的义务劳动,其他时间就去唱歌跳舞健身。人人都在公共食堂吃饭,孩子们都有书读。

19世纪的欧文、圣西门、傅立叶,这些空想社会主义大师,用道德的批判和大慈大悲的心肠,给受苦受难的众生送去了慰藉,但正像俄国作家契诃夫所说的,这只是"上帝给乌鸦的一小块奶酪"。只有当马克思解剖了资本,并在历史发展的规律中找到了打开社会主义大门的钥匙,理想才不再是空想。

20世纪,在俄罗斯、在东欧、在亚洲的大片土地上,出现了真正的科学社会主义的"太阳城"。

……

《世纪行》一共分为四篇,分别是:《智慧篇·真理的召唤》《意志篇·民族的脊梁》《团结篇·伟大的磐石》《道路篇·选择与挑战》,这四篇分别对应于"四项基本原则"。解说词以无可辩驳的事实、高屋建瓴的气势、充满激情的论证、深邃独到的思辨,明确地告诉观众:四项基本原则是历史的经验总结,是百年革命的见证,是中国革命走向胜利的基石,是社会主义走向繁荣富强的保证。《道路篇·选择与挑战》透过古今中外的历史证明:只有社会主义才能救中国。全片论点明确,论据充分,说理透彻,思想深刻,震撼人心。

思辨型电视节目同样追求严谨、缜密,力求达到理性与感性、形式与内容的统一。虽具论战性,但也不一定是板起面孔教训人,它的形式灵活多样,可运用对话、采访交替穿插,历史资料与现实景观对比,多方位、多角度地展开叙述、论证,以增强作品的感染力。

三、思辨性政论片的"思辨"

中央电视台2006年播出的《大国崛起》(见图4-2)是一部不可多得的思辨性政论片。《人民日报》在2006年12月1日的一篇文章给予该片高度的评价:"《大国崛起》体现了一种特殊的媒介理性价值。它将历史考察与现实关怀相结合,学术思考与电视呈现相结合,全球意识与本土立场相结合,用镜头触摸历史,用历史感悟未来,为观众提供了一个在500年历史跨度中反思人类现代化进程,反思国家兴衰规律,反思今天的世界从何处来向何处去的一个机会","用一种媒介传播的质量升华了媒介传播的效果,用一种媒介传达的深度置换了媒介传达的广度,从而体现了媒介的理性影响力"。

图4-2 电视政论片《大国崛起》

《大国崛起》全片共12集,每集50分钟,以全球九国崛起的大致时间为序。

第一集:海洋时代(开篇暨葡萄牙、西班牙)
第二集:小国大业(荷兰)
第三集:走向现代(英国·上)
第四集:工业先声(英国·下)
第五集:激情岁月(法国)
第六集:帝国春秋(德国)
第七集:百年维新(日本)
第八集:寻道图强(沙俄)
第九集:风云新途(苏联)

第十集：新国新梦（美国·上）
第十一集：危局新政（美国·下）
第十二集：大道行思（结篇）

《大国崛起》以一种思辨的眼光，从经济、文化、历史等各个方面探寻着国家兴盛、经济发展的原动力。特别是以世界性大国的强国历史为题，探索了15世纪以来九个强国崛起的历史，分析其兴盛背后的原因，试图以历史的眼光和全球的视野，为当下中国的现代化发展寻找镜鉴。

(一) 思辨的历史逻辑

这部片子鲜明的思辨性，首先表现在深刻的历史逻辑上。15世纪以来，人类社会的发展进入了一个新的阶段，原先割裂的世界开始真正意义上地连成了一个整体，彼此隔膜的各国开始相互认识和了解，也展开了相互竞争。在近现代以来的世界舞台上，上述九个国家在不同的历史时期先后登场，对人类社会发展产生了重大影响。荷兰崛起的历史告诉我们，无穷无尽的资本力量可以创造奇迹，"如果说，最早开始远洋冒险的葡萄牙和西班牙，主要是依靠暴力去进行赤裸裸的财富掠夺，那么，紧随其后的荷兰人由于缺少强大的王权和充足的人力资源，十分自然地选择了依靠商业贸易来积累财富，同时也积累着足以让自己强盛起来的竞争技巧和商业体制"。

英格兰的崛起告诉我们：一个国家的崛起需要科学与文化思想的支持。在18世纪和19世纪的时候，英国这个仅有24万平方公里、在今天也只有6 000万人口的岛国，却统治着世界上930万平方公里的三亿多人口，殖民地遍及亚洲、非洲、美洲、大洋洲所有大陆板块。"究竟是什么原因，让这个原本在海洋中安详飘荡的小岛，孕育了超凡的能量，改变了自己，也影响了世界呢？"该片以雄辩的事实证明，当法国、俄国、日本、中国还处在封建君主专制时代的时候，英国已率先到达现代文明的入口。并以一种崭新的生活方式，成为世界上第一个工业化国家，开创了影响深远的自由主义经济模式，从而建立起一个地跨全球的"日不落帝国"。

法兰西告诉我们以武力征服世界，不能使征服者长时间地站在王者的位置上；德意志则用第一次与和二次世界大战的失败更为深刻地证实了法兰西的教训，即征服世界不能单凭武力；日本告诉我们，要使国家崛起，就要不断学习，不断完善自己；苏联的兴衰告诉我们，伟大的社会变革不仅需要勇气还需要智慧。

美国告诉我们：要寻找适合自己的道路，才能迅速崛起。"这个国家的出现，虽然只有230年的历史，但却演绎了大国崛起的罕见奇迹。它在欧洲文明的基础上，独创性地走出了一条自己发展道路，将世界第一经济强国的位置占据了一个多世纪。"

《大国崛起》虽然将500年来世界大国的历史立体地、直观地呈现给了观众，但它并不拘泥于历史的支脉，也不进行文明的比较，而是注重历史带给现实的思考，展示了九国以不同方式、在不同时期内完成的强国历程，既体现出各自鲜明的不可重复的时代特征和民族个性，同时也探讨了某些相通的规律。

（二）思辨的理论逻辑

政论片《大国崛起》的思辨性，还表现在它的严谨的理论逻辑上。第十二集《大道行思》（结篇），可以说是对九大国500年来兴衰浮沉历史的总体思辨，它通过"大国之道""大国之惑""大国之路"和"大国之思"，提示了大国发展与崛起的过去、现在与未来，触摸到大国的灵魂和它们的社会核心、文化核心，同时也是通过思辨，对当前中国在世界格局的位置和面临的任务进行思考后的一次表达。

《大道行思》（结篇）以"大国之谜"开篇，引导人们去寻找，寻找大国崛起的谜底。当通过大量权威人士的采访，得出了造成大国崛起的各种综合因素后，政论片又带领观众思考"怎么维持一个大国"的"大国之惑"？500年历史证明，单纯依靠战争来保持和扩大利益，最终都会走向失败。

"500年争霸的历史一去不返了，无论是曾经的帝国，还是今天渴望强大的新兴力量，都必须更加理智地在21世纪寻找新的大国之路"——具有强大的创新能力，具有强大的人力资源。正如一位学者所说："凡不曾培养出真正受到良好教育公民的国家不能称其为泱泱大国。"美国正因为拥有全世界最庞大的高等教育系统，才使它获得了信息时代的核心竞争力。

"大道行思"在获得"大国之路"的明确答案之后，又引导人们开始寻找新的答案的"大国之思"：当今世界，究竟什么样的国家，才称得上是大国？怎样才能成为一个大国？国家体制、思想人文、软实力和硬实力相结合等等，都可能成为理想的世界大国的途径。

"所有的历史都是当代史。没有人能够真正还原历史的岁月，著史和读史的人都免不了当下的情怀和眼光。"①《大国崛起》让我们看到世界的过去，带来的是对现实的思考，以严谨的逻辑推理，引导人们在思考中去寻找推动经济发展的根本力量，寻找属于全人类的文明成果。

---

① 罗明：《大国崛起》，中国民主法制出版社2007年版，序。

第三节 评述性政论片

评述性节目采取"评论"和"叙述"的手段,客观报道、分析评判,这是它的基本特征。评述性政论片针对特定事件、问题,以及事件的进展、动向,进行客观的评述。它要求对观众关心的时效性强的问题,进行有分析评介的报道;要求在客观叙述的基础上力求对所报道的事件和问题作出公正的评判,并对观众关注的热点问题,尽力作出有见识的预测。好的评述性节目当由事阐理,以理评事,事理相连,相得益彰。这类节目以夹议夹叙的风格为特色,有赖于记者或主持人有见地的精彩报道。它评述的公正应以客观全面的报道为基础;它所追求的客观和全面则应以达到公正的评述为目的①。例如中央电视台《焦点访谈》栏目中播出的节目多具备典型的评述特性。评述性政论片更多接近电视新闻述评,因此,具有与电视评论相同的特征和制作技巧。

一、评述性政论片的特征

电视评述或电视述评是一种夹叙夹议的报道形式,即融新闻报道和评论于一体,通过画面、同期声、论述语言、字幕等手段,既报道事实的具体情况,又对事实进行分析评价。它以事实的报道为基础,但对事实的报道又不是平铺直叙的,而是力求透过纷繁复杂的事态表层,抓住其本质和内在逻辑,引导观众思考,并作出自己的判断。目前,这一类型的评论节目已成为时下评论节目的主流形态。

电视是声画结合的艺术,评论是逻辑推理的产物,充分运用电视的画面、音响、文字和解说为报道事实和评析事实服务,这是电视述评的优势所在。在述评节目中,记者往往以调查者的身份出现,在新闻事件的现场进行采访报道,讲述事件发生发展的来龙去脉,通过节目当事人、各界群众、政府官员、权威人士等,对新闻事实作出客观的记叙和评论。在节目的开头和结尾,往往是由固定的主持人在演播室出境,对节目进行画龙点睛式的点评和总结。

（一）述与评的结合

1. 述:用事实说话

一个好的新闻述评性节目,除了要有严谨的结构、流畅的陈述之外,关键还

---

① 杨伟光:《中国电视专题节目界定》,东方出版社1996年版,第17页。

在一个"评"字。评论在于说理,说让人信服的道理,而说理则是为了引发思考和共鸣,恰如其分的评论能够提升节目的思想内涵。从述评结合的要求出发,记者在采访过程中坚持以理性目光审视事物,透过现象挖掘本质,采用多侧面、多角度、立体化的叙事说理方式使观众透彻了解事件的来龙去脉。节目摒弃以往评论节目所采用的那种带着观点找例子的说教模式,把观点蕴含于巧妙的结构安排、恰当的内容选择上,现场记者不直接对事件进行评论,而是通过对节目所反映的客观事实进行分析来引导观众作出合乎情理的判断。

讲究述与评的结合最关键的是用事实说话。电视评论节目最终传达的是一种态度、一种思想,但抽象化的意识形态只有被事件化之后才可能被最多的观众接受。因此,用事实说话成为电视评论的基本方式。用事实说话,就是通过报道事实,向读者阐明一种思想和观点,用叙述事实来发表意见,把记者的意见和观念寓于事实的叙述之中,让观众在报道中得出应有的结论。

用事实说话,就要重视过程的记录,让过程本身成为电视评论的内容。只有记录事件的过程,有了真实的、活生生的过程,事实本身才具有一种说话的力量,说出来的话才可信。《焦点访谈》的许多成功制作,都是选择令人关注的新闻事件,采取调查取证的方式,通过对事件的发生、发展以及记者的调查采访过程的忠实记录,利用形象的真实和声音的真实来衬托环境的真实、氛围的真实和心态的真实。例如《"罚"要依法》中对于违章罚款过程的记录,它所提供的动态消息和实况氛围,带来了观众对新闻事件结果的全新感知,使新闻评论的立场、观点自然而然地隐含在对事件的叙述之中。无论是正面报道,还是监督性报道,电视记者都要善于掌握用事实说话的技巧,特别是监督性的报道,更要重视证据、重事实。"这种评论形式由事阐理,以理评事,事理相连,易于接受。"

电视的优势在于视听兼备,生动直观,以形象思维见长。正因为此,许多人将电视称为"感性的媒体"。而评论靠的是逻辑推理,以抽象思维为主。因此,电视评论自诞生之日起就存在这样一个矛盾:电视要求直观、声画结合,可视性强;评论则要求说理,进行抽象思维,思辨性强。做好电视评论节目,关键是做到电视的直观可视性与新闻评论抽象思辨性的统一,通过强化可视性这一电视本身所具有的优势来达到增强评论说服力的目的。

选择典型的画面和声音是体现节目形象思维的关键因素。画面满足了人们"眼见为实"的心理需求,并能传达出强烈的现场气息,这在一定程度上能给观众以丰富的感性认识,成为观众进行形象思维的良好前提。画中人物的语言、现场的自然声音能进一步减少观众心中的不确定性,增强画面的真实感,使论据的感染力增强。《焦点访谈》播出的节目《"盖子"被揭开之后》出现过这样的镜头:当一位老太太向记者讲述了当地搞假渗灌工程的真相后,置身于现场的当地乡长顿时愤怒得不得了。为了制止老太太的揭发,他对记者和老太太大吼:"谁胡说,我马上收拾他!"这句话将乡长霸气十足的蛮横作风暴露无遗,此时无需多加评论,观众自然会对假渗灌工程有一番公正的评论。

2. 评:用逻辑思维

电视评论的抽象思维在电视评论中有时幻化出形象的不同组合呈现,它将评论者的观点隐藏在事实的展现之中。为此,许多优秀的节目制作者长于节目画面的巧妙编辑。节目的编辑是理性思维的重要体现。好的节目编辑不仅可以使画面的信息更加丰富,而且可以通过画面的不同组接方式给观众以充分的想象空间,产生强烈的感染效果,从而调动起观众逻辑思维的积极性。《焦点访谈》著名记者、制片人赵微曾说:"我在编辑的时候,选择什么素材,怎么剪接,素材的编排顺序,都有极强的主观性。通过平行、矛盾剪辑的手法,把展现不同视点、心态的语言和场景组接在一起,在观众心中产生撞击,这样做既增强了客观事实报道的说服力,又以强烈反差的对比报道增强了报道的评论色彩。我想,是不是应该明确这样一点,让观众在收看电视评论的过程中,通过记者提供的事实的理性思考,共同参与完成对事件的评论。"[①]可见在电视评论中对于画面的编排不可小觑。

此外,解说词的写作也不可忽视。画面和声音带给观众思维的材料,解说词声在一定程度上起了说明、引导观众完成思维过程的辅助作用,并提升观众对整个事件的理性认识。同时,记者的提问也是引导观众进行思考的有力方式。

电视评论作为形象思维和抽象思维结合的产物,在运用形象化的表现手段时,其条理性、画面、声像运用、先后搭配、片中点评、解说等无不体现出逻辑思维的作用和魅力,严谨的逻辑思维在电视评论中与形象思维有机的结合,使得电视评论更具魅力。由于大多数电视评论集叙事、采访和评论等多种任务于一身,要使观众在生动的形象后面悟出深刻的道理,这就要运用一切手段使电视新闻评论抽象与具象结合、主观和客观融合、理智和情感渗透的特点得到最好的发挥。例如在《焦点访谈·违法收缴违民心》节目中,记者对画面的选择、节目悬念的设置、采访的安排、素材的取舍都具有极强的逻辑性和目的。节目主持人首先在开场白中设置悬念,接着切入一些热闹的运动场景,高堡乡乡政府一系列荒唐的举

[①] 袁正明、梁建增:《聚焦焦点访谈》,中国大百科全书出版社1998年版,第289页。

措层层展现在我们面前：五花八门的收费项目,"严打队伍"抓人、撬门、抢物品、责令学校停课等极端手段令观众触目惊心,事实的层层递进,不仅体现了记者严密的逻辑,同时也使得整个事件直观、可感。在节目最后,主持人在形象表述的基础上,进一步进行理论的概括："国家开展'严打'的专项斗争,就是为了让社会更加安宁,让老百姓过得更安全、更幸福,可是高堡乡却荒唐地把'严打'对准了父老乡亲,弄得鸡犬不宁、人心惶惶。一项好的政策,居然让高堡乡歪曲和利用成这个样子,的确令人深思。"简短的点评,却蕴含着对违法行为的有力谴责和鞭挞。

评论的魅力在于说理,就典型事件或具有普遍意义的社会现象发表议论说出"人人心中有,个个口中无"的道理,以逻辑的力量打动观众。因此电视评论不仅要利用"形象性""声画兼备"的优势,而且还要抓住叙议结合,把握好形象思维和逻辑思维相结合的特征。

(二) 论据的形象性

电视评论的最大特征在于其可视性,即以镜头语言作证。因此,电视评论用事实说话,首先就是要用形象说话,注重画面的表现力。"电视评论尽管以论说语言为主体,但画面形象展示的配合也很重要,它是增强电视评论可视性,吸引观众的重要手段。"①

电视评论的形象化传播是实现电视情景再现功能的重要手段,它以纪实性的手法如实地记录现场,具有直观的视觉冲击力和感染力。例如《造林还是造"字"》就是针对当地一些干部大搞形式主义、劳民伤财的事实所作的一期电视评论。节目中有这样一个片段：

【记者】观众朋友,我现在是在陇西县店子镇姜家沟村。我们现在看到我身后这座山叫太平寨山,这个山上清晰地写着"封禁治理"四个大字。这四个字的意思就是封山、禁伐、治理荒山。

【解说】在村民的带领下,记者来到其中的一个"封"字跟前,由于字体太大,记者很难将该字完整地拍摄下来。

【记者】观众朋友,我现在站在封禁治理的"封"字的一个大"点"(的笔画)上面,大家可以看到,这个"封"字的点是多么大,字长我估计了一下大概有 6 米,宽大概有两米五到两米八这个宽度,而且这个坡度是非常陡峭的,现在我估计有

---

① 叶子：《电视新闻学》,北京广播学院出版社 1997 年版,第 233 页。

70度的坡度,可以想象当初村民在这儿建这个"封禁治理"的"封"字时是多么的艰难。

记者爬到70度的山坡,通过有代表性的画面还原整个事实,为的是让观众对当初农民造字的艰难有一个直观形象的认识,从而为后面对事实调查的深入和"造林还是造'字'"的评论奠定了一定的事实基础,这样才能言之有物。

电视离不开画面,不管是论点的提出,还是论证的过程,现场述评自始至终都伴随着画面,因而用以论证论点的论据是形象化的论据。例如对309国道乱罚款现象的报道,节目《国道行》是这样表现的:

记者采访附近的司机。
记者:乱收费、乱罚款的有多少个人?
司机甲:有10来个。
记者:都以什么名目罚的你呀?
司机甲:有的是超载,他也不看车。
记者:到那就叫你交20块钱。
司机甲:一罚就是50元,说点好话,不要票给20元就过去了,要票50元。
司机乙:如果你问他为什么要罚我们,就加倍罚。你说一句话,他就给你撕一张票。
记者:不容人分辩?
司机丙:对,我被罚过100元。

面对309国道乱罚款现象的报道,《焦点访谈·"罚"要依法》则更注重对画面的运用。

(山西黎城县境内)
一辆卡车被交警刘代江截住,刘不由分说撕下一张20元的罚款单递给司机。
司机:多少钱?
刘代江:20。
司机(祈求地):给10块算了。这是什么钱?
刘代江:来,来,你下来我告诉你。
司机:你给我写吧。
刘代江:我给你写的有啊。
司机(可怜地):照顾一下吧!

刘代江(蛮横地又撕下一张罚款单递过来)：再来20！

司机(惊恐地)：谢谢。

刘代江(凶狠地吼道)：拿来！

司机(无可奈何地)：你照顾一下好吗？

刘代江(怒吼)：快点！

司机(哀求地)：空车，谢谢。

刘代江(愤怒地把罚款单扔进驾驶室)：40！

两相比较，前者采用静态的实地采访，后者则用现场画面传递形象信息。正所谓：百闻不如一见。我们通过画面不仅了解了述评的事实，而且对整个评论的环境也有了更为直观的认识。人们对电视视觉符号真实性的信赖，取决于视觉符号是一种最接近人类感性认识的符号，能够提供全景式的观察视野，这是迄今为止最能保持生活素材的完整性和原始形态的传播媒介。

(三) 论证过程的群体参与性

论证的群体性就是指主持人、政府官员和专家、当事人等多方参与评论典型事实的特征。它既包括主持人的主体论证，也包括专家、官员、群众的客体论证。三者有机融合，相得益彰，共同完成述评任务。在这种节目形态中，"说话"的主体主要有：一是当事人述说。在节目中直接引用双方当事人的话语来解释新闻事实，便于让观众直接了解当事人的态度，从而直观地展现新闻事实，这种论证方式有利于避免主观臆测，力求客观公正。二是目击者述说。在节目中我们往往无法让事实重现，因此，采用立场较为中立的目击者述说能够客观真实地再现事实。三是权威人士说。在述评节目中大量采用专家、学者和政府官员的话大大增强了对新闻事件的解释性和说服力。在述评节目中，记者通过镜头把事件的前因后果先展现给观众，在"叙事"的过程中，记者一般不直接发表评论，观众在记者的深入调查过程中彻底明白了事件的来龙去脉，自然有了自己的观点。同时，演播室的主持人点评也是点到为止，不作深究。当然，也不排除记者、主持人作为评论者，向观众直抒自己的感受，表明自己的观点和态度。这种主要以"相关人物述说"的信息传播方式，改变了"画面＋解说"的老套路，使得报道更加客观真实，观众更容易接受[①]。

在以受众为中心的信息时代，电视不再是"话语霸权"下的产物，它将逐步成

---

① 赖浩峰：《此"说"不同于彼"说"》，《中华新闻报》2004年3月10日。

为平民百姓享有话语权的平台。电视评论的话语权已从职业新闻工作者手中逐渐回归大众,成为表述普通人观念和价值的公共论坛。职业新闻评论主体也由以前唯我独尊、高高在上的意见主导者,逐渐转向意见主导、交流、引导并存的格局。与此同时,电视画面表述的直观性使它难以成为"一人说了算"的评论。这是因为,面对"现在进行时态"的客观现象,每个人都根据自己的心理图式进行解读,表现出进行评价的欲望和权利。这样,电视评论就会体现出包括受众参与的群体论证和群体评判的特征。在这个"群体"中,还包括进入节目的专家、官员以及参与评议的被采访者等,这在电视述评节目中体现得较为明显。例如四川电视台《今晚十分·"欺"房是怎样产生的》节目中,有这样一个片段:

【解说】

房子拿不到,钱又退不了。在与开发商多次交涉无果后,徐慧把自己的遭遇向省消委进行了投诉。徐慧的投诉引起了省消委的高度重视。

【同期声】

谷岩:这个投诉一送到我们这儿来,就引起我们高度的重视。为什么呢,按照省政府的文件规定,这个房产开发项目不够发预售证的条件,但是开发商竟然拿到预售证了。省政府的文件竟然可以不执行?执行谁的呢,执行自己的吗?谁给你钱,你就自己搞一套吗?另外,这个工程没有达到银行按揭的条件,但是银行竟然也同意按揭了。

……

【解说】

对于成都市房管局为什么不按省政府的文件执行,购房者徐慧也提出了同样的问题,而这位主任的回答更是语出惊人。

【同期声】

主任:我现在可以这样说,你买房子的时候咋不找这些文件呢?你咋不去学习一下呢?你就应该把《毛主席语录》全部学透了,才去买房嘛。咋个出了问题才开始学习文件呢?你买房子之前,你应该把《毛主席语录》全部学通了才去买,否则我就不买。对了,我就不会上当。×妈哟,买完了,最后开始来学文件了。

谷岩:政府职能部门的个别人吧,这些人他忘记了他拿的是纳税人的钱,他的所作所为完全是站在房地产商的立场上,而且站在不法房地产开发商的立场上,他拿的是昧心钱,因此他不是为人民服务,不是为了整个房地产市场的健康发展服务。

......

【同期声】

谷岩：你说消费者相信谁，第一相信政府。政府给他发的预售许可证，那消费者当然就放心地购房了。第二相信银行，因为银行直接承担风险，银行同意办按揭了，显然这个消费者就认为我没问题呀，买这房子放心了。就这么两道最重要的保护屏障，竟然会失去作用。

......

【同期声】

记者：有哪些地方不满意呢？

市民：因为有关职能部门在这方面有的时候做得不够。因为它有时候会收一些……这个，其实一般人都知道，你不用我说得太明白。

市民：因为在房地产行业当中，具体所谓的购房纠纷中，往往是首先由于我们相应的手续、法律、规范的东西没有完全到位，我们执法过程中，人为的因素比较重。

市民：法律和程序已经制定了，但是在具体监督上还稍微差一点。

【解说】

从问卷调查的结果来看，市民们对政府部门在规范房地产市场中的表现总体上是不满意的。从"爱舍尔花园"违规取得预售许可证这件事上尤其可以看出一些部门的工作还存在不少问题。"爱舍尔花园"有一句广告词叫"你的黑夜比白天多"。我们没能理解这句话的含义是什么，但可以肯定的是，对于像徐慧一样的众多购房者来说，目前的情况真是黑夜比白天多。

对于"欺"房的产生，为什么会产生，记者没有独自主观论证，而是与消费者、省消委、银行、市政府公务员和市民一起完成，使整个节目有了看点。消费者、省消委与市民一起完成了"正方"评论，而对立方观点则成了观众驳论的对象。尤其是成都市房地产管理局产权处的那位负责人，面对记者和镜头所表现出来的麻木与冷漠，以及对事件过程发出的惊人之语，给观众留下了极其深刻的印象。在这期评论节目中，被采访者有当事人，有知情人，也有相关部门人士，他们的发言或对话是围绕主题而展开的，他们既是论据的展示者，也是论证的参与者，身兼陈述事实、评论事实的双重功能。即使是对事件本身的回忆陈述也是一种论证的形式，因为他们的回忆不再是事件的重现，而是在个人经验认识基础上的重新结构。重构事件的过程蕴含着论证的过程。

论证过程的群体参与性决定了论证主体的广泛性和多层次性。他们来自社会方方面面,代表不同的文化背景和文化层次,又正是这些来自不同文化背景、不同社会层面的人的评说,揭示了事件本身的多重意义,避免了论证的缺陷与立论的偏颇。同时,论证的多元化,打破了记者包打包唱的传统模式,构建了一条全新的能满足受众沟通与交流的理性通道,有着事半功倍的效应。

二、评述性政论片的制作

(一) 评述性政论片的选题

好的选题是节目成功的前提和保证。选题是一个栏目生存发展的源头活水,选题自身的质量和选题的可操作性决定着节目运行的质量。凡是取得成功的电视节目,无不把选题当作一件重要的事情来做。评论的价值首先在于所选择讨论问题的价值,在于这些问题是否选得准、选得好、选得及时、选得有意义。

1. 选题的标准

强调对选题的重视,首先要确定选题的标准。尽管节目每天都会报道不同的题材,但这些题材选取的原则都是一致的。中国新闻名栏目《焦点访谈》总结其长盛不衰的成功经验,一个基本的共识就是坚持评论节目的选题标准,概括为三句话:政府重视,群众关心,普遍存在。

(1) 政府重视。

电视评论作为舆论监督的重要节目形式,必须紧紧围绕党和政府在一个时期、一个阶段的重点工作进行。同时,政府重视的问题,又恰恰是政府迫切希望在工作中解决的问题,也就是说代表党和政府的意志,这也是我国新闻报道的出发点和切入点。要寻找政府重视的选题,就需要研究不同时期的工作重点,目前有什么政策要推行,有什么问题需要注意或解决,应该怎样避免出现的问题。这里需要考虑的关键因素是把握好导向,考虑揭示这些问题对政府工作是不是有促进作用,要害是促进。节目的播出要有利于问题的解决,有利于满足观众的文化需求,有利于社会健康有序地发展。

《焦点访谈》曾播出过反映309国道山西黎城、潞城地段交通民警乱罚款的报道《"罚"要依法》。这个选题涉及的乱收费问题一直为政府重视,而且当时国务院纠正行业不正之风办公室还向全国通报批评了三起乱收费的问题,要求各地举一反三、引以为戒。因此,记者在接到群众反映后,觉得这个顶风而上的问题应该揭露。《焦点访谈·"罚"要依法》播出后,引起了强烈反响。中央领导也认为节目播得好,全国纠风办向全国通报这一事件,要求全国严查"三乱"现象,节目中的违法民警也受到了处分。这个节目之所以在全国产生如此大的影响，在于选题本身所具有的能量。

（2）群众关心。

电视强势媒体的独特优势以及评论节目舆论监督的广泛性，使得我们的选题必须是群众所关心的事情，从而实现节目的接近性和广泛性。例如随着住房制度的改革，各地都已逐步取消福利分房，但许多工薪阶层根本买不起房，因此，如何解决居民的住房困难问题，这是许多百姓都关心的问题。《焦点访谈》针对这个问题做了一期节目《老百姓需要什么样的房》，通过记者广泛的采访调查，针对群众的疑问，层层剖析，并提出解决问题的办法，这样的节目自然能够受到观众的欢迎。

（3）普遍存在。

电视评论的选题要抓住社会生活中的热点、难点和疑点问题，帮助受众释疑解惑。但我们生存的社会每天都有各种各样的矛盾和问题，以及许许多多的国内外大事，电视评论不会也不可能一一予以评说。因此，它需要把握那些具有代表性的人或事，以个别来反映一般，通过对典型事件的分析，得出具有普遍指导意义的观点。实践表明，电视评论的社会反响如何、社会效果如何，很大程度上取决于是否抓住了典型的新闻事件。例如《发票：期待"透明"》节目中，记者抓住 2001 年 11 月 10 日中国加入世贸这一时机，选取日常生活中普遍存在的"乱开发票"的问题展开调查和评论。类似的经济生活中的问题，与世贸规则背离太远，政府虽然屡屡严厉禁止，却也未能从根本上得到遏制，致虚开、增开发票成为采购黑洞。有学者甚至把它称作"全民腐败"，并指出"如果听任这一现象泛滥，直到人们熟视无睹，将有可能导致社会伦理道德底线的全线崩溃，后果不堪设想"。而麦德龙发票的出现恰逢其时，从源头上堵住了这一漏洞。可以说，这样一个选题同时具备了政府重视、百姓关心和普遍存在的衡量标准。

2. 选题的来源

（1）党和国家的方针政策。

党和国家的方针政策是电视评论选题的重要来源。一般来说，党和政府制定的重要方针政策、战略部署，党和国家领导人所做的一些带有全局性和普遍意义的重要指示，电视评论都应该采取恰当的方式进行阐释和宣传，切实发挥好"喉舌"作用。同时对于有关政策的实施，电视评论也应该做好舆论监督的工作。

（2）日常生活中选题。

新闻评论依托于新闻事实，许多新闻事实都产生于人们的日常生活。实际生活中的事件和问题,一般都是与群众利益密切相关的,都是广大群众关心的。从日常生活中选题,往往能反映人民群众的要求、愿望和呼声。除了人民群众所关心的热点、难点、疑点问题外,党的方针政策执行情况如何?还有哪些需要尽快解决的问题?哪些做法违背了党的方针政策,损害了国家和人民的利益?……所有这些都是电视评论需要加以评析和引导的。因此,要勤于观察、善于分析、认真思考,这样才能从日常生活中找出有新闻价值的事实。

(3) 其他媒介信息。

报纸、广播和网络上大量的新闻报道都是现实生活的直接反映,也是电视评论选题的重要来源。媒介各自有自己的特色和传播方式,影响的程度和覆盖的范围也不尽相同,其他媒介报道过的信息,电视也可以深度报道、分析评论,具有再传播的价值。

(4) 群众来信来电。

群众来信来电现已成为媒体重要信息来源。据介绍,《焦点访谈》90%以上批评报道的线索都是由群众来信、来电、来访等方式提供的[①]。随着网络科技的引入,我们通过短信平台和互联网,使得评论的信息来源更加广泛,更加方便及时。

找准选题是电视新闻评论的首要因素,电视新闻评论节目的策划、制作,只有号准社会脉搏,找到"领导重视、群众关心、普遍存在"的结合点,才能真正起到弘扬真善美、鞭挞假恶丑的作用。

(二) 评述性政论片的结构

确定了节目的选题,如何组织(编辑)采集的素材成为关键。评论内容的不同将直接决定着评论的谋篇布局,同时,评论采取何种方式还取决于不同的评论形态和风格。一般来说,评论的结构方式主要有以下几种。

1. 递进结构

这种结构形式的电视评论是按照事物发展或人们认识事物的逻辑顺序来安排层次的,这也是目前电视述评节目中采用最多的一种结构形式。采用这种方法谋篇布局,可以使整个节目有明显的发展线索,并做到循序渐进、层层深入。这种结构形式的评论犹如层层剥笋,随着对事物的认识由表及里、由浅入深,从而不断地深化主题,使节目的力度不断加强。

荣获中国广播电视新闻奖一等奖的电视述评《造林还是造"字"》,就采取了

---

① 孙杰:《"焦点访谈"的实践与舆论监督的策略》,《中国记者》1999年第1期。

递进的方式来安排整个结构(见表 4-1)。

表 4-1　电视述评《造林还是造"字"》画面与解说词

画　　面	解　　说
太平寨山"封禁治理"四个字的全景 移动拍摄山上四个字的全景	【导语】观众朋友,你们好,欢迎收看《车城全景》。一条标语长达 5 公里,一个字有两个半篮球场那么大,这样庞大的标语你见过吗?近日,记者在陨西县就见到了这样的标语。 【解说】这样的标语就是陨西县的石头标语。为了了解建造这种石头标语的情况,11 月 13 日,记者首先来到陨西县店子镇。 【解说】在姜家沟村,几位村民给我们讲述了当时造字的过程。
一村民在"封"字前介绍造字过程	【同期声】记者:当时你参加了没有? 村民:参加了。 记者:这个材料是什么材料呢? 村民:这个材料开始是用石头铺的,后来用水泥和沙做浆,把它糊起来。
采访村民 "封"字的特写 采访村民 记者在"封"字前采访一村民 从山下小河摇到山的全景	村民:开始先搬草皮子,搬完了之后把字打成印子,打成印子挖槽子,挖槽子以后搬石头上去齐齐排,排罢了之后,慢慢和水泥浆,往上抹。 【解说】这位村民说,造字所用的石头、沙、水泥等都是从山下运上来的,从河中挑一桶水到"封"字跟前要四五十分钟。 ……
"理"字特写及全景	【解说】与国内标准篮球场 364 平方米相比,这里每个字都超过了篮球场的 2.5 倍。如此之大的石头标语,花费的人力财力是可想而知的。 ……
"封"字特写及全景 采访村主任	【解说】就这样,造林运动变成了造字运动。对于这种大规模的造字运动,村民们更多地表现出无奈和不满,村干部则考虑的是如何完成任务。 ……
字的特写 采访镇领导 四个字的全景 采访镇领导 移动拍摄字的特写	【解说】这种造字运动不但违背了村民的意愿,而且花费的人力财力是相当惊人的。这位店子镇党委副书记给记者测算了建造"封禁治理"4 个字所花的费用。 【同期声】副书记: 　　整个 4 个字用劳力、用工大概是 1 800 个,用了 60 方沙石、2 吨水泥,总共字的成本价,就是 5 200 块钱左右。要是按每个劳力 10 块钱折合,整个(4 个)字花了 12 000 块钱。

(续 表)

画　面	解　说
山路上移动采访 采访余秀武	【解说】而始终参与店子镇造字活动的林业站工作人员余秀武也给记者算了一笔账。 【同期声】余秀武： 　　店子镇前前后后上了2 000多人，我们这么算了一个账，我们只按他们每个人只干了10天，10乘以2 000就等于2万个劳动日；2万个劳动日每个农民每天只算10块钱的工钱，光人力一项，店子镇在这4个字上就花了20万。你比方说太平寨那地方就做那几个大字，当初（县）林业局给店子镇24 000块钱的奖金，这是县委领导授意的。给了24 000多块钱的奖金，用24 000多块钱买一毛五分一棵的松杉苗子，大概要买16万株，16万株就可以把这个山绿化12遍多。 　　【同期声】记者：这个钱如果用在真正植树造林方面会植多少树呢？
采访镇领导	副书记：植树至少按照这一万多块钱，我们这个地方植树从树苗成活率的保证，大概可以植树30亩左右。
四个字的全景 采访镇领导	【同期声】记者：你感觉花这么大的代价值不值得呢？ 　　副书记：花这个代价我们认为还是值得的。因为我们做这几个字不仅仅是为了我们这一座山，而是为了整个全镇的农民，为了增强他们的造林意识。
记者从字上走过 采访村民	【解说】那么村民们是如何看待这种造字运动的呢？ 　　【同期声】村民： 　　从（河）对岸可以看到这边一排字好看，它只能说在对面过车来去，当干部的看了好看。
采访村民	村民：要依老百姓说都不值得，那山上啥东西都不长，搞了没啥意思。
采访余秀武	余秀武：我认为造林应该是实打实地造林，不应该把这个造林运动变成一种造字运动。当时以为恐怕将来会有一个很好的宣传效果，可是四年过去了，山上荒山还是荒山，这么一看就是一个劳民伤财的工程，也是一种形式主义作法。 　　点评：封山育林，绿化山川，是我们各级政府部门义不容辞的职责。陨西县部分乡镇加强封山育林的宣传本无可厚非，但要劳民伤财地去"造字"不造林，那也只能是违民意、毁民财、失民心了。陨西县是国家级贫困县，至今还有不少农民未解决温饱，花费如此浩大的人力、财力来建造这样的石头标语，说到底还是一种不注重实绩、只做表面文章的形式主义。好，感谢收看本期节目，再见。

评论开篇设问,直接切入新闻点,从一条长达 5 公里的标语开始。记者首先采用现场调查的方式向观众展示了造"字"的事实,接着分析为什么要建造这样的石头标语(干部与百姓各执一词)、石头标语的用途何在、花费大量的人力物力和财力建造石头标语到底值不值得,最后记者在事实调查的基础上分析造石头标语的目的何在(造林运动变成了一场造"字"运动,是一个劳民伤财的工程,也是一种形式主义的做法)。

整篇评论思路清晰、结构合理,以调查的手法全面展示了造字运动的前因后果、来龙去脉,并揭示了造字运动的本质和内涵,为受众提供了完整的真实内容。从提出问题、摆出事实到分析评论问题,节目环环相扣、层层深入,从而体现了整个评论的深度和力度。

2. 总分结构

这种结构方式包括演绎式和归纳式两种。演绎式的结构方式即采取发散型思维,从某一个中心出发,向多方面展开。在节目中,首先表明观点,然后引入相关的材料佐证观点。归纳式结构则采用聚合式思维,节目围绕评论的主题,逐层运用材料说明观点,最后得出有说服力的结论。采用这种总分结构,可以做到条理清楚,也符合受众认识事物的逻辑顺序。

《焦点访谈》曾经播出的《推杯换盏话饮酒》就采用了这种结构形式。(见表 4-2)

表 4-2 《焦点访谈·推杯换盏话饮酒》画面与解说词

画 面	解 说
朋友聚餐场面 碰杯 北京四合院过年场景 朋友聚会 鼓掌	【主持人】无酒不成席,无酒不成宴,这是中国人的习惯。逢年过节就更是如此。一家老小亲朋好友,举杯相庆,其情浓浓,其乐也融融。但是酒无常性,在不同的场合,以不同的名义和不同的人喝酒,这酒的味道呢,也有所不同。 苏叔阳(作家):酒这种东西呢,它是植物加工后的产物。由于有了酒,人们的生理状态就多了一层,这种层呢,就叫做醉,由于有了这种生理状态,又引起了心理上复杂的变化。 某甲:何以解忧,唯有杜康。我说今天是只有喜没有忧,男女朋友雄赳赳美酒一杯喝下去,草原的感情不能丢。 乔羽(词作家):我是爱喝酒,特别是年轻的时候,我这酒量还不能算小,喝酒不一定非喝醉不行,喝出酒的味道来,这个味道包括酒本身的味道,也包括喝酒时候产生的一种人生的趣味。 ……

(续　表)

画　　面	解　　说
酒宴 (一、二、三)喝酒！ 醉后手舞足蹈 商店酒柜台	苏叔阳：多么伟大的事情、美好的事情，动人的事情都是因酒而起；也有很多罪恶、丑恶和阴谋，也是因酒而起，那么现代人就应该认识到酒的好处和坏处，因酒起祸，因酒杀人，因酒办缺德事、办阴谋诡计的事也是有的。 　　某甲：喝酒不一定必须闹事，如果认为喝酒的人就是必须该闹事的人，这就是错的，再一个说了啊，不管您是《焦点访谈》还是哪儿，您可以…… 　　某丙：这个大家也经常在一起聚一聚，高兴了，就把酒杯捡起来了，这一捡可倒好，一下就捡到医院里了，幸亏抢救及时，治疗方法得当，要不，我现在就不可能跟你说话了。 　　记者：你这都是洋酒啊，有人买吗？ 　　售货员甲：有人买，买的人还不少，送礼的多。 　　记者：为什么送礼要送酒呢？ 　　售货员甲：送礼送酒现在好像是一种风气似的，其实好多人买了送人不见得就是想人家喝，我觉得中国人对洋酒好像喝得不是特别习惯，就为了面子，还有打通关系，办事什么的。 　　…… 　　苏叔阳：酒啊，自从变成了人们的人际关系的润滑物或表达中国传统的人际关系的哲理的这个东西以来，随着世风的发展，酒也起了不同的作用。 　　某公司业务员：作为公关手段，喝酒看来是很正常的，这对于我的工作。因为什么呢？因为很多事情如果它有五分把握的情况下，如果在酒桌上谈的话，就可以七到八分。 　　…… 　　某公司经理：一杯酒的价值，如果你知道吧，就这一扎啤酒，在这儿喝肯定是八块钱，如果在高级饭店，像三星级以上的饭店，一扎是八十元，如果我请两千块钱的饭，酒水可能是一千块，要一瓶洋酒XO是八百多块，普通的洋酒也要三百多块，所以这个酒就不得了，有些饭店的利益主要是挣你的酒钱。 　　字幕：据统计，中国人一年喝掉的酒相当于一个西湖。1 000人中有 4 个酒精中毒者。在喝酒成风的地区，1/3 的交通事故和离婚案件与喝酒有关，50％的饮酒者基本用公款 　　【主持人】酒杯虽小，却能盛下一个西湖，酒桌不大，却能摆下亿万钱财。有一句非常流行的民谣是这样说的：喝坏了风气，喝坏了胃，喝得单位没经费。酒从欢庆喜乐的兴奋剂变成了败坏社会风气的腐蚀剂，这违背了人类发明酒的初衷。酒可以使好事变得更好，锦上添花，也可以使坏事变得更坏，雪上加霜。

这期电视评论从喝酒说起,记者首先指出酒作为中国人的一种传统文化,给人们带来了欢乐,并创造了许多美好和动人的事情,以此作为分论点之一。接着记者又阐述了酒的另一种作用,即"变成了人们人际关系的润滑物",送礼送酒成为一种风气。第三,喝酒也是一种公关手段,"因为很多事情如果它有五分把握的情况下,如果在酒桌上谈,就可以七到八分"。第四,喝酒会花费大量的钱财。最后,在四个分论点的基础上,得出总的结论:"酒从欢庆喜乐的兴奋剂变成了败坏社会风气的腐蚀剂,这违背了人类发明酒的初衷。酒可以使好事变得更好,锦上添花,也可以使坏事变得更坏,雪上加霜。"

3. 对比结构

这种结构形式是指将两个性质相反或差异较大的事物联系起来进行谋篇布局。这种结构形式可采用多种多样的对比来表现同一主题。可以采取单位与单位之间的对比,个人与个人之间的对比;不同时期同一事物之间的纵向对比,同一时期不同事物之间的横向对比;可以进行归类对比、散发性对比等,使之对比鲜明、反差强烈,易收到令人回味的效果。

2001年11月10日,四川电视台记者抓住中国入世的时机,以"发票"作为切入点制作了一期节目《发票:期待"透明"》,节目中较好地运用了对比的手法(见表4-3)。

表4-3 电视述评《发票:期待"透明"》画面与解说词

画 面	解 说
摇摄商场外景 商场内货架 超市收银处	【解说】麦德龙成都青羊商场的老总怎么也没有想到进入四川两个月,在销售旺季居然会遇到大批量退货,而造成卖单损失的始作俑者竟是作为公司特色之一的"透明发票"。 ……
采访朱军	【同期声】 [朱军]这个发票,它的特点就是真实地记录了每一笔采购,就是说某个单位的采购员来我们这里采购东西,它没有一点变通的余地,因为我们不可能给他提供手写发票。使用这种清单式的正规的发票,是由我们的目标客户群决定的,我们的客户是专业采购,而不是个人采购。 ……
特写"透明发票" 超市收银台 暗访收银台	【解说】然而这种符合国际流通惯例的"透明发票"正是因为太清晰、太严格而让一些人望而却步。据商场初步调查,随

(续 表)

画　　面	解　　说
售货员开发票 采访戴更生 从"透明发票"宣传海报摇 摄到货架 街道外景 记者暗访进商场 成都人民商场黄河商业城 营业员同期声 好友多中天店营业员同 期声 家用商品特写 "模糊发票"特写	着麦德龙入川,"透明"发票投入使用以来,从市场的反应来看,总的来说,两种态度泾渭分明。 　　【麦德龙成都青羊商场客户服务咨询部助理戴更生同期声】 　　[戴更生]根据客户的反映意见,基本上归纳为两种。第一种就是对我们这种发票非常支持,这种公司一般集中在一些大的企业,还有一些外资企业中,他们就对我们这种清单式发票表示能够接受,而且非常拥护。但另外一种就是截然不同的一种观念,认为我们这种发票可能对他们不太适应。 　　【解说】不管怎样,"透明发票"确实让麦德龙损失不少收入。麦德龙的做法在时下的成都商界显得有点特立独行。那么其他商家是怎样给顾客开发票的呢?记者伪装成消费者,前往好又多、人民商场、家乐福等商场进行了暗访。 　　【成都人民商场黄河商业城营业员同期声】 　　[营业员]开几千块钱的东西啊? 　　[记者]啊。 　　[营业员]你补税,你要开几千嘛? 　　[记者]开个7 000多,不到8 000元。 　　[营业员]你开多了划不着,你实在是要多开,要补税,你要登记,要登记你的身份证号码哦,登记你的身份证号码,也就是说不出事就算了,出了事要负法律责任。 　　【好友多中天店营业员同期声】 　　[记者]你给改成办公用品,单位我自己来填。 　　[营业员]先生,你买几万块钱或者几十万块钱也是一样的,给你改成办公用品了。 　　…… 　　就这样,这些商品一下子就变成了办公用品,而魔术师就是市面上流行的与麦德龙"透明发票"截然相反的"模糊发票"。正是这种"模糊发票"成了某些人损公肥私的遮羞布,商家则可以半遮半掩地作为一种促销手段。那么成都的商家对两种发票是怎么看的呢? 　　……

　　比较,是认识事物和说明事物的最好方法。德国的麦德龙和我国的某些企业有着相同的特征,但是他们对于"如何开发票"却有着不同的认识和表现。麦

德龙入川两个月以来,"按照国际惯例开展经营活动,甚至不惜牺牲一些眼前的经济利益",但是在连续遭遇退货的情况下,麦德龙仍然坚持自己的原则,而同一座城市的其他商家,"发票上开什么品名都行,至于金额开多少都是可以商量的"。对待发票的两种截然不同的态度,一种是"透明",一种是"模糊",与世贸规则一比,谁对谁错,观众心中已经有了结论。

电视评论的结构方式并不是固定不变的,评论采取何种结构形式组织材料,主要的依据是事物内在的逻辑关系,同时也同记者如何认识和分析事物矛盾的方式方法有关。要使整个评论做到"言之有序",就必须在充分掌握材料的基础上,合理地安排层次结构,这样才能满足观众的收视需求。

(三)评述性政论片的论证

在电视评论节目中,"述"是基础,"评"则是提炼和升华。我们不可能只讲述而不作评价,也不可能长篇累牍地进行评论。那么,在叙述新闻事件的同时,如何进行"画龙点睛"的评论,就需要记者掌握好电视评论的基本手法。

1. 用事实述评

用事实述评,就是通过报道事实,向受众阐明一种立场和倾向,用叙述事实来表明意见,把记者的意见和观点寓于事实的叙述之中,让读者从报道中得出应有的结论。只有记录了事件的过程,有了真实的、活生生的过程,事实本身才具有一种述评的力量,说出来的话才可信,否则,电视的评论就如空中楼阁。在《焦点访谈·"罚"要依法》节目中,记者通过采访得知309国道上存在乱罚款的现象,但记者没有满足于此,而是用自己的亲身经历来向观众展示这一现象,节目中展示的违法交警"20(元)!""再来20(元)!"以及"40(元)的呵斥声",结尾处与记者的扭打等,将事件本身的矛盾呈现出来,观众自然会根据这些事实来作出自己的判断。

用事实述评,对电视来讲,就是用镜头说话。记者要善于抓住过程性的东西,用镜头叙事,重点突出,这样报道才有力度。例如《焦点访谈》记者在采访非法棉花加工厂时,记者一到,人去楼空,但记者的镜头敏锐地对准了还在冒着热气的茶杯(说明棉花加工厂厂长是刚刚走的),对准了厂区院内一妇女头发上的棉花(说明她就是加工厂的工人,但她却说自己是"来玩的"),这些无声细节的精心捕捉,说明非法棉花加工者心虚,胜过千言万语的解说。

事实胜于雄辩,有了事实,评论才有了基础。清楚地展现事实,本身就会形成一种张力,从而形成一种评论的力量。

美国《华氏9·11》的著名导演迈克·摩尔,在他另一部影片《超码的我》中,亲身体验一个月一日三顿麦当劳的生活,并以其对人的身体产生巨大损害的结果来警告那些经常去麦当劳餐厅就餐的人们,在美国数量庞大的快餐族中产生了巨大影响。

在这部影片中,迈克·摩尔利用导演的亲身经历来告诉观众肯德基、麦当劳等快餐食品对人们健康的侵蚀,这个主题也是契合了当时美国一些营养学家的社会讨论,即对麦当劳、肯德基日渐成为美国人民生活饮食密不可缺的一部分的担忧。当媒介敏锐地发现了这些人们潜在的、萌芽状态的关注点时,用影像的语言把它表现出来并传播出去时,就产生了更大的影响。很多时候,它考验的是一个节目编导对社会观察力和对社会时事、历史的敏感程度。

2. 让"第三人称"说话

随着人们知识水平的提高和独立思考能力的增强,新闻消费需求已由被动接受变为主动选择,由消极顺从转向积极参与。因此,电视评论的传统形式已经不能满足观众的需求,而应该从向受众灌输观念转变到启发受众思维,让除记者以外的其他人参与评说,从而增强评论的客观性。

在一部反映郑州六大商场竞争的《商战》中,为不使节目带有主观性,同时也为了更深入地挖掘主题,《商战》让各种身份的人对竞争进行评说,保留了大量的同期声。其中,有顾客作为"上帝"的一些感受和体会;有营业员对服务态度的一些认识。例如,有的说,"我不敢拿自己的饭碗开玩笑","同顾客吵架是要开除的,一般自己受了委屈,宁肯自己掉眼泪也要接待好顾客"。这些话真实地反映了营业员在严酷的竞争中不得不规范自己的服务行为和服务态度的心理压力。还有各大商场经理所谈的一些想法、苦衷、得失和难处,例如,市百总经理谈到的公关费用问题,道出了国营企业受各种束缚"不得已甘拜下风"的苦衷,这种竞争中的不公平使他无可奈何;商业部长从全局的立场评价这场竞争的典型意义,提出了国营大中型企业要搞好的关键问题是转换机制;经济学家从理论和实践的结合上谈这场竞争的启示,一是"把企业推向市场",二是"市场必须有竞争",三是"竞争要有秩序",并进而建议政府有关部门对竞争"在法制规则上怎么完善,整个市场机制怎么更加完善,怎么更加符合市场要求"等问题进行研究和探索。这些来自各界人物的同期声,从内容和思想内涵上大大丰富了《商战》,加强了节目的广度和深度。

与"第一人称"相比,让"第三人称"说话,也在一定程度上丰富了电视评论参与性的表现方式。它一方面为"释放群言"提供了场合与机会,让"群言"有了更多的发表渠道和表达方式,另一方面电视评论变零散的言论为相当规模的"群言",从而形成"合力",更好地起到了舆论监督的作用。

3. 记者(或主持人)出镜点评

电视评论传播的是意见性信息,因此记者(或)主持人的出镜点评是完全必要的。记者可以在访谈中通过提问、叙事等方式发表自己的观点。评论宜少而精,有评则长,无评则短,或述而不评,或述中带评,或夹叙夹议,以说清事实为原则,以说明问题为目的。

(1) 提问式评论。

记者的提问往往是有备而来的,它蕴含着记者的立场和观点。记者在现场采访既要获取能够作为新闻事实的那部分信息,又要获取两种特殊的新闻信息:一是获取论据,二是请群众和专家参与论证。电视述评节目记者要紧紧围绕这一目的进行采访和后期制作,要尽力避免现场采访的无序性,避免与主题无紧密联系的现场采访,使评论精练有力。例如,白岩松在谈到自己采访一个在深圳拍卖文稿的人时,用四个提问就将整个评论展现出来:① 请问你这次文稿拍卖,作为组织方是否想从中获利?(我不想获利,我要做公益的事情。)② 是否你身边组委会都同意你的意见?(他们都同意。)③ 市场经济搞文稿竞拍是否是市场行为?(是市场行为。)④ 我说让这样的组委会做这样一个仿佛圣人的事情,是否跟市场经济有违背的地方?记者没有发表任何评论,但是这样的提问已经构成一种评论[1]。

(2) 现场点评。

评论节目需要理性的成分,如果在以事实为主的前提下,在事实的基础上,记者在现场能够适时地加以点评,会起到点"实"成金的功效。记者章伟秋在拍摄《洋河污染导致大片农田绝收》时,就污染问题去采访河北张家口市负责同志。办公室人员告知记者,"十一名市长都很忙,没有时间"。这种将老百姓冷暖置之度外,麻木不仁的官僚主义,令人痛惜。观众看到这里,胸中憋着一肚子气。如果节目只是将事实摆在这里,显然只做了一半的功,此时此刻特别需要记者对这种行为进行点评。于是观众在随后的节目中听到了记者这样的评论。"从上午8点20分我们就来到了张家口市政府,要求采访市长,可到了中午12点,市政府办公室负责人还不知市长到哪去了,说因为地市合并,工作太忙。但是,我们认为,老百姓的吃饭问题也是很重要的,也需要忙一忙。"这个点评正好与观众心

---

[1] 罗明、孙玉胜等:《电视新闻评论的理论与实践》,中国海关出版社2002年版,第101页。

中的看法相吻合。

（3）演播室点评。

电视述评节目在节目形态上大多采用"演播室主持＋现场采访"相结合的方式，这样演播室点评就成为评论节目的关键一环，可以说，节目主题的深化正是在这部分完成的。

例如《焦点访谈·"罚"要依法》这期节目中，主持人在演播室是这样点评的："在采访的时候我们的记者注意到，在山西省309国道的路边竖着一个大大的宣传牌，这个宣传牌的一边写着：有困难找交警。另外一边写着：视人民如父母。我们现在身后大屏幕上放的就是这个画面。那么我们看到今天节目中的这几个交警的所作所为，难道是按照这个宗旨行事吗？……我们相信，他们的这些所作所为，不但是公路沿线的这些司机们所无法接受的，也是全国人民不认可的，更是广大公安干警所无法容忍的……同时法律也要求执法者必须遵守这些法律，这是公正严格执行法律的一个最基本的前提。"《焦点访谈》作为一档观点性的栏目，表达观点的主要方式之一便是主持人的点评。在这期节目中，主持人运用对比手法，将乱罚款的交警言行与交警身旁的公益宣传牌语相对照，以此"反照"出交警的违规行为及不良形象。这时，主持人的点评既是画龙点睛，又起到拾遗补缺的妙用。

本 章 小 结

● 政论型电视专题在这里所指为一种泛政治化的政论片，它包括社会问题评说、政治宣传、文化批评，甚至是经济评论。这些评论运用电视手段，以声画一体的电视语言对新近或正在发生的重大事件或重大社会问题发表意见，进行分析和评述。

● 政论片的特征具有论证性、思辨性和评述性，相应地就有论证性政论片、思辨性政论片和评述性政论片之分。论证性政论片相对后两者而言，更强调问题的结论，更注重结果。这类节目往往取重大的政治主题，从历史的视角去表现当代的重大课题，节目通常带有强烈的主观色彩和论战气息。

● 思辨性政论片并不侧重对问题作出结论，并不强调结果和解答，而是引导观众去接近客观真理，寻找问题的症结。它往往根据客观存在，提出、分析、思考问题，并带有强烈的思辨色彩。

● 评述性政论片，采取评论和叙述相结合的手段，对事实及问题客观报道、分析评判。其特征是评述结合、论据的形象性、论证过程的群体参与性和评述主体的多元性。

思考题

1. 联系实际谈谈你对当前我国电视评论类节目个性特征的理解。
2. 举例分析政论型电视专题的类别。
3. 分析《焦点访谈》的选题、结构及点评的技巧。

第五章 调查型电视专题：调查报道

2018年7月,一则关于吉林长春市"长生生物疫苗"(违法违规生产冻干人用狂犬病疫苗案件)事件在网上迅速发酵传播。随即,传统媒体跟进报道,即刻形成全社会的舆论漩涡。党中央和国务院最高领导人亲自批示彻查,国家药监局等相关政府部门应急响应,民间话语热潮涌现,传媒界的深度调查报道呼声也再次频现。这恰恰说明,深度电视调查报道是新闻专业主义的核心竞争力。

早在1996年5月17日,被称为中国电视新闻业的一艘"航空母舰"——中央电视台《新闻调查》栏目正式开播,"这即是一个能与世界大台对话的栏目"。开办20多年来,《新闻调查》栏目不仅成为中国电视的一个品牌栏目,更重要的是带给中国电视人一种电视操作理念。从调查节目到调查报道,《新闻调查》所探寻的一种适合我国国情的主流报道模式,已在各类型电视节目中普遍采用。

第一节 电视调查报道的界说

从一般意义上说,每一个记者对所报道的事实都必须进行调查,但并不能据此认为所有的新闻报道都可以称得上是调查报道。美国学者特德·怀特等在他们所著的《广播电视新闻报道写作与制作》一书里,曾对新闻报道作了一个很通俗的举例说明。他们认为,对一场火灾事件的报道,如果没有对潜在线索的执着追求,没有得出无可否认的证据,有关这场火灾的报道就仍是那种充斥广播电视节目时间的最新突发事件的新闻报道。但如果当局怀疑有人故意放火,而且记者也查到文件记录,证明确有为得到保险金而采取诈骗行为的人,这条新闻就称得上是调查报道。

一、调查报道的界定

调查报道作为一种报道形式,最初起源于20世纪初美国新闻界的"扒粪运动"。尽管从1910—1912年"扒粪运动"逐渐消失,它的许多价值观和传统却在新闻界保留着,直到"水门事件"报道出现,"调查性报道"才被用来作一种报道的名字。调查报道一般有两个目的:其一是针对那些身处公众信任职位的人们的疏忽或错误行为,去挖掘有可能被隐藏的信息;其二是解释一个已经被人们有所认识的公共问题,或扩展公众对此的理解。

作为一种普遍采用的报道方法,调查性报道有着广泛的适用性,但作为一种相对独立的报道体裁、样式,它应当有着严谨的内在规定性。从19世纪中叶西方严格意义上的调查报道诞生开始,至今100多年来,经过中外数代新闻人的探索与实践,调查报道的定义林林总总,现就一些有代表性的界定辑录如下。

普利策奖获得者、《新闻日报》记者鲍伯·格林给调查报道定义为:"调查报道是对某人或某集团力图保密的问题的报道",而且"报道的事实必须是你自己发掘出来的"。他举例进一步说明,"五角大楼越战档案事件"是一条很好的新闻,但不是调查报道,因为最初的工作不是记者而是兰德公司做的。而关于"水门事件"的新闻则是调查报道的"一个完美的样本。因为一些人力图使这些信息保密,而伍德和伯恩斯坦却把它们公之于世"[①]。

美国密苏里新闻学院的学者们认为,调查报道"指的是一种更为详细、更带分析性、更要花费时间的报道,因而它有别于大多数日常报道"。它的目的"在于揭露被隐藏起来的情况,其题材相当广泛,广泛到涉及人类活动的各个方面"[②]。

美国新闻史学家埃德温·埃默里认为,调查报道是指"利用长期积累起来的足够的事实和文件,就事件的意义向公众提供一种强有力的阐释"[③]。

我国新闻工作者在引进西方调查报道方式后,理论界也开始对调查报道定义进行探讨。一种意见是直接引入、介绍西方相关定义。例如李良荣在《西方新闻事业概论》一书中提出,调查性报道"又称'揭丑'报道。它是西方国家报刊上的一种特殊报道形式,专门用来揭露社会阴暗面、政府里的黑幕、大企业的罪恶

---

① [美]特德·怀特等:《广播电视新闻报道写作与制作》,中国广播电视出版社1987年版,第294页。
② [美]密苏里新闻学院编写组:《新闻写作教程》,新华出版社1986年版,第384页。
③ [美]沃尔特·李普曼等:《新闻与正义——普利策新闻奖作品集(Ⅲ)》,海南出版社1999年版,第313页。

勾当以及黑社会的内幕等等"①。

彭朝丞则认为,调查报道主要是"记者对社会公众关心的新闻事件、新闻人物或深藏的潜在的社会问题、社会现象,经过周密的调查研究,用活生生的第一手资料和可靠的数据,写出的具有一定的权威性报道的一种报道形式"②。

甘惜分主编的《新闻学大辞典》将调查性报道界定为:"一种以较为系统、深入地揭露问题为主的报道形式。此为西方新闻学用语,中国新闻界类似的提法为'批评性报道'。"而批评性报道是"对现实中的缺点、错误或问题的报道,俗称'批评稿'。因新闻事业的性质不同,中国的批评性报道不同于西方的'调查性报道'。批评性报道的宗旨不在于'揭丑',而在于'治病救人',所以在进行批评报道时,记者应从正确的立场出发,客观地提出问题,全面分析,公正报道。"③

从以上各种界定可以得出电视调查报道的一些基本特征。西方传媒的定义强调调查报道的揭丑性、原创性和证实性。正如现代调查报道的创始人普利策在论述这种报道的定义时所指出的,如果人们想要和世界上的罪行、邪恶和灾难作斗争,他们必须知道这些罪行,因为这些罪行、邪恶和灾难正是在秘密的基础上才得以滋生。因此,普利策将不断地揭露社会弊病作为他的终生办报宗旨之一,就是要将隐藏的罪恶曝光于公众面前。

美国新闻界素有"曝光""揭丑"的传统,这对社会的发展能起到一定的推动作用。但在强调报道之前预先定位于"揭丑",似有失公正之嫌。调查报道同所有报道样式一样,目的是揭示事实真相。媒体的立场应当是建立在事实真相全部揭示出来的基础之上的。若在全部的事实展示出来之前,将调查报道定位于"揭丑"是不科学的。

与"揭丑"相关联的是调查报道的原创性问题,就是强调在调查报道中,调查和收集材料必须是记者的原创行为,选题和采访必须由新闻媒体独立进行。这种"独家新闻"在当代媒体竞争中固然有其重要的新闻价值,但在实际应用中却显得过于理想化,例如作为一个栏目来运作,其持久性就有相当的难度。实际上,大部分的调查性报道的题材都不是媒体独家发现的,包括美国认为是最"完美的样本"的"水门事件"的报道,其窃听事件也是首先由警方发现的,《华盛顿邮报》记者所作的"原创性"只是由媒体独立发起的调查本身。事实上,调查报道中的有些事实业已受到大众传媒的关注,如果调查记者挖掘到的内幕仍有报道的

---

① 李良荣:《西方新闻事业概论》,复旦大学出版社1997年版,第134页。
② 彭朝丞:《一篇有中国特色的调查性报道——评〈百家三资企业调查表明:在华投资大有可为〉》,载《新闻界》2000年第5期。
③ 甘惜分:《新闻学大辞典》,河南人民出版社1993年版,第153页。

价值，可不拘泥于事实都必须是自己发掘出来的。

反观我国学者对调查报道的界定，与西方的相关定义相比要宽泛得多。首先，我国新闻界关于调查报道的理解侧重于采访、报道方法上的技巧和策略，即调查。这是一种能为人接受并符合我国电视实际应用情况的。其次，在调查报道的题材选择上，我国的相关界定既涵盖"揭丑"式的题材，也把经过深入调查的批评性、中性和正面的报道纳入调查报道的范畴，使调查报道在题材上有了更大的包容力和内涵。

二、调查报道的发展

（一）西方调查报道的缘起与影响

调查报道在美国最早可以追溯到18世纪。但揭丑性报道真正见诸报刊则是在19世纪70年代以后。如1870—1871年，《纽约时报》《纽约导报》等联合对市府塔曼尼集团的讨伐；1896年《世界报》对贝尔电话公司的垄断行径以及纽约市议员受贿协同承包商谋取特许权的揭露等。

到20世纪初，调查报道的主阵地由报纸转向流行杂志，揭露的领域由以经济领域为主，开始向政治领域扩展，例如1902年《麦克卢尔氏》杂志发表的重要报道《城市的耻辱》《美孚石油公司的历史》和《工作的权利》等，从而把揭露性报道推向极盛时期。这时美国第26届总统西奥多·罗斯福曾得意地将写揭露性新闻较著名的记者比作英国小说《天路历程》中一个不仰头望天而只顾拿着粪耙扒集粪便污物的人，"扒粪"（muckraking）之名由此而来，这也就是人们常说的美国新闻界早期的"扒粪运动"。

1972年，美国《华盛顿邮报》对"水门事件"的揭露，将这一时期的调查报道推向了顶端，并直接导致美国总统尼克松下台。1973年春，美国参议院授权成立"水门事件"调查组，由此揭开了电视新闻全面报道的序幕。电视新闻在水门事件（见图5-1）中的报道促进了一系列调查性电视新闻节目的产生和发展，《60分钟》就是其中的典型代表。

美国哥伦比亚广播公司（CBS）的《60分钟》奠定了电视在调查报道中的显著地位，对社会热点和历史事件精辟的调查分析使《60分钟》成为一档声望极大、收视率极高的名栏目。1979—1980年，它的收视率达到28.2%，而当时的黄金时间娱乐节目的收视率是26.3%。在1991年海湾战争期间，《60分钟》曾连续两年成为黄金时间收视率最高的节目。《60分钟》"伏击式"采访和报道方式深深影响了其他广播公司调查报道节目的风格，如ABC的《20/20》、NBC的《日界

图 5-1　水门事件主角、时任美国总统尼克松

线》和 ABC 的《黄金时间实况》等。许多地方电视台也开始制作调查性新闻节目,在晚间新闻节目时段中大大增加了调查报道的比例。

在欧洲,电视调查报道的出现比美国还早。从 1963 年开始,英国 Granada 电视台就开始播出系列时事调查片《世界在行动》,这个栏目每集长度大约为 26 分钟,被誉为英国有史以来最大型、最成功的调查性报道。英国广播公司(BBC)也同步制作了类似的节目,同样获得巨大成功,并掀起了全国调查报道的热潮。据对 1995 年英国电视节目报告数据库搜索表明,仅当年,英国本土的电视中就有 300 个节目可以被纳入调查性报道之列。20 世纪 90 年代英国的许多时事系列节目,也在不同程度上开展了调查报道;BBC 的《内幕报道》《公众视界》《40 分钟》,独立电视台的《重大报道》《电视网优先》《第一个星期二》,第 4 频道的《刀刃》《街头法律》等。另外,在英国还有许多系列专题节目也对历史事件等进行了调查报道,比如 BBC 的历史系列节目《时钟》和纯调查性系列节目《此时此地》《大致公平》《私人调查》,第 4 频道的《目击者》对爱尔兰民族主义政党新芬党与纳粹主义之间的关系所做的调查及纯调查性系列节目《乡村探秘》《英国探秘》,独立电视台的纯调查性系列节目《事先报道》《比姆和达·席尔瓦》《伪装》等[①]。

---

① 展江:《中国社会转型的守望者——新世纪新闻舆论监督的语境与实践》,中国海关出版社 2002 年版,第 259—260 页。

(二) 我国调查报道的发展与艰难进程

与西方相比,我国的调查报道起步较晚。最早且最有影响的当推1903年沈荩所做的调查报道。当时,沈荩几经周折调查出清政府与俄商定卖国密约内幕,进而投稿到日本报纸上发表,引起了社会强烈反响。结果清政府将沈拘捕,以"杖刑"处死。此后,因种种政治气候的不宜,我国的调查报道屡遭重创。直到20世纪80年代,《工人日报》发表了一篇关于"渤海二号"钻井船在拖航中翻船的报道,才又开启了调查报道的新局面。从这篇锋芒直指政府高官渎职和官僚主义的相关报道开始,引发了一系列以揭露社会矛盾和还原历史真相为主题的调查报道,如《人民日报》发表的《白衣下的污垢》《蒋爱珍为什么杀人》等,都是直接揭露现实生活中阴暗面的代表作。

20世纪90年代中期以来,电视调查报道在我国电视荧屏中也悄然兴起。中央电视台1980年开播的《观察与思考》是中国较早运用调查手段的电视新闻栏目,而大规模的调查报道的出现应该是在20世纪90年代。1993年中央电视台《焦点访谈》栏目中就有不少节目属于典型的调查报道。而被认为中国最具深度的调查类电视栏目乃是1996年中央电视台开创的《新闻调查》。《新闻调查》每周一期,每期长达45分钟,它以记者调查采访为主要形式,对社会普遍关注的事件或现象进行多侧面、多角度、深层次剖析。

此外,山东卫视2012年推出的一档新闻专题节目《调查》,以"出镜记者"调查采访的形式,关注社会热点,反映百姓生活,探寻事实真相,追求理性、平衡和深入,与央视《新闻调查》一起成为我国不可多得的调查报道类栏目。

在实践中,为了保持电视调查报道类节目的持久影响力,《新闻调查》(见图5-2)栏目20年来不断调整定位,从中清晰地勾勒出我国电视调查报道的艰难探索和基本发展路径。从1996年至今,《新闻调查》的节目定位与理念发展大致经历了

图5-2 《新闻调查》栏目片头

四个阶段①。

第一阶段(1996—1999)——多元探索时期。这一时期的节目定位被表述为:"重大新闻事件背景调查,国计民生改革热点话题难点疑点解惑,大时代背景下的新闻故事一波三折。"如《国企改革备忘录》《公交能否优先》《铁路面临重大改革》《跨世纪的政府》。

第二阶段(2000—2002)——发展时期。这一时期的节目定位被明确为:"探寻事实真相","真相"即为"正在抑制或被遮蔽的事实"。《新闻调查》的媒体责任就是要通过记者的调查揭示真相,挖掘出被一个机构或被一部分人遮掩的事实真相。如《温岭黑帮真相》、《远华大案》(上下)、《与神话较量的人》等等。

第三阶段(2003—2011)——成熟期。为了保持栏目优势,解决栏目的核心竞争力问题,《新闻调查》将目标定位为"做真正的'调查性报道'",并对"调查性报道"给出了清晰的界定:第一,调查的内容是损害公众利益的行为;第二,这种行为被掩盖;第三,调查是记者独立展开的调查性报道的全面推行。自此,一批产生较大社会影响力的节目相继诞生,如《"非典"突袭人民医院》《无罪的代价》。

第四阶段(2012年至今)——调整探索期。这个时期,由于外部环境的制约,栏目的主打节目"调查性报道"遭遇重重阻力,栏目传播力受到影响。同时,中国的媒体格局和舆论场也正发生着剧变。这期间,微博成为公共热点事件酝酿、发酵的首要平台,2010年被称为中国"微博元年"。紧随其后的微信等社交媒体兴起,使信息传播的方式发生了巨变,形成了快餐式、碎片化的信息传播格局,这对《新闻调查》这个"严肃"的长篇专题节目形成了不小的挑战。此后,栏目经过三年的探索,明确做出战略调整,坚持以理性、平衡、客观的专业主义准则调查公共热点事件,定位"正在发生的历史,新闻背后的新闻",做"有热度的调查性节目"。例如"郭美美事件""缝肛门""河南午夜强拆案"等一系列网络热点事件,经过《新闻调查》栏目的深入调查,或澄清了被歪曲的事实,或科学地还原了被舆论忽视的复杂背景及内在关联,有效引导了舆论。

从1996年"新闻背后的新闻,正在发生的历史",到2001年"探寻事实真相",再到2003年提出的要做真正的调查报道,直至2011年面对新的媒体格局和舆论监督的多种困难,《新闻调查》栏目在调整探索中一如既往地致力于调查性报道。

我国的电视调查报道是西方调查报道理论与我国电视新闻实践结合的产物,在内容和形式上,它对西方新闻界传统的揭丑型的调查报道进行了扩展。其

---

① 央视新闻调查:《我今天21岁了!》,"央视新闻调查"公众号,2017年5月17日。

调查内容不限于追踪某一特定罪犯或揭露丑闻黑幕,它还可以系统地调查研究政府机构、公司企业以及整个社会体制中存在的痼疾和缺陷。调查的手段也不仅仅为秘密的内线联系,还可通过搜集已经公开的资料文件,对其加以组织、归纳、分析,从中发现问题,借以促进社会的发展。

随着我国电视的发展,作为电视文本的调查报道不仅在电视新闻节目中进一步拓展,调查报道作为一种手法也频频使用于社教类、生活服务类电视节目中。譬如,《今日说法》《经济半小时》《每周质量报告》《生活》栏目中的《热线3·15》版块等都经常使用调查报道这一形式采制节目。

调查报道的兴起满足了电视观众日益增长的信息需求,结束了电视无深度的时代。随着媒体的发展,尤其是电视媒体的发展,受众接收的信息越来越丰富,置身于信息海洋中的人们已不满足于信息的广度,而要求信息要有深度,希望知晓新闻发生的来龙去脉。在这场深度报道的竞争中,以"快"取胜的电视媒体一度处于劣势,在这种形势下,电视人开始了具有电视特色的深度报道的种种尝试,电视调查报道兴起就是在这种背景下开始的。

电视调查报道围绕新闻中的"how"(怎么样)和"why"(为什么)将报道深入,力求查出事件原因、找出事件本质并预测事件发展趋势,体现了电视语言的逻辑思辨能力,满足了观众的求知欲。电视调查报道还凸显了电视语言的形象感和参与感,通过声画一体的记录,记者的调查过程历历再现于观众眼前。调查中充满了待揭晓的悬念,充满了矛盾冲突的细节情景,记者在采访调查过程中的斗智斗勇也使调查添了几分戏剧性和刺激性,这些都增强了对观众的吸引力。

第二节 电视调查报道的分类

根据不同的分类标准可以将电视调查报道作以下分类。

一、根据调查内容分类

(一)人物调查

围绕一个人物进行采访调查的节目,一般是通过对话的方式讲述人物的人生道路,探析人物的心路历程,展现人物的性格特征,最终通过典型的人物以小见大,折射社会现象和社会问题。

1. 新闻人物调查

新闻人物是在一段时间内人们关注的热点人物。例如《新闻调查》中的"贪官胡长清",原是江西省副省长,因贪污受贿罪被最高法院核准判处死刑,他是当时中华人民共和国成立以来因贪污腐败罪被处以死刑的最高官员,自然成为当时人们关注的焦点。节目通过对胡长清行刑前的独家专访向观众讲述了他是如何走上腐败之路,以及他自己如何认识和看待自己的罪恶行径这些内情。《与神话较量的人》节目中的刘姝威,她对蓝田股份财务状况的质疑以及因此引发的与蓝田的纠葛受到全国各大新闻媒体的高度关注,成为一段时期以来舆论漩涡的中心。《与神话较量的人》也是通过访谈的形式讲述了刘姝威与蓝田股份较量的过程,展示了刘姝威的内心世界,体现了正义的力量。

2. 普通人物调查

普通人物虽平凡普通,却代表了某个受关注的群体。例如《新闻调查》的《戒毒者的自白》节目中的宋玉生、《艾滋病人小路》节目中的卢鼎盛(别名小路),他们都是芸芸众生中的普通人,但他们的经历和感受却分别代表了戒毒者和艾滋病患者这两大人群,通过对他们的关注可以折射出这个群体的生存状态。在《戒毒者的自白》中,宋玉生袒露了他从开始吸毒、戒毒到再复吸、再戒毒的艰难历程。《艾滋病人小路》则展示了艾滋病患者卢鼎盛的真实生活状况和真切的内心感受,这些独特的感受和体验超出了人们的日常生活经验,它展现的不仅是对这些社会边缘群体的关注,而且还有对生命的尊敬和珍爱。

(二) 事件性调查

通常是围绕一个新闻事件展开调查,有时也可能是由某一新闻事件而引发的对一系列事件的调查。事件调查从选题、采访到制作的过程要注意以下环节:

1. 事件的显著性

调查的事件首先必须具有重大性。例如,《经济半小时·追寻1 700台问题起搏器》这期节目是对走私心脏起搏器的调查,它关系到起搏器安装者的生命健康。《焦点访谈·城管的一次非常执法》节目中,记者调查了安徽省淮南市城管行政执法大队的执法人员在一次执法行动中,将华联商厦的十几名员工打伤的事件,这不仅仅是十几人受伤的问题,它涉及政府的形象等重大问题。

2. 展现事件过程

事件性调查应该充分展现事件的过程,让事实说话。例如,《新闻调查·寻亲十八年》一期节目,详尽讲述了5岁时从陕西被拐卖到600公里以外的河南农村的程娜娜寻找亲生父母的18年漫漫历程;《焦点访谈·城管的一次非常执法》节目通过采访事件当事人、事件目击者还原事件的始末,让观众看清事实真相。

3. 揭示内幕

事件调查过程中往往会揭开一些鲜为人知的内幕。例如,《生活》之"热线3·15"版块节目《上海市场出现摇身变脸垃圾肉》,通过记者的调查揭开了上海市场上不能食用的垃圾肉怎么样蒙混过关、瞒天过海被加工成猪油,并销售到外地市场的内幕。《经济半小时·揭开偷渡的暴力黑幕》节目中,记者跟随潮州市公安边防支队的官兵,记录了该市15年来最大的一宗偷渡案件破获的全过程,并通过对当事人的采访,揭露了蛇头怎样招揽偷渡客、组织偷渡等黑幕。

4. 分析原因

对事件的调查不仅要交代事件发生的始末,还应该分析造成事件的深层次原因。例如《经济半小时·不同的矿难,相同的原因》,在节目中记者调查分析了19天时间里山西连续发生4起煤矿事故,夺去113名矿工的生命的原因,让人警醒。《六省"三农"问题报告——冗员篇》中,记者报道了安徽省农村税费改革后农民减负、乡镇财政压力却有增无减的情况,并调查分析了背后的原因。

5. 预测趋势

事件性调查不仅展现事件真相、分析事件原因,还往往预测事件的发展趋势。《新闻调查·双城的创伤》一期节目中,记者不仅调查出双城的几名小学生自杀的真正原因,在节目的最后,记者还了解到"各省市的未成年人保护条例正在修改中,专家提议应该在全国中小学校增加心理教师",这表明青少年的心理问题日益受到国家和社会的重视,加强未成年人心理教育和辅导是大势所趋。

(三)主题性调查

即针对某种问题或现象而展开的专项采访调查。主题性调查内容包罗万象,它强调对于主题的发现和挖掘,具有较强的针对性和导向性。

1. 对社会问题、社会现象的调查

这类调查是对社会问题或社会现象做全面的调查、分析,透过现象揭示其本质。它可以是正面的关怀,也可以是负面的批判,注重引导观众去关注、思索某些问题。例如《新闻调查·白血病儿童》,这期节目就是通过对几个个案的采访调查,反映我国白血病儿童以及他们的家庭情况,显现出我国大多数白血病儿童都因其父母承受不了高昂的医药费而濒临死亡边缘的问题,从而引起全社会对白血病儿童和他们的家庭的关心。《经济半小时·洋大学机密》节目针对我国"洋大学"热的现象,揭开了在中国招生办学的国外大学的面纱,呼吁相关教育管理制度的完善。

2. 对新问题、新事物的调查

党和国家新的方针、政策,社会生活中的新事物、新问题,都是人民群众关心的焦点,这类调查与上述的社会问题、社会现象的调查在内容上有重叠交叉的部分,但它更强调时效性,突出了一个"新"字,给观众新的知识、新的启迪。例如《新闻调查·上海再就业的新思路》,对上海为解决 40 岁以上的女性和 50 岁以上的男性的再就业问题而出台的"4050 工程"的运作情况进行了采访调查,为其他省市的再就业工程提供了宝贵的经验。《新闻调查·性教育课堂》这期节目对我国首部关于青春期性教育的教材第一次走进中学课堂的情况进行了调查,给其他学校的青少年性教育以很大启发。

3. 对思想观念的调查

调查人们对某一事件、现象、问题的看法,探讨社会伦理、人生价值观等问题。随着人们价值观的多元化,这类调查日益受观众欢迎,它给了人们一个表达观点的舞台、一个理性思考的空间,引导正确的价值观、人生观。例如,2002 年 8 月 7 日,北京大学山鹰社五名品学兼优的学生在西藏希夏邦马峰登顶途中遭遇雪崩而不幸丧生,五位年轻生命的消逝引发了一场有关探险活动的争论,为此《新闻调查》制作了《探险之路》这期节目,采访了各方代表、各界人士,探讨了"人为什么要挑战自然?人为什么要超越自我极限?在恶劣的环境中追求实现精神价值的同时,如何保持一种科学与理性的态度?"等问题,发人深省。2001 年 4 月 10 日,荷兰议会上议院以 46 票赞成、28 票反对、1 票弃权的表决结果通过了将安乐死在特定条件下合法化的法案,这一法案的通过顿时引起了全世界关于安乐死的新一轮讨论,《新闻调查》记者走访了我国两位不堪忍受病痛折磨而请求安乐死的重病患者和他们的家属,采访了法学专家、医学专家、中国临终关怀专业委员会主任委员,采访了普通百姓,探讨安乐死的伦理、法理问题,制作了《死亡可以请求吗》这期节目。

4. 对消费生活调查

随着我国经济的发展、人们生活水平的提高和消费意识的觉醒,消费生活调查节目有很大的生存、发展空间,这类调查揭露消费市场中的违法、违规行为,倡导健康科学的消费观念,是观众的消费指南针。例如,央视《〈生活〉千里追踪揭秘垃圾明胶》这期节目,记者通过调查揭露了河北、浙江、山东等地的一些加工厂把皮革废料加工成食用明胶的黑幕,提醒相关部门和广大消费者注意。

二、根据调查目的分类

（一）揭露性调查

这类节目往往是通过采访调查来揭露隐藏在事件、现象背后的内幕和问题,它比较接近西方传统揭丑式调查,在舆论监督中发挥着重要作用。

1. 揭开一些不法活动、不法行为的黑幕

这类调查让人们更清楚这些不法活动、不法行为的危害,让全社会都提高警惕、远离之、抑止之。例如,《经济半小时·亲历传销骗局》节目就在广东肇庆揭开了某传销组织的骗局内幕,以引起群众的警惕和有关部门的注意;《揭开偷渡的暴力黑幕》揭露了偷渡组织的幕后运作过程,让人触目惊心。

2. 揭露一些"合法外衣"掩饰下的违法、违规活动

一些违法、违规行为披着合法外衣,不容易被人看出破绽。对这类问题的调查最能体现新闻记者的洞察力和正义感。例如,《新闻调查·深圳外贸骗局揭秘》就揭开了深圳一些貌似手续齐全、合法经营的外贸公司怎样空手套白狼,诈骗中小企业的秘密;《焦点访谈·慈善义演幕后》节目揭露了打着"捐助贫困儿童和孤寡老人的"慈善公益演出的幌子,而实际将门票收入最后落入演出中间商和一些演艺明星的口袋这一欺骗行为。

3. 揭露国家司法机关、行政机关工作中的不当之处

这类调查是媒体作为群众的耳目喉舌对党和政府、国家公务人员行使监督的权利,它代表了群众的利益,反映了群众的呼声,能有效地促进政府工作的改

善。例如,《焦点访谈·城管的一次非常执法》节目就披露了安徽省淮南市城管行政执法大队的执法人员在执法中对群众恶语相向、拳脚相加的不当行为。

(二) 揭示性调查

这类节目大多是通过对某一典型事件或典型人物的调查采访,揭示出其背后的原因和深层次矛盾,抓住其本质,以引发人们对这一典型事件、典型人物所代表的同一类问题或现象作深层次的思考。

例如,《经济半小时·八达岭:万辆汽车大拥堵》节目中,记者首先驱车亲赴现场亲历堵车滋味,接着记者调查分析了堵车造成的巨大经济损失。如果作为普通的报道,节目做到这两层,任务也完成了。但作为调查报道,记者并没有止于对现象的展示,他们还进一步分析出造成堵车的原因,原来道路的维修只是直接原因,根本的原因还在于货车的严重超载使路面不堪重负。这则报道于 2003 年 10 月播出,不仅引起了人们对八达岭高速路的关注,还引起了国家有关部门和人民群众对公路运输中的超限超载现象的关注,超限超载现象已经成为危及人民群众生命和国家财产安全、影响社会经济协调健康发展的一个突出社会问题。为此,2004 年 5 月,国家交通部等七部委联合开展治理车辆超限超载行动。

再如《新闻调查·双城的创伤》一期节目报道,2003 年 5 月下旬,在甘肃武威连续发生少年服毒事件,六天时间有 6 个人服毒,其中 2 人死亡、4 人获救,他们当中有五个人是同一所小学的六年级学生,正值人生的花季。获救之后孩子们一直没有向家长开口解释服毒原因,于是记者在琢磨"是什么使这些十三四岁的少年选择了这样极端的方式",围绕这个问题记者展开了调查。记者经过详细、确凿的调查,终于解开了这个谜,这起少年连续服毒事件并没有幕后操纵者,也不是因为孩子们经受了在成年人看来多么痛苦的事情、打击,原因竟在于孩子与家长、老师的沟通障碍。事件的原因比事件本身更让人痛心、发人深省,它引起了全社会对青少年心理问题和心理教育问题的关注和重新思考。

三、根据调查模式分类

《镜头里的第四势力》一书中,作者将美国《60 分钟》的所有报道分成三种模式,分别为侦探模式、分析者模式和游客模式。不同的模式中记者的角色定位不同,对调查事件的介入方式不同,调查手段也略有区别。在西方,传统意义的调查报道都是侦探模式,我们这里讨论的调查报道是一个更宽泛的概念,这三种模式在我国的调查报道中均有使用。

(一)侦探模式

在这类调查中,记者是智慧与正义的化身,记者像侦探一样介入某调查对象,力求在善与恶、是与非或真与假的二元对立中,挖掘出事物的真相,揭开恶、非、假的面具。从搜寻线索、搜集证据、质问坏人到揭开罪行,记者积极地介入调查事件或人物、事物。例如《新闻调查·深圳外贸骗局揭秘》这期节目中,记者通过调查揭开了深圳假冒外贸公司的骗局。假的外贸公司,用假的外商合同、假的预付款收取了企业的各种现金费用,数量、金额相当惊人。在这个调查中,记者好比机智的侦探,通过采访受骗者、采访从事行骗多年的知情人,用镜头记录一家企业受骗过程等调查手段,使骗局的内幕一层一层被揭示出来。

(二)分析者模式

这类调查中,记者是以社会评论员的角色或以精神分析学家的角色,客观地描述人物、事件或现象,透视人的心灵深处,透析事件的深层矛盾和原因,透过现象看本质。例如《双城的创伤》就是典型的分析者模式。记者的调查并不拘泥于事件本身的始末,调查的目的也不在于揭示被人掩盖的黑幕,记者通过调查事件的直接原因从而分析出掩藏在事实背后的深层次的矛盾和问题——成年人与青少年的沟通矛盾、青少年心理问题和心理教育问题。此刻,记者不是以侦探的身份介入调查,而是以社会评论员的身份调查分析问题。再如,《新闻调查》之《艾滋病人小路》《戒毒者自白》等人物调查中,记者则是以精神分析学家的角色透析人物的内心世界,展现他们的挣扎、痛苦,展示他们的毅力和乐观的生活态度,在一定程度上消除人们对吸毒者和艾滋病患者的偏见甚至是歧视。

(三)游客模式

这类调查中,记者作为亲历者或目击者介入调查事件或现象,对事件本身的干扰较小,原汁原味地展示事物面貌,调查的过程更具客观性、现场感,也更能调动观众的参与感。例如,《经济半小时·亲历传销骗局》就是记者亲历型的调查。记者通过线人进入传销组织的秘密现场,目睹了传销人员煽动气氛、编造神话、诱骗新人加入组织的种种招数,这样的调查过程颇具形象性和信服力。

当然这三种模式并不是截然分开的,有时在一个节目里,两种甚至三种模式均有体现。例如,《经济半小时·八达岭:万辆汽车大拥堵》,记者首先开车亲赴现场报道堵车路段的现场情况,这采用了亲历型的游客模式;随后记者又调查分析造成堵车的直接原因并挖掘背后的因素,这又转换成了分析者模式。

第三节 电视调查报道的方式

电视调查报道要做到客观、真实和权威,就必须遵循调查报道的基本规律,采用有效的方式方法。本节将着重探讨电视调查报道的调查方式、结构方式和一些调查的技巧。

一、调查方式

(一) 纯粹式调查

这是调查报道独有的样式,记者对某一新闻事件或社会问题进行客观的调查,在调查中发现问题、揭示问题,能透过现象看本质,不被表面现象所迷惑。西方传统揭丑式的调查报道通常采用纯粹式调查,这在我国也是电视调查报道常用的一种形式,对调查的事件和问题进行明察暗访,揭开鲜为人知的事实真相。所谓真相就是正在或一直被遮蔽的事实,这些真相通常呈现为两种状态:一种是属于所谓的内幕和黑幕,它或被权力遮蔽或被利益遮蔽;另一种真相是复杂事物的混沌状态,那是被偏见、道德观念和认识水平所遮蔽的真相。在纯粹式调查的调查报道中,记者积极介入调查事件和问题,作为公正、正义和公众利益的代表勇敢而冷静地与假、恶、丑作斗争,调查过程极富矛盾冲突、悬念和戏剧性。这种表现方式能融合更多的调查手段,形式比较灵活。前面提到的《城管的一次非常执法》《《焦点访谈》)、《追寻1 700台问题起搏器》(《经济半小时》)、《深圳外贸骗局揭秘》(《新闻调查》)等都是属于纯粹式调查的调查报道。在纯粹式调查报道中,应注意做到以下几点。

1. 调查取证的确凿性

调查取证是调查报道的重要环节,调查取证的确凿性,是保证调查报道客观公正、不偏不倚的基本条件。要做到确凿,记者在调查取证时,就应尽力找到第一手资料、第一当事人,多项材料应环环相扣、前后吻合。一个忠实可靠的新闻来源,一个没有个人图谋的直接证人,比两三个甚至四五个根据二手资料或道听途说的新闻来源都有力得多。

调查取证材料应是指具有代表性和说服力的人、物、事。例如《深圳外贸骗局揭秘》中,记者采访了几个上当受骗者,其中有被骗后无可奈何的,有正与骗子勇敢斗争、想积极挽回损失的,还有刚掉进圈套还不相信自己被骗的,他们被骗的前前后后的经历已经让骗局的真相昭然若揭。记者还采访到一个从事行骗多年的知情人,他的叙述使骗子行骗的种种伎俩和招数都浮出水面。

2. 展现调查过程

调查过程是事件本身的发展过程,也是观众通过节目认知事件的过程。调查过程的展示对提高调查报道可信度、增强可视性和观众参与度、发挥电视传播优势都至关重要。《深圳外贸骗局揭秘》逐步展示了受骗人盛先生对某外贸公司从信任、怀疑到认识其骗局的全过程,盛先生认识的转变过程也是记者的调查过程、真相的揭露过程。

记者:我听你的朋友说他一直在提醒你这个里面可能有诈?

盛先生(受骗人):对。

记者:你不相信?

盛先生:假的真不了,真的假不了,我说。

……

盛先生:我每天还是和他联系,他也讲得很好。

记者:联系得上吗一直?

盛先生:联系得上。

记者:他怎么说?

盛先生:每次都是推托。

记者:你一直在等吗?

盛先生:在等。

解说:直到最近一次给粤佳公司打电话,小盛才真正产生了怀疑。

盛先生:打了他办公室电话。座机说没有登记这个号码。

解说:虽然电话又恢复了正常,但小盛的疑虑依然没有打消。

……

解说:下午,我们跟随小盛来到粤佳公司。跟他签订合同的余总临时出差外地,公司的李总接待了他。小盛首先问到了预付款何时能到账的问题。

李总(粤佳公司总经理):明天下午账一开出来,几天的时间就到了。

解说:小盛又借口总公司的要求,希望看一下粤佳公司和外商签订的外贸合同订单。

李总:订单在余总那里,他今天走得比较匆忙,他明天就回来。

解说：虽然关于预付款和外商订单的事，李总一律推给余总，一问三不知，但是公司还在正常经营，并没有直接证据能证明粤佳公司有诈骗嫌疑。

严先生（受骗人）：现在他为什么没有关门，是因为像打鱼一样，他收网的时间没有到。

盛先生：这个事情没有到最后一步，没有水落石出的时候我还真是不相信。

……

为了进一步寻找证据，记者和小盛一起来到深圳海关，希望查询一下深圳粤佳公司以往在海关的进出口记录。

陆军（深圳海关综合科科长）：通过对我们深圳海关企业档案管理数据库进行调查，结果显示这家深圳市粤佳投资发展有限公司，在深圳海关没有注册，没有注册记录。

记者：那说明什么？

陆军：说明他在深圳海关没有经营进出口业务的权利。

记者：我看他营业执照的营业期限是从1994年开始。

陆军：对。

记者：您的意思是说十年间，他在海关没有做进出口业务的记录？

陆军：我们现在在企业档案数据库里面查不到这个记录。

解说：至此，小盛彻底相信这是一个骗局……

以上的调查通过声画并茂的电视镜头记录下来并呈现给观众，让观众形象地看到了真相一步一步、层层剥笋式地显现出来，增强了调查的故事性和可信度。

纯粹式调查的最终目的不仅仅是揭露被掩盖的真相，还应该找出真相之所以被掩盖的社会背景和因素，使调查进一步深入。《深圳外贸骗局揭秘》在揭露骗局的内幕后，记者的调查并没有戛然而止，记者还走访了工商管理部门、公安派出所、法院等机关，暴露出国家立法和执法中的一些漏洞。

3. 敏锐观察、随机应变

要在错综复杂的表象中找出真相，肯定会遇到很多困难，真相的掩饰者通常都不会积极配合采访，因此记者在采访过程中必须具有敏锐的观察力和灵活的应变能力。在观察中，记者应全方位调动视觉、听觉、触觉、味觉、嗅觉等感觉器官，获得对事物全面的感性印象，再将感性的认识上升到理性的思考。在《焦点访谈·收购季节访棉区》这期节目中,记者敏锐的观察让调查增色不少。记者赴一家棉花加工厂调查该厂是否存在违法收购棉花的情况,当地镇政府得知记者要去采访的消息,立即下令工厂关门,所以等记者到达工厂时,工厂的办公室和车间都空无一人。虽然面对的是一座空厂,但记者凭敏锐的观察力还是找到了工厂收购棉花的证据。首先,记者在空无一人的办公室里发现了桌上有衣服、茶杯,此时记者调动触觉,摸了摸茶杯,还有温度,于是告诉观众:"茶杯余温尚在,看来主人刚刚离去。"在同样空无一人的车间里,记者调动嗅觉观察,向观众说:"空气中弥漫着尘土味,看来这里刚刚打扫不久。"接着,记者调动视觉,在院子里看到了几个躲躲闪闪的人,她们都说自己是来厂子里玩的,但细心的记者发现了她们的头上或身上黏着棉花,并以特写镜头将其展现给观众。虽然记者没有拍到棉花收购的场面,但透过这些蛛丝马迹,相信观众已经心知肚明。

(二)访谈式调查

此类调查以访谈的形式展开,这种表现方式的运用比较广泛,常用于人物调查、问题调查中,有的事件不便于或没有必要在事件发生现场进行调查采访,就通过对亲历者、目击者和相关者进行访谈的形式展开调查。访谈的方式虽然少了几分事件现场的形象感,但话语更容易表现细腻的情感和思想的锋芒。《新闻调查》中的《与神话较量的人》《戒毒者的自白》《探险之路》《死亡可以请求吗?》等节目都属于典型的访谈式调查。

1. 平等交流、真诚沟通

不论被采访者从事什么职业、有什么职称、扮演什么样的社会角色,记者都必须不卑不亢,把被采访者视为与自己人格平等的人,真诚与被采访者沟通,这样才能让被采访者敞开心扉,表达出真实的意愿和心灵深处的矛盾。例如,《双城的创伤》(《新闻调查》)中,记者的主要采访对象是对成年人失去信任、心存戒备的孩子,他们觉得自己不能被成年人所理解,他们宁愿选择死亡也不愿意和家长、老师沟通,那么记者作为陌生的成年人,更不容易取得孩子的信任。但是记者最终还是凭着对孩子的尊重,凭着真诚的心,让孩子们说出了他们对家长和老师毫不透露的真心话,找到了孩子们轻生的真正原因。

2. 话语交锋、思维碰撞

在调查报道中,访谈是形式,调查是目的,因此在访谈过程中,记者应该始终掌握话语的控制权,提问时虽不宜咄咄逼人,但问题要针锋相对,在交流中碰撞出智慧的火花,使调查步步深入。《与神话较量的人》有一段对话就充分体现了话语的交锋、思维的碰撞,堪称经典。

记者:你指的这个因素是什么?

刘姝威:就是什么呢?作为一个上市公司的话,瞿兆玉哪有那么大的本事上天入地;他为什么能那么迅速地就能拿到《金融内参》呢?如果这个因素你不消除的话,保证我们的信贷安全是很难的。

记者:你指的这个因素是在商业游戏规则之内呢,还是之外?

刘姝威:我想这不是市场经济允许的。要是在一个健康的市场经济当中,这些因素是不可能存在的。这些因素呢,会威胁到我们国家社会主义市场经济的健康发展。而我以前的研究,就像瞿兆玉对我的评价一样——你太学术了,我对这些因素原来关注得太少了。

记者:你指的这个因素是权力吗?

刘姝威:你说呢?

记者:我问你。

刘姝威:我问你。你听了我的讲述的话,你认为这个因素是什么?

记者:你是当事人。

刘姝威:这个问题我想应该让公众来分析吧。现在的问题是如果是权力的话,这就有一个他为什么会用他掌握的权力干出这种事?怎么才能够制止他运用手中的权力干这种事?这是我们应该思考的问题。那么对于决策部门来讲,是不了了之呢,还是要一查到底呢?如果你这个问题你不一查到底的话,以后他还这么干;如果这个因素你再纵容它存在下去的话,银行没法办,行长无法当,这是很危险的。

这段对话中的几个反问让记者和被采访者都有些意外和尴尬,双方都没有直接说破谜底,但通过这段话的言外之意、弦外之音,问题的实质已经揭晓。

(三) 记录式调查

这是一种借鉴了纪录片表现手法的调查方式,是用纪实的手法对客观的调查过程做真实的记录。采用记录式的调查,记者不必以积极的姿态介入事件,而是静观其变,真实客观地记录事件,原汁原味地展示事件。有的新闻事件进展过程和事件背后并没有被表象、假象所遮蔽、掩饰,事物本来就以真实的面目呈现,且此类新闻事件折射出重大的社会变革与发展,对此类事件的调查就宜采用记录式的表现方式,将事件的原貌呈现给观众,让观众自己去思考、体味。

1. 抓住事件发展过程中的矛盾冲突

记录式调查中，记者在保持静观、维持事件原貌的同时，也要注意捕捉细节，突出事件的矛盾冲突，并要注意巧设悬念，以吸引观众的眼球。例如，《大官村里选村官》记者就抓住竞选演讲结束后，村民在"海选"现场的一段精彩的提问。

一村民：我问个问题给王臣，古话说："新官上任三把火。"如果你这次被选为村长，你这三把火咋给群众烧？

王臣：这个问题我解释一下，我上来第一件事就是把原有的摩托车作价拍卖，再骑摩托车，骑个人的，烧油烧个人的。

一村民：我请问刘晓波同志，在这次竞选中，如果你能连任，你认为哪方面值得肯定？哪些地方有不足之处？怎样把它改过来？

刘晓波：我干的这两年工作，大伙对我的印象，不大吃，不大喝，脚踏实地地工作，我认为我有两个毛病，一是工作当中没有魄力，二是没有开拓心。

一村民：关键是能不能说的和做的完全一样？

一村民：能不能真正为老百姓办点儿实事。

一女村民：是不是仗势欺人，是不是为三亲六故服务。

王臣：你放心，我王臣干，就是为了主持公正才想干的。

刘晓波：我上任，决不仗势欺人，平常我的为人，大伙知道。

这是选举过程中最热烈、精彩的一幕，这些尖锐的提问充分显示了村民当家做主的民主意识和民主权利。

2. 记录中不忘调查

和纪录片不同，记录式调查中，记录不是目的而只是方法，记者在记录事件原貌的同时也要积极调查。记者的调查不是为了影响事件的发展进程和结果，而是展示事件本身不能清晰表明的事件背景、人物内心世界等等，让事件中暗含的矛盾冲突、事物之间的对立联系明晰起来。例如，《大官村里选村官》中两位通过海选选拔出来的正式候选人在选举过程中不同时刻的不同心情，虽然从画面中他们各自的神情可以看出，但他们内心真实的想法还是通过记者的采访才让观众得知。同样广大村民怎样看待、评价这种选举方式也是在回答记者的提问中表达出来。

二、结构方式

(一) 悬念式结构：重在调查结果

悬念式叙事结构指的是调查者和受众对调查事件的结果信息都处于零获取状态，这种叙事结构因为结果的不可预知性而充满悬念，也称结果未知型叙事结构。这类调查一开始通常不会向观众交代调查事件的结果，而只是告诉观众什么地方发生了什么样的事情（现象），至于这个事情将会怎么发展、结果会怎么样，记者与观众都无法知晓。于是一开始记者就给观众留下了一种悬念，让观众形成一种强烈的期待感。例如，《寻亲十八年》（《新闻调查》）中，记者叙述了5岁时被拐卖到他乡的程娜娜18年寻找亲生父母的过程：报案→回忆童年→河南、陕西两地公安积极查找→焦作打工→无奈同居→寻亲广告播出之后社会各界好心人帮忙寻亲。这个过程展示了程娜娜十几年坎坷的道路，报道的故事性极强，同时程娜娜能不能找到亲生父母这一悬念也始终牵引着观众的心。节目到了最后才揭开悬念，程娜娜终于和亲人相认。

(二) 推理式结构：重在调查原因

推理式叙事结构指的是调查者在调查之前已经知晓事件的最后结果，并将结果告知给观众，因此这种结构也可以称为结果已知型叙事结构。与悬念式结构叙述过程相反，推理式结构通常会在节目开始时交代事件的最终结果，然后以此作为源头，去探寻事情发生的原因。这类调查的重点不在于事情的最后结果，而在于找出造成结果的深层原因。通过对原因的调查分析或揭示出事件背后一些鲜为人知的内幕消息，或分析出事件所反映的社会弊端。采用推理式结构的报道，其重点不在于讲述跌宕起伏的故事，而在于突出理性思辨。例如《河流与村庄》（《新闻调查》），节目开头就交代了该村癌症患病率和死亡率畸高的事实，记者要调查的问题则是村庄被癌症阴影笼罩的原因。调查思路和过程是：癌症患病率和死亡率高是自然现象还是另有他因？通过分析认为，很有可能出现了生态问题。问题聚焦在食物、空气和饮用水，究竟是哪一个基本生存条件发生了质变？调查结果表明，食物和空气都没有问题，很可能是饮用水污染。经核实，离水近的地方发病率高。通过勘测水质，并经当地环保监测站和疾病预防控制中心化验、检测，是饮用水严重污染。接着找出水污染源头为工业污水。记者调查还发现，工业污水虽然已经引起国家有关部门和当地政府的重视，但治污力度不够，治标未治本。节目中记者的调查思维缜密、逻辑清晰，展示了理性的魅力。

(三)混合型结构:从调查解开悬念到调查潜藏原因

混合型叙事结构通常是在同一调查报道中,将结果未知型叙事与结果已知型叙事交替进行。在混合型叙事结构里,报道一开始通常采取的是结果未知型的叙事方式,随着调查的进行,事件结果在节目进行之中就浮出水面,于是记者就接着采用结果已知型的叙事方式,进一步深入调查,找出这件事情产生的原因,实现由现象到本质的深化认识。在这种结构里,解开悬念、得知事件的结果是调查的开始,而调查的重点和关键还在于推理部分,即调查潜藏在事件背后的原因。混合型叙述结构较之前两者更为多见,例如《新闻调查·透视运城渗灌工程》,节目一开始记者就提出问题:渗灌工程动工之初有专家对大面积推广此项技术表示担心,结果到底如何?在节目的中间,记者的调查就已经解开了这个悬念,渗灌面积并没有100万亩,渗灌池很多都不能发挥效用。悬念虽已揭晓,但调查还没有结束,记者进一步调查渗灌工程大面积推广的前因后果,将主题深化。

三、调查技巧

电视调查报道中,记者要调查出被掩盖的真相,需要一些手段、技巧。

(一)信源证实

按照普利策奖获得者鲍伯·格林的观点,调查报道"必须是你自己发掘出来的"。这种"发掘"实际上是对各种潜在的线索、内幕消息等各种信息来源不断证实的过程。根据格林的经验,"得到的秘密消息必须用文件来证明。调查报道记者的作用就是利用文件、记录、私人访问和二手、三手的消息来源证实他得到的信息"[1]。

著名调查报道记者克拉克·莫伦霍夫也发表了同样的看法,他认为调查报道的"每一段落都用文件或独立的证人,或者两者共同来证实。在这种情况下,从可靠的新闻来源得出的信息只是作为通向公共记录、其他文件和直接证人的向导,而这些记录、文件和证人则可以被引用以证明信息的准确无误"[2]。

调查报道对新闻来源的可靠性的重视,是许多美国著名调查报道记者所强

---

[1] [美]特德·怀特等:《广播电视新闻报道写作与制作》,中国广播电视出版社1987年版,第296页。

[2] 同上书,第298页。

调的。为了发掘、发展、证实消息来源,调查记者应当做深入细致、耐心持久的调查工作,甚至有记者用"学者式研究"方法来查阅有关文献,在他们播出的调查报道中大约有一半是"纸上的事实",这些事实在某些地方的公共档案中都可以找到,调查记者"要做的事情不过是翻阅它们"。

（二）隐蔽摄像

隐蔽摄像是指在被采访对象不知道的情况下,用隐蔽摄像机对被采访对象的言行进行拍摄。有的采访对象会阻止或用假象干扰记者的采访拍摄,在这种情况下,记者要采集真实的画面资料就必须掩藏自己的摄像机,甚至有时要隐藏自己记者的身份。例如,《上海市场出现摇身变脸垃圾肉》(《生活》)这期节目中记者就是用隐蔽摄像机拍摄到上海市场上的垃圾肉走出市场、在作坊里加工成猪油的过程,如果记者不采用隐蔽摄像的方式,违规违法者的种种行迹是不会暴露出来的。

中央电视台的《焦点访谈》曾组织过一次大规模的隐性采访,制作成系列报道《在路上》,在观众中引起强烈反响。主持人敬一丹介绍这次采访的做法时说:货车的玻璃是特制的,从外面看不见里面,从里面却可以看见外面,北京电影制片厂的专业道具师在车上搭了个玻璃屋,我们的摄像在必要的时候钻进小屋,就可以极其方便地偷拍了。

隐蔽摄像往往与隐性采访分不开。隐性采访是在采访对象不知情的情况下,记者通过隐蔽摄录等记录方式,或者隐瞒记者的身份以体验的方式,或者以其他的方式,不公开摄取已发生或正在发生而并未披露的新闻素材的采访形式。

隐蔽摄像可以更加真实客观地获取第一手新闻事实素材,从而更好地发挥媒体的舆论监督职能。媒体传播新闻的社会功能之一,就是要抨击丑恶、追求公正、实施舆论监督,批评性报道无疑是最为有力的抨击手段。但是,由于不难理解的原因,要想获得批评报道的第一手新闻素材,往往是十分困难的。于是,新闻记者广泛采用了隐蔽摄像的手段。

隐蔽摄像可以给受众以最大限度的"可信度"。真实是新闻的生命,客观的报道是真实性对媒体的基本要求。客观有两层含义,一是新闻事实必须客观存在,不能造假;二是媒体运用文字、声像手段报道新闻必须客观,不能歪曲事实。隐蔽摄像则是获得客观的声音、图像,更好地再现新闻真实的一种有效采访方式。

揭露性题材的隐蔽摄像问题,自然会涉及隐私权与公众的知情权的矛盾。有人反对隐性采访中的隐蔽摄像,并且提出了多个理由:

第一,缺乏法律依据。在中国,不但法律上没有对新闻采访者的权利作出明确规定,也没有制定相应的新闻法规,对于记者有没有自由录音录像的权利等一系列问题都处于一种含混不清的尴尬境地。记者往往是依靠自己的职业习惯和道德自律来决定如何采访或者运用什么样的方式来采访。换句话说,隐蔽摄像得以存在,只是依据法律没有被禁止便可以做的一般原则,它所获得的法律保障相当脆弱,媒体也因此常常被告上法庭,面临复杂的法律纠纷。

第二,公众利益难以界定。到底应该怎样界定"公众利益"?又要用一种什么标准去判断"侵害"公众利益的程度呢?事实上,只有在个人的私生活真正侵犯了公共生活或者公共利益的情况下,隐蔽摄像手段中的行为才具有一定的合理性。

第三,社会诚信与媒体公信度问题。隐蔽摄像报道本身所带有的"不坦诚"甚至"撒谎"和"欺骗"的行为比较容易引起人们的反感和抵制。

事实上,中国在法律上已经对偷拍、偷录有些说法,只是还不完善而已。从2002年4月1日起,最高人民法院出台的《关于民事诉讼证据的若干规定》正式实施。按照这个《规定》,在不违背社会公德和侵犯隐私的情况下,新闻记者采取"偷拍偷录"的方式进行采访被视为合法,所取得的证据,也会被酌情作为法律依据。合理的、适度的"偷拍偷录"不仅没有社会危害性,反而有益于国家、社会和百姓。

那么,如何把握"偷拍偷录"的限度?我们认为,是否可以"偷拍偷录",应当以"公共"二字为衡量标准。一方面,对于公共人物(如政府官员和其他公职人员),由于其言行多与公共利益相关,老百姓就有了解他言行举止的"知情权",他就应该放弃一部分隐私权,接受媒体更多的监督。对于那些并非公共人物的普通人,当他们涉及公共利益时,新闻媒体也有采访的权利,百姓也有权了解真相,如果他们拒绝采访或者弄虚作假应付采访,就可以采取"偷拍偷录"手段予以曝光。另一方面,不管是公共人物还是普通人,但凡和"公共"二字没有关系的个人私事,应被视作个人隐私而受到法律保护,他们便有权拒绝新闻媒体的采访,记者便不可以采取"偷拍偷录"的方式强行报道。打个比方说,一个普通人的身体状况属个人隐私,他有权拒绝媒体发布相关信息;而某个重要政治人物的身体状况涉及公共利益,便不再是个人隐私,新闻媒体有权利进行报道。

在这方面,中央电视台《新闻调查》栏目对是否采用隐蔽摄像手段的调查,规定了四条原则:

第一,有明显的证据表明,我们正在调查的是严重侵犯公众利益的行为;

第二,没有其他途径收集材料;

第三，暴露我们的身份就难以了解到真实的情况；

第四，经制片人同意。

《新闻调查》的操守对全行业有一定的借鉴意义。

(三) 伏击采访

伏击采访指记者在采访对象将要出现的地方伏击等待，待到采访对象出现后立即把话筒伸过去采访，并立即用摄像机记录现场。对于刻意回避记者、拒绝接受采访的对象，可以采取这种出其不备的"突然袭击"式采访。这种方式的采访往往不能让被采访者流利地回答记者的问题，但被采访者在无足够心理防备的情况下面对记者和摄像机的神情举止常常比他们的回答更具说服力。

伏击采访是一种极具"现场感"的采访，采访的关键在于提问。记者在采访当中的角色就是一个问询者、探询者，提问几乎就是采访最核心的内容。掌握提问的技巧是一个记者最重要的业务能力，从这个意义上说，一个会提问的记者就是一个好记者。

在伏击采访过程中问什么、怎么问，需要我们认真探讨。

问什么——提问内容与问题设计。在新闻采访中，对有些记者来说，感到最难的是不知道向现场的采访对象问什么问题，因此，在突发新闻事件现场往往问一些"你是怎么想的"之类大而空的问题。一般来说，应根据新闻报道内容的需要和观众的心理来设置问题，围绕验证"何事"、探问"何因"、寻求"何法"、了解"何议"的思路来选择提出具体的问题。

怎么问——提问方式及提问原则。关于提问原则，一般在新闻采访学教科书上都有较为详细的论述，如问题要具体、问题要简明、问题要适宜、问题要问到关键点，这些原则都适用于电视现场伏击采访。

问题要具体，是因为伏击采访中时间有限，要在较短的时间内获得有效的信息，就必须提出具体的能使采访对象直截了当、简明扼要回答的问题，最忌讳提那些大而抽象的问题。

问题要简明，即是要让采访对象和观众一下子就能听明白。有时我们在新闻记者招待会或新闻直播中，看到个别记者的提问像是一大段个人的演讲词，不知道他究竟要问什么。而且，如果提问太长，对方不明意图，还可能听了后头忘前头，回答的效果也可想而知是难尽如人意。特别是在抢险救灾、重大灾难等突发性事件现场，由于气氛紧张、人员忙乱，更需要提问简明，让对象一听就能随口答出来。

问题要适宜，就是提问要恰当、得体。为此，记者必须事先做好提问准备，尽可能多地了解新闻事件及采访对象的背景材料,拟出一些针对性强、为群众所关心的问题。此外,还要针对不同的采访对象,以不同的话语方式提出合适的问题。例如在一条新闻中,记者问一个老乡:"为什么这个县的水利恢复工作赶前了一步呢?"老乡哑然。对这样一个带全局性的只有领导才能回答得了的问题,向一个普通农民提出,显然是不合宜的。在一般情况下,还要注意尽量不提别人仅仅以"是"或"不"就能回答的问题。要善于设计、提出一些复合型的问题,即问题中既包含了对事物肯定或否定的判断态度,又回答了"怎么样"的问题。

问题要问到关键点,就是要问到事件的要害处,对这些问题的回答是验证事实、说明观点、表明态度、凸显主题必不可少的关键。特别是在一些批评性报道中,采访对象往往是避重就轻、迂回躲闪,甚至答非所问,这对记者来说是一个严峻的考验、智慧的较量。

伏击采访主要是通过记者对采访对象的提问来完成的,优秀的记者无不是善于提问者,他们往往精通提问技巧,善于在一问一答间获得主要新闻事实,完成新闻报道。

(四) 现场提问

由于伏击采访中时间极其有限,要在较短的时间内使采访对象谈出有新闻价值的内容,记者就应针对不同的采访对象和不同的采访内容,以不同的方式提出合适的问题。而现场提问与伏击采访提问在这点上有共同之处。所不同的是,现场提问是现场报道体裁的一个重要环节,每一个提问与回答的内容都是现场报道的一个组成部分,对调查采访报道也具有借鉴意义。因此,提问前需要做精心的准备,采访中要机敏反应,对话中要注意听清、听懂、快速思考,必要时采用追述提问等不同提问方式,挖掘有价值的新闻。

1. 单刀直入式

单刀直入式与正问法实际上是一种方式的不同称谓而已,本质上都主张向采访对象正面提问。在现场采访中,只要记者拿起话筒进入镜头,事实上的新闻报道就已经开始,时间不允许你徐徐道来。报道一开始就要单刀直入,把要采访的问题直截了当地提出来,这是在采访实践中运用得最多的一种提问方式。

2. 追述提问式

指在现场采访中,记者发现了某些重要事实,但对方谈得比较笼统,这时记者就要依照对方谈话的思路线索,打破砂锅问到底,不达目的不罢休,从而最大限度地挖掘出新闻报道所需要了解的事实材料。有时候,采访对象的回答又流露出新内容,或对某些关键问题支支吾吾、遮遮掩掩,甚至要转移话题,而这些内容又是十分有价值的,这样就应该深入追问、迅速捕捉,以求深化报道。

3. 激将反问式

即对某些一定要对象去回答而对象又不愿作答的问题,记者可采用心理刺激的方法,提出一些不符合真实情况的说法,或是通过设问故意错问、故意反问,以激发对方情绪,迫使对方不得不予以解释说明或反驳、答辩,这样就有助于采访对象回答出记者想要获知的信息。一个著名的例子是意大利著名记者奥琳埃娜·法拉奇1972年采访美国国家安全顾问基辛格时,要他谈谈越南问题,基辛格不愿意谈,法拉奇便激将他:"很多人认为您和尼克松接受那个协议实际上是对河内的投降,对此您也不愿谈论吗?"此时,基辛格如要不反驳就等于承认了"投降"这一主要事实。出于无奈,只好把对越南问题的看法和盘托出。通过激将式提问,可以激发采访对象的感情,可从另一角度把事实弄清楚。

电视报道《昔日逃荒路,今日致富路》也是采用激将反问法做现场提问的。这条新闻反映的是昔日的陕西饥民逃荒要饭到内蒙古"走西口",如今却在改革大潮中,生活发生了根本转变的情况。在这条新闻中,我们看到采访对象挑着一担菜正走在赶集的路上,记者随着赶集的人流,边走边采访一位农民:

记者:你是保德人吗?
农民:是。
记者:家里过去有走西口的人吗?
农民:有。我爷爷和我父亲走过。
记者:那你现在不也在走西口吗?
农民:我现在"走"和他们不一样。
记者:咋不一样?
农民:我现在富起来了。

这真是一段绝妙的激将反问式问答。记者于家常式的谈话之中,机敏地抓住关键话题,自然地发起反问:"那你现在不也在走西口吗?"逼使对象回答新旧社会"走西口"的本质不同:"我现在(通过走西口)富起来了。"回答既精练,又朴实,很好地实现了报道意图。

4. 迂回提问式

即指访问中遇到障碍,对方回答不清或不愿回答提问时,就要放弃正面提问,也不能采用激将反问法,而是要采取迂回式提问法,从侧面迂回,逐渐引入正题。这种提问方法西方有人叫"漂近法",即先提出若干过渡性问题,然后逐渐漂近到易引起采访对象误解、反感、避讳的敏感问题。在过渡中会使访问对象逐渐熟悉记者、解除原有的戒备心理,而记者又有意把敏感问题隐蔽在一般问题之后,使对方不自觉地回答记者所提出的敏感问题。有时访问对象可能会认为自己步步设防、滴水不漏,不曾想正是因为其自负的回答而落入了记者迂回提问的"套子"。

《焦点访谈·惜哉文化》节目反映的是吉林市博物馆一场大火造成了很大损失,包括"一具珍贵的恐龙化石已经付之一炬"。引起这场火灾的原因是租用市博物馆的房屋改建而成的银都夜总会。围绕夜总会是否经过消防验收,记者与负有领导责任的分管副市长展开了一场迂回曲折的较量。

记者:夜总会在开业的时候有没有经过消防部门的审查?

徐祚祥:有。

记者:有验收吗?

徐祚祥:有。

记者:验收通过了?

徐祚祥:要不开不了业,这是程序、手续,必须有。

记者:就是说如果没有消防单位的验收应该是不能开业的是吗?

徐祚祥:不能开业,这是肯定的。

记者:那么当时他有这个手续吗?

徐祚祥:那肯定有啊!没有他不能开业啊!

记者:您看……

徐祚祥:这,我昨天核对这个问题了。

记者:您已经核对了?

徐祚祥:哎。有。

记者:您是看到这个文件了……

徐祚祥:我没看文件。我需要听汇报。那,我哪能不相信我的局长呢?

记者:是文化局的同志汇报的?

徐祚祥:哎。

在这段采访中,记者就"消防是否验收""验收是否通过""不验收是否不能开业""当时是否有这个手续""是否对此进行了核对""是否看了这个文件""是谁给你做的汇报"等逐一发问,一连串问题如同连珠炮,把一个失职的带有几分孤傲的、面对采访还若无其事地编织着与事实并不相符的"情况"的副市长暴露无遗。

关于现场采访中的提问艺术,还可举出许多行之有效的方式。每个人都可根据采访对象、采访内容、采访环境等情况的不同,使用不同的提问方式,只要能达到采访目的,都可尝试用最好的方式去实施。例如中央电视台《面对面》的原主持人王志,一向以质疑风格著称,他在谈话中把质疑强化了。只有带着疑问进入,才能避免信息的单边化,使节目的内容更真实、更客观,通过质疑探询才能够展示人物的个性,从采访对象的回答中传达出真相。例如在《与神话较量的人》这期节目中,王志的采访对象是刘姝威,这位学者曾以一篇600字的短文对"蓝田神话"进行了质疑,而王志又以观众的视点,甚至以假想的"蓝田"立场向刘姝威频频发问。当王志以质疑的眼光向刘姝威发难提问的时候,他没想到碰到了一个强硬的对手,结果使他们之间的对话就像电影中的对白一样精彩。

质疑是一种状态,而不是一种形式。在王志身上,质疑已成为一种本能,他通过机智的对话完成对事件的调查和印证,用尖锐的提问深入事件更深的层面,从而最大限度地去接近真相。正因如此,王志眼镜片后面闪动着的总是冷峻的目光,沉着却毫不迟疑地掷出了一个又一个夹带着怀疑、否定甚至不信任的问题。也正因为如此,他面对"非典"时期刚刚就任的北京市市长王岐山发出了一连串的问题:

"我非常同意你的看法,但现在看来你这个说法几乎是不可能的。""制定这些措施,你的依据是什么?""你所说的这些我们其实也看到了,但有一个很奇怪的现象,那就是市民的恐惧并没有降低反而在增加。"这些问题可谓是句句锋利逼人、击中要害。

(五)扮演角色

在某些情况下记者要调查到真相,仅仅隐藏自己的记者身份还不够,还必须以某种特定的身份才能接触调查人物、参与调查事件,调查到真相,这种调查方法就是扮演角色。在揭露式的调查中,这种手段经常被记者采用,比如,扮演成买票者调查票贩子倒票内幕,扮演成顾客调查商家的不法销售行为,扮演成准下线调查非法传销的秘密活动等。这种方法以记者的亲身经历展示调查过程,具有实证性,调查显得真实、客观。由于记者隐藏真实身份,以扮演的身份介入事件,潜藏着让被采访者识破的危险,所以调查过程呈现出戏剧性和刺激性。当然,也有人为这种做法担忧。针对这种担忧,《60分钟》创始制片人唐·休伊特辩解说,关键是看我们的事业是否为电视观众提供了确凿的有关错误的恶行的录像证据。

(六)"透露采访目的"

这是美国《60分钟》节目经常采用的调查手段之一。但这种"透露"并"不会将新闻的主要内容向所有人公开",而只是以一个中性的概念麻痹被采访对象的防范意识,这样即便是在录像报道引起争议或"官司"之后,调查者也能处于主动。例如,要调查报道某银行经理挪用了公款,采访时你会对他说,"我想和您谈谈你们银行的事物以及您与银行的关系",而用不着对他说,"我还要和您谈谈你贪污公款的事"。对后一种采访目的的"透露",无疑是一种自找麻烦的愚蠢行为。

综上所述,种种方法与技巧在调查过程中很有效,往往能发挥非常重大的作用,但这些手段必须慎用,使用不当反而会造成损害道德和违反法律的问题,例如隐性采访调查中涉及的法律问题。隐性采访在我国虽然没有法律法规对其明文禁止,但记者在采访时隐瞒自己的身份和采访目的,必然造成对被采访对象的权利和自由的干涉、限制甚至是侵犯,它带来了一系列法律上的权利和冲突,从而导致舆论监督与公民隐私权保护的冲突。

国际新闻记者协会和英国、澳大利亚、土耳其、马来西亚等国家的新闻职业道德条例都明确规定新闻记者应当采用"公正""诚实""正当"的手段获取"新闻、图片、胶片、磁带和文件"等新闻信息,而不能采用任何"欺骗的手法"。但同时也有一些国家对隐性采访的报道方式给予了一定程度的认可。例如,印度新闻协会1996年8月制定的《新闻记者行为准则》就规定:"采访时未经当事人的知晓与同意不得进行录音,除非录音对于保护新闻工作者的合法行动非常必要,或基于其他迫不得已的正当原因。"

相比而言,我国记者隐性采访在电视调查报道中还有着较为广阔的生存空间。目前我国还没有制定关于隐性采访的法律法规,只在《新闻工作职业道德准则》中有一条规定:"要通过合法的正当的手段获取新闻,尊重被采访者的声明和要求。"但隐性采访是否属于"合法的正当的手段",在多大范围和程度内可以使用,我国并没有明文规定,但必须接受来自社会心理和群体价值判断的种种道德评判,坚持三个原则:

第一,必须坚持公众利益原则。隐性采访的出发点和落脚点都应定位在维护公众利益上。维护公众利益是记者和媒体基本的价值取向,也是确定是否有必要用隐性采访手段和把握新闻事实的标准。只有新闻事件涉及公众根本利益,或为满足公众的知情权需要,而记者不能或不便通过显性采访获取新闻信息,这种情况下隐性采访才是必要的。

第二,要坚持公正原则。它要求记者在选材、立意时,站在公正的立场上来客观、全面地看待社会事件,勇于揭露社会生活中不公正、不平等、违法乱纪和腐败现象,并从法理和道义上加以评判,促使社会公正。近年一些调查报道中,记者通过隐性采访,报道乱收费增加群众负担、欺行霸市侵害群众利益、地方保护主义干扰市场平等竞争秩序、执法不公以及以罚代法等现象,都体现了对社会公正的追求。

第三,要坚持公共性原则。隐性采访尽量选择公共场合,如果某人在公共场合的行为违反了社会公共利益,新闻媒体将其曝光,因有利于公共利益而不易受到非议。

新闻工作者无论是以观察、体验还是实验的方式介入到隐性调查的事件中,如果为了维护公共利益而在调查过程中不可避免地出现了侵权行为,应该在报道公开时尽可能地隐去可能带来侵权诉讼的敏感部分,或采取一定的技术手段对当事人的私权加以保护,力求将可能的不良影响减至最小。

四、新闻调查案例分析

调查报道这一体裁被引入我国后,已作为一种调查方式和手段而广泛运用于各类电视节目形态之中。中央电视台《新闻调查》经过多年的探索,已形成一种调查性的外在品质形态。《新闻调查·透视运城渗灌工程》这期节目据称是符合了《新闻调查》定义的最重要的因素:"它是纯粹的电视调查文体,它是新闻背后的新闻,是揭秘性调查",即使从调查揭露某一集团损害公众利益的角度来衡量,这个节目也毫不逊色,至今仍可作为教科书式的案例。下面以这个节目为例,分析调查报道的运作方式。

《新闻调查·透视运城渗灌工程》
让人疑惑的数字

1996年2月,在一份给省委的汇报提纲中,运城地区完成渗灌面积是103万亩,配套面积达76.7万亩。

仅2个月后,在运城水利局长的一篇文章中,完成面积达106万亩,配套面积达84.8万亩。3个月后的一份讲话里,配套面积是81.2万亩。

1998年上半年有记者前往了解情况,之后,运城地委监察室做了一个调查,结果完成的配套面积锐减,降到 5.36 万亩。

面对历次统计数字的不统一,现任运城地委书记,1995 年推广渗灌节水工程,时任运城地区行署专员、渗灌节水工程的总指挥黄有泉说:"1995 年统计的数字可能就是八九万亩,基层统计得不准确,现在的统计数字比较准确,是十一二万亩。"

究竟是多少,运城水利局局长裴都红说:"目前我们统计的数字,大概是 11 万亩多一点。建成的池子是 5 610 个,配套的池子是 5 047 个。不能用和无法配套的渗灌池,经各县汇报,均已拆完。"

按照水利局长的说法,目前我们在路边看到的这些渗灌池基本都是配套的。为了弄清事实真相,记者对全地区节水渗灌的两个典型县——临猗县和芮城县进行了调查。

这不是作假吗?

记者首先前往的是临猗县。临猗县当时承担的任务位居全地区第一,达 12 万亩。

记者随意在路边停下车:"这些田间地头的渗灌池,有哪些用过?"

农民:"没有用过,劳民伤财。"

记者:"为什么呢?"

农民:"没有水,用啥?"

记者来到一个叫张村的村子,全村共 398 户。

据村书记董创成说,1995 年大约有 70 来户搞了渗灌,主要是路边。当时要求在路边,县上和乡上领导检查比较方便一些。然而只用了十个八个,也就是 14.3% 发挥过效益。渗灌不起作用,没有达到预想的效果,现在已把大部分管子给卖了。

记者又来到了芮城县节水渗灌典型乡学张乡,全乡共有 34 个渗灌池。

乡长任干军说,全乡渗灌 90% 配套。

记者:"为什么很多渗灌池要建在路边呢?"

任干军:"你这给我问住了,我也不知道该咋说。"

为了落实全乡有多少渗灌池用过,记者请任乡长一起来到学张乡建有渗灌池的公路边。先看了 4 个渗灌池,乡长说这 4 个有 3 个都用过,最后来到了离乡政府最近的一个渗灌池边。乡长说这个池子也用过。"下水管在哪儿呢?""那不是。""哪儿?""那不是。"记者还是有点疑惑。

"这地里有没有埋管子?"记者问身边的一个农妇。"没有埋管子。""那个池子用过没有?""没有。""从来没有用过?""没有用过。"

任干军:"她一个老太婆,整天不在地里,她怎么能知道?"

农妇:"我老在地里。"

记者:"那个池子没有放过水?"

农妇:"没有放过水。"

任干军:"谁胡说了,我马上就收拾他。你哪能这样搞?咱们实事求是,你如果再这样说,我不管你,你随便上哪儿去就上哪去。"

为了弄清楚学张乡公路两边这些渗灌池是不是真正能发挥作用,记者请来运城的水利局专家一块鉴定。首先来到的就是这个离乡政府最近的渗灌池。

他们找到了这个渗灌池的出水管,但这个管子是断开的,显然不可能有通向地里的水管。

运城水利局局长陈仰斗说:"这个池子,从咱们目前检查的状况看,没有进水管子,也没有往地里头埋出水管子,只是建了这么个池子,肯定没有用过。"

记者又请专家看了那天他们没有把握的5个渗灌池,结果只有1个完全能用,其他4个都是不能用的。又看了路边的另外5个渗灌池,全都是不能用的。

在对学张乡的抽查中,使用过的渗灌池只有10%,其余的都是没有用过或不能用的。

推广100万亩渗灌面积,只完成了10%,在完成的10%中,3年来发挥作用的渗灌更是少数。

这不是作假吗?

农民有苦难言

1995年运城地区完成100万亩渗灌工程,主要依靠下属的各县市,而各县市又是怎样完成任务的呢?

芮城县平王村,全村360户人家,建成的渗灌池只有40个。

村民石保国说:"没有人想修这个,没有一户愿意修这个,只是当时那个形势,非叫你修不行,全是靠路边修的。不靠路边都不修。"

记者:"如果这些人想修呢?"

石保国:"想修人家也不叫你修,全县统一靠路边。"

村长主动带记者看当时为了应付检查修起的渗灌池子。薄薄的一层,水很难存住,很快就渗下去了,还有比这更糟糕的。

石保国:"老百姓没法,上边有压力,不建不行。"

在村头,一位大队会计告诉记者:当时,到处插着运动红旗,上边一次次来检查。他们是村干部,尽管很不情愿,但必须响应号召带头建渗灌池,否则,农民们不会建。然后,建成后,水无法渗进池里,没法用。这样,他们白白扔了600多块钱。

检查参观的人从不到里边仔细看,所以很难发现问题。

农民们大都迫于上边的压力,很不情愿地建造出许多专供人参观的渗灌池。但也有例外,运城市北相镇北相村农民李隋忙觉得池子用泥坯肯定不能用,坚决不建。当上级检查时,他用脚把一个池子蹬坏,想给检查团看。结果,他被派出所、乡里抓起来痛打一顿。……

推广100万亩的决定是如何作出的

渗灌节水技术能否大面积推广?

"不行!"陕西省水利厅副总工程师张国祥说。

渗灌节水技术,19世纪中叶在德国开始采用,我国引进是在1974年,由于管道埋入地下,水管上的水孔极容易堵塞,这一技术难题至今没有很好解决,所以国内很少大面积推广,目前我国全部渗灌面积也不足50万亩。

张国祥,清华大学水利系毕业,从70年代就致力于研究和实验渗灌技术。张国祥想了很多解决抗堵塞的办法。比如,搞个抗堵塞滴头,但还是堵塞,抗堵塞滴头究竟应修在什么方向,还没研究好。现在"九五攻关"把渗灌列进去了,到目前为止,进展不大,这是全世界都没有解决好的问题。

1996年5月下旬,全国20多名渗灌专家曾对运城地区渗灌技术进行过考察,专家一致认为堵塞难以避免。……

运城水利局高级工程师陈仰斗:"堵塞,对渗灌来说,这是一个致命的问题,并没有从根本上得到解决。"

陈仰斗:"我说建议搞10万亩。我们局长跟领导怎么说的,就不知道了,以后回来定的就要搞100万亩。因为没有一定的数量就显不出工作规模。"

当时地委和行署没有让水利局进行论证,提出可行性报告。从布置这件事到于志成书记的讲话,只有两三天的时间。

张国祥曾就运城推广渗灌的现状写出若干技术问题的参考意见,陈仰斗发表了渗灌工程中应注意的几个问题的文章。然而这些声音迅速被渗灌高潮淹没了。

高潮掀起后,建设100万亩渗灌面积所需的设备、技术人员远远跟不上。

张国祥:"大面积推广是不行的,只能在一定的条件下试用。"

当时建了多少,后来又拆了多少,谁也说不清。

面对这些拆除渗灌池后留下的废料残渣,原运城地委书记于志成进行了反思。

于志成:"劳民伤财,给党和人民带来的损失太大,不应该这样做……"

为了确保任务的完成,运城地区不仅制定了任务表,还有完成任务的进度表,号召人们不干不行,小干不行,必须大干快上,并提出 40 天完成 50 万亩的任务。

从报纸上可以看到,一共掀起了 3 次高潮。第一次是迎接地区现场会,第二次是为迎接全国现场会。在现场会开过之后,就再没有掀起高潮了。

开现场会,主要是希望能够得到省领导和国家领导的重视,多一些贷款。果然,成为典型以后,水利部、省水利厅就在投入上给予倾斜。省里给了 100 万,水利部给了 200 万。……

《透视运城渗灌工程》是《新闻调查》非常成功的一期调查报道,在调查思路、调查手段、采访技巧等方面,该节目都给我们很多的启发。

一位作家在看过该节目后撰文评论说,就一篇电视调查报道而言,我看出了它在特殊社会条件下介入社会生活的巨大能量:摄像机在有头脑的记者手中,它仍然可以是一支笔——一支沉重却灵巧的笔,实现对人的心灵甚至是灵魂的刻画;只有今天没有昨天的摄像机,依然可以将凝固的事实(昨天)和正在运行发生着的事实(今天)较为自由地组合起来,创造一种立体、生动的新鲜感①。

调查报道与一般新闻的区别就在于它是对潜在新闻线索的执着追求,寻找无可否认的证据。因此,电视调查记者的一个重要任务就是运用摄像机这把"锐利的解剖刀",摄取合适的画面,充分地展示证据。一位摄影记者在看过电视调查报道《透视运城渗灌工程》之后对此深有同感:该节目以毋庸置疑的图像,将废弃的渗灌、倒塌的砖砾、发芽的木桩、遗留的标语特写,将干部、群众、科技人员之间矛盾的冲突,将这一虚假工程的来龙去脉表现得层次分明、清晰流畅。他认为,真实而又充分地展示"证据",起了决定作用②。

《透视运城渗灌工程》是自《新闻调查》开播以来第一次面对一个尚未受到查处的问题工程。这一工程因其铺展面大、涉及参与干部数量多而显示了较高的调查难度,因为记者面对的不是一个小群体或仅存在于一个地点的工程现象,而

---

① 麦天枢:《公开的尊严》,载中央电视台新闻评论部:《正在发生的历史》,光明日报出版社 1999 年版,第 388 页。

② 贺延光:《用镜头展示证据》,载中央电视台新闻评论部:《第 1 现场》,南方日报出版社 2000 年版,第 388 页。

是散布在广阔的土地上涉及千百万人的利益而曾经得到中央有关部门、省政府及山西运城地区各级相关领导支持或参与的、涉及面广的工程现象,记者进入这样的采访对象,如果没有足以说明问题的第一手材料和相应有力的逻辑推论,是无力构成针对这一庞大问题的成功揭发的①。那么,这个节目是如何完成这一"揭盖"任务的呢?

由于调查报道所调查的对象都是比较错综复杂的事件、现象,记者要冲破表象、揭开真相,首先必须要有清晰的调查思路。我们来看看《透视运城渗灌工程》这则报道中记者是怎样一步步展开、深化调查的。

调查切入口:运城地区完成的渗灌面积历次统计数字不统一,真实的情况到底是什么样的?这里面是不是暗藏了什么问题?带着这个悬念,记者展开了调查。

初步调查:第一步——亲临现场考查渗灌池,发现很多渗灌池都没有投入使用。

探寻原因:第二步——既然渗灌池没有发挥作用,农民为何要修建?

调查真相:第三步——推广渗灌工程的决议是怎么作出的?

记者的调查思路非常清晰,从表象到真相,从结果到原因,调查步步深入、层层深化,事实真相由表及里、层层剥笋似地被揭开。

如果把调查思路比作记者调查过程中的指南针,引导调查进行,那么调查手段就是记者调查过程中的有力武器。《透视运城渗灌工程》中,记者采用了多种调查手段发现问题、搜集证据、核实问题,将事情的始末因果逐一呈现给观众。

现场访问是记者现场调查的重要手段之一。记者亲赴渗灌工程的两个示范县调查,到达目的地后,第一项调查工作便是现场采访村民。渗灌工程的直接受益者应该是当地的广大农民,渗灌工程成功与否、渗灌池能否发挥作用,农民最有发言权。记者通过渗灌池现场随机采访,从农民口中得知很多渗灌池都没有发挥作用,农民所言的情况是否属实,记者还需要进一步调查。

各级相关领导是新闻调查第二类重要的采访对象,对这些直接相关的责任人的采访,是一个艰苦的,颇需耐心、智慧和持久性的过程。记者通过此前的调查已经充分证实了运城地区的很多渗灌池都是中看不中用的空架子,农民们对此怨声载道。那么,这些情况上级领导是否知道?如果他们知道,为什么这么做?又为什么把渗灌池都建在路边?带着这些疑问,记者走访了相关的各级领导,终于调查出问题的实质——领导的官僚主义、形式主义作风导致决策的不科

---

① 夏骏:《回望九八》,载中央电视台新闻评论部:《正在发生的历史》,光明日报出版社1999年版,第446页。

学、执行的不合理。

专家鉴定对一项技术性较强的工程问题调查是必不可少的。记者请来了水利局的专家到现场查看渗灌池,通过事实揭示出工程的假象。在专家面前,村民和乡干部谁说的是真话、实话顿时真相大白。

记者多样化的调查手段不仅体现了记者思维的严密、调查过程的客观及调查结果的信服,而且还充分调动了感性因素,兼顾了调查过程形象性、生动性,发挥了电视声画并茂的传播优势。例如,学张乡乡长威胁农妇的场面几乎可称为《新闻调查》的经典镜头,这就是电视的魅力,突如其来的神来之笔使事实足以震撼每位观众。调查女记者王利芬双手支撑渗灌池口的边沿跃入渗灌池的场景和拔起虚设的输水管道的细节,使之成为一种无可辩驳的铁证,让观众也直接触摸到了事实。

《透视运城渗灌工程》从山西运城地区对渗灌工程的现象透视出"官出数字、数字出官"的形式主义弊端,同时显示出这种调查的深度入木三分,给观众提供了一个新的认识空间。

本 章 小 结

● 目前在我国的电视荧屏上,不论是新闻节目、社教节目还是生活服务类节目,调查报道都是一种常用的体裁和手法。我国的电视调查报道既吸取了西方的调查报道理念,又不局限于西方的传统揭丑式调查报道,在发展过程中形成了自己的风格和特色。

● 电视调查报道根据调查内容、调查目的不同,可分为不同的类别,前者可分为人物调查、事件性调查和主题性调查;后者可分为揭露性和揭示性调查。电视调查方式有纯粹式调查、访谈式调查和记录式调查。调查技巧,借鉴 CBS《60分钟》的调查手段有:信源证实、隐性采访、伏击采访、扮演角色等。电视调查报道在采制过程中,一方面要体现理性的思辨,调查过程要力求准确、翔实、严密;另一方面,电视调查报道应该充分发挥电视的传播优势,注重过程性、形象性,充分体现现场感和调动观众的参与感。此外,电视调查报道还必须注重伦理,在相关法律和道德的规范内进行。

思 考 题

1. 西方新闻界关于调查报道的定义是什么？我国电视调查报道在内容和

形式上与西方传统的调查报道有哪些异同?

2. 电视调查报道按照不同的方法可分为哪几类?结合你所熟悉的电视调查报道节目,分析该节目按照不同的划分法,分别属于那种类别?

3. 分析电视调查报道的几种典型的调查方式各有什么特点,分别在什么样的情况下适用。

4. 试论述电视调查报道采制过程中怎样做到感性和理性的有机结合。

第六章 新闻型电视栏目创作

电视新闻在20世纪30年代开始萌芽,第二次世界大战后得到迅速发展,迄今,已成为电视媒体赖以生存的基础,同时,也成为西方各大电视媒体展开角逐的主要节目领域。从初期的要闻简报,到如今多样化的体裁呈现;从新近发生的事实的报道,到正在发生的事实的同步传播;从大杂烩式的汇编播出,到明确的栏目定位的形成,电视新闻以成熟的节目形态,受到广大观众的青睐,并在世界范围内发挥着空前巨大的传播威力。

如今,在网络资讯异常丰富、移动媒体新闻十分快捷的情况下,人们获取新闻的方式有了多样化的选择。然而,受众并没有颠覆性地改变他们对电视新闻的依赖,而是"见缝插针"地将原来"碎片化"的时间拿出来分配给了新兴媒体,传统电视新闻节目的收视并没有受到显著影响。据CSM媒介研究电视观众收视数据显示,2016年平均每人每天收看电视的时长为152分钟,较2015年的156分钟仅下降了4分钟;2016年人均每日收看新闻类节目的时长为19分钟,较2015年下降了2分钟。而从新闻节目的收视比重及资源使用效率看,2016年新闻类节目以10.7%的播出比重获得了观众13.8%的收视比重;从变化趋势上看,2016年新闻节目的资源使用效率相对2015年有所提升,从28.5%提升至29.0%。

第一节 电视新闻栏目化

当今的电视新闻基本上都是以栏目的形式出现的。以中央电视台新闻频道每天的新闻编排为例,除了整点滚动新闻播报外,其余的新闻栏目依次为:6:00《朝闻天下》、9:00《新闻直播间》、12:00《新闻30分》、18:00《共同关注》、19:00《新闻联播》、19:39《焦点访谈》、20:00《东方时空》、21:30《新闻1+1》、22:00《国际时讯》、22:30《环球视线》、23:00《24 小时》、00:00《午夜新闻》等。

其实,在世界电视诞生的最初 10 年间,电视新闻只不过是西方广播公司偶尔为之的"试验品"。直到 1947 年,美国的《骆驼新闻大篷车》出现,标志着世界上第一个新闻专栏节目的诞生。5 年后,由哥伦比亚广播公司(CBS)的著名主持人爱德华·默罗创办的《现在请看》(See It Now,1952—1958)成为有影响的电视新闻栏目。随后,美国三大广播公司又先后创办了《今天》《今晚》《60 分钟》《ABC 今晚世界新闻》等较有影响的新闻栏目,其中不少栏目的出现具有里程碑的意义。

在我国,最早的电视新闻栏目应该是作为中央电视台前身的北京电视台于 1958 年建台之初创办的《电视新闻》。该栏目每周播出三次,每次 10 分钟。其后又陆续创办了《图片报道》《简明新闻》《国际新闻》等栏目。但内容却只是图片、新闻片、纪录片和口播文字的简单组合。直到 1978 年元旦《新闻联播》开办,真正的电视新闻栏目才得以问世。在此后的 30 余年间,一批又一批较有影响的电视新闻栏目如雨后春笋般地涌现在中国荧屏上,以独特的方式影响和改变着人们的生活。像中央电视台的《观察与思考》、上海电视台的《新闻透视》、福建电视台的《新闻半小时》等,都颇负盛名。尤其是在 1993 年以后,中央电视台陆续推出的以《东方时空》《焦点访谈》《新闻调查》《新闻 30 分》等为代表的一大批优秀新闻栏目的出现,使得我国电视新闻栏目化的进程大大加快。

一、电视新闻的栏目化

所谓电视新闻栏目化,是指把电视新闻节目分成多个专栏的编排方式和播出方式,并在电视媒体中普遍运用的一种现象和过程。确立栏目化意识,即强调栏目的类型化、个性化在新闻栏目策划制作中的思维指向作用。这种个性除了表现为内容选择上的独到之处外,还表现为主持人的播报风格、演播室的设置以及整个节目的包装等。电视新闻走向栏目化,无论是对媒体,还是对受众,都有着重要意义。

(一)告别电视新闻的无序时代,走向规范化

电视节目走向栏目化,是由过去松散拼凑、大杂烩式的粗放型样式,向追求传播效果最优化的集约型样式的合理转变,是电视节目走向成熟的重要标志。

在电视发展的早期,由于技术条件以及人力、物力等客观条件的限制,电视新闻的播报基本上是"汇编"型的,根本谈不上特色和"定位"。随着电视事业的

进一步发展,电视新闻也在告别无序,快步走向规范与成熟。标志之一,便是电视新闻栏目的产生、发展与壮大,并且产生了像美国 CBS《60 分钟》这样历经 50 年之久而不衰的经典性新闻栏目。

近年来,随着通信技术的飞速发展,人类在不经意间已经步入了信息时代。仿佛是一夜之间,各大媒体的新闻与信息大战已打得如火如荼、狼烟滚滚。不少媒体仓皇之间马失前蹄,惨遭淘汰。电视新闻也同样面临着广播、报纸,尤其是后起之秀第四媒体——网络的威胁。要想在这场激烈的竞争中赢得主动,除了加强新闻密度外,还要推出更多有特色的新闻栏目,让新闻更精彩,以吸引更多的观众,才是电视新闻发展的必由之路。

(二)适应不同层次观众的多种需求,走向风格化

大众传播学的研究早已证明,受众在传播过程中绝不是应声而倒的靶子。对于媒体传播的信息,他们是积极地、选择性地接收的。不同的受众对同一信息有着不同的理解与反应;而同一信息因为不同的传播模式,传播效果也会大相径庭。作为传播媒体,必须以受众为中心,从受众的角度,从"人"的角度来决定自己的传播内容与传播方式。这样由于人本身的固有差异,更由于当今社会中人们思维方式、价值观念、生活需求所体现出的从单元到多元、从整合到分化的发展趋势,大众传播不得不由"广播"走向了"窄播"。这就要求传播者不再把受众当成一个无区别的群体。

电视新闻作为社会公共性节目走向栏目化,首先能够促进栏目风格的转变,满足大多数人的多种需求。凤凰卫视的《凤凰早班车》之所以能够使人津津乐道,原因之一就是主持人陈鲁豫首开了"说新闻"的播音风格。这种亲切、口语化的传播方式,从几十年不变的一板一眼、字正腔圆的"播音腔"中解脱了出来。

其次,栏目化后的电视新闻在内容上给观众提供了更多的选择余地。比如,《新闻联播》为观众提供的是权威的国内外重大时政要闻;而《世界周刊》则是关于国际重要新闻的深度解读;湖南台的《晚间新闻》则用娱乐化的方式展示湖南本地的社会新闻。同时,栏目化的电视新闻能够准时固定地播出,有利于培养观众的收视习惯,使栏目拥有一批相对稳定的观众群,从而为栏目的"名牌效应"打下基础。

(三)优化电视新闻的传播效应,走向系统化

系统论认为,系统是在若干相互作用和相互联系的要素有机结合下,形成的具有一定结构和功能的整体。其本质特征就是有机的整体性。各要素所能单独

发挥的作用微乎其微,而组合在一起却能收到"1+1＞2"的效果。

对一个电视台来说,新闻传播应该是一个有机的整体。如果仅仅是动态消息的汇集,难以满足观众的求深心理,于是,深度报道的出现无疑是对这种缺憾的一种弥补。以中央电视台为例,《新闻联播》中播出的一些重大新闻,仅仅是以动态消息的形式出现的。为了更鲜明地表明态度立场和揭示事件的前因后果,《焦点访谈》经常承担起了这项任务。《新闻联播》中播音员一句"此事在本台今晚 19:38 播出的《焦点访谈》节目中将有详细报道"的预告语,把这两个节目有机地串联在一起,收到了相得益彰的传播效果。一个电视台正是通过各个栏目之间的这种协调、合作、同步与互补,而达到新闻传播整体最优化的效果。相反,如果设置新闻栏目时不从"大新闻"的角度加以考虑,不仅是对栏目资源的一种浪费,而且是对电视台新闻栏目整体传播效应的一种破坏。

对于特定栏目来说,电视新闻一旦以栏目的形式出现,就必然要求该栏目有一定的系统性、长期性和固定性。连续报道与系列报道应该是维护栏目新闻传播连续性与可持续发展的两个"法宝"了。

二、电视新闻栏目的形态

电视新闻栏目形态,即电视新闻栏目的播出和表现形式。依据不同的划分方式,电视新闻可以有不同的栏目形态。一般来说,应以栏目的结构形态为划分标准。这样,我们可以把电视新闻栏目大致归结为以下几种形态。

1. 集纳型

这是最早出现,也是我们在电视屏幕上最常见的一种新闻栏目。这种栏目一般是动态消息的组合,能够最简明、最快捷地告诉观众最新的新闻事件。像中央电视台的《新闻联播》《新闻 30 分》《国际时讯》和凤凰卫视的《凤凰早班车》,以及各地方台的早、晚间新闻栏目等都属于此种类型。

2. 杂志型

杂志型栏目的特征,顾名思义为"杂",来源于杂志的编排形态,即将庞杂的内容按类别归纳为若干子栏目,便于读者选择性阅读。应用到电视节目编排中,其最明显的特征就是版块化的节目形态。一个杂志型新闻专栏往往由若干版块组成。我国最早的杂志型新闻栏目是上海电视台的《新闻透视》(1987 年 7 月),而真正产生巨大影响的则是中央电视台 1993 年 5 月 1 日开播的《东方时空》。

3. 专题型

电视新闻深度报道的兴起,促进了专题类电视新闻栏目的产生。消息类新闻栏目往往只报道动态新闻,而杂志型新闻栏目又涉猎范围过广,为了避免这两种类型的缺陷,同时满足观众对新近发生的某一重大事件的前因后果、发生发展的深入了解欲望,单一专题型新闻栏目应运而生。中央电视台的《焦点访谈》《新闻调查》,东方台的《东视广角》,以及其他各地方电视台的"焦点"类栏目,都属于此种类型。

4. 谈话型

谈话型电视新闻节目是指"以面对面人际传播的方式,通过电视媒介再现或还原日常谈话状态的一种节目形态。通常是围绕新闻事件、社会热点等当前群众普遍关心的问题,在主持人、嘉宾和观众之间展开的即兴、双向、平等的交流,在本质上属于大众传播活动"①。例如中央电视台的《对话》和《面对面》栏目,二者都以新闻事件中的人物为关注对象。不同的是,前者邀请经济领域的"大佬"针对当前经济发展的形势、走向,以及大众经济生活最为关注的话题、人物、思潮、理念等展开思想碰撞;后者秉承的理念是面对面的接触、面对面的交流、面对面的碰撞、面对面的印证。

第二节　集纳型新闻栏目

集纳型新闻栏目,是指消息类电视新闻节目的汇编单位和划分形式。依据不同的分类标准,集纳型新闻栏目可以划分为不同的类型,如根据栏目内容的不同,可以分为时事类、经济类、体育类、娱乐类和综合类栏目;根据报道地域的差别,可以分为国际新闻栏目、国内新闻栏目以及地方新闻栏目等。

一、集纳型新闻栏目的编排

（一）编排定位

1. 时段的选择

在当今时代,最能体现栏目各自特点和风格的分类方法,似乎应该以播出时

---

① 徐舫州、徐帆:《电视节目类型学》,浙江大学出版社2006年版,第38页。

段为依据,划分为早间新闻、午间新闻、傍晚新闻、晚间新闻。

电视出现以后,甚至是在固定的电视新闻栏目出现以后的很长一段时间里,人们的收视时段仍然习惯性地锁定在晚间——黄昏以后、睡觉之前,早间时段被广播所垄断。直到1952年,时任美国全国广播公司(NBC)副总裁的西尔维斯特·韦沃创立了《今天》(Today),才打破了这种局面,开辟了早间电视新闻时段,填补了早间电视新闻栏目的空白。该栏目每天早晨7点播出,时长两小时。《今天》一问世,就以轻松活泼、令人耳目一新的风格吸引了大批观众,收视率节节攀升,持续保持全美早间节目收视率第一。同时,它也为美国早间电视新闻栏目奠定了一种格调和模式,并且引发了美国另外两大广播公司(CBS、ABC)的效仿,相继推出了《早晨》(Morning)和《早安,美国》(Good Morning, America),从而促进了美国乃至世界早间电视新闻栏目的发展。

在我国电视发展的初期,早间电视新闻栏目同样是一片空白,充其量只是重播头天晚上的新闻,称不上真正意义上的早间新闻栏目。到了20世纪80年代中后期,一些地方电视台较早地开始了这方面的尝试,如杭州电视台的《早上好》(1986)、广东电视台的《早晨》(1987)等。而早间电视新闻栏目的真正发展,是在20世纪90年代以后,以中央电视台《东方时空》(1993)的开播为标志,早间新闻栏目的竞争大战正式打响。各地方电视台也纷纷创办或改版自己的新闻栏目,如北京电视台的《北京,您早》、湖南电视台的《潇湘晨光》、上海电视台的《上海早晨》、广东电视台的《岭南早晨》等。凤凰卫视《凤凰早班车》的闪亮登场,又为这场大战增添了许多精彩和亮点。

需要指出的是,目前我国大部分电视台的早间新闻栏目(《东方时空》现已移至晚间),虽然大多以若干版块的形式结构全篇,甚至有不少还自称为"杂志型"新闻栏目。但事实上,它们还遵循着简明新闻的编排方式,距真正意义上的新闻杂志还有相当的距离。因此,我们仍把它们归为集纳型新闻栏目。

如果对早间新闻栏目的诠释仅仅是"一档在早间播出的新闻栏目",那就未免流于简单和肤浅了。由于所处时段的特殊性,早间新闻栏目与其他时段的新闻栏目相比,无论在内容上,还是在形式上,都有自己较为鲜明的风格与特征。下面仍以早间新闻栏目为例,从内容选择、形式选择两方面继续探讨电视新闻栏目编排的定位。

2. 内容的选择

随着现代社会开放程度的拓展、生活节奏的加快和向老龄化时代的转变,固定时段的收视群体正在形成。当新的一天开始的时候,人们希望了解在刚刚过去的这个夜晚,世界上发生了什么重要新闻,对国家、对个人有什么影响。比如,"9·11"恐怖事件事发初期的最新进展。纳斯达克有何起伏,对股票是利好还是利空?有毒大米到底有没有流到本市?CIH病毒是否会如期发作?天气预报、交通状况、市场价格……这些老百姓关心的热点话题,也正是新闻所要及时跟进报道的内容。一般来说,新闻节目在内容的选择上应该遵循三个原则。

第一,强化时效性。比如,早间新闻应当对前一天发生的事件做变动的连续报道,这样才使得人们对早间新闻有着特殊的关注,"昨夜今晨"正是早间新闻栏目的用武之地。另外,清晨时光往往是在人们匆匆地洗漱就餐、收拾行装中度过的,人们很难有时间和精力坐在电视机前从容地欣赏电视节目。所以,早间新闻只有提前给观众最新的要闻简报,才能吸引观众的注意力。如是晚间"联播"类新闻,则要将当天重要的时政新闻等信息及时选择编排,发挥电视媒体议程设置、舆论引导的重要作用。

2016年11月16日,第三届世界互联网大会在浙江乌镇召开期间,《浙江新闻联播》栏目围绕当天第三届世界互联网大会开幕进行主题编排,及时传递世界互联网治理的"中国声音",展示浙江信息经济发展的全新动力,讲好乌镇因网而变的"小镇故事"。这期节目融合多个新闻现场、多种新闻表达方式,层层递进诠释大会主题的联播类新闻创新编排,因而获得2016年度中国新闻奖编排类一等奖。

第二,增强服务性。电视作为大众传播媒介,对受众而言,本来就具有不可替代的服务功能。而对于早间新闻栏目来说,观众对这种服务功能的需求,显得更为强烈、直接、具体和迫切。电视观众除了关注昨晚发生的天下大事外,更想知道新的一天的天气状况、交通状况、市场物价等与自己一天生活质量密切相关的信息。所以,早间新闻栏目不能把目光囿于时事新闻报道,还应拓展自己的视野,多一点人文关怀,照顾观众的多种服务信息的需求。

对于服务性信息的内容,不应只局限于天气、交通、物价这些方面。其实,凡与老百姓的日常生活息息相关的生活资讯,如股票、电影、出版、人才市场及就医等信息,同样是老百姓非常关心的。而且,这种服务信息应该是具体的、灵活的。例如,夏秋之交,武汉市民爱吃香辣蟹,但是如果食用不当,就会引起食物中毒或其他疾病。湖北卫视的《新闻早班车》,就在节目中及时地给大家提个醒,并告诉大家正确选购和食用蟹的方法。再如,秋季到来,冬装开始上市,《新闻早班车》又关切地提醒大家,服装也有保质期,并告诉观众服装标签上的数字到底代表什么意思,使观众增长了一些选购衣物的知识。不过,对这样的服务信息要注意找好新闻由头。"民之所欲,常在我心。"多站在观众的立场上思考,早间新闻栏目的服务性才能加强。

第三,注重贴近性。一个栏目能否成功,最根本的在于观众是否认同或欢迎。首先需要解决的当然是栏目办给谁看,突出什么内容和特色,也就是我们通常所说的栏目定位问题。本来,面向大众是电视最本质的特征之一。但这个特征在很长一段时间里却被严重地忽视了。前些年新闻改革明确提出了"平民化"的口号,开始把大部分的精力投入到对个体生命的生存状态关注上来,强调以观众的普遍关注程度为标准的社会性,以观众感兴趣为标准的趣味性,以符合观众审美要求为标准的可视性,力求最大限度地贴近百姓生活。

在材料的选择上,大多选择观众感兴趣或与观众生活具有贴近性的时政新闻和民生新闻为主要报道内容,减少大量一般性会议或工农业四季歌之类的报道。强化观众本位思想,就是要使栏目的传播意识更多地思考"观众要不要看、想不想看这样的新闻"。

湖南台的《晚间新闻》以社会新闻尤其是百姓生活新闻为报道对象。其内容通常是由这样几个部分组成:一个人物特写,一个人物事件,一个社会问题的曝光,一个治安案例,再配上一些要闻轶事等软性新闻。不论是国内新闻,还是国际新闻,全部把镜头对准了广阔的社会。其实,这种完全世俗化的报道在为一个个平凡的生命勾勒出生活的剪影,吸引他们的关注的同时,也折射出整个时代的广阔背景。

在叙事风格上,宜采用娓娓道来,或设置悬念的讲故事的方式。美国 CBS《60 分钟》的创始制片人休伊特曾经十分强调他们的节目"一定要有故事性"。在国内,也有人甚至给电视新闻下了一个这样的定义:电视新闻就是利用现代电子技术传播一个鲜为人知的故事。

在这种叙事意识的主导下,一般除了在题材上选择故事性较强的内容外,更注重利用各种手段彰显新闻的故事性。例如,对导语和串词进行精心设计、设置悬念,以求引人入胜等。

3. 形式的选择

NBC 的《今天》从创立之初,就因在栏目风格上的成功定位而牢牢地树立了自己在早间新闻中的地位。ABC 于 20 世纪 70 年代末创办的《早安,美国》因混合了新闻和娱乐也获得了成功。而 CBS 开播的《早晨》却因风格过于严肃沉重,收视率一直处于低迷状态。直到 1982 年,该栏目在形式上大动手术、改头换面,使节目的节奏加快、风格更为活泼,状况才略有好转。国内电视界早间新闻报道目前已普遍接受了这种"轻松传播"的理念。例如,《上海早晨》的栏目广告语便是:"充满活力的一天,从《上海早晨》开始。"

(1) 早间演播室的家庭化。家,永远是一个温馨亲切的象征,也是最容易让人放松的地方。因此,家庭化的演播室与早间新闻栏目轻松活泼的风格是非常吻合的。家庭化的演播室设计一般应包括四个景区:客厅风格的主景区——此景区最能体现家的味道;新闻演播室风格的新闻景区——此景区用于向观众播送"要闻回顾"或时政新闻;起居室风格的服务景区——此景区用于播报与观众生活密切相关的生活资讯;多功能的移动景区——可以为任何一个景区做配合。

美国NBC于1952年1月14日开播至今的电视名栏目《今天》[1],栏目时长为两个小时,每天清晨东部时间7:00—9:00和观众见面,2000年10月2日,NBC对该栏目扩版,时长为三个小时,每天清晨东部时间7:00—10:00播出。《今天》的编排采用整点的划分方式,整点播报新闻和天气,半点开始播放各种小专栏和专题节目。新闻内容是"硬"(新闻)"软"(新闻)兼施,而专题节目侧重服务性、娱乐性和知识性。

一般来说,美国的早间电视新闻栏目在编排上都分为七大块:

第一部分,是整个节目的缩影,通过短短的报题表现整个节目的情调、节奏和特色。

第二、三、五部分,一般安排突发性新闻、介绍情况的成套新闻以及有关健康科学的专业新闻。

第四部分,往往安排一则新闻特写,以形成"峰谷技巧"编排。所谓峰谷技巧,就是把电视节目想象成一系列的山峰,错落有致、高低不平。每次新闻节目都用当天最新、最重大的消息做头条,越往后,紧迫性和价值就越小。在低谷状态下,应找出一个办法,使节目重回高峰状态。在这里,当前面两部分新闻重要性依次递减的情况下,一般采取新闻特写的方式制造高潮,再次形成"峰谷"。

第六部分,一般是体育新闻。

第七部分,内容回顾和最新消息。最后一条一般选用新闻特写或风趣新闻,使观众在清新隽永的结尾中轻松结束。

(2) 午间解说声的广播化。午间的观众,一般都在午餐的环境下一边闲聊,一边伴"听",很难坐下来认真地注视电视画面。所以,新闻栏目除了强化电视的图像传播功能,还应向广播靠拢,为"听"而强化解说传达信息。美国学者赛弗林和坦卡德认为:大众传播,要传播到尽可能多的受传者。所以必须写得(或用其

---

[1] 《今天》的节目内容,参考了苗棣等:《美国经典电视栏目》,中国广播电视出版社2006年版,第26—34页。

他形式表现得)尽可能明白易懂。这种大众传播的"易读性理论"以及人际传播中的"人情味理论",都为当下颇为流行的"说新闻"提供了理论基础。

"说新闻"的播报方式,自从凤凰卫视首开先河以来,迅速风靡全国。在这种播报方式下,主持人娓娓道来、轻松诉说,再加上面部表情、体态语言等其他传播符号的使用,使得传播者在传播基本信息的同时,也能够完成一定的情感交流,语言风格实现了从宣传型向服务型的转变。在这种状态下,主持人的言谈举止中充满了对传播对象的尊重和体贴,同时也营造出轻松活泼的栏目风格。

但是,在当下国内风靡一时的"说新闻"中,也有一些不和谐之处。最明显的就是导播的口语化与解说的"播音腔"之间的不协调,使整个节目的风格难以统一,反而显得不伦不类。为此,记者在写稿时,一方面应该注意从书面语言向口语的转变;另一方面,要多拓展一些"说新闻"的方式。

(3)晚间节目编排的版块化。新闻栏目的编排,体现了电视媒体的立场、风格以及对当天新闻的整体把握。同时,对于栏目的吸引力以及观众的持久注意力也起着关键作用。

第三届世界互联网大会在浙江乌镇开幕当天,《浙江新闻联播》栏目精心策划,围绕互联网治理的中国主张、浙江机遇和乌镇变迁,将当天的联播内容分为三个版块:直通乌镇峰会、浙江亮点、乌镇故事。"直通乌镇峰会"版块报道了头条"习近平在第三届世界互联网大会开幕上通过视频发表讲话:集思广益增进共识加强合作 让互联网更好造福人类",以及一组相关新闻;"浙江亮点"梳理了浙江大力发展互联网经济的系列举措和成绩;"乌镇故事"则随着主持人走进乌镇老街、乌镇人家,讲述互联网给古镇带来发展生机的故事。

(二)编排技巧

1. 强化"两个意识"

新闻栏目在内容选择上,应更加注意新闻的接近性,在节目编排制作上则应该鲜明地树立起策划意识和直播意识。

第一,强化策划意识。当新闻理论界还在为"新闻能否策划"、"新闻策划与策划新闻区别在哪里"等问题争论得不可开交时,新闻报道策划早就作为一种新闻报道手段走进了各新闻媒体。午间和晚间新闻节目时段,由于有较为充足的时间对报道内容进行精心策划,可形成一定的规模效应。

以《新闻30分》一期节目为例。近年来由于沙尘暴频频发生,并有愈演愈烈之势,国人十分关注。为了解除观众的种种疑惑,《新闻30分》在一年春季——

正是北方沙尘暴肆虐的季节，精心策划组织了一批专家学者组成科考队，远赴内蒙古、甘肃沙漠地带，进行实地考察，并派记者全程跟踪采访，及时发回相关报道。再如，在植树节那一天，当全国各大媒体报道的大多是各地植树造林的动态消息时，《新闻30分》则精心策划报道了一组关于我国水土流失的报道，在陕西、甘肃、宁夏、内蒙古等几个报道组中，记者向观众展示了触目惊心的水土流失情况及其造成的严重后果，在植树节当天编发这样一组报道，从侧面进一步阐明了植树节的意义。

第三届世界互联网大会开幕当天，《浙江新闻联播》围绕相关新闻现场和预发新闻事件，事先进行策划。在报道形态上做了多种预案，包括动态新闻（大会会议、会见）、新闻观察（互联网博览会）、新闻链接（全球新闻成果发布会）、新闻特写（摇撸夜话）、现场体验报道（乌镇老街）、人物专访（马云）等，通过当天不同形态的报道，各展所长、相得益彰，对世界互联网大会的亮点作了精彩纷呈的展示。

第二，强化直播意识。电视直播因为能够带给观众亲眼探求未知的新奇感和同步亲历事件的满足感，而成为电视的魅力所在。但现场直播本身是技术发展的产物，它很大程度上受制于技术、人力等客观因素。而对于午间新闻栏目来说，这种限制与其他时段的新闻栏目相比，降到了最小。由于播出时段多在12：00—13：00之间，午间新闻采访、摄制、交通，甚至人员配备的难度都要比其他时段小得多，拥有现场直播的众多有利因素。

1998年，凤凰卫视曾对开启金字塔进行过直播。《凤凰午间特快》栏目通过画面的切换，使前方记者的现场报道能够清晰地展现在观众面前，新闻报道的叙事时间由以前的过去时变成了现在进行时。2001年10月9日的《凤凰午间特快》对"9·11"恐怖事件的一些后续报道就直播切换到驻美国、欧洲及中东记者的现场报道。这种报道形式或许会由于技术的原因产生一些小的差错，但瑕不掩瑜，相比之下，它带给观众的现场感、冲击力及随之而来的信任感是更为强烈的。《凤凰午间特快》作为凤凰卫视中午的强档新闻栏目，每期内容都是从当天上午9：00—13：00的国际经贸、社会、财经及政治新闻中精选，力求在第一时间为观众呈现。2008年"5·12"汶川大地震期间，中央电视台新闻频道打开直播的窗口后，几乎没有停止过现场报道，它以最新、最近的新闻报道吸引了全国乃至全世界的关注，从而也把电视新闻直播推向了极致。

在乌镇开幕的第三届世界互联网大会当天，《浙江新闻联播》就以演播室直播为主，调度多个新闻现场，用直播形式将电视新闻的传播时效发挥到最大化。"乌镇户外演播室、古镇老街、会议现场，三个连线点接力直播，呈现的是正在进行中的会场内外。第一时间、第一现场的充分展示,让观众感受到的是真实直观的大会氛围。"①

2. 注重节奏安排

不论在国内还是在国外,新闻栏目的时间一般都在 30 分钟、一个小时或更长。特别是在 18:00—19:00 傍晚时段的新闻,国内已经形成了从内容到形式都非常鲜明统一的"联播新闻"模式。

在美国,傍晚 18:00(东部时间 19:00)被认为是一天中最重要的新闻时段,而且,此时观众的收视状态较为从容专注,不像早间那样忙碌不停。同时,从电视台节目整体的收视率考虑,"晚间新闻是当晚电视节目的封面",它的精彩与否直接决定着后面节目的收视率。因此,此时段被各大电视媒体极为看重。美国三大广播公司在此时段安排的节目分别为 CBS 的《CBS 晚间新闻》、NBC 的《NBC 晚间新闻》、ABC 的《ABC 今晚世界新闻》,时长都是 30 分钟。三大广播公司晚间新闻的节目构成,多是当天发生的时效性强的突发性事件和重要的时政新闻的报道。节目编排一般由中间插播的商业广告分割成五个"新闻段"(news block 或 news segment)组合而成。

第一个新闻段:

A. 画面精彩、重要的硬新闻

B. 与头条新闻相关的背景新闻(或重要新闻的后续报道)

C. 预告以下的新闻(广告时间-1)

第二个新闻段:

A. 重要性稍次于头条的报道——国际或国内新闻

B. 软新闻或新闻事件特写

C. 新闻人物或事件特写

D. 预告以下新闻(广告时间-2)

第三个新闻段:

A. 重要性稍次的国际或国内新闻

B. 新闻特写、特别报道

C. 预告以下节目(广告时间-3)

第四个新闻段:

---

① 邵一平:《从中国新闻奖编排类一等奖看联播类新闻的编排创新》,《传媒评论》2017 年第 12 期。

A. 重要性再次的社会新闻
B. 较轻松的社会新闻
C. 预告以下节目（广告时间-4）

第五个新闻段：

多是一条调查性事件特写或人情味新闻或人物特写①

从美国三大广播公司晚间新闻节目的编排中，能够再次看到"峰谷技巧"的纯熟应用，它将新闻栏目分隔得富于节奏感。

第一个新闻时段总是最重要的一环。因为它不仅确定着当天新闻报道的重点和风格，而且担当着吸引观众看下去的重任。其中，头条新闻应当把当天最重要的新闻事件公布出来以满足观众求新求快的心理要求。第二条新闻一般是头条新闻的背景新闻或相关的新闻。

第二个新闻时段中的新闻价值略低。从内容上讲，该时段往往安排有关健康、科学或社会新闻。一般把与普通观众生活相关度最密切的新闻安排在该段中的头条。

第三个新闻时段由于刚好处于整个节目的中间，正是观众的注意力开始分散的时候。所以，此时安排的新闻往往是重要性仅次于头条新闻的重要新闻，而且，一般是画面丰满、动感强烈的硬新闻。

第四个新闻时段一般是体育新闻。

第五个新闻时段往往安排一则充满情趣或人情味浓厚的"软"新闻，多是人物特写和事件特写，给当天的新闻留下一个动人的结尾。

从以上新闻编排可以看出，新闻特写在美国新闻节目中的运用是非常普遍的，这在各新闻段中起到了回升收视曲线的重要作用。

所谓新闻特写，是指"对新闻事件、人物活动和场景中富有特征的局部，作细致描绘和再现的报道形式。它的形象化表现，既有强烈的视觉效果和情感效果，又有诱发联想的力量"②。在我国电视新闻报道中，比较经典的新闻特写是广州电视台在香港回归当天所编排的一组《广州新闻》(1997年7月1日)。新闻编排第5条《新闻特写——别了，彭定康！》，利用末代港督彭定康告别仪式上的现场音乐和降下英国国旗的场景，配上对应的具有调侃意味的字幕"别有一番滋味在心头""早知今日，何必当初"等，把英方在香港殖民统治的终结、末代港督彭定康在大势已去时无奈无言的复杂心态淋漓尽致地表现了出来。

---

① 王纬：《镜头里的第四势力》，北京广播学院出版社1999年版，第157页。
② 赵玉明、王福顺：《广播电视辞典》，北京广播学院出版社1999年版，第84页。

新闻特写本是在 20 世纪 60 年代，报刊为了应付电子新闻而出现的一种体裁，其文体风格从一个极端的新闻分析，到另一极端的对新闻事件所进行的描绘式、煽情式、富有人情味的报道，成为那些希望在专业上有所成就的报刊记者所应具备的一项重要的技能，同时也成为电子媒体应对平面媒体竞争的一个重要形式。

3. 兼顾深度报道

在一般人的印象中，简报型新闻栏目很难兼顾深度，深度报道似乎只属于杂志型、专题型节目。其实不然，消息类的新闻报道可以通过连续报道、系列报道、观点报道或长消息报道增加新闻的深度，同时也可通过组合式编排、主题式编排来做成有深度的新闻报道。

此外，新闻的组合报道，也是深度报道的一种重要方式。它采用多种体裁，通过一组多角度、全方位、立体式的报道来满足观众对某一新闻事件求知、求新、求深的欲望。

组合报道大都由这样几条构成：头条一般是对事件的概述报道，第二条一般是背景资料，最后一条通常是一则评论。这样，基本上完成了对某一事件的透视报道。

以黑龙江电视台《新闻联播》一期组合式报道为例：

本期节目围绕黑龙江籍运动员杨杨 44 秒改写中国冬奥史、实现金牌零的突破的事件，编发了 9 条相关新闻：

a. 杨杨：44 秒改写中国冬奥史（从美国盐湖城发回的现场报道）
b. 新闻背景：冬奥会，中国人的足迹
c. 新闻述评：梅花香自苦寒来
d. 杨杨夺冠精彩回放

……

这一组新闻，从单条新闻看，只是一则则新闻简报，但从整体看，则是一个新闻事件的深度报道，既有消息报道，又有消息的历史背景和新闻分析，完成了新闻深度报道所具备的各种要素组合。

而且，这种组合报道还能够通过连续或系列报道的形式达到增加深度的目的。例如，中央电视台的《晚间新闻报道》关于《聚焦婚姻法》的系列组合报道就采用了这种方式。当天播出了《我国将修正婚姻法》的消息，随后播出了《新闻背景：婚姻法的沿革》，介绍了历次婚姻法修改的历史状况；此后，又接着报道了关于家庭暴力的《婚姻法修正案(草案)反家庭暴力旗帜鲜明》《新闻背景:反家庭暴力——全球共同的行动》;第三天又报道了《婚姻法修正案(草案)关注重婚包二奶现象》《重婚的认定成为婚姻法修正的焦点》《重婚、包二奶将承担法律责任》。三天的报道逐层深入、层层递进,有选择地报道了婚姻法的修改情况。

二、集纳型新闻栏目的个性化

个性化,即差异化。个性化栏目是指具有一种不可替代性,从而使之具有同类节目无法比拟的优势。在电视栏目众多、媒体竞争日益激烈的情况下,差异化战略对于电视媒体的节目而言,具有更加重要的意义。电视新闻栏目的个性化,是对"注意力经济"的深刻理解和栏目创新的基本要求。

《凤凰早班车》1998年4月1日开办,开创了"说新闻"的方式,应当是颇具个性化的栏目。主持人以通俗的口语,讲述摘要新闻的内容,将每天的报纸、广播、电视和网络的最新信息做集约化处理,用平实的语言向观众传递。其意义在于:个性化传播——与传统的严谨庄重、字正腔圆的新闻播音产生了极大的反差,带来了电视新闻语言叙事的新变化。人际化传播——把新闻的传播过程变成一种一对一的对话,增强了信息传递的对象感和交流感,把主持人定位在与观众平视与对等的地位,强化了传播效果和节目的亲和力。

凤凰卫视的《有报天天读》2003年1月6日开办,也是一档个性鲜明的信息评论栏目。该栏目定位为"填补重要的言论资讯落差",其不同于一般只摘录报纸消息的做法,而是主要摘报世界各地报章杂志的"头条"及其他新闻言论,既让观众看到国内外对一个事件是怎样看的,又反映主持人对他们的"看法"是怎样看的(个人化点评)。其特点:荟萃每天国际媒体和海外华文媒体的言论精华,以"读"的方式,将有关的国内外媒体对大事的评述扼要介绍给广大观众,满足他们获取更多信息的需求,努力做到"一个事件,多种声音"。

例如关于"朝鲜六方会谈"的报道:

英国《卫报》:美朝无意延续六方会谈

韩国某大报:朝鲜表示六方会谈有害无益

新加坡《联合早报》:六方会谈仍有作用

韩国某大报:朝鲜无理是一贯行径……

上述几篇报道,表现出不同的意识形态立场和各自的利益观点,体现了一种多元价值观。

在新闻栏目的个性化方面，表现最为突出的是在全国首创"民生新闻"的《南京零距离》。该栏目于2002年1月1日由江苏广播电视总台城市频道创办，收视表现强劲，产生了巨大的经济效益和社会效益。在《南京零距离》的带动下，全国劲吹民生新闻之风，如安徽台《第一时间》、湖南经视的《都市一时间》、河南台《都市报道》、湖北经视的《经视直播》等，通过向《南京零距离》学习，并借鉴其成功的运作模式，在本地化的经营方面都取得了良好的成绩。

所谓民生新闻，按照创办者的初衷是：以平民化的视角关注平民百姓，而追求民生则是栏目不遗余力表现的内容。一句话，即反映民众生活的新闻。

《南京零距离》主要从社会事件、生活投诉、实用资讯三个角度来反映平民百姓方方面面的生活，主打民生新闻，无疑给人耳目一新的感觉。这些民生的内容是事件化的（即通过具体的事件来呈现他们的真实生活）；这些事件是过程化的（即通过曲折的过程来揭示他们心灵的冲突）；这些过程又是细节化的（即通过丰富的细节来还原生活的本真）。下面从《南京零距离》的一期节目播出串联单中可以看出该栏目选题体现出的民生取向：

主持人

《今日快报》

1. 九华山隧道正式动工
2. 无锡青年受刺激，悄悄潜入敬老院
3. 零距离调查：你相信东郊有老虎吗？
4. 司机拒载，醉汉受伤
5. 这里的路堵何时休？

下节"零距离"提要

6. 女菩萨入户行骗，众乡邻揭开骗术
7. 假和尚上门行骗，机警市民当场揭穿
8. 开选矿厂，请不要牺牲环境
9. 护照丢了之后……

下节"零距离"提要

10. 少妇大胆，吓着行人
11. 洗头是假，盗窃是真
12. 车主打盹，布匹被偷

《孟非读报》

孩子入园赞助费该填多少？（《现代快报》）

"人造美女"生丑儿,赔夫百万(《南京晨报》)

《今日快报》

13. 银行"适度从紧",房贷门槛提高

《小璐说天气》

下节"零距离"提要

14. 中央门南站又现街头骗局
15. 新闻追踪:圣鹰防盗门收费有点"横"
16. 龙虾店为何无故被砸?
17. 依法施工,文明执法
18. 孩子他爸,回家吧!
19. 好心居民烧垃圾,执法人员来制止

本期《南京零距离》内容基本印证了该栏目的理念"平民视角、民生内容、民本取向"。在这个理念指导下,栏目内容追求与南京市民的"零距离"。主持人采用即兴串接词的表达方式,妙语连珠、幽默诙谐、勇于自嘲。最有特色和不可复制的是该栏目的个性化评报。子栏目《孟非读报》几乎是为主持人孟非量身定做。孟非的评论充满了个性,给人留下深刻的印象,并成为《南京零距离》收视率最高的子栏目。其成功的经验在于:

- 选报标准——有话要说;
- 点评依据——能使观众产生共鸣,但大多数观众又说不出来的话;
- 评说角度——以受众的眼光来看待;
- 评说原则——真诚、公正;
- 评说方法——多提问题,少下结论;
- 评论撰稿——个人撰写,有利口语表达。

民生新闻以对普通百姓现实生活的关注,让群众真切地感受到媒体对自身的"依赖"和自己对媒体的"话语主导权"。正如《南京零距离》主题词所表达的:"家长里短,有'零距离'的耳朵倾听;世事变迁,有'零距离'的眼睛见证。"但正是这种定位的操作,也招来了一些评论者的批评,有人认为,民生新闻出现了"三化"和"三伪"问题,即民生新闻题材的琐碎化、民生新闻对象的边缘化和民生新闻报道的肤浅化。"三伪"指"伪民生",造成了日常生活琐事的视觉疲劳;"伪人文",形成对私密生活空间的肆意侵入;"伪监督",对焦点问题报道的浅尝辄止。上述批评,虽有些偏激,但相关问题也应使媒体人引以为戒。为解决上述问题,应对"民生"概念再认识,使民生新闻报道的题材从日常生活走向社会生活,从民生事件走向民本内涵(以人为本)。根据《南方日报》的经验,应开展多层次的民生报道,即第一层次,提供与公民有关的政治层面的民生服务;第二层次,提供与个人发展有关的观点、法律层面的民生服务;第三层次,提供与公众生活息息相关的资讯层面的民生服务。目前,民生新闻主要集中在第三层次,应向第二、一层次延伸、扩展。

第三节　杂志型新闻栏目

杂志型节目的概念最早是由美国全国广播公司(NBC)前任副总裁西尔维斯特·韦沃在20世纪50年代初提出的。而且,韦沃本人还身体力行地创立了世界上第一个杂志型新闻栏目《今天》。《今天》的创立不仅仅在于韦沃为NBC打造了一个数十年来长盛不衰的名牌栏目,更在于它作为一个开创者所带给后人的启发与引导意义。从此以后,杂志型节目成为电视新闻栏目里不可或缺的一个组成部分。其中不乏经典之作,像CBS的《60分钟》(*60 minutes*,1968—　　)、NBC的《日界线》(*Dateline*,1992—　　)、ABC的《20/20》、《黄金时间实况》(*Primetime Live*)等。这些栏目在参与甚至改变历史的同时,也走进了校园的教科书。

杂志型新闻栏目在我国起步较晚。我国第一个新闻杂志栏目是上海电视台1987年7月开办的《新闻透视》,该栏目采用大版块小栏目、主持人点评串联播出的形式,不仅使栏目风格生动活泼,还使电视节目增加了深度与思辨色彩,这在当时是很难得的。因此,刚一出现,就受到了电视界的好评。随后,不少电视台陆续推出了自己的杂志型新闻栏目,如福建电视台的《新闻半小时》、北京电视台的《看世界》、浙江电视台的《晚间60分》等。而杂志型新闻栏目真正产生影响并且作为一种观念被广为接受,则是在1993年中央电视台大型早间新闻杂志节目《东方时空》开播以后。《东方时空》的开播带动了新一轮更大力度的新闻改革,杂志型的样式被广为采用,许多栏目还创造了自己的特色,如东方电视台的《东视新闻60分》等,都在以自己的方式演绎新闻杂志节目。

杂志型新闻栏目按照编排形式划分,可分为事件组合式和栏目组合式。

一、事件组合式

事件组合式杂志型新闻栏目,就是在每期节目中播出几则深度报道,通过记者或主持人的点评串联,使之形成一个有机统一的杂志形态的新闻栏目。美国 CBS 的《60 分钟》(见图 6-1)是这种形态的典型代表。下面以《60 分钟》为例,分析事件组合式新闻杂志栏目的特征。

(一)报道内容的思辨性

《60 分钟》是美国 CBS 广播公司于 1968 年 9 月创办的杂志型电视新闻节目,每周日晚 7:00—8:00 播出。栏目收视率在美国所有电视节目(包括电视剧、娱乐性节目)的综合排名中始终占据前十,而且连续保持了 20 多年,曾 10 次获得艾美奖。《60 分钟》每期节目通常由三则报道构成,每则报道时长 13 分钟,报道之间由广告隔开。

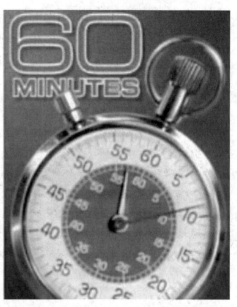

图 6-1　美国 CBS 新闻杂志栏目《60 分钟》片头

《60 分钟》栏目关注的内容非常广泛,"从社会热点到历史事件,从名人轶事到凡人琐事,几乎无所不包"。吸毒、健康、时政、黑社会、新闻人物、社会体制、教育弊端、传统与现代的冲突、个人与制度的矛盾、文明之间的对立等,都可以成为《60 分钟》关注的内容。更为重要的是,《60 分钟》对这些问题的关注不仅仅是停留在报道的层面上,而是想方设法使事件或社会问题向纵深拓展。在早期播出的节目《马丁·路德·金一家的圣诞节》中,麦克·华莱士首先介绍了金一家在金遇刺后是如何度过这个没了丈夫和父亲的圣诞节的。但是,如果仅仅是泛泛地介绍,那节目的意义就要大打折扣。相反,《60 分钟》通过对金夫人及其孩子的采访,肯定了这个家庭从失去亲人的混乱和无序中走出的能力。不过,华莱士的目光并未就此止住,他还以此为由头,引出了对金的遇害给整个美国民权运动造成的影响的分析,为当时的社会现象作出注脚,对民权运动的发展作出预测。

(二)叙事形态的多样性

美国 CBS《60 分钟》的叙事,时而严肃认真,时而诙谐幽默,节目风格好像总是在随报道主题的变化而变化。尽管如此,40 多年来,《60 分钟》还是形成了自己基本的模式与特色。

在节目的编排上,大致由节目介绍、具体报道和专栏评论三部分组成,有时还会有观众来信选播。在具体报道的安排上,通常每期播出三则报道。例如"9·11"事件后,《60分钟》的一期节目由如下内容构成:

第一则报道:《沙特艾华利王子》

报道从沙特王子在"9·11"后给纽约市长捐款1000万开始,通过一系列采访、报道,反映了沙特人对"9·11"的看法以及对美国的态度。

第二则报道:《(美)军方家庭暴力案》

节目通过对一些美军家属被虐、被杀的采访报道,指责美军对施虐军人监管不力而造成的恶果。

第三则报道:《伊斯兰教学校》

通过对几个信仰伊斯兰教学生的采访,探寻人体炸弹者的心理状态。

这几则报道分别采用了如下叙事方式①:

1. 侦探式

叙述的基本步骤是:介绍侦探和罪行;重组犯罪情节并寻找线索;对质嫌疑人和证人;说明解决方式和结局。《军方家庭暴力案》基本上遵循了上述基本步骤。

介绍罪行:肯塔基的甘宝堡驻军三名军人家属遭家庭暴力。五年来,总共有58 000对军人配偶成为家庭暴力受害者。

重组犯罪情节:罗尼史宾斯被杀,中士甸·沙弗利和卓西尼安纳残害妻子。

对质证人:军方有关人士和法官等。

解决方式:军队相关制度的严格执行与法律制裁。

侦探式是最能体现《60分钟》本质特征的叙述方式,诚如该栏目的创始人和总制片人唐·休伊特曾说:《60分钟》的成功,可以简化为几个字,那就是给我讲一个故事。什么是好故事?——"就是说,抓住你的注意力,让你在瞬间觉得这个东西你不知道,那就成为好的新闻素材,然后你去挖掘它、报道它。"②

《60分钟》的侦探故事主要围绕以下两个冲突展开:

第一,安全与危险的冲突。这主要体现为维护美国社会所认同的主流价值观,如安全、诚实、忠诚、公正等。在《沙特艾华利王子》节目中,一方面通过对王

---

① 《60分钟》叙事方式参考了王纬:《镜头里的"第四势力"》,北京广播学院出版社1999年版,第203页。

② CBS《60分钟》主持人莫里·塞弗2005年2月受邀到上海,出席中国电视艺术家协会和阳光文化等单位举办的"国际电视主持人论坛"期间,接受记者采访时的谈话。

宫的参观和对王子与平民的会见,展现了一个童话般的故事;另一方面,通过"9·11"事件后对沙特王子及沙特人的采访,以及对"9·11"的看法和"沙特人真的爱美国人吗"的回答,让美国人彻底丢掉对沙特人的幻想。正像节目结束语所表达出的《60分钟》节目鲜明的立场和观点:"我们做出报道后王子继续捐款,上个月,为巴勒斯坦人给一个沙特政府电视节目捐了2700万用来买食物、衣服、药物和捐给巴勒斯坦恐怖组织烈士家属,该组织包括自杀式炸弹袭击者。"结束语鲜明地表达了节目的制作者对沙特人和艾华利王子的立场与偏见。

第二,诚实与欺诈的冲突。《60分钟》是怎样达到它的目标的?是什么让它与众不同?唐·休伊特说:"我们做得最好的事情是用探照灯照亮黑暗的角落,如果躲在黑暗中的人正在做着他们不应该做的事情,我们能做的就是将探照灯照过去。"这是对侦探式最好的诠释。

2. 分析式

在这种叙述模式中,记者承担着社会评论员或精神分析者的角色,并赋予叙述以结局和道德含义。其结局不在于抓获某个罪犯或解决某一罪行,而是肯定某种价值观和道德观。记者作为调查员,像审讯员一样采访提问,节目就从客观冷静的调查报道中体现出客观公允立场。

《60分钟》从节目提要、解说词的说明、提问的巧妙设置,再到各式人物的采访和节目最后的评论,都或隐或现地表现其观点。我们从《伊斯兰教学校》报道提要中便可以看出:"这并非一般的美国学校,而是数以百计回教徒为自己开的学校,教师提倡尊重每个宗教,谴责暴力和自杀。(援引教师的同期声)'我们不容许校内外的仇恨','自杀是违背伊斯兰教义的',但这些孩子是否收到信息?(援引被访学生的同期声)'如果我要自杀式炸毁海军基地,我会上天堂'。"提要通过对节目的概述、学校教师和学生话语的引语,并加以巧妙编排,于互文反应中隐含着节目制作者对人体炸弹袭击者的精神来源与动机的预设引导。

为了达到客观报道的目的,《60分钟》往往在节目中寻找提问的最佳切入点,抓住事件的最核心部位和关键点向对方发问,以期得到想要的答案。

访谈提问(采访4女3男):

你们自觉是美国人?

你们喜欢这个社会什么?(言论、宗教自由)①

---

① 括号内为学生回答内容,下同。

年轻人总想挑战世界,你们可有反叛的感觉?(要遵守教义,如异性关系)

奉行五大教义的回报是什么?(登极乐,能上天堂)

能上天堂是什么样的回报?(像退休、度假)

当自杀式炸弹者的教徒能上天堂吗?(当然)

你们认为他们是烈士吗?(女生:是)

你们认为这些自杀式炸弹袭击者会上天堂吗?(男生:我认为会)

最近出现几名女性自杀式袭击者,你们有何看法?(女生:她们很勇敢,若你了解巴勒斯坦人的生活,我们都会这样做!)

通过这段采访看出,主持人一步步将被采访者引入其预设分析的圈套中而不能自拔,让观众从逻辑三段论的判断中得出制片人想要传达的结论。

这些提问与回答都是观众最感兴趣的问题,也是观众急于想知道的问题,它从心理等方面回答了自杀式炸弹袭击者的思想基础,表达了节目制作者对某教信仰者的明确态度和观点。

这种分析式报道主要涉及个人与社会、传统与变革之间的矛盾。报道中经常出现道德标准曾偏离价值观的人物,并由他的变化来解决这些矛盾。例如上述采访片断的节目最后提示,两星期后,在校长的要求下,被采访学生事后要求对提问答案进行修改。尽管可以看出并非出自本意,但这种结局(态度改变)也是节目制作者所提倡与希望的,即维护美国社会安全和价值观。

3. 游客式

这种叙事报道中记者的任务是:作为观众的代理人探索并描述新鲜的或陌生的事物;寻找真实(报道的核心)。这些报道主要调节三种冲突:传统与现代化、自然与文明(或乡村与城市)、个人与制度,如《沙特艾华利王子》。

《60分钟》作为典型的事件组合式新闻杂志节目,其成功的关键在于讲好每一个故事。然而,是什么成就一个好故事?唐·休伊特提出了一个与众不同的见解,就是"为耳朵写作"。他说:"我关注故事听起来是怎样的,而不是看起来是怎样的。""真正吸引观众,使观众成为忠实受众的是写作,是语言。"他还进一步强调:最好留住观众的方法是——与其抓住观众的眼球,不如抓住观众的耳朵。这就是《60分钟》与后来的追随者不同的原因,也是《60分钟》半个世纪以来一直名列十大电视节目之一的原因。他说:"我们坚信,尽管是电视节目,在每个星期天,观众收看我们的节目是因为我们的故事而不是因为我们的画面。"[1]

---

[1] [美]唐·休伊特:《60分钟——黄金档电视栏目的50年历程》,马诗远、林洲英译,清华大学出版社2004年版,第86—87页。

"为耳朵写作"实际上道出了电视节目"讲"故事的基本特点——为耳朵写作,实际是为"听"(当然也包括边"看"边"听")故事而写作。江西卫视的《传奇故事》基本表现手法就是主持人为我们讲述一个个新闻故事。央视《焦点访谈》的"访"与"谈"的形式定位,可以看作是对《60 分钟》为"听"而"写"的一种阐释。凤凰卫视中文台关于"剪刀+唾沫"的节目运营特色,想必也是不自觉地强化了"听"电视的功能。

二、栏目组合式

栏目组合式新闻杂志栏目就是在一个统一的栏目名称下,把形态不一、内容各异的多个小栏目经过精心编排组合而成的播出节目形态。该形态最忠实地代表了杂志型栏目的倡导者、NBC 前副总裁韦沃的意图。在世界范围内,NBC 的《今天》是栏目组合形态的典型代表,迥异于以《60 分钟》为代表的事件组合形态的杂志型新闻栏目风格。

在我国,人们对杂志型新闻栏目的理解更多地倾向于这种形态,所以中央电视台的《东方时空》被公认为典型的新闻杂志节目。在此,我们不妨以《东方时空》为例,循着其开办以来的演变与发展轨迹,解析栏目组合式新闻杂志节目的内容和形式。

(一)新闻杂志栏目创立

1993 年 5 月 1 日 6 时 58 分,一组以万物复苏为主题的画面在清新舒缓的 MiDi 音乐伴奏下出现在千家万户的电视屏幕上。喷薄的朝阳、振翅的飞鸟、生长的新芽、奔流的江河,"东方时空"四个大字从天际飞来。这艘后来被称为"中国电视的航空母舰"的崭新栏目扬帆起航了。

创立之初的《东方时空》,除了早间新闻之外,包括四个较为固定的子栏目组合,按照播出顺序依次是:《东方之子》、《东方时空金曲榜》(后改称《音乐电视》)、《生活空间》和《焦点时刻》。总共时长 40 分钟。

按照最初的设想,《东方时空》只是用来填补中央电视台早间空白的一档节目,整个栏目以及各个子栏目的定位并不明确,显得较为零散。经过一段时间的播出,子栏目大致找到了自己较为明确的定位:《东方之子》——"浓缩人生精华";《音乐电视》——"高歌民族曲,激荡中国魂";《生活空间》——"讲述老百姓自己的故事";《焦点时刻》——"时代写真,社会纪实"。

在这几个子栏目的定位过程中,《生活空间》的探索尤显艰难。该栏目内容最初限制在情感婚恋、世相风物、信息咨询以及其他居家琐事上。像"夫妻关系大家谈""果蔬美容法""如何教育孩子"这类较浅层次的服务性内容,以及"弯弯绕"(益智节目)、"绝活"(普通人的拿手好戏)这类娱乐性的小栏目,成为节目的构成主体。从内容上看,它有些类似中央电视台20世纪80年代的老栏目《为您服务》;从节目组成上看,则显得杂乱无章,也难以形成自身的风格与体系。经过艰难的蜕变与再生之后,方才在《东方时空》四个子栏目中突出了自己鲜明的节目内容与形态特色。而《东方时空》的整体形象也在各个子栏目的探索中,逐渐形成了自己独有的文化特色,成为中国电视屏幕上一个日益亮丽的品牌。

(二)新闻杂志栏目发展

从1996年1月27日第1001期开始,《东方时空》做了一次较大的改版。这次最大的改动之处在于将《音乐电视》割爱,代之以全新的主持人言论小栏目《面对面》。同时,将《焦点时刻》改为《时空报道》(避免与其独立出去后的《焦点访谈》雷同),并在选题上侧重社会新闻。而且,不再设小栏目主持人,由一名总主持人贯穿到底。

这次改版是本着栏目定位更加明确,整体效果更加统一协调流畅的原则进行的。《音乐电视》正是由于过于轻松活泼、青春朝气,与《东方时空》"电视新闻杂志"的整体定位明显脱节而被改掉的。取而代之的《面对面》则由主持人就一些社会问题直接面对观众进行点评,显然,在内容上和整体定位上与栏目较为相符。《焦点时刻》的调整主要由于它在名称和选题上与中央电视台每晚19:38播出的《焦点访谈》撞车,自己的个性得不到张扬。最后,由一名总主持人代替原来的子栏目主持人,也是出于栏目整体性的考虑。由一名主持人一以贯之,更利于栏目的整体策划和协调,使节目风格更加流畅协调。

(三)新闻杂志栏目新生

任何事物都是在超越中发展的,超越同类,超越自身,在一次又一次的否定之否定中完善自己。4年之后,2000年11月27日,《东方时空》再次改版。这次动作之大,连栏目标志和片头都改头换面了,绝非以前的调整改版所能比,从内容到形式,都更像一次新生。

首先,在栏目时间上,播出时长由原来的40分钟骤增到150分钟,开播时间由7:00提前到6:00。

其次,在栏目内容上,改换了一批老栏目,增加了一批新栏目。增加的新栏目有:三档正点滚动播出的《早新闻》、新闻性栏目《传媒连接》、资讯性栏目《时空资讯》、四档《天气预报》及周日版的《纪事》(《百姓故事》精华版)、《世界》(一周国际热点)、《直播中国》(中国电视第一个直播栏目)。

本次改版的理念集中表现在三个方面：新闻性的追求、信息量的加大以及人文关怀的再度拓展。

(1) 新闻性的追求。在日常版的新《东方时空》中所增加的栏目全都是新闻或新闻性子栏目，保留下来的经典栏目也都或多或少地加强了新闻性。例如由《东方之子》演变而来的《面对面》走下"神坛"，不再盯着名人专家，而将目光锁定在真正的新闻人物身上；《百姓故事》在《生活空间》的基础上进行改革，突出现代感，加快了叙事节奏。与《时空报道》相比，《直通现场》加大了纪实报道部分，强调记者的现场报道和强烈的现场纪实语言，选题侧重于新闻实践过程的丰富性、层次性，从而让观众"感受真实，直通新闻现场"，这是增强新闻性的另一个表现。

(2) 信息量的加大。在延长的 110 分钟时间里，新闻资讯类栏目就达 80 分钟，占 73%。同时，还缩短了新闻长度，实行滚动播出，及时更新。新《东方时空》另一个明显的变化就是服务性的强化。四档滚动播出的《天气预报》，三档囊括文化、交通、时尚信息的《时空资讯》都重在满足观众的信息需求。

(3) 人文关怀的再度拓展。在播报上，《东方时空》采用了"准口语"的方式，以期能够在拉近与观众的距离的同时，还能维持国家电视台的新闻权威性。例如，《传媒连接》这个栏目有两个定位，一是报纸摘要的新闻传递，但它同时又是一个谈话节目，要有说话的对象感，对一些枯燥的文字和数字通过交流的方式强化理解。

(四) 新闻杂志栏目完善

由于《东方时空》栏目的名牌效应，2000 年 11 月的改版吸引了众多关注和期待的目光。在新版刚推出的一段时间里，评论四起，褒贬不一，单从其他媒体的报道来看，似乎贬者稍占上风。《东方时空》在考虑观众的反馈信息之后，又断断续续地对节目构成和形态进行了调整和完善。

第一，恢复《东方时空》的原有片头和标志。改版仅两天后，《东方时空》就做了这个调整，原因是观众难以适应。

第二，主持人由双人到单人。这主要是为了避免双人主持的不易协调，以增加节目的流畅性。

第三，取消《面对面》，恢复《东方之子》。这主要是连续几个月，许多观众来电来信表达他们对《东方之子》的热爱和怀念。在保留《面对面》的相关优点后，推出新的《东方之子》。

第四,栏目结构重新调整。从 2001 年 11 月 5 日起,从早上 6:00 开始到 8:30 结束时长两个半小时的《东方时空》,具体分为《新闻》和《东方时空》两部分。6:00、7:00—7:15 是两档正点新闻,7:15—8:00 是调整后的《东方时空》栏目,8:00—8:30 播出新开辟的新闻栏目《新闻早八点》。同时,推出《东方时空》新的子栏目《时空连线》,对观众关注的新闻事件进行深入报道,由新闻当事人、相关人士和专家从不同角度解读新闻背景,分析事实内涵。到目前为止,《东方时空》栏目由如下三个子栏目构成:《东方之子》《百姓故事》和《时空连线》。

发展和完善总是相对的,从这个角度看,《东方时空》的每一次调整和改版都只是在以一种不完美代替另一种不完美。但不论怎样,它总是在前进,也总能给我们的电视理念尤其是电视新闻理念不少的启发与冲击。

栏目组合式作为一种杂志形态,自 1952 年韦沃首创以来,迅速风靡全球,仅美国各大电视网就都有自己的杂志型栏目。但是,近两年来,杂志型节目风头渐减,呈现出走下坡路之势。《60 分钟》创始制片人唐·休伊特在新闻杂志节目如日中天时曾经说过:在每一个伟大的新闻杂志节目背后,就有一部失败的情景喜剧。他预言,当美国西海岸节目再次出现轰动时,新闻杂志节目的播出时数就会减少。

残酷的现实不幸被休伊特言中。一个叫《谁想成为百万富翁》的游戏节目,以及火爆全美的《生存者》节目,使得新闻杂志节目的处境十分窘迫。据尼尔森收视率统计公司的数据显示,在这两个游戏节目的播出期间,新闻杂志节目在 11 个晚上中有 9 个晚上观众数目大幅削减。

但这并不意味着新闻杂志节目已经日薄西山、穷途末路。因为,与娱乐节目相比,新闻杂志节目有一个相当明显的优势,那就是低廉的制作成本。而且,从现实来看,游戏娱乐节目像走马灯式地更换,以博得观众的欢心,而保持不变的杂志型新闻节目则一直成为媒体的中坚。杂志型节目还需要不断地探索,因为,追求没有止境,就像电视本身需要不断地探索与发展一样。

第四节 专题型新闻栏目

专题型新闻栏目相对于杂志型新闻栏目而言,是指每期内容只有单一专题报道的新闻栏目。由于这种类型栏目着重于事实深度的挖掘与分析,因此深度报道就成为其主要特征。

对于深度报道的定义,美国哈钦斯委员会在其报告《自由而负责的新闻界》

中,这样阐述:"所谓深度报道,就是围绕社会发展的现实问题,把新闻事件呈现在一种可以表现真正意义的脉络中。"这种脉络的展现,相对消息来说,实际上就是在空间上对事件做出背景网络的呈现和拓展;在时间上是对事件过去、现在和未来的交代与预测。

深度报道最早产生于20世纪40年代的西方报界,本是报纸在广播电视迅速崛起的强大压力下的产物,后来逐渐应用于电视领域。CBS于1951年创办的《现在请看》应该是最早运用此种形态的新闻栏目。创办于1968年的《60分钟》的大获成功,更是加速推动了电视新闻专题栏目的发展与繁荣。我国最早的专题型深度报道栏目,是中央电视台1980年创办的《观察与思考》。目前,中国电视屏幕上此种栏目形态的典型代表则是中央电视台的《焦点访谈》和《新闻调查》。

专题型新闻栏目由于其深度报道的典型特征,使得其无论在题材的选择,还是形式的设置上,都有自己较为鲜明的特色。

一、题材的选择

题材的选择,对于节目的重要性不言而喻。节目"要好看,选题是第一关"。而且,题材的选择是否规范化、条理化、有序化,也是一个栏目成熟与否的标志。专题型新闻栏目在选题上一般要注意以下几点。

1. 重大性

重大新闻事件因为其深切的社会影响、广泛的社会关注,而成为大多专题型新闻栏目所不愿放弃的关注点。《新闻调查》就把重大新闻事件称为其"主战场"。

以《新闻调查》节目选题为例:《大国的握手》《跨世纪的政府》《腐败团伙覆灭记》《保卫荆江》《跨国追索走私文物》《中国第一税案》等,分别关注了美国总统访华、政府机构改革、陕西"11·8"大案、中华人民共和国成立以来第一大税案等年内发生的重量级新闻事件。

2. 社会性

社会性就是表明新闻事件要具有普遍性或广泛的社会关切度。例如《新闻调查》的一期节目《沈阳如何过冬》,关注的是沈阳冬季供暖问题。而沈阳其实只不过是我国众多面临同样问题的北方城市中的一个代表。节目披露的困难、问题与经验具有广泛的适用性。《面对分流的公务员》是在当年出台的国务院机构改革方案中明确规定"机关干部编制总数要减少一半"的大背景下对化工部人员分流状况进行的走访。虽然也只是个案的调查,却具有全国范围的普遍意义。

3. 故事性

"大时代背景下的故事一波三折",一波三折的故事对观众有着永恒的吸引力。所以,《新闻调查》的理想就是"内容上突出故事性……形式上创造一种电视调查文体"。新闻事件本身可能并不重大,但其背后隐藏的价值或文明的冲突,却能给节目足够的内容张力。这种小故事、大主题的题材选择,在《新闻调查》中为数不少。《走进大山的年轻人》《从市长到囚犯》《48个孩子的特殊家庭》《贩毒死囚的忏悔》《精神损害如何赔偿》等,都是通过对个体生命故事的演绎,完成了对重要主题的彰显。CBS《60分钟》的栏目执行主编菲利浦·席勒也认为,《60分钟》基本的选题思想就是寻找一个小故事,但这个故事要能表现出一个大的主题。例如,对于那个帮助病人实施"安乐死"的医生的报道,就涉及医生的职业道德、人的生命权利等。无独有偶,《新闻调查》也曾做过一期《眼球丢失以后》的节目,涉及同样的问题,这恐怕不仅仅是一种巧合。《60分钟》的制片人休伊特就曾宣称,有300多部好莱坞影片取材于《60分钟》,这反映出《60分钟》在选材上对故事性的重视程度。

4. 人性化

这里说的人性化,即指对题材及其思想的挖掘多从人性的角度着眼,尤其是以情感因素来打动观众。即使是对事件性题材的挖掘调查,也要关注其中的人物,包括人物的知识、欲望、情感、奋斗、处境、与他人的关系等都成为吸引受众的元素。例如《新闻调查》中的《煤井塌方大营救》《国家的孩子》,以及后来的《第二次生命》《藏羚羊之死》都有鲜明的表现。《逃亡日记》的编导甚至明白地宣称,自己是"从人性的角度关注一个逃亡者"。而《藏羚羊之死》在故事结尾那一句凄婉的追问:"藏羚羊都死光了,人类的路还有多长?"更是从灵魂的深处给人以振聋发聩的冲击与警醒。这些专题性节目始终关注中国的社会问题,毫不手软地揭示那些故意掩盖、损害公共利益的"真相",成为专题型新闻栏目的典范。

二、故事的讲述

由于专题型栏目的报道多属深度报道,因此,专题型新闻栏目必须更加注重对事件叙述和理念表达的技巧把握。

CBS《60分钟》的缔造者唐·休伊特认为,《60分钟》受到广泛欢迎的原因在于其成功的"叙述传统":"《60分钟》成功的公式是简单的,那就是:给我讲一个故事。"①

这种讲故事的叙事传统,不仅使《60分钟》长盛不衰,也给后来的深度报道提供了一种参考的模式。一般来说,对于故事的讲述,主要是通过记者的调查过程而实现。《新闻调查》原编导刘春说,记者的调查过程是我们展示的重点,做好了会比事件本身的发展过程更精彩。因为事实是比较固定的,而我们的调查则可以成为一个很有魅力的过程。国外一般把这种着重展示记者调查过程的报道模式,称为侦探模式。

这种模式一般用于犯罪新闻和事故新闻(国外叫作揭丑新闻)的调查取证与归纳推理之中。节目往往以记者或主持人对新闻事件的概述为开端。然后,带领观众深入内幕。由于案情往往是一波三折、扑朔迷离,再加上编排技巧的使用,整个节目常常就在结构上表现为跌宕多姿、悬念叠生、有起有伏、环环相扣,不断给观众制造兴奋点,吸引观众看下去。美国三大电视网的许多记者常常冒着生命危险,以隐性采访的方式深入事件内幕,成功地揭露事件的真相。他们对案件的调查、推理与突破能力,有时甚至超过了政府专门机构。

近年来,类似的专题报道在我国的电视屏幕上也不断涌现。像《焦点访谈》播出的《粮食满仓的真相》就是一个较为典型的案例。1998年5月22日,朱镕基总理前往安徽省南陵县视察时,在鹅岭粮站看到了粮食满仓的情景。但是,朱总理走后,《焦点访谈》就收到群众举报,声称其中有假。《焦点访谈》的记者迅速赶到南陵,先通过暗访的手段,获知事实:粮仓不满。因此粮食满仓有假便是千真万确的了。那么,他们欺骗总理的目的又是什么呢?在记者的一再追问下,当地领导承认,是为了面子。按说,这个官僚主义的理由是可以搪塞过去的。但记者却敏锐地发现与事实不相符,问题背后应有"大文章"。最终,在记者们的穷追不舍下,当地官员终于承认,由于当地未按政府规定以保护价收购粮食,而是压低粮价,导致农民不愿卖粮。因此,造成粮仓的空虚。在朱总理视察前夕,他们就从其他五个粮站急调了1 031吨粮食以掩盖真相。这样,随着记者层层深入的调查,整个事件的全貌也就一步一步清晰地呈现在观众面前了。节目播出之后,引起了较大的社会反响。

---

① [美]唐·休伊特:《60分钟——黄金档电视栏目的50年历程》,马诗远、林洲英译,清华大学出版社2004年版,序言。

另外，像《焦点访谈》播出的《雄县追车记》《惜哉文化》《看病哪能添心病》，《新闻调查》播出的《透视运城渗灌工程》《查处虚假统计》《腐败团伙覆灭记》等都是通过记者的深入调查，把记者调查的睿智与艰难、事件本身的多头与迷离，以破除悬念的形式铺展开来，从而为观众创造一个又一个收视亮点。

故事归根到底是人的故事，而人物的命运往往最能打动观众的情感。《新闻调查》播出的《面对分流的公务员》中，就选择了三位面临分流的公务员作为报道对象。其中，化工部干部刘先生在设计自己的余生和表示对国家政策的理解时，感叹道："做一介书生，此生足矣！""作为我们这一代国家的公务员，没有任何理由不和我们的总理一起来蹚地雷阵，过万丈深渊。"对命运无常的感叹和对国脉民瘼的关注，使这位面临分流的局级干部的话听来让人悚然动容。

结构主义叙事学认为，任何叙事都是按一定的模式进行的。叙事学的使命就在于探寻并解读这些模式。电视深度报道同样具有自己的叙事模式——叙事的故事化即是其中一种。而更多的叙事方法与技巧还有待于我们的探索和发现。

三、专题型新闻栏目的发展趋势

自《焦点访谈》异军突起开创了一种风格鲜明的报道模式后，一时间全国众多电视栏目纷纷效仿。但随着电视媒体与观众的日渐成熟与理性化，这类专以揭丑、曝光、批评式专题报道为主的节目也发生了明显的转变。

（一）专栏定位：从揭露曝光到理性建设

专题报道的意义在于它开创了一种深度报道的崭新模式，那种以批评性报道为主的栏目，对于当时正处在艰难改革进程中的中国社会来说有一定的现实意义。所以，这种节目刚一问世，即火爆全国，一时间，中国的电视屏幕上处处闪动着"焦点"。但是，这种一味的曝光与揭露，由于理性思考与深度论证不够，从一开始，就注定了它难以普遍维持持久的命运。

所以，在持续几年的"焦点热"逐渐降温的时候，《焦点访谈》栏目定位语也由原来的"时事追踪报道、新闻背景分析、社会热点透视、大众话题评说"调整为"用事实说话"。改变后的定位语不仅在于它变得简洁了，更表明了新时期新闻媒体对于舆论监督和批评权利的内涵理解的转变，那就是以事实为报道依据、以理性为思考工具。

电视舆论监督的终极目标是推动社会进步而非一时的疾恶如仇。所以，更多的关注点应投向具有建设性的题材,报道与老百姓息息相关的话题。于是,城市交通、环境污染、住房困难、产品质量等就成了"监督"类栏目的着眼点。例如改版后的上海台同类栏目就提出了以"老百姓的期望值为标准"的选题口号,该栏目报道的《最后的"残的"》,对弱势群体倾注了深切的人文关怀,但又不去激化矛盾,在政府与群众之间起到了很好的桥梁作用,使"上海取消机动三轮车"这项复杂的社会工作进行得平静而有序。

(二) 专栏视点:从法官侠士到社会现实的记录与思考者

在前些年"不怕上告,就怕上报"的奇特社会背景下,记者的地位与作用被扭曲地夸大了,而"报纸审判""电视审判"的现象也确实发生过。记者不是法官侠士,也不是钦差大臣,在一个民主、文明、法制健全的社会中,法律才是最终的裁定者。

在经历了最初的疾恶如仇、侠肝义胆之后,深度报道的栏目记者们终于找准了自己的定位——社会现实的记录与思考者。

上海台曾播出过一期《期盼阳光》的节目,讲述了一对年迈的老夫妻因为一幢大厦的遮挡而终日不见阳光,决定告到法院以满足余生中最大的愿望,而法院的几次判决都使老年夫妇失望而归。在这种情况下,该节目没有为达到煽情的效果而情绪化地处理这件事。他们对此事进行了客观的报道,只是在结尾的评论中说:"我们相信法院的判决是慎重的,但是,应该指出,在我们的生活中,合法又不合理的事情还是不少见的。即使我们现行的法律条文和有关规章还不能裁定把阳光还给这对老人,我们就能心安理得地让他们在没有阳光的冬天里'正常'地生活下去吗?"

在这里,栏目主持人没有武断地指责任何一方,但人性化的评论还是让人感到了屏幕后面深切的人文关怀。而且,最后的追问也足以引起世人对情与法这个让人争论不休的话题再次深入思考。

(三) 专栏形态:从专题报道到调查报道

传统的专题节目制作是以观点的表达为核心,组织声画素材围绕主题剪辑合成。而当代专题型新闻节目更注重采用调查报道的方式,寓事实于调查过程展现,增强节目的悬念性和故事性。由于调查报道已在第五章专门论述,所以,这里不再赘述。需要强调的是,调查报道能通过调查发现问题、揭示问题,能透过现象看本质,揭开鲜为人知的事实真相,包括被权力遮蔽或被利益遮蔽的内幕和黑幕,以及被偏见、道德观念和认识水平所遮蔽的真相,因此特别受到青睐。

像获得中国广播影视大奖的专题节目《天价住院费》(中央电视台)、《不容忽视的"毒品"》(吉林电视台),前者以严谨的调查揭示了医患纠纷背后的公共医疗资源流失的问题,回应了老百姓看病贵的民生问题;后者通过大量的调查,揭露处方药"盐酸曲马多"使许多不知情的群众和青少年深受其害的触目惊心的事实。记者以一个"扮演者"的角色明察暗访、深入调查,将种种丑恶行径一一展现在观众面前,将医院由于追逐利益导致对病人权利的侵害与漠视,将药品商店唯利是图、公然违反医德、随意出售处方药的行为暴露得淋漓尽致。

本 章 小 结

● 电视新闻栏目化已成为电视媒体的常态。电视新闻栏目的形态有:集纳型、杂志型、专题型和谈话型栏目。集纳型新闻栏目的定位应充分考虑到时段的选择、内容的选择和形式的选择因素。在编排技巧上要注重峰谷技巧、节奏安排和主题式编排。同时,在遵循普遍编排规律的基础上,应特别注重栏目的个性化创作。在我国成功的案例是电视民生新闻栏目的创新。

● 杂志型新闻栏目编排主要有两种:事件组合式和栏目组合式,前者的代表为 CBS 的《60 分钟》,后者的代表为 CCTV 的《东方时空》。通过多样化的叙事方式展开报道,是这类节目成功的关键。

● 专题型新闻栏目的创作要注重题材的选择与叙事技巧。一般来说,题材的重大性、社会性、故事性及人性化,是这类节目选题的原则。要关注当代电视专题报道的发展趋向,注重调查报道方式在独家采访报道中的作用。

思 考 题

1. 集纳性新闻栏目的编排方式有哪些?
2. 杂志型新闻栏目的组合方式有哪些?
3. 试述电视新闻栏目的创新。
4. 分析中央电视台《东方时空》的栏目形态及编排方式。

第七章　社教型电视栏目创作

电视社教节目,是以社会教育为宗旨的各种电视节目的总称,简称社教节目,常与新闻类、文艺类节目并称为电视节目的三大支柱。"社教节目的题材内容十分广泛,其表现形式多种多样,既有传播信息的作用,又有供人们欣赏娱乐的作用,但它的基本社会功能是教育。"[①]而电视社教栏目,是为了便于观众收看,将各种社教节目纳入固定专栏之中,实行周期、定时播出的节目形式。

关于电视社教节目,在西方国家的电视节目表里没有这一类别的提法,他们一般将电视节目分为新闻、公共事务和娱乐三大类。但在公共事务节目中却包含了社会教育的内容,如公众利益节目、政治事务节目和教育节目等。美国的电视节目虽然充满了商业化的气息,但美国公共电视的内容则是侧重于社教性质的教育、文化、知识类的节目。始建于1955年的芝加哥WTTW电视台的使命即是:"教育、启迪和鼓舞公众,满足公众在公共事务、教育和艺术方面的利益和需求。"[②]美国公共电视的宗旨标榜为"提供更多的节目选择",其主要特点就是重视教育节目、关注社会问题、为儿童提供宝贵的精神食粮、注重为特定观众安排节目,这些都在提供社会教育方面起了不可低估的作用。

作为社会的人,一生要经历家庭教育、学校教育和社会教育三大阶段,而社会教育是要相伴终生的,特别是在知识爆炸的信息时代,这点显得尤为重要。美国著名传播学者施拉姆说:"所有的电视都是教育的电视,唯一的差别是它在教什么。"[③]以电子声像为传播媒介的电视社会教育,是社会影响中最广泛、最生动、最活跃的一部分。社教节目通过电视向观众传播国家政策法令、道德规范、重大时事政治、先进文化、先进人物等,并通过科技知识的传播,对人们进行科学

[①] 赵玉明、王福顺:《广播电视辞典》,北京广播学院出版社1999年版,第143页。
[②] 马庆平:《外国广播电视史》,北京广播学院出版社1997年版,第137页。
[③] [美]威尔伯·施拉姆、威廉·波特:《传播学概论》,陈亮、周立方、李启译,新华出版社1984年版,第261页。

文化、现代生活知识的教育。

据有关资料显示,在 20 世纪 80 年代末期,中央电视台的栏目构成中,社教节目就已占 22%,从播出时间上看,则占 46.9%。但在 20 世纪 90 年代中后期娱乐旋风的冲击下,我国电视社教节目处于低潮。之后,从 2005 年开始,一批具有广泛社会影响的社教栏目的兴起,再度受到社会的关注和媒体人的青睐。例如中央电视台第十套科教频道,自 2005 年 12 月 26 日改版以来,观众忠诚度和满意度节节攀升,《探索·发现》《走近科学》和《百家讲坛》等一批自主创新节目引起很大反响。

2017 年,国家发展"公益、文化、原创"等媒介调控政策的出台,又极大地推动了我国一大批文化类自主原创节目的诞生。《中国诗词大会》(第二季)、《朗读者》、《我是演说家》、《国家宝藏》等多档文化节目开播,引爆荧屏,有的专家甚至由此得出"文化类节目的春天已然到来"的论断。

第一节　社教栏目的类别区分

电视社教节目内容包罗万象,形式多样活泼,可以兼容纪实与表现、谈话与调查、外景报道与室内表演、电视杂志与单一形态、动画与实景、文艺表演与事实报道等多种表现手法,从而形成社教节目形式的多样化和独具魅力的多种风格。正确区分和认识社教栏目的类别,是规范社教栏目创作、搞好电视社教栏目策划以及创新发展的基础和前提。但由于社教栏目题材范围十分广泛、表现形式最为多样、接受对象特别庞杂,并且是电视台节目种群最多、比重最大的栏目类型,其本身构成了一个庞大的节目体系,因而也是分类最为复杂的一个节目类型。

按照"同一律"分类的基本规律,任何一种分类都是以相同性和相等性为条件的。通行的分类方法是"三分法",即按传播内容属性、传播对象属性和传播形态属性来分类。这里主要介绍前两种分类法。

一、按节目题材(传播内容属性)分类

社会教育节目的内容涉及政治、经济、文化、军事、历史等各个领域,注重开掘人文及自然环境类的题材,且互有交叉现象。要想将客观世界广阔的领域归于简洁、清晰的分类条目中,的确是一件比较困难的事。从全国历年电视社教节目评选情况看,其分类也是在不断变化之中的。

全国电视社教类节目评奖是中国广播电视新闻奖的一个重要类别,也是对当年全国电视社教类节目的一次大检阅,代表了我国电视社教类节目评价的最高权威。因此,该奖项的评奖类别应是电视社教节目内容属性分类的重要依据。

(1) 社会政治类。以反映一个时期内的重大社会问题、社会现象、历史事件等为题材的节目,例如中央电视台综合频道(CCTV-1)的《今日说法》和社会与法(CCTV-12)频道的各个电视栏目等。

(2) 经济类。以经济信息、经济政策、经济活动和经济服务为中心内容的节目。这个类别是在1991年全国优秀电视社教节目评选中首次增设的。原广播电影电视部副部长刘习良在当年全国优秀电视社教节目颁奖会上谈到改革电视社教节目时指出:各类电视社教节目必须紧紧扣住经济建设大环境做好节目,在经济建设和改革开放中,找到自己合适的位置,发挥特有的作用,体现自身存在的价值。

(3) 文化类。以文学、艺术、音乐、舞蹈、美术等方面的人物和事件为主要题材的节目。文化类的栏目如中央电视台的《百家讲坛》《朗读者》《中国诗词大会》和东方卫视的《喝彩中华》等,在观众中都有很大的吸引力。近年来,异常活跃的文化类叙事节目又推向了高潮。

(4) 科教类。以普及科学技术、关注科学问题、贴近科技生活、阐释科技现象、弘扬科学精神、展现科学魅力为题材的社教类节目。特别是于2001年7月9日正式开播的中央电视台科教频道,更是以"教育品格、科学品质、文化品位"的定位亮相,展示了科技类节目的发展前景。事实上,美国的"探索"频道和"地理"频道,还有英国的"Beyond 2000"等都是制作精良的科技频道,并将其视为电视传媒发展的新趋势、新标志,已成为国内外电视业内人士的共识。

(5) 人物类。以人物事迹为主要内容,反映人物精神面貌、性格特征和思想品格的节目。中国电视社教节目评奖在1991年度开始增设了人物类奖项,当年获得社教人物类奖的节目有《军中铁汉》(中央电视台)、《扬州第九怪》等。近几年社教节目的评奖项目虽没有人物类,但奖项设立的短片与长片奖,实际上都是人物类的长、短片。

(6) 生活服务类。与大众日常生活的各方面实际需求相关,以提供直接具体服务为主要内容的节目,如北京卫视的《养生堂》栏目等。

二、按受众对象(传播对象属性)分类

当代电视乘电子传播技术发展之风,正迅速产生裂变,电视节目传播渠道

资源短缺的状况基本消失,人们坐在家中可以选看到100套左右的电视节目。电视频道的增多和双向沟通的可能使受众可以在中国3 600多个电视频道中有限地选择。传媒的媒介环境发生了巨大的变化,对传媒本身也带来了极大的冲击和影响:收视份额被瓜分,市场"蛋糕"在减少。虽说"多频道""多媒体"传播是其中的一个缘由,但电视传媒对受众层次细分的忽视,对媒介传播方式的固守,不能不说是一个重要因素。因此,将受众细分化的传播方式逐步提出并普遍给予重视,应该说是一剂富有效应的"良方"。代之而起的是对栏目受众对象定位更进一步的区分,对象型节目的传播正在形成栏目编辑的共识。

对象型节目是指向特定对象播出,并侧重表现特定范畴或兼而有之的专题节目的形态,它与电视栏目类型的划分标准一致,一般根据观众的职业、年龄及其他方面的特点分别设置。

按职业对象分类,可分为工人节目,如《当代工人》(中央电视台);农民节目,如《乡约》(中央电视台)、《乡村发现》(湖南电视台);军人节目,如《和平年代》(中央电视台)等。

按年龄对象分类,可分为老年节目、青年节目和少儿节目,如中央电视台的《夕阳红》《十二演播室》《第二起跑线》和《七巧板》等。

按性别对象分类,突出表现为妇女节目,如中央电视台的原《半边天》栏目、湖南长沙电视台女性频道的《21世纪我们做女人》等。

按地域对象分类,有港澳台胞节目和对外节目,如中央电视台的《天涯共此时》和《海峡两岸》等。

按其他对象分类,可根据特定对象的生活习性、群体爱好等特殊需要划分,例如根据民族对象而设的少数民族节目,根据人种对象而设立的黑人专栏节目,还有以残疾人为服务对象的残疾人节目等。

以上对电视社教栏目进行了分类,均尽量按"同一律"原则,对同一类节目作了具有合理的"可比性"安排。但由于社教类节目涉及的内容十分广泛,表现手法多种多样,多种类型相互交叉、相互渗透的现象比较突出,尤其是当代作为具有后现代特征的电视,其"拼凑"手法的流行,有时更难以对社教栏目给予非常明晰的划分。例如在对象属性类别中,按职业性质划分的各类栏目,实际上绝不可能脱离老、中、青、少和男、女职业的属性交叉。在节目样式属性中,交叉现象更为普遍。但这并不妨碍我们尽可能地通过科学划分,对社教栏目有一个清晰的认识。只要把握住社教栏目的本质特征,在实践中就较容易把握住它们的规律。

第二节　公共型社教栏目的创作

公共型栏目是相对于对象型栏目而言的,它是指面向广大电视观众播出的节目,对应于按节目题材分类的社教栏目。"公共型节目无特定对象,面向全社会,其选题也应选择电视观众普遍关心的题材,社教栏目中的多数节目属于此种类型的节目形态"[①],包括文化类、经济类、社政类和科教类等。

一、文化类节目创作

文化作为一种"外显"与"内隐"的行为模式构成,在人类生活中无处不在,似乎又捉摸不定。文化的内核是观念与价值,它是人类通过劳动、社会实践协调人与自然的关系,协调人与人的关系,是为满足人的需要、欲望而创造出一定的生活方式的过程,以及物质与精神成果。广义的文化应包括知识、信仰、艺术、道德、法律、习惯及其他人类作为社会成员而获得的种种能力在内的一种复合整体。电视媒介在文化传播中发挥着重要的传承作用,同时,本身也作为大众文化的一部分,成为人们吸取知识、接受教育、文化娱乐的媒介对象。在我们这样一个信息时代,电视作为占统领地位的社会教育手段,其在文化普及中的作用是不能低估的。

近两年来,"文化+"(综艺、纪录片等)的节目形式正成为文化类节目的制作新趋势,它改变了原本严肃、曲高和寡甚至略显枯燥的社教类节目的问题,提升了当代社教文化类节目的影响力和竞争力。

2017年8月,国家广电总局发布《关于把电视上星综合频道办成讲导向、有文化的传播平台的通知》,助推了文化类节目的繁荣。作为文化类节目的主营阵地,以央视为代表的主流媒体开始集中发力,通过《中国汉字听写大会》《中国成语大会》等益智对抗竞赛节目的探索,迅速找到了赢得市场与俘获观众的完美结合点,"文化+综艺"作为文化类节目的创新趋势,接连"火"遍电视屏幕、网络平台和社交网络。下面通过典型节目形态分析表明,文化类节目自央视《百家讲坛》"火爆"之后再次复兴。

---

① 杨伟光:《中国电视专题节目界定》,东方出版社1996年版,第28页。

（一）新形态："文化＋纪录＋综艺"的组合模式

2017年12月3日,《国家宝藏》登陆中央电视台综艺频道(CCTV-3)周日晚间19:30黄金档首播(见图7-1),中央电视台综合频道(CCTV-1)重播。节目共计10期,每期90分钟,串联起9大博物馆、27件镇馆之宝的恢宏历史。

图7-1 《国家宝藏》节目

1. 新视角：用时尚手法激活文物文化

《国家宝藏》节目穿越古今,明星和普通人倾情演绎国宝的前世今生故事,创新了国宝文物类文化节目的模式。在综艺市场整体下滑的情况下,央视凭借以《国家宝藏》和《朗读者》为代表的文化类季播节目逆势而上,开启了"2017中国文化综艺元年",并在媒介市场竞争中树立起综艺的"清流"大旗,具有积极的推广意义。

《国家宝藏》用文化的内核、综艺的外壳、纪录的语言,将文物人格化、年轻化、亲切化,灵动地呈现一个千年神坛下的国家宝器时尚先锋,让国宝与青年人实现真正的互动。特别是用时尚现代的综艺手法激活深沉古老的国宝故事,让观众真正了解国家的历史、文化与社会精神①。

《国家宝藏》被很多业界人士、文化学者定位为前所未有的"走向世界舞台中心"的大国电视台扛鼎之作,在全球华人尤其是年轻群体中掀起了一股前所未有

---

① 《开尘封鲜活"大国重器",用"纪录式综艺"呈现历史与今朝》,"广电独家"公众号,2017年12月4日。

的"古典文化热浪"。该节目总制片人吕逸涛说,文物"不再是庙堂之高的陌生物件,而是携带我们文化基因的密码"①。

节目第一期中,身为"国宝守护人"之一的演员王凯化身乾隆为"瓷母"代言,现场与历史文人精彩辩论,以独特的方式讲述自己与国宝之间的缘分和故事,解读中华文化的历史密码。扮演人以扎实的演技功底,不仅在现场为观众进行文物历史的解说,还首度演绎史上最"任性"的乾隆。在"前世传奇"环节中,王凯版的乾隆风度翩翩,一心想要打造出集中国瓷器之大成的瓷瓶,却被黄公望、王羲之等不同历史朝代的文化名人不理解,甚至连乾隆之父雍正皇帝也现身表达不认同。对于先贤们的质疑,乾隆以"鼎盛王朝就该海纳百川"的观念坚持自己,并用表演加讲解的方式解密了中国官窑瓷器史上工艺最为复杂的各种釉彩大瓶的由来。

从加强文物保护利用与文化遗产传承中,让国宝彻底"活"起来,留住文化根脉,守住民族,这正是《国家宝藏》高品质内容创作的根源。节目中的"每一件文物都记载了中华文明、文化的基因,通过央视这种国家舞台和大众传媒的传播,让更多的人了解我们的文化、热爱我们的文化、传播我们的文化,从而更好地保护我们的文化"②。

2. 新形态:用"纪录式综艺"呈现历史文化与今朝

在紫禁城即将迎来建成600周年之际,央视和故宫两大文化体强强联手,采用九大博物馆比拼、文献纪录短片展现、"明星小剧场"演绎等环节模式,融合演播室综艺、戏剧等多种艺术形态,首创"纪录式综艺语态",创作《国家宝藏》,与央视2016年制播的纪录片《我在故宫修文物》、2018年播出的百集纪录片《如果国宝会说话》等节目一起,让国宝"活"起来,以此激活深沉古老的历史,最终展现出它们承载的历史记忆、人文精神和大国气象。

节目叙事形态——纪录式综艺节目;

节目叙事方式——真人演绎历史故事;

节目叙事结构——国宝传奇的"前世今生";

节目叙事视角——解读中华文化的历史密码。

《国家宝藏》节目特邀故宫博物院、上海博物馆、南京博物院、湖南博物馆、河

---

① 《集"看剧、舔屏、涨知识"于一身的〈国家宝藏〉收官》,"广电独家"公众号,2018年2月13日。
② 《开尘封鲜活"大国重器",用"纪录式综艺"呈现历史与今朝》,"广电独家"公众号,2017年12月4日。

南博物院、陕西历史博物馆、湖北博物馆、浙江博物馆、辽宁博物馆等九家国家级重点博物馆(院),各自推选三件国宝级藏品登上《国家宝藏》进行展示评选,平时难得一同现身的九位博物馆(院)长也历史性地在综艺节目中齐聚一堂为国宝发声①。

九大博物馆(院)强势结盟、实景取材,27件顶级国宝重器、27组与之魂魄相依的"国宝守护人"依次亮相节目,成就了这档以综艺为外壳、文化为内核的节目,综合运用娱乐节目竞技、表演手法,展现了国家文物背后的精彩文化故事。

3. 新结构:用版块叙事呈现历史文物的"前世""今生"故事

《国家宝藏》采取了一种新颖别致的叙事结构,以"前世传奇"和"今生故事"的架构方式讲述文物从古至今的故事,让观众从中看到凝聚在文物上的古人智慧和精神。每期节目由一家博物馆的三件文物构成,每一件文物都有一组"国宝守护人",对每一件文物进行重点的演绎与解说。其中,明星嘉宾演绎国宝的"前世传奇",而后引出"今生故事"的讲述者,再由九大博物馆馆长的实时点评和001号讲解员的整场串联讲解,相得益彰、和谐统一地完成文物的过去和现在的叙述。

《国家宝藏》首期节目中,故宫博物院"中华第一古物"石鼓、王希孟的《千里江山图》卷,以及有着"瓷母瓶"之称的釉彩大瓶等三件国宝震撼亮相。演员王凯、李晨、梁家辉作为"国宝守护人"与其他素人守护者一起,在现场演绎国家宝藏背后的"前世传奇"和"今生故事"。

节目的"前世传奇"部分,主要通过明星舞台戏剧表演,演绎一段基于合理联想的国宝历史故事。而节目的"今生故事",主要选取与国宝当下命运相关的人物,讲述一个国宝守护者的经历和相关专家的研究成果。例如,在展现宋代王希孟书画作品《千里江山图》卷的段落中,节目利用大屏幕展现了明艳的青绿色笼罩起来的美轮美奂的视图效果。为了求解《千里江山图》"青绿之色千年不败"之谜,中央美术学院老师、非物质文化遗产名录国画颜料技艺传承人,在节目现场讲述了历时四年、潜心解密研究古人"青绿之色千年不败"的制作过程。

《国家宝藏》以国宝的"前世今生"故事作为切入点,采用小剧场形式来演绎文物的"前世传奇";用综艺化的表达,辅以文物专家现场解读和现代社会不同人对文物的研究,挖掘文物与现代生活的"今生故事",成为该节目的原创模式环节。

---

① "@央视新闻":《为了守护这份"国家宝藏",王凯、李晨、梁家辉等都来了》,2017年12月3日。

(二) 新模式:"文化＋音乐"的组合模式

文化节目的创新重在模式的创新,通过新颖的形式传承国家与民族文化,让历史与现代隔空对话,将流行音乐融入传统文化,是传媒吸引受众、提高传播影响力的一条重要路径。在第 24 届上海电视节(2018 年)上,荣获白玉兰奖最佳季播电视节目的央视《经典咏流传》,作为春节收视率最高的文化节目,以创造性转化和创新性发展,打造出新时代中国电视文化节目的新模式,让一批诗词经典以新的方式再次引发流行,并引领了文化节目新高度。

1. 文化节目的模式创新

《经典咏流传》用流行音乐包装古典诗词,超出了以前诗词综艺"朗诵赏析"和"知识竞赛"两大形态,具有开拓性。

环节设计:《经典咏流传》采取"先声夺人,循序渐进"的手法,创造性地运用"歌曲演绎＋故事/背景讲述＋嘉宾点评"的单元结构方式,多角度、立体化地揭示诗词中蕴含的厚重底蕴,以及它们和音乐碰撞后焕发的独特美感,让诗词之中饱含的中国精神古今观照,得到传承和发扬①。

该模式创新的核心模式:"和诗以歌"。古诗词作为节目的核心所在,要求编创人员从浩如烟海的优秀作品中挑选出最经典、最适合传唱的诗词。同时,在充分理解诗词内涵和意境的基础上,用流行音乐改编成能够被大众接受、乐于传播的"诗""歌"。具体表现环节——

传唱经典:嘉宾传唱经典诗歌,"让我把《xxx》唱给你听";

点亮红心:鉴赏团与现场观众"点亮红心"的操作(表示支持、赞同演唱);

传唱感悟:嘉宾讲述自身故事,通过分享故事,让观众体会到温暖与感动;

鉴赏时刻:鉴赏团与嘉宾分享诗词文化及个人感悟;

嘉宾签名:传唱人在经典名册上签名,同时意味着本期节目的这一首经典诗词传唱结束。

《经典咏流传》节目逆向思考研发出一种轻赛制、重传播的形式,在模式上突破了以往诗词节目或音乐节目竞演的方式,将古典诗词与流行音乐结合起来,用现代的唱法和曲调来演绎古典诗词,巧妙地解决了纯文化节目缺乏大众传播性和音乐节目缺乏文化底蕴的问题,为文化传承找到了一个强大而流畅的节目逻辑,真正做到中华优秀传统文化的创造性转化和创新性发展。

但是,在诗词和音乐两种形态之间如何解决跨界融合的问题,并且演绎得更

---

① 高晓虹:《〈经典咏流传〉融文化价值与审美价值为一体》,《影视前哨》2018 年 2 月 23 日。

贴切呢？央视创造传媒总经理、总编辑过彤认为，该节目找到了两把钥匙：一是时代性。所选的诗词要对当下的中国社会有普世的观照性。中国的诗词文化博大精深，团队选取的诗词都应该具有普世的情感，只有这些普世的情感能够穿越时空，被当下的中国人读懂，例如古人有关"惜时""励志""亲情友情爱情""家国"等主题的诗词，具备二度创作再流传的可能性。二是时尚性。节目邀请的明星和素人传唱人应有特点，他们本身也应是时尚的载体和符号。然后再用适当的歌曲演绎方式，用传唱人自己的故事去包装、自己的声音为我们演唱经典，让经典通过今人的创造活起来、流行起来①。

2. 文化节目的立意表达

"文化＋（音乐、综艺、纪录片等）"作为文化节目模式创新，解决了节目的有效载体到达路径的问题，而文化节目是否"入脑""走心"，传播文化价值，关键还看节目立意高远。据中央电视台综合频道负责人介绍，《经典咏流传》历时一年多策划筹备，是为了寻找央视文化节目新的破局，这种破局不只在于电视节目形式的创新，更重要的是节目立意的新突破。节目中最打动人的诗歌是由一位支教老师和大山里的孩子们演唱的《苔》（见图7-2）。袁枚这首在三百年前创作的诗，一个晚上的传播可能会超过它在三百年传播的总和。一旦诗词插上了音乐

图 7-2 《经典咏流传·苔》节目

---

① 《〈经典咏流传〉传承经典　打造电视文化节目新标杆》，网易娱乐，2018年2月10日。

的翅膀,它会飞向更宽广、更久远的地方。经典属于所有的时代,该节目用最流行和最易于传播的方式,让传世经典再度叩响当代人的心灵。其立意用八个字来概括就是:立足当下,再造流行。中央电视台综合频道不仅在做一档电视节目,还在号召、动员和参与一个全民互动传唱经典的文化行为①。

天籁之声吟唱出牵动人心的《苔》,台湾民谣之父胡德夫演绎《乡愁》思怀余光中老先生,88岁巫漪丽演绎经典爱情《梁祝》……一首歌、一支曲、一个人,古今相交、经典重现、文化传承,诗、歌与人的完美结合,让电视引发出新的文化现象。北京师范大学教授康震说,《经典咏流传》作为大型诗词文化音乐节目,文化底蕴十分深厚,每一首歌和每一首诗的背后都有一段人生,而每一段人生的背后承载的也许是辉煌,也许是一段失落,但都与亘古绵延的文化传统相连接。这些诗歌跨越千年之后到达现代,无论承载的是辉煌还是失落,都变成无以复加的精神财富和文化遗产,成为我们民族文化的自信和骄傲②。

二、社政类节目创作

社政类节目一般反映社会生活领域所发生的一些较为重大或有一定典型意义的事件和现象。尤其是社政类中的法制节目,由于涉及个人、家庭、社会团体的行为、伦理与法制等,通常成为人们的热门话题和关注的焦点,容易在社会上引起较大反响,因此,这类节目在全国电视媒体迅速发展,已形成了一种独立的报道形态,被称为"电视法制节目"。

电视法制节目,是以电视媒介为载体,借助视听符号的制作和表现,以法制与社会生活方面的密切联系为切入点,制作宣传法律为主题的节目形态。下面以电视法制节目作为社政类节目的典范创作,对之进行较为深入的解析。

我国的电视法制节目,创始于"二五"普法时期,至今已有十余年的历史。全国所有省级以上电视台均开办了法制栏目,如上海电视台的《案件聚焦》、山东电视台的《金剑之光》、黑龙江电视台的《走进千万家》、江苏电视台的《人与法》等。另外,1999年长沙电视台还首创了全国第一个政法频道。此后又有黑龙江、河南电视台等台也办起了法制专业频道。中央电视台的"社会与法"频道(2004年12月28日开播),秉承"公民、公正、公益"的核心理念,致力于制作好看、有用和高品质的电视节目。央视的《今日说法》还获得中国广播电视新闻奖电视社教栏

---

① 《〈经典咏流传〉传承经典 打造电视文化节目新标杆》,网易娱乐,2018年2月10日。
② 同上。

目一等奖。与此同时,电视法制栏目的收视率也趋于稳定,栏目影响力日益扩大。

(一) 栏目定位

任何栏目要办出特色,都要有明确的定位。法制节目定位"重在'普'、根在'法'、淡于'奇'、贵在'引'"。在具体节目的制作中要始终遵循"普及法律知识,提高法律意识,弘扬道德风尚,宣扬精神文明"的宗旨,将其相互关系融入节目制作之中,充分表现法制节目的特征。

我国电视法制节目的产生,以上海东方电视台1985创办的《法律与道德》栏目为标志,初期承担了普法的功能,因此,以"说教式"节目居多。到20世纪90年代后期,以中央电视台《今日说法》栏目(1999年1月2日开播)为代表,标志着"举案说法"节目的异军突起。该栏目具有较强的实用性,为老百姓提供实实在在的法律帮助。而这种实用性是通过准确的节目定位和独特的节目形态实现的。"记者采访+法制故事+法律专家权威点评",这种形态的最佳组合,凸显了普法特点——"举案说法",从而受到了观众的欢迎。

此后,以北京电视台的《法制进行时》(1999年12月27日开播)、中央电视台的《法治在线》(2003年5月1日开播)为标志,强调将新闻及时性、现场性的特点引入法制节目创作,进一步开拓创新了法制节目。

(二) 栏目选题

电视节目的成功与否与选题有很大关系,纵观许多名栏目、优秀节目的成功,无一不是对选题重视的结果。中央电视台的《焦点访谈》栏目在这方面做出了有益的探索,该栏目除了正确制定选题原则外,还专门建立了"三会一报"制度,即每周一次例会,通报上级有关宣传工作精神和各方面情况,明确最近哪些题目不能做、哪些题目必须做;每周一次报题会,确定下一周各栏目的节目选题;每周一次制片人碰头会,总结上周节目采制及各方面反映情况。"一报",即选题报批把关制度,经过三道关口,最后才确定选题,从而保证了选题的准确性和成功率,这对法制节目的选题方式有一定借鉴意义。

法制节目的选题,有其特殊性。根据以往成功的经验,衡量法制节目的选题标准,一般要做到"三贴近""两依托",就是要贴近生活、贴近观众、贴近时代,依托已经审理或正在审理的形形色色的案件作为报道的线索。在具体运作上,要从实际出发,走出法制节目报道"重刑事、轻民事"的误区,将选题重点转向对违法事件的报道。对那些游离于传统道德与现代法律之间的话题,也是观众非常感兴趣的选题,如《社会经纬——父子争房纠纷案》。

法制节目的选题,要以新闻敏感去发现问题,戴上法律的眼镜去看世界,就会有取之不尽的题材源泉。在采访过程中注意寻找观众关心、注意的焦点,抓取鲜活的生活事件中的悬念,这样就会引起观众的共鸣和思考,引起人们对相关法律问题的兴趣,从而使每一个选题都能成为"法律就在我身边"的阐释。

(三)栏目结构

结构是一部作品的组织方式和内部构造。电视节目制作者根据对生活的认识,按照事物的发展逻辑和表现主题的需要,运用各种表现手法将一系列生活材料、人物、事件等分轻重主次,合理而均匀地加以安排和组织,使其既符合生活的规律又适合节目体裁的要求。合乎逻辑的结构是法制节目制作的基本要求,是能否实现最佳传播效果的关键。否则,即使再好的栏目定位和选题,也会因为节目制作思路的混乱,让人不知所云。

衡量法制节目的结构标准是看其如何运用悬念。这实际上是涉及结构的一种方法。法制题材的节目常常都涉及人物的命运和事件的发展变化,如果能充分利用这两点,稍加结构,就能引起观众的关注。法制节目的结构,一般由三个方面组成。

(1)社会背景展示:栏目首先要交代好案例的社会背景,包括社会影响度、百姓关注度和案例相关的政策法规。例如《吴越打官司的故事》开头交代背景:最近以来,一些文章的作者,或是刊登文章的媒体因为侵犯名誉权而被推上被告席,有甲Ａ足球裁判陆俊诉《羊城体育报》因披露涉嫌"黑哨"事件的侵权案,还有歌星解晓东诉科技时报社侵害名誉权案等。节目在这里援引的新闻报道引发的各种名誉权官司,即成为该法制节目的社会背景。

(2)主题故事叙述:要注意运用悬念,即在案件审理的每一个要害处、人物命运的每一个转折点,埋下伏笔,留下想象空间,从而抓住观众的解谜、求知心理。努力做到展示矛盾、抓住细节、制造悬念、讲好故事。在《吴越打官司的故事》中,作家吴越因出版社出版其改写的《海上花列传》一书,不但几年来未得到稿费,反而被出版社以名誉侵权将作者推上被告席。官司谁输谁赢一直牵动着观众的心。而对被告作家吴越来说,事关重要的关键证据是否能取出。这一个接一个的悬念,将故事戏剧性地层层展开。

(3)专家分析评述:专家的评述,因其权威性,可以帮助当事人和观众从法律的角度明辨是非,了解并掌握相关的法理。同时,由于专家讲评往往是从案例入手,容易谈得具体、生动,对相关的法律问题也能够从感性上升到理性的认识,使观众易于接受和理解。在《吴越打官司的故事》中，主持人邀请专家就吴越败诉的行为作评析，给观众以启示：维权的手段必须合法。

(四) 栏目形式

自1994年4月中国广播电视学会法制节目委员会成立后，我国的电视法制节目步入了一个较快的发展时期。各电视台法制节目制作方法尽管有所不同，但总体看起来，不外乎三种形式。

1. 专题式

本章前面已论述过，纪录片或专题片是社教节目的基本样式，我国初期的电视栏目多为专题报道式。电视栏目在经历了"杂志式"的喧哗后，现在似乎又有点向专题方向转化的趋向。这种专题式的节目往往关注普通人的生活命运、当事人的心理状态以及在当代社会大背景下，追踪案件的发生、庭审等过程进行叙事，充分展示了司法程序，表现了当事人起伏跌宕的心理变化。例如中央电视台报道的《吴越打官司的故事》《父子争房纠纷案》等，都是以专题纪录片的拍摄方式，追踪报道了"打官司"的故事。

电视法制节目题材往往充满了矛盾冲突、悬念和错综复杂的变化，如果能运用纪实手法对这些案例做真实的记录，可以增强法制节目的可视性、可信性和说服力。因此，在专题式的法制栏目中，往往以庭审为依托，以调查报道为手段，聚焦案件情节，穿插对人物的纪实、交谈，"形成故事性、知识性、人物命运、生存状态并行的具有厚重感的栏目"。

获得2004年度中国广播电视奖优秀电视专题节目的《法制进行时·惊心动魄22小时》（北京电视台），就是采用全程纪实拍摄方式，专题报道了22小时解救著名演员吴若甫的全过程：2004年2月3日凌晨，吴若甫在北京朝阳区三里屯酒吧街遭遇绑架，犯罪嫌疑人向其家属索要200万元赎金，并扬言自己身上带着手雷，谁抓他们就和谁同归于尽。案发后，北京电视台《法制进行时》女主持人徐滔带领节目摄制组冒着生命危险随警拍摄。当侦察员按住怀揣手雷的犯罪嫌疑人时，当特警全副武装冲进关押人质的房间时，摄制组都紧随其后，记录下了一个又一个惊心动魄、震撼人心的场面。

2. "说法"式

"说法"式，是对电视访谈节目样式的延伸或移植。这种形式的节目是以访问、谈话的形式展开叙述视角、表现鲜明主题的。在实际运作中，节目往往采用演播室和外景案件(事件)的穿插展示与点评形式相结合。或者是在节目的形式构成中,以访谈为主,兼容纪录片、新闻节目、模拟表演等样式,使节目形式表现丰富多样,防止了枯燥的侃谈。

中央电视台的《今日说法》是这种"举案说法"的典型栏目。该栏目在开播时就标明"重在普法、监督执法、促进立法",并通过新闻介入、大家参与、专家评说的方式进行,给老百姓一个"说法"。

这类节目的话题,一般选自和老百姓生活贴近而又在人们心目中有误解或误区的小事件,而且这一事件在老百姓中可能有两种以上的观点,如"离婚了,财产该如何分割"等,选题涉及赡养与抚养、家庭暴力、婚姻纠纷、邻里矛盾、交通事故、青少年犯罪、诈骗、名誉权、著作权纠纷等。这些或在我们身边,或离我们并不遥远的已经发生过的或正在发生着的事情,我们都要给个说法。有的案例看上去似乎很小很平淡,缺少悬念和冲击,但都明确地体现着一种公平、一种秩序、一种理性、一种法制精神的张扬。由于大多数民事中的话题在观众中可能会有不同的理解,这种认识矛盾的本身就是"说法"节目成功的一个因素。

3. 庭审式

2001年4月21日上午,轰动全国的张君、李泽军特大系列抢劫杀人案在重庆、常德两地同时开庭审判,中央电视台对这一事件做了庭审"特别节目"的直播报道。据中央电视台调查,这一节目的收视率达到6.41%,观众7013万人,市场占有率为6.27%,在白天时间段(特别是上午)电视节目能达到这样的收视率应当说是比较可观的,说明庭审节目是非常受欢迎的。

所谓庭审节目,是以法庭审判过程为结构依据的节目形式,包括庭审直播和庭审录播两种,以往我们经常在电影或电视剧中看到法庭上控辩双方的激烈交锋,往往被那些鞭辟入里的辩词、敏捷严密的思维所折服,观众似乎在看一场精彩的辩论赛,不时从庭审的千变万化情节和能言善辩的艺术中获得一种审美满足。实际上,在庭审直播最初,也的确给观众带来一些新奇与兴奋,但随之而来的却是庭审中繁琐的程序、冗长的陈述以及纠缠不清的细节,让观众乏味至极。认真分析庭审直播中的现状问题,以引起电视法制节目制作人的注意,是改进庭审直播节目的必要前提。

第一,庭审模式问题。大多数业内人士认为,我国的庭审模式与英美"对抗制"模式不同,是属法官主导型。律师和检察官不能随便走动,也不能随便施展自己的辩论魅力,只能被动地回答法官的提问,程序显得沉闷乏味。特别是庭审节目"对于那些没有利害关系的人们来说,看庭审过程简直是受罪"。为此,有人提出"录播"的良策。就是把冗长的法庭陈述过程删去,经过精心编辑,将庭审辩论的话锋接到一起,使之更激烈。但是司法的程序又受到伤害,很难体现司法的公正。

第二,案件选择问题。庭审直播节目事先必须征得法院的同意,使电视台的想法尽量获得法院的支持。但往往在案件的选取上,双方意见可能不一致。电视台希望选取具有轰动效应、案情曲折复杂、内幕层出不穷的案件。而法院则愿意直播那些便于操作,便于向公众交代,不会影响自身形象的小人物、小事件的案件,这当然不会引起观众的兴趣。

第三,庭审栏目化问题。电视栏目的长度和播出时间一般是固定的,但是庭审时间却不可控制。况且,每周一期的栏目播出时,不一定有所需的庭审案件直播,这对栏目化的庭审节目制作来说,是一个很大的挑战,弄不好甚至"无米下锅"。有人甚至对庭审直播本身提出质疑,其论据是,包括美国在内的许多国家,通常都禁止对庭审现场进行摄影、直播或作了许多限制。

为避免我国庭审直播过程的冗长和庭审过程的枯燥,中央电视台在《张君、李泽军特大系列抢劫杀人案庭审特别节目》中,采用了"庭审直播+演播室访谈+专题片"的形式,较好地解决了上述问题,对改进庭审直播有一定启示和借鉴作用。例如在"特别节目"中邀请了刑法专家、刑侦专家和案件有关人员,配合直播作了一些深入的分析,讲述了庭审幕后一些不为人知的故事,调节了整个直播的气氛,特别是穿插播出的相关专题片《张君、李泽军犯罪团伙覆灭记》和《常德庭审纪实》,对观众有很大的吸引力。

关于庭审直播节目,有人还提出了"庭审直播干扰庭审"的疑虑,容易导致庭审人员的"做秀欲",甚至妨碍庭审过程的庄严与严谨,进而影响案件的公正审理。事实上,恰恰如此,方能将庭审过程置于大众监督之下,使庭审活动更加庄重与严谨。实况转播,无非是扩大了公审听众的范围,只要是全面的报道,并不会影响法官独立审判。关键是要在直播过程中把握分寸,将人们所担心的负面影响减至最低程度。

三、经济类节目创作

经济类节目是专门报道经济问题的节目。从概念上说,经济节目不同于财经节目,后者是以金融的视角为出发点,以泛金融领域为报道题材,包括财税、金融、证券等方面的内容。经济节目除上述领域外,还应包括工业、农业、交通、基建、市场、贸易等方面经济生活的报道。

在我国,随着国家的工作重心转移到以经济建设为中心上来以后,电视经济节目才作为一种独立的节目形态提出来,逐步受到全国电视界的重视。中央电视台在1984年率先组建了经济部,并于1985年1月1日推出了全国第一个经济节目《经济生活》。此后,全国各省、市电视台相继成立了专门制作经济节目的部门,甚至成立了相对独立的经济电视台。由于经济电视台具有相对活跃的管理体制,因此,在节目制播、社会影响、经济收入等方面,有的经济电视台在初期甚至达到和超过省级台的水平及状况。近年来,随着广播影视集团的建立和频道专业化的实行,一些省、市电视台合并后,对电视频道进行了专业化的调整与设立,纷纷设置了经济频道,或以经济为主的经济、生活频道。

（一）经济栏目的社教属性

"经济节目的对象是全民性的,它通过对国内外各种经济问题的报道,阐释我国经济政策,分析多种经济现象,普及各种经济知识,提供各类经济信息。经济节目对更新我国国民的现代化经济意识,真正把经济建设作为中心工作,起到了积极的舆论引导作用。"[①]但在实践中,有人对经济节目的社教属性与功能认识仍然不很明确,因此,需要对此进一步地分析。

经济节目的社教作用是显而易见的,尤其是在经济专题节目中更为突出。1991年度全国优秀电视社教节目评选,首次列入"经济类"节目,当年获得一等奖的是广东电视台的《物价——改革的突破口》和甘肃电视台的《一条增值的通道》,均为经济专题节目。再从1998年以后全国电视社教节目的评选情况看,获经济类节目一等奖的也大都以专题面目出现,如广州电视台的《成品油走私大追踪》、山东电视台的《透视冷热"圣人游"》、湖南电视台的《麦德龙"透明发票"带来的启示》、广东蛇口电视台的《面对"巨人"——"人人乐"的故事》、中央电视台的《小康中国》和北京电视台的《创业进行时》等。

上述获奖社教类经济节目大多运用专题节目形态制作播出是毋庸置疑的。问题在于这种观念的强化,影响了人们对部分经济类栏目的社教属性认识与运作,以至于在实践中将经济类栏目全部划归新闻信息类,而弱化了部分经济栏目的社教功能。为了澄清模糊认识,有必要对经济栏目的类型先作一简明的分析。

按照传播功能划分,经济节目有新闻信息类、社教类。新闻信息类经济栏目,例如中央电视台开播的《经济信息联播》,以传播各类经济技术信息为主,汇集国内外最新消息,分宏观、财经、服务、国际、新产品五大类,每一类分别以小栏

---

① 杨伟光:《中国电视专题节目界定》,东方出版社1996年版,第29页。

目形式出现。社教类经济栏目以中央电视台的《经济半小时》为代表，节目以社会经济热点事件的持续追踪与经济个案的独家调查为栏目的主体形态，在追踪调查中又以具体事件为载体，展示事件的过程和前因后果，揭示事件背后的真相，给人以较强的震撼力和教益，其社教功能是显而易见的。

按照传播形态划分，经济类节目又分为杂志型栏目和专题型栏目。前者如中央电视台的《中国财经报道》《世界经济报道》等栏目，后者如《地球报告》栏目，其节目内容是以荣获美国艾美奖等国际大奖的优秀纪录片展播为主。专题型栏目类似于纪录片型，每期以一部专题片为主干，对有关经济节目做深度报道。

事实上，电视作为一门综合性很强的媒介，在栏目属性的判断上，很难将新闻性、文艺性、服务性和社教性的界限划分得一清二楚。各种属性的经济节目互相渗透，你中有我，我中有你，栏目与栏目之间交叉的情况大量存在，例如，经济信息类节目《中国房产报道》就具有很强的服务性，其宗旨就包含有"传播现代物业知识和理念，带动消费市场，沟通并引导房地产消费市场的需求"等服务性功能。再如，《经济半小时》既有"年广久：商场没有父子兵"之类的矛盾冲突和真相调查，又有以"最快的时间传递最前沿的经济信息"；在节目形态上，有时是杂志型，有时又采用专题报道式。总之，只要做得"好看"，难免综合利用，颇有点"后现代电视"的特征。

（二）经济栏目的经典案例

随着经济全球化时代的到来和我国经济改革开放的深入发展，与人们生活息息相关的经济领域将受到世界经济的挑战与冲击，日益变化的经济生活将越来越受到人们的关注。作为当代最具影响力的电视媒体必将因受众注意力中心的转移，而将媒体报道的中心移向泛经济领域。经济频道和经济栏目的设置也成为各大媒体实施频道专业化、栏目精品化的共识，经济栏目的开办不再作为媒体的点缀，而成为媒体竞争的重心。广东卫视的《财经郎眼》是2009年6月开始推出的一档聊天式新闻评论节目，由郎咸平任固定嘉宾主席，邀请财经媒体人、专家学者及企业家担当常任嘉宾，以三人聊天的方式实现经济学"生活化""媒介化"。据介绍，《财经郎眼》偏重泛财经话题，关注民生经济事件，从民生经济出发，透析世间万象、大事小情，寻求各类新闻的经济学解读和个性化讲述，具有明显的时效性和独特的思想见地。

另一个值得关注的是中央电视台的《经济半小时》，通过对这一栏目的追踪分析，可以看出我国电视经济节目的发展变化历程及走向。

《经济半小时》是在1989年12月18日，对原《综合经济信息》改版的基础上新开办的电视经济栏目。《经济半小时》在开播后不到3年的时间里所播出的大量专题节目,在社会上都引起了极大的反响,从而奠定了该栏目在社会上的地位。例如,《中国质量万里行》受到了党中央和国务院领导人的高度赞扬与肯定,《"3·15国际维护消费者权益日"消费者之友晚会》已成为消费者每年3月15日的节日。《经济半小时》播出的6集专题片《商战》,全面、客观地反映了中国商界深化经济体制改革,展开社会主义竞争的情况。它把当年郑州股份制集体企业亚细亚商场,与其他五大国营商场之间的明争暗斗、扑朔迷离的情景,真实而生动地展示给观众,受到了中央领导的好评。这部片子当年还获得了全国优秀电视节目评比一等奖。《经济半小时》栏目也曾在全国社教节目评比中两度获优秀栏目奖。

进入21世纪以来,《经济半小时》先后成功地进行了多次改版。21世纪之初,其改版以新闻化为方向,以"追逐新闻、捕捉热点、揭示内幕、力求独到"为追求,以"质疑的精神、研究的态度"为宗旨,致力于做到给经济新闻更多的理解,给事实更多的背景。

此后的再次全面改版,提出了"创造当日需求"的口号,要求从每天纷繁复杂的新闻事件中,挑选出一至两条最重要的经济新闻,进行有学术、有评论、有多元观点的报道。"做透一条"成了《经济半小时》的新选择。

从20世纪80年代末的中原"商战"到90年代国企改革试点追踪、软着陆以及90年代末的财富对话,直至21世纪推出"CCTV中国经济年度人物"等,《经济半小时》一直走在中国市场经济改革与发展的最前沿——用经济的眼光关注社会热点,以贴近现实、关注民生及大众化的社会经济新闻拓展更为广泛的收视群体。

(三)经济栏目的发展方向

2001年12月28日,上海文广新闻传媒集团在发行量极为可观的《环球时报》第13版做了一整版全新推出的包括财经频道在内的11个专业频道的广告。12月31日,上海电视台财经频道又在《21世纪财经报道》第36版,单独用更大的篇幅以醒目的"新版财经频道"黑体字推出了整版平面广告,配以简练有力的文字介绍,显示出咄咄逼人之势:"财经世界,如同剑场,唯有具备敏锐、迅捷、精确、强悍、自信的专业素质,才能出剑完胜,笑傲天下。上海电视台财经频道,是中国实力最强的财经专业频道之一,内容涵盖经济、金融、贸易、证券投资等各个领域。专业、权威、亲民,新年频频出剑,《第一财经》《近日股市》《经济观察》《财经开讲》……招招是好剑。财经世界,舍我其谁。"素有"第一媒体"之称的电视传媒,居然也在平面媒体上做起了经济节目的广告,这固然是一个进步,但也说明在当今文化消费社会里受收视率支配的经济节目可能会存在一些危机。

中国电视经济节目从1985年1月第一个栏目《经济生活》开播以来,发展到今天的专业经济频道,对国家建设和人民经济生活的确发挥过不可忽视的作用,但面对信息化、娱乐化趋向的盛行,经济类节目似有被冷落之感。收视率的调查也难令人满意。据某大城市电视媒体对所属的专业频道的"观众满意度调查"显示,经济类节目在各项指标调查评估中均不理想。在栏目指数①、栏目关注度②、栏目忠诚度③前15名中,经济类节目均榜上无名,只是在综合分析的栏目知名度④前15名中,与另一档娱乐栏目并列置于最后。

经济节目传播效果不佳,与节目制作者的思维方式、制作方式、报道视角等不无关系。枯燥的"数字化"报道、"严肃"的经济"工作"报道、领导者的长篇大论,具体工作技术罗列等,使电视经济节目成了专为领导制作的工作情况汇报(其实领导也未必看了),致使经济节目远离观众、远离普通民众。针对这些问题与原因,许多业界人士进行了研究与探讨,专家们也对此开出了一些良剂药方,认为经济报道类节目的核心应该是"人"。只要有了"人",节目和观众就有了交流的对象感,人物在经济活动中的悲欢苦乐、矛盾冲突等,必然会引起观众收视的兴趣。长期以来,我们的电视经济节目中有关人的活动并不令人满意,有的见物不见人,有的见人不见物,把人的活动和经济建设人为地割裂开来。因此,在经济节目制作中,首先要确立起经济报道社会化观点、经济报道的主体是"人"的观点和经济报道要以小见大的观点。

中央电视台第二套于2000年7月推出的全新栏目《对话》,在不到一年的时间就迅速引起了广大观众的注意,同时获得了可观的广告赞助,其原因就在于把《对话》栏目作为一个风云人物会聚的舞台,一个智慧与思想碰撞的空间。它通过现场主持人与嘉宾的充分对话、交流,直逼新闻人物的真实思想和经历,展现他们的矛盾痛苦和成功喜乐,折射出经济社会的最新动向和潮流,同时,又充分展示了对话者的个人魅力及其鲜为人知的一面,这应当是《对话》经济节目的成功之处,也是经济节目发展努力的方向。

---

① 栏目指数,指该栏目在所设定的六项指标中所得分数的平均值。栏目指数实际上是该栏目的满意度水准。

② 栏目关注度,指观众在看电视时,心目中比较关心、倾向于收看的节目程度。

③ 栏目忠诚度,指该节目在平时播出时能够锁定多大群体的观众程度,电视节目忠诚度是该节目收视率的最基本保障,忠诚度越高,收视率的水准越高。

④ 栏目知名度,指一个节目被观众记住、认识、了解到建立信赖关系,最后甚至崇拜的程度。程度越高,越有市场价值,也就是品牌效应。

四、科教类节目创作

科教类节目指传播科学知识,介绍科技成果类的专栏节目。综观世界电视传播发展趋势,包括美国、英国、德国、日本等国都非常重视科教节目的开发与建设。美国有专门播放有关自然、科学、历史和冒险的纪录片为主的"发现"频道、"地理"频道,英国有"Beyond 2000"等,都是耗巨资以高成本打造的。这些节目制作精良,主题充满文化内涵,画面极具冲击力,音效也是世界一流的,其艺术魅力足以使人"惊叹"。因此,大力发展科教节目创作,并将其视为电视传播发展的新趋势、新标志,已成为国内外电视从业人员的共识。

(一)科教类节目的发展历程

1. 栏目化阶段

1991年,武汉电视台在全国电视台中率先成立了科技部,并于1995年5月创办了大型科普专栏节目《科技之光》,通过中国电视教育网向亚太地区传播。后又在1996年9月与中央电视台签订科技宣传合作协议,自此,《科技之光》栏目又通过中央电视台卫视频道向更广泛的范围传播。

"科教兴国"是我们国家的战略方针,要建设经济强国、建设现代化国家必然要发展科技,要赶上和超过世界先进发达国家,最重要的是要先提高国民的科技素质。教育为本,科技为先,科学技术是第一生产力,这些都是我们的基本国策。适应当代社会发展需要,传播科技文化知识,也是电视媒体的重要职能。在世界经济日益全球化的背景下,发展科技节目,创建科技频道,加强与世界各国科技领域的交流与传播,具有深远的意义。

2. 频道化阶段

以中央电视台2001年7月9日正式开播的科学教育频道为代表,我国各省市电视台,在实行频道专业化的今天,大都已开办了科技(科教、科技生活)频道。中央电视台科教频道共设置了30多个栏目,其中包括《探索·发现》《绿色空间》《走近科学》《科技之光》等栏目。

《探索·发现》栏目(2001年7月9日创办)旨在介绍我国的地理探索、历史发现及博物大观。栏目采用纪录片的基本形态,以人类发现的眼光和科学探索的态度,探索隐秘的历史事件、神奇的地理故事,发现自然与人文景观中蕴含的规律与文化内涵。《探索·发现》的题材分为两大类,即自然地理和人文历史之谜。自然地理之谜，着重展示地质地貌、水文气候等自然现象和奇异景观等。例如《寿山石》的探索，过去在民间曾有"一两田黄三两金"的传说，讲的是以（福建）田黄石为首的寿山石曾经是清朝皇族收藏的稀世珍宝，慈禧掌控政局时，同时拥有两个寿山石印章。寿山石，产自福州市一个叫寿山的山脉，它经由怎样奇妙的过程才形成有限的资源？它如何被开采下来？寿山石怎样成为人们争相追求的把玩品？节目带领我们去探索自然规律，发现人对大自然的选择与适应。

自2003年开始，栏目又奉行"纪录片"的制作理念，努力探索实践，以期为中国科教节目制作提供一种全新的样式。《绿色空间》栏目是采用纪实拍摄和主持人与专家对话相结合的方式，发挥多种影视表现手段特点的综合性谈话节目。该栏目每期一个话题、一个事件或人物，既传播了自然生态知识，倡导了绿色生活理念，又进行了环境警示教育。

《走近科学》是中央电视台最早开办的大型科技栏目。每期由一条新闻线索引出，讲述新闻线索背后的科学问题；对社会生活中焦点、热点、难点及疑点等现象给予科学的解释；对科学事件进行真实记录，引发观众对事件的兴趣。如此，通过对多个领域内存在的现象、问题进行调查，澄清人们对科学的认识，弘扬了科学思想和科学精神。

《科技之光》由武汉电视台创办，并一直承制至今。栏目旨在介绍电子、通信、生物等各科技领域的最新发现，并以全世界科技的进度为报道内容，作深入浅出的科普。该栏目早期曾同时在中央电视台和武汉电视台播出，据武汉地区电视观众满意度调查结果显示，6项指标（信息量、制作质量、主持人素质、可视性、可信度、知识性）均居武汉科教生活频道栏目的前列。在武汉电视台6个频道（新闻经济频道、文艺频道、科教生活频道、影视频道、体育休闲频道、外语频道）栏目的综合分析中，《科技之光》栏目的知名度、关注度、观众需求度均列前15名之内，其综合评价指数在武汉电视台6个频道的栏目排名中名列第8位。这说明科技节目在观众需求市场中还是受欢迎的。

3. 娱乐化阶段

纵观全国科技节目，相当一部分栏目没有跳出传统科普作品的表现手法：貌似权威人士的生硬说教，占统治地位的画面加解说的呆板形式，脱离生活实践的高新科技介绍，枯燥无味的苍白配音，这些都与当代观众的收视要求产生了一些距离。要弥补这一鸿沟，尽可能广泛地争取科技节目的受众，就必须探索科技节目表现的多样化，用大众喜闻乐见的形式承载科教节目，最大限度地提高科技节目的传播效果。

2014年，江苏卫视每周五晚间推出的赛季类节目《最强大脑》令观众眼前一亮，一向被冷落的科学类节目一跃成为电视荧屏的收视热点，"让科学流行起来"，从原先的遥不可及竟然变成了活生生的现实。

2018年，中央电视台财经频道《极客出发》（第二季）创新"科技＋综艺"的节目模式，以人机结合为主题，展示科技改变生活，呈现酷炫科技比拼，带给观众更前沿、更温暖、更炫目的科学盛宴。

诚然，科技节目首先要讲究科学性，这是不言而喻的。要从揭示事物的本质规律入手，从观众能够真正学会并掌握知识出发，强调科普性，注重高新科技的发展趋势。其次，要注重科技节目的趣味性，就是要增强科技节目的兴奋点，使观众产生对科技节目的浓厚兴趣。过去的科教片偏重叙述，长于灌输，激不起观众的收视兴趣，这就要求科技节目创新。例如，可吸收当代电视节目的一些表现手法，融合在科技节目的制作之中；可以采用纪实风格，增强节目的参与感和现场感；注意让人的活动穿插其间，从而弥补沉闷、单调的说教，而代之以趣味性、动感性和丰富性。美国的探索频道在世界科技节目制作方面堪称典范，其选题广阔、制作精良都是最高水准，像《海啸》《地震》《火山爆发》《动物大观》和《认识与发明系列》《蓝色星球系列》等都是经典之作。

(二) 科教类节目的创新探索

科教类节目的题材选择秉承科教栏目的理念：在未知领域努力探索，在已知领域重新发现。此类节目紧贴我国科技进步和最新成果、前沿动态，为观众带去最新的科技体验，特别是通过设置实验、竞技等互动环节和故事化表达等多种形式，让观众积极参与，亲身感知高科技带来的改变，激发科学兴趣和热情。

1. 故事化表现

以《探索·发现》为例，致力于成为中国地理的探索、世界历史的发现，并侧重研究人类历史，对重要的历史遗存、历史现象进行发掘探秘。例如，《世纪战争》(48集)通过回首20世纪所发生的主要战争事件，研究战争、理解战争，从而引发人们对于战争与和平问题的进一步探索。

事实上，多年来科教电视节目对于科学内容的叙事语态与表达策略一直都在探索之中。例如《走近科学》以故事化的叙事策略，将科学类内容从目不可及转化为视觉化的故事，解决了科学类节目的可视性问题。而一些验证性栏目则运用情景实证的方法，对生活中各种科学问题进行演播室的现场实验和情景再现，克服了故事化容易带来的伪科学问题。

2. 竞技化呈现

竞技性是娱乐节目的最大特征,它以强烈的悬念性吸引观众满怀期待的心理持续关注节目过程。《最强大脑》(见图7-3)的成功,就在于它转换思路,集中于节目形态的改造和创新,将难以视觉化的科学内容借助"人"这个中介变成了画面化、悬念化、过程化的"真人秀",从而让多年来电视媒体未充分挖掘潜力的科学类内容焕发了新的活力。《最强大脑》以人为本,引入了"科学达人秀"的概念,着重挖掘普通人身上存在超乎常人的科学能力,让观众看到了与自己一样的普通人是如何将不可能变成可能的,这极大地满足了受众对自己和他人能力的探索和好奇心,使节目具有了独特的魅力[①]。

图 7-3 《最强大脑》国际战队对抗赛

央视的《极客出发》(见图7-4)则采用"一个黑科技,两所高校,三项挑战"的竞技新形态,开创高校比拼模式,展现科技学子风采。节目中,来自哈佛大学、汉堡大学、浙江大学、复旦大学等全球24所著名高校的青年"极客",带着最新的科技创新成果进行争锋。该节目突破演播室的限制,以大型户外比拼和演播室试验相结合的模式,呈现实景化竞技现场,营造紧张刺激的氛围。每次挑战能否成功构成了节目的最大悬念,牵动着观众的注意力。为了助推悬念,极客团队在挑战前,都将对结果进行严谨而有趣的辩论、试验、推演,在趣味互动中融入科学精神、团队精神,不断推高观众期待。通过他们的实践操作和探索分析,让观众近距离接触科技与人结合带来的非凡能力,真切感受到科技创新给生活带来的巨大变化[②]。

---

① 张国涛:《〈最强大脑〉:让科学流行起来》,《光明日报》2014年3月31日第14版。
② 王永利:《被广电总局专家评为创新"科技+综艺",央视这档节目有何亮点?》,"广电独家"公众号,2018年1月25日。

图 7-4　央视《极客出发》节目

第三节　对象型社教栏目的创作

当电视以一种生活方式存在于我们身边的时候,由受众需求的变化而引发的电视传播观念的转变也正在悄悄地发生。过去,信息发送者完全掌握信息传播的主动权,人们被动地选择收视内容,受众的生活习惯和文化素养整齐划一。如今,受技术的推动,整个社会的产业结构和人们的生活方式都在从单一向多元发展。电视对人们文化意趣和生活习惯的统摄力逐渐减弱,不同的人越来越倾向于选择收视不同的节目和频道。这种受众的分野,可以称之为收视的分众化,这也就是现今越来越多的对象性栏目和专业频道产生的动因。

自从托夫勒首次使用"分众"(demassify/demassification)这个词以来,"分众"在欧美及我国的传播学界一再被谈论。在传媒业十分发达的美国,这样的分众观念早已渗透在电视的商业运作中,除了电视台和频道的专业化,就是同一类别的电视节目也会针对不同的收视人群作出内容和形式上的不同选择,并取得良好的收视业绩。

从经营者的角度看分众,我们可以借用经济学上的"公地悲剧"概念:在大众传播中,大众的注意力资源就是一块公地,它成为众多电视台进行掠夺性利用的"公地",每家电视台都以争取最大数量的观众为目标,争夺的方式就是尽可能使自己的节目"通俗",迎合尽可能低的文化趣味,拒绝一切深度和力度。这种低水平过度竞争的结果,只能使节目越来越缺乏实质性内容,内容的一次性、垃圾化成为大势所趋。只有用"铁丝网"把公地隔开,将产权明晰,每个经营者才会严守自己的阵地,用心经营。"分众"的道理也在于此。

一、年龄层次的对象型栏目

在我国的电视栏目设置中,明显以年龄层次划分的对象型节目只有青少年节目和老年节目。

(一)青少年节目

青少年节目是指以青年、少年、儿童为特定收视对象制作播出的、以反映青少年及儿童日常学习和生活为主要内容的节目。这个年龄层次的对象较广,从3岁能看懂电视的儿童开始到大学里的学生,都在这个范围内。为满足这一群体对电视内容的选择需要,各大电视媒体都专门成立了青少部,有针对性地设置了一些对象型栏目,例如中央电视台针对儿童的心理特点和欣赏习惯及接受能力,开办了以益智为主要功能的《七巧板》,以知识性为主的少年节目《第二起跑线》,富有时代气息的青年节目《十二演播室》等。在这个层次的电视节目中,儿童电视节目最受欢迎,收视对象早就跨出了儿童的界限,年轻的父母、年老的爷爷奶奶都饶有兴趣地陪小孩一起观看、欣赏,不时还充当画外讲解员。因此,儿童节目的制作者应充分考虑到这一有利的条件和更高的要求,力求创作出一些老少皆宜的少儿节目。

目前我国有2.3亿14岁以下的儿童(截至2016年),加上青少年,数字将更大,这是一个世界上最为广大、最为固定的收视群体。青少年是祖国的未来,电视在青少年的社会化方面起着重要的作用,并已成为儿童渴望了解社会的一个窗口。为办好少儿节目,应重点关注以下问题。

1. 关注少儿节目定位

从目前少儿节目现状看,主要存在以下问题:一是泛儿童化问题。我国未成年人(未满18周岁的公民)是一个年龄跨度大的庞杂群体,如果只按传统的学前节目和学龄节目对电视对象分类,显然过于宽泛,指向不准确。例如学龄节目的对象范围划为7—18岁,实际上7岁的孩子和10岁、14岁、16岁的孩子收视需求有很大的区别。另外,性别上的无区别对待,也有可能影响传播效果。美国FOX就专门开办了男孩频道和女孩频道。日本已细分到10岁女孩频道和10岁男孩频道。二是节目结构失衡。少儿节目多限于做游戏、做手工、儿童歌舞和木偶剧等,而对一多半的农村和小城镇的孩子来说,很少有关注他们需求的节目,更别说能亲身参与节目。

2. 关注少儿收视心理

据专家介绍,儿童身心发育过程中的心理需求有七点:被关怀的需求;归属感的需求;成就感的需求;满足好奇心的需求;自尊心的需求;活动的需求;参与的需求。

而目前我国少儿电视节目制作者缺乏针对儿童心理特征制作节目,这是一块有待进一步开发的领域。

(二) 老年节目

老年节目是专门向老年观众这一特定对象播出或以反映老人日常生活为主要内容的节目。目前我国已进入老年化社会,全国的老年人口已达一亿多人,成为一个很大的社会群体。这批人从工作岗位上退下来以后,仍需得到社会的关怀,需要信息的交流,需要得到服务、享受快乐。因此,老年节目的特点是以服务性为主,以知识性为辅,目的是要使老年节目办得有趣、好看、轻松、有娱乐性。

中央电视台1993年10月22日开播的《夕阳红》,就是一个以老年观众为收视对象的综合性栏目。在《最美不过夕阳红》的优美旋律中,《夕阳红》开启每期节目。"最美不过夕阳红,温馨又从容。夕阳是晚开的花,夕阳是陈年的酒。夕阳是迟到的爱,夕阳是未了的情。多少情爱化作一片夕阳红。"内涵丰富、极富哲理的"夕阳红"词曲,不知感染了多少老年人的心,也激荡着不同层次观众的情怀,其精心的创作、明确的定位使这个栏目一直受到老年观众的普遍欢迎和喜爱。

《夕阳红》栏目的定位注重时代性,紧跟时代,贴近社会主流生活;注重开放性,把老年生活放在一个开放的社会系统中来考察;注重服务性,既强调实际生活的服务,更强调精神上的人文关怀;注重参与性,既注重行为上的介入与参与,更强调精神和心理的介入与参与;注重多元性,在社会主流价值原则下,尊重个人的价值选择;注重多样性,根据电视媒介的迅速发展,节目形态呈现出一种与时俱进的多样性。

《夕阳红》作为中央电视台唯一的一档面向老年人的栏目,在全国中老年观众中享有很高的声誉,节目以老年人的不同视角观照老年人,反映了老年人眼中的世界与世界眼中的老年人。

二、性别层次的对象型栏目

如何运用电视强势媒体,在男女平等没有完全实现的情况下凸显女性群体,张扬性别旗帜,传递女性声音,更加实际地关注女性群体的生存状态,显得十分必要。

借联合国第四次世界妇女大会在北京召开之风,中央电视台于1995年1月1日正式推出了一档妇女栏目《半边天》。该栏目以向社会介绍女性、向女性介绍社会为总体原则,由社教中心"一批事业心强,有创新精神的同志"筹划这个风格温馨、轻松、健康的反映妇女生活的杂志型栏目。该栏目当年便获得了中国电视新闻奖(社教类)栏目一等奖,其中反映贵州贵定瑶族女童及她们的母亲渴望文化学习的《几代女人一个梦》,还被评为全国优秀社教节目社会政治类一等奖。

此后,《半边天》栏目做了较大幅度的调整,以展示女性的社会形象,传播女性关注的科学、生活知识,促进男女两性在社会生活中的和谐发展为宗旨,更加突出女性的时代形象。栏目始终坚持"把握时代潮流,展现当代女性风采""把握性别视角,讲求男女平等"的基本原则,在竞争激烈的中央一套站稳了一席之地。然而,遗憾的是,中国这档最有影响的女性栏目,如今已停办了。这也预示着对象性节目,特别是女性节目生存的艰难。而曾经以"女性频道"定位的广西卫视虽在改版初期就大见成效,为广西卫视进入全国卫视前列奠定了坚实的基础,同时,带动了广告收入的大幅上升,然而,因种种不可名状的原因也悄然淡化了"女性"特征。

可喜的是,如今,一档坚持制播五年的东方卫视大型女性励志节目《妈妈咪呀》,在明星扎堆的各类真人秀综艺市场中脱颖而出,常播常红。2017年该节目第五季安排在每周六黄金档播出,在这个时段几乎都是清一色主打明星牌的综艺节目,如湖南卫视的《快乐大本营》、浙江卫视的《高能少年团》、北京卫视的《跨界歌王》等。而以"中国好妈妈"唱主角的大型女性励志节目《妈妈咪呀》面对这些强大的竞争对手,平均收视率仍然稳居该时段省级卫视综艺排名第三。其成功之处何在?

1. 节目主旨的创新:"中国好妈妈 弘扬好家风"

《妈妈咪呀》通过节目中妈妈们的才艺、人生经历的展示,展现了亲情和母爱的伟大,以及蕴藏在每一位"中国好妈妈"身后的言传身教、身体力行的中国好家风,使节目做得既有意思又有意义,被国家新闻出版广电总局评为"2016年度广播电视创新创优节目"。《新闻联播》称其"传递了坚强勇敢的现代女性精神"。《妈妈咪呀》每一季都在坚持主旨上不断创新、勇于突破,使节目的节奏能够契合新一代"中国好妈妈"的步伐,让走上《妈妈咪呀》舞台的"80后""90后"妈妈成为这个舞台上的生力军。

该节目制播五年的情怀坚守证明,唯有真情感方能造就精品节目。《人民日报》官方微博两度转载节目中令人感动的中国好妈妈——盲人妈妈王蕾蕾和为儿子治病一夜白头的孙元桃,两位妈妈的相关微博点击率都已突破千万。东方卫视在把正能量传递给受众的同时,也收获了更多的正能量。"白头妈妈"孙元桃在节目播出后,就收到了来自瑞金医院的帮助,功能神经外科的医学专家们在对她的儿子进行一系列检查后,提出了切实可行的治疗方案①。

2. 节目设计的时代元素:聚焦素人妈妈,全景展现中国女性时代风貌

纵观当下主流电视综艺,明星加盟的各类真人秀在近几年一直占据着主导地位。而《妈妈咪呀》的对象遴选则兼顾"低门槛"与"高标准",只要是"母亲",便可参与报名,旨在聚焦真正的"素人",呈现最原汁原味的百姓生活。在第五季中,越来越多的个性"辣妈"登上舞台,拓展着"好妈妈"的内涵和外延,展示出时代女性的魅力风貌:单身妈妈张丽娜,形象中性,气质洒脱;意外怀孕的"95后"辣妈陈洁,热爱街舞、冷笑话和五颜六色的头发;曾是农村妇女的雷文娇,为了孩子走出农村,两年艰苦训练终成国际钢管舞冠军;50岁的妈妈刘叶琳好身材"完爆"少女,从图书管理员变身横渡马六甲海峡的铁人。她们的自信与幸福背后,是日益开放和包容的中国社会。

该节目坚持将"有故事、有梦想、有才艺"作为登台展示的唯一标准,使环节并不复杂的素人选秀节目直击人心,传递温情与温度,也成就了节目长期以来优良的收视表现。同时,直面社会现实,释放家风里蕴藏的巨大势能,寻找可能的解决路径。例如,遭遇婚姻无法维系的妻子,曾经精神恍惚,无法与人正常交流,但为了自己的女儿,她选择坚强,辞去工作练就"超强大脑",向世界纪录发起冲击,这就是价值所在。

《妈妈咪呀》使妈妈不只是家庭面貌的展示者,更成为社会组织中正向能量的传播者与传统美德的承载者,进而释放中国好家风蕴藏的巨大势能②。"家

---

① 《广电总局评优、〈新闻联播〉赞誉,这档老牌节目缘何活过5年?》,"广电独家"公众号,2017年6月1日。

② 同上。

风",作为一个家庭世代相传的生活作风,它决定着家族成员的精神面貌和价值取向,影响着整个民族的道德传统和集体认同。

三、职业层次的对象型栏目

社会职业千差万别,要想一一对应地开办电视栏目是不现实的。按照传统的工、农、商、学、兵阶层办对象型电视节目,是目前电视媒介通行的做法。如工人对象的《当代工人》,农民对象的《今日农村》《农民之友》《乡村发现》,商人对象的《商界名家》《商务电视》,学生对象的《十二演播室》和教育专业频道节目,军人对象的《人民子弟兵》《当代军人》等。

对象型节目的重点是"社教",其焦点在于教什么,难点在于如何教。我们知道,新闻节目和文艺节目分别满足了观众的信息需求和娱乐需求,而作为支柱节目之一的社教类栏目如何克服貌似权威的教化,摒弃高高在上的宣讲圣坛,这些都影响到对象型社教节目的创作与播出。

当我们进入到一个文化学者所谓的"话语时代"的时候,社会话语的多样化表达正在成为电视人的一种追求。社教栏目的形式创新,正是在实践的不断摸索与改进中实现的。中央电视台 1997 年 5 月 19 日正式播出的《当代工人》栏目,经过多年的艰苦摸索,已基本形成了相对稳定的表现形态。从初期的"专题片+主持人评论"的司空见惯的模式,到"主持人导语+外景演播现场谈话+主持人结语"的实验模式,应该说是一大进步,特别是将演播现场搬到生产第一线,首开演播形式之先河。

《当代工人》以平民化视角关注受众,开始以"观众为本",要求观众"你们讲给你们听,你们表现给你们看",特别是"外景谈话节目"形式的独创,体现出编导人员日益成熟的现代电视观念。有专家评论说,该栏目既没有明星加盟的耀眼,也没有亮丽舞台的背景衬托;既没有口若悬河的侃谈,也没有故弄玄虚的作秀,一切都是那么的自然而然——节目演播室设在了第一生产线,电视镜头所对准的是普普通通的劳动者,话题的焦点是社会转型时期人们最为关心的悲喜、困惑和权益,节目的起承转合所展现的是职工群众的心路历程。但正因为如此,这个节目在不经意间成为职工群众最具家园感觉的电视栏目。

社教节目是一个庞杂而又充满着变数的体系,在激烈的媒体竞争中,它既没有新闻节目传递信息的优势,也没有传统娱乐游戏节目的休闲,它在承载社教功能的前提下,需要调动一切手段为之服务,让人们在知识信息的传播和快乐电视的氛围中受到教益,这将是社教节目制作人员为之努力奋斗的方向。

第四节　服务型社教栏目的创作

传统的电视栏目分类有三分法、四分法,即将电视栏目分为新闻栏目、娱乐栏目、社教栏目,或再将生活服务栏目从社教栏目中独立出来,成为第四种栏目类型。

一、生活服务栏目的发展

长期以来生活服务栏目是电视台众多节目中的"鸡肋",食之无味,弃之可惜。但关注荧屏的人都会发现,近年来生活服务节目已由"鸡肋"变成了"香饽饽",备受专业人士及观众的青睐。

1. 雏形期(1960—1978)

以中央电视台建台之初开办的知识性、教育性栏目《集邮爱好者》《摄影爱好者》《生活知识》《医学顾问》等为标志。这个时期还没有完整意义上的生活服务栏目,只能说在社教节目中有一批带有生活服务性质的栏目,即栏目内容是为广大群众生活服务的,但传播形式上却是不折不扣的"教育灌输"式,从创作意识上来说也是教育人,而不是服务于人。

2. 独立期(1979—1995)

以中央电视台《为您服务》的开播为标志,最初主要介绍电视节目及烹饪、衣着、养花等家庭生活小常识,节目内容、长度和播出时间都不规范。1983 年 1 月 1 日,《为您服务》经过改造后以新的面貌出现,固定了播出时间和主持人,沈力成为第一个因栏目而知名的主持人。节目还扩大了服务面,将集邮、摄影、市场信息等内容收罗进来,并不定期举办各种设计比赛等。《为您服务》在 1990 年度社教节目评奖中获优秀栏目奖,成为当时最有影响的综合服务型栏目。至此,生活服务栏目已经从社教节目中独立出来,成为具有标志性的栏目形式、内容和特征的一种完备的栏目类型。同时代的节目还有《实用知识》《电视与观众》《生活之友》等,内容大多是医疗卫生、节目预报、生活小常识等,范围十分狭小,且节目形式仍以讲解为主。

3. 发展期(1996—2013)

以中央电视台第二套节目中《生活》栏目的创立为标志,围绕老百姓的衣、食、住、行、用、休闲(玩)进行多方位服务,强调反映生活、服务生活、介入生活、引导生活,以科学、健康、智慧的新生活方式服务百姓、引导百姓。《生活》栏目一经创办便掀起了一股生活服务类栏目的制作潮流,各省、市电视台也争先恐后创办此类栏目。1996年,北京生活频道成立,开创了用一个频道的空间传播生活服务节目的理念,使生活服务栏目的制作更加专业化、集中化、精致化,将此类节目的制作水平及规模都提升到了一个新的层次。在随后的几年,湖南生活频道、河南生活频道、福州生活频道、浙江经济生活频道、山东生活频道相继成立,使生活服务节目彻底改变了以往在其他类型节目的夹缝和边缘中求生的形象,与其他类型的节目共同构成了中国电视完备的栏目类型网。

4. 繁荣期(2014年至今)

生活服务栏目的逐渐兴起,既与飞速变化发展的我国社会历史背景息息相关,也与电视行业本身的自我完善发展有关。2014年10月,广电总局开始严格规范整顿健康养生类节目,规定从2015年1月1日起电视养生类节目只能由电视台策划制作,不得由社会公司制作。2015年4月24日新修订的《广告法》审议通过并于9月1日正式施行,明确规定大众媒体传播媒介不得以介绍健康、养生知识等形式变相发布医药类广告。在这两条政策法规实施后,健康类生活服务节目的播出环境得到净化,收视时长有了重新上升的势头。

从2015年以来71城市上星频道健康类节目的播出和收视比重来看,健康类节目在中央级频道的播出比重(5.37%)高于省级上星频道(4.56%),而收视比重上则是省级上星频道(11.22%)高于中央级频道(7.85%)(见表7-1)。

与其他生活服务节目相比,健康类节目的重要性不断提升,在省级卫视中其收视比重仅次于导视类节目排在第二位,在中央级频道中则排在导视、天气预报和饮食类节目之后的第四位。

表7-1 2015年上星频道各类生活服务节目播出收视状况(71城市)

节目属性	中央级频道		省级上星频道	
	播出比重%	收视比重%	播出比重%	收视比重%
电视导购/广告杂志	15.91	0.77	41.03	10.21
导视	46.21	56.06	26.78	59.40

(续 表)

节目属性	中央级频道		省级上星频道	
	播出比重%	收视比重%	播出比重%	收视比重%
饮食	15.65	10.79	3.32	3.73
健康	5.37	7.85	4.56	11.22
美容/服饰	0.00	0.00	5.60	1.48
旅游	2.27	0.66	4.80	1.26
天气预报	3.74	14.23	2.90	3.04
家居/房产	2.20	1.42	0.25	0.52
汽车	0.38	0.03	0.35	0.13
电视开奖	0.47	0.30	0.01	0.02
生活服务其他	7.80	7.88	10.39	9.00

数据来源：CSM媒介研究

2017年我国省级卫视频道共推出8档以"本草"医药题材纪录片为代表的节目，在全国引起了很大反响（见表7-2）。

表7-2 2017年省级卫视播出的有影响力的健康、养生、医药类节目

健康、养生、医疗类节目			
媒体	节目名称	播出时间	节目类型
江苏卫视	《本草中国新经》	Q2周五21点	大型中医药文化纪录片
东方卫视	《本草传》	暂定2017年9月21点档日播	中医药题材自然人文类纪录片
北京卫视	《生命缘》	Q2周一21:08	医疗纪实节目
	《我是大医生》	每周四21:18	健康养生脱口秀
	《养生堂》	每周一到周日17:25	大型日播养生栏目
安徽卫视	《超级诊疗室》	每周二21:20	大型原创健康公益救助类节目
山东卫视	《大医本草堂》	2017.3.1—12.31 10:30播出	权威健康服务栏目
广东卫视	《秘境神草》	2017Q1	大型现象级纪录片

表 7-2 显示，江苏卫视、东方卫视和广东卫视专门推出了同类纪录片，围绕中医药题材展现中国文化瑰宝，备受观众关注。北京卫视在制播较有影响的常规类日播节目《养生堂》的基础上，还延伸品牌传播力，拓展出周播节目《我是大医生》（每周日晚 21 点档播出）。

纵观生活服务栏目的发展，不难看出，此类节目的产生、兴起与我国社会发展的大背景是密切相关的。由于我国经济的稳步发展，人们的生活状况有了很大的改善，加上国家规定每周实行双休日，人们闲暇时间大大增加，于是对生活质量有了较高的要求，"休闲"也成为一种流行时尚，这一切催生了生活服务类节目，促进了其快速发展。

二、生活服务栏目的制作

服务型节目是一个庞大的节目类型，多年来，经过广大电视工作者的不断探索，在发展中逐步改进完善，使服务类栏目呈多样化发展态势。

（一）生活服务栏目的类型化

（1）按栏目性能划分，有直接服务型栏目、咨询服务型栏目和指导服务型栏目。北京卫视《养生堂》（2009 年 1 月 1 日起推出）作为大型日播健康养生类栏目，以"传播养生之道、传授养生之术"为栏目宗旨，兼及直接服务、咨询服务和指导服务。栏目设计秉承传统医学理论，根据中国传统养生学"天人合一"的指导思想，按照二十四节气来安排节目内容，至今每天既系统介绍中国传统养生文化，又针对性地介绍实用养生方法。

（2）按栏目对象划分，有普及型和特定对象型。普及型服务栏目内容广泛，具有普遍性，一般适合各种职业和不同年龄、文化层次的观众，如《为您服务》（中央台）、《百姓家事》（浙江台）。特定对象型节目主要是为有共同的生理特征或社会特征的受众开办的，例如专门为老年人、残疾人提供服务的栏目，专门为白领职业女性、待业青年提供生活服务的栏目，这类栏目的受益人是特定的。

（3）按栏目形态划分，有综合型、专题型（见表 7-3）和新闻型、谈话型和综艺型。综合型生活服务栏目服务项目多，涉及普通生活的方方面面，多以人们在日常生活中经常碰到的问题、疑惑、矛盾，以及日常消费、生活常识为主要报道对象，栏目针对居家过日子所必备的知识、资讯、观念来构建节目内容，一般只固定版块，而不固定内容，可以今天谈"房子"，明天说"锅子"，后天聊"车子"，无所定势。这类节目就像是一道南汤北菜、五味俱全的"生活大餐"。其收视对象模糊了年龄、性别、职业、收入等具体对象特性，而抽象出普遍的"当家人"，只要是手握家中财权、管理家务的"人"，都是节目的收视对象。该类节目的优势就是无所限制，只要与老百姓有关，凡是老百姓关心的事，都可以去关注、去报道、去反映，并利用媒体的优势为老百姓排忧解困、答疑解惑。

表7-3 全国部分省市电视台生活服务栏目设置情况表

节目类型			栏目名称及所属电视台	
综合型			《日子》(重庆卫视) 《服务》(宁夏卫视) 《伴你生活》(河北卫视) 《生活导报》(辽宁卫视) 《生活无限》(福州电视台) 《阳光生活报告》(河南生活频道) 《为您服务》、《生活》(CCTV-2) 《时尚中国》、《新生活》(浙江经济生活频道)	《大家》(上海卫视) 《服务在线》(河北卫视) 《生活自助餐》(湖北卫视) 《科学大观园》(四川卫视) 《时尚放送》(广东卫视) 《购物乐园》(济南电视台) 《完全时尚手册》(凤凰卫视)
专题型	单一目的型		《重视情报站》(重庆卫视) 《卫视飞鸿》(河北卫视) 《收视情报站》、《观众与屏幕》(四川卫视) 《荧屏快报》、《电视与观众》(辽宁卫视) 《凤凰气象站》(凤凰卫视)	《荧屏速递》(广州电视台) 《凤凰太空战》(凤凰卫视) 《求职》(浙江经济生活频道)
	单一专业型	食	《食在中国》(重庆卫视) 《美食全搜索》(河南生活频道) 《八方食客》(北京电视台)	《妙厨阿鸿》(凤凰卫视) 《学烹饪》(CCTV-2)
		住	《置业周刊》(重庆卫视) 《人居》(浙江经济生活频道) 《房产超市》(河南生活频道)	《都市选房》(黑龙江卫视) 《都市雅居》(四川卫视) 《中国房产报道》(CCTV-2)
		玩	《湘女出行》(湖南卫视)	《周末导游》(广州电视台)
		行	《汽车杂志》(广州电视台) 《车迷俱乐部》(福州电视台)	《车行天下》(河南生活频道) 《清风车影》(CCTV-2)
		用	《周末家电时空》(天津卫视)	
		医	《求医问药》(重庆卫视) 《健康俱乐部》(湖北卫视) 《健康》(安徽卫视) 《健康之路》(CCTV-2)	《名医大会诊》(上海卫视) 《周末新学堂》(凤凰卫视) 《健康》(山东卫视)

(续 表)

专题型	单一专业型	其他	《真相3·15》(湖南生活频道) 注：关注日常消费生活 《网络空间站》(广州电视台) 《百姓专利》(广西卫视)
	单一对象型		《老友》(山东卫视) 注：针对老年人 《金土地》(四川卫视) 注：针对农民 《金土地》(CCTV-2) 注：针对农民

综艺型生活服务节目是近年来随着综艺热而兴起的。例如安徽卫视的《蜜食记》，即是一档旅行美食慢综艺节目，以"达人网红觅食故事和暖意人生的蜜事情感"为叙述主线，用"蜜"破题，以故事入胃，在美女旅厨达人的带领下，通过在全国多个城市或不同地域的呈现，为观众带来不一样的美食故事，以及美食背后的人文情怀。

在创作实践中，有的生活服务节目表现手法则呈现出交叉融合的形态，例如《生活》中就曾采用新闻采访、纪录片拍摄、短剧演绎、统计调查等多种表现手法。有的生活服务节目则只采用一种表达方式，例如河南生活频道的《阳光生活报告》，就是一种生活新闻栏目，其表现手法就是如实记录、简要播报；而湖南生活频道的《大当家》栏目，则是一个典型的谈话节目，每期由现场观众、嘉宾和主持人围绕一个生活话题侃侃而谈。

（4）按栏目内容划分，有健康养生类、健康服务类、生活服务类、美食类、家装类、时尚生活类等。题材内容的多样化带动栏目形态的多样化。下面主要就生活服务栏目的专题化和特色化制作进行简要分析。

（二）生活服务栏目的专题化

专题化，既是针对形式而言，又是针对内容而言。形式上的专题化与综合型相对应，内容上的专题化与主题一致。从某种意义上看，生活服务节目的栏目除了在形式上的杂志形态以外，全部都是按照单一主题即专题化方式制作的。

以北京卫视的《养生堂》为例，全年节目分别按纵向和横向两条线安排内容题材。纵向设计：按照二十四节气来安排每期节目内容，例如，2018年2月25日的一期，围绕"冬春之交莫养伏火"制作专题；2018年7月12日的一期，则围绕"夏季心脏有三怕"专题制作。横向设计：分别从中医、西医角度划分若干选题范围。例如，根据中医养生类别划分为药物养生类、经络养生类、膳食养生类、四季养生类、运动养生类；按照西医解剖学角度划分为神经系统、消化系统、循环系统、呼吸系统、泌尿系统、内分泌系统、运动系统等,每天(期)节目既系统介绍中国传统养生文化,又针对性地按类型介绍实用养生方法。

1. 健康养生类专栏：北京卫视《我是大医生》

《我是大医生》可以看作是北京卫视健康养生类节目《养生堂》的姊妹篇,后者是专家访谈式节目类型,前者是健康养生脱口秀。栏目《我是大医生》以打造全民明星医生的概念,依赖权威名医嘉宾团为核心竞争力,首次使用医生作为嘉宾主持人,通过意想不到的实证、互动等方式,向大众传播具有趣味性、实用性、科学性、权威性的医学知识,用活跃、直观、综艺的方式解读人体的奥秘。同时,把真实、活泼、亲切的医生形象呈现给电视观众。

2. 健康服务类栏目：山东卫视《大医本草堂》

该节目为名副其实的健康服务型栏目。节目形态呈杂志式结构,分为开场健康小茶饮、健康小测试、健康大课堂、健康面对面、养生食谱五个版块。每期专家均邀请国家专业领域具有权威性的专家医生,表达方式深入浅出,并活用图片、道具等,向观众提供最佳、最新、最简单实用、最立竿见影的健康妙招。

3. 美食类栏目：杭州生活频道《领我吃呀》①

《领我吃呀》是一档探寻杭州及周边美食的节目,将时下当地知名的网红主播邀请来参与节目主持,走访吃遍杭州大街小巷。节目力图打造成一档全媒体互动节目,除了自身电视台的视频网站葫芦网外,还在腾讯、爱奇艺网站平台传播相关视频;同时,该节目还在大众点评上开通专题,将节目中推荐的餐厅在大众点评中提供给网友,请大家参与点评评价并给出排名。

4. 家装类栏目：浙江卫视《全能宅急变》②

《全能宅急变》是浙江卫视打造的家庭情感类家装生活服务节目。节目定位在家庭情感类生活服务,从普通人的情感出发,用一个月的时间慢慢打磨出一个更适合普通人居住的家。改造期定为30天,有助于实际生活帮助和高质量的改造,对于装修过程的体现也是点到即止,并不繁复,着重通过最后的施工结果来看扎实的设计和施工实现。

---

① 资料来源于马超：《深耕垂直领域,精准定位受众——垂直类电视节目发展路径探析》。
② 同上。

节目打破了委托人和设计师无法互相选择的"包办改装"形式,回归更真实的市场双向选择机制,精准解决委托人关于家的种种需求与困惑。节目中,待改装住房情况介绍完毕后,设计师到现场与工作团队一起制订设计方案。家装节目不仅关注装修空间的设计思路,同样聚焦委托家庭的生存状态,这种真实需求是观众产生情感共鸣的原因。而委托人在了解各位设计师的理念后,再权衡自身最关切的家之困惑与设计师理念的匹配度作出抉择与判断,也为之后家的完美变身奠定良好的沟通和信任基础。

5. 时尚生活类节目:深圳娱乐频道《好色之师》[①]

时尚生活类节目在电视荧屏中已屡见不鲜,如何创新成为关键,深圳娱乐频道的《好色之师》便将目光对准了穿衣搭配中的一个环节——颜色搭配。节目邀请自带流量和话题的正能量网络红人、时尚行业知名媒体人、知名时尚博主、时尚达人,以及具有一定知名度的模特、影视明星、歌手、谐星等作为嘉宾来到节目中,携手将《好色之师》打造成一个引领时尚潮流又具趣味性的特"色"节目。每期一个话题,例如,什么颜色才是真正适合自己的,衣橱里的衣服都买对了吗,到底应该选择什么样的打扮方式会更好看,如何选择不同场合的着装等,在深圳娱乐生活频道进行首播,同时腾讯视频、爱奇艺、搜狐、乐视、优酷、土豆等11家视频网站同步上线。

6. 医药类节目:江苏卫视《本草中国》、东方卫视《本草传》(本草中华)

《本草中国》和《本草传》(本草中华)均是中医药类纪录片。《本草中国》的第二季节目,打破中医药领域里的术语壁垒,将中医药通俗易懂地展示给观众,力图最大程度提升传统中医药的亲和力和普及程度,并辅以热点话题,吸引多年龄层观众关注。《本草传》(本草中华)由《本草中国》原班团队打造,但在内容选择上更追求中草药与当代人生活的贴近性,节目由6集组成:传说、食治、容颜、奇遇、滋养、功夫等六个主题,采用轻松而趣味的基调,展现中药的神奇之处,充分满足观众的好奇心[②]。该纪录片让中华民族累积数千年的中医药文化智慧在当代中国人身上得以延绵和展示。

例如《本草传》(本草中华)第3集"滋养",明确表现华夏民族是在中医药的

[①] 资料来源于马超:《深耕垂直领域,精准定位受众——垂直类电视节目发展路径探析》。
[②] 剧星智库 angie:《2017年卫视八档健康养生医疗类节目全揭秘》,"@卫视资源速递"微博,2017年2月15日。

滋养下绵延生息的。从沙漠苁蓉到辽东海参,从补气第一的人参到补血第一的三七,天南地北,斗转星移,聚自然之精华,滋养生命不息。无论是止血安胎的阿胶,还是能补肾壮阳的肉苁蓉,抑或是平易近人的枸杞与芝麻,本草的力量已不仅仅是"治已病",还通过滋补养生"治未病",这才是本草守护华夏生机的秘方。

(三) 生活服务栏目的特色化

我国的生活服务类节目经过40多年的发展,无论在内容上还是形式上都有了长足的进步,在逐渐与世界电视业发达国家的同类节目接轨的同时,也逐步形成了自己的特色,特别是尽量选取地域特色的内容作为栏目的主打内容。

1. 生活服务的时代性

生活服务栏目是当地社会发展的风向标,人们生活中的新思想、新动向、新潮流、新问题都成为我国电视台生活服务节目的反映对象。例如央视《生活》栏目的理念就是"与消费时代同行,关注市场经济条件下中国普通消费者的生活"。另外,针对我国消费市场上越来越多的消费投诉现象,湖南生活频道开设了谈话类服务节目《真相3·15》,专门解答观众的消费疑问和消费投诉。而在反映日常生活的报道中,更多地将目光投向了时尚生活、健康生活、科学生活,这种强烈的时代感成为当今优秀生活服务栏目的共同特色。

时代性的原则还要求注意展示生活的"现在时",抓住与生活有关的新闻由头作为切入点,寓新闻性于服务性之中,力争与现实生活同步,为观众提供最新、最快的生活信息。因此生活栏目的编导不仅要当个婆婆妈妈的"大管家",而且要当个快手快脚、行动敏捷的记者,用新闻的思维去发现、传播生活中能为人民服务的信息,或者说用为生活服务的眼光去发现新闻。

2. 生活服务的娱乐性

用轻松、幽默的手法所表达的内容往往能使人在心情愉悦的状况下自然而然地接受节目所传达的信息,即寓服务于乐之中,实用性与娱乐性兼备,往往可以收到更好的效果。北京电视台的《八方食客》,改变过去饮食教学节目方式,采用厨师打擂的方式,增强了栏目的娱乐竞争性。栏目"导吃"的"馋丫头"的造型也打破了一般主持人主持节目的风格,而是一个自由的角色,以各种适应节目主题角色的"扮演",赢得观众的人缘。生活服务节目反映的应该是生动活泼、充满乐趣的生活,这样才能让观众心驰神往。

3. 生活服务的知识性

在服务节目中所传达的很大部分信息应是知识性的,让观众受益无穷的内容。除传播一些生活动态信息外,更应着力传达能够增加观众阅历、提高观众生活能力、技巧、质量的信息,这就是生活知识。服务栏目的知识性是提升节目品位的一个重要砝码。知识性的成功运用是生活服务节目避免琐碎、庸俗的重要手段。但在保证节目知识性的同时,应注意话语方式,尽量用朋友式、建议的口吻来传达,千万不能本末倒置、分不清主次,把服务节目做成了教学节目。

4. 生活服务的服务性

生活服务类节目内容要相对专一。生活本身是丰富多彩的,从衣食住行到家庭建设、子女教育、人际交往、审美意识、道德观念等等,无一不是人们生活中必须关心的问题。但对于包含如此庞杂内容的生活栏目,如果不对自身的内容加以限定,就会使制作者和观众都不知所措,一跟头摔在"杂"字上。事实上,我国生活服务栏目在内容上已经呈现出专业化的趋势。因此,创作人员在内容定位时,不妨多考虑消费市场旺盛的需求,增加对服务于这类消费需求栏目的兴趣。

生活服务栏目的大前提是贴近生活、贴近观众、贴近时代。贴近观众,就是要认真分析节目的收视对象,分析他们的心理和需求。贴近生活、贴近时代,则是要求编导在选择题材时,要选择那些与现代生活背景同步的题材。这个同步,第一就是要选择时代的热点、焦点问题,从生活服务的角度去报道。例如,假冒伪劣商品的日益猖獗是一段时期讨论得比较多的一个话题,老百姓十分关心。那么生活服务栏目就应该告诉观众甄别假冒伪劣商品的方法。又如,针对农药公害这个越来越被人们所重视的问题,就应该告诉观众怎样识别有毒蔬菜水果,以及蔬菜水果消毒、解毒的方法。同时也可热中求冷,不必是社会的焦点、热点,只要是与广大观众日常生活密切关系的题材,也可成为这类节目不可或缺的内容。冷热交替地办节目,既要有热点,又要有正常的日常生活,有时还可以爆爆冷门,只要有时代特征,就未尝不可。

总之,生活服务栏目就是要贴近受众,服务观众的最大需求。如此,就要求生活服务栏目的编导也应当具有新闻敏感和工作热情,以及具备多方面的素质和特殊的创作意识。

首先是"仆人意识"。因为服务,就是为别人工作,说穿了就是做人家的"仆人",创作思维必须以"主人"为核心,围着需求转,挖空心思地揣摩"主人"的心思,投其所好,只有这样才能做出贴心贴意的好节目。

其次，要有"引导意识"。这种意识不是通常理解的"教导"，而是指创作人员在遴选题材时，应在观众需要的范围内，选取积极向上、有利于人民身心健康、符合时代大潮的题材来制作节目，以期在潜移默化中感染观众，让其自觉放弃一些不良的生活观念、生活习惯。这就需要创作人员有高人一等的识别能力，选择出能代表社会主流意识和生活的题材。在这两种意识的结合下，才能做出既让观众爱看又让观众受益匪浅的节目。

再次，生活服务栏目的编导还必须有"公正意识"，正确处理生活服务和广告宣传的关系。生活服务栏目是除广告之外最有广告宣传意味的节目。但广告和服务节目的本质区别就在于两者所代表的利益主体不同，生活服务节目是为观众谋利，广告是为客户谋利。生活服务节目就应该像新闻报道一样客观公正，不为贤者讳，也不为庸者美。在制作有偿服务的节目时更应把好选题关，高标准、严要求，不做假冒伪劣商品的保护伞。

第四，要有"精品意识"。栏目的精品策略就是要用严谨真诚的态度考察反思栏目，对精髓刻意保留，对枝节断然舍弃，面对变幻莫测的世界，恪守自己的一些历经时间考验仍可以保留的东西，这种以不变应万变、塑造经典的策略恰是一个名牌栏目保持长久生命力的法宝之一。名牌栏目之所以成名，总有其经典之处和最吸引观众的动人之处，这就是其"不变"的基础。以这个"不变"应对瞬息万变的观众市场、媒介市场，就好像有指路灯照明一般，不会让自己迷失方向。

本 章 小 结

● 电视社教节目，是以社会教育为宗旨的多种电视节目的总称。从总体上可分为公共型和对象型社教栏目。

● 公共型社教栏目以文化类、法制类、经济类、科技类、生活服务栏目为代表。其中，法制类节目制作形式主要有三种：专题式、说法式和庭审式。文化类节目的兴起以《国家宝藏》《经典咏流传》等为标志，标志着中国原创文化类节目新模式、新形态的诞生。

● 对象型栏目按照年龄层次、职业层次可分为不同的类别，并遵循不同的创作规律。尤其是对少儿类节目，应注意把握少儿的收视兴趣与收视心理。

● 生活服务栏目，以健康养生、健康服务、生活服务、美食、家装和时尚生活类等实用信息为核心内容。该类节目注重"以人为本"理念为精神内核，以"杂烩化"的手法为表现特征，遵循虚实结合、多元服务、贴近时代、寓服务于乐的创作原则，避免对实用信息理解的表层化、类型化，对服务对象理解的偏颇，以及生活服务节目的隐性广告倾向和生活服务节目的"克隆"现象,实现栏目选题的贴近性和服务性。

思考题

1. 试述公共性社教栏目的类别。
2. 试述对象性社教栏目的类别。
3. 试述法制节目创作的一般方法。
4. 举例分析文化类或科教类、健康类栏目的创作方法。
5. 请对某一生活服务栏目的策划与制播进行分析。

第八章 娱乐型电视栏目创作

"不论人们对电视在文化中所起的作用有多少争议,有一点是毋庸置疑的:人们喜欢看电视,而且看电视是人们生活中快乐的主要来源之一。"①巴尔特用"小乐"来指主要源自文化的快乐,这是在精神层面上界定了"快乐"意义。诚然,快乐也可侧重在广义的社会方面,但从电视文化的角度看,最直接的快乐恐怕还是从娱乐型电视节目(包括体育节目)中得到的。不然,这么多年来一直雄踞全国省级卫视收视第一位的湖南卫视,何以定位于"快乐"频道。

自1997年7月11日湖南卫视推出《快乐大本营》栏目并在社会上获得巨大反响后,其他电视媒体从中看到了娱乐节目的巨大商机。一时间,娱乐节目如雨后春笋般迅速发展,在中国电视界形成了一种"电视娱乐节目热"现象,直至21世纪初美国真人秀节目《生存者》的引进,以及我国广东卫视2000年推出的《生存大挑战》和湖南卫视2004年推出的《超级女声》选秀节目的出现,让"娱乐狂欢"达到高潮。21世纪第二个十年开始,随着真人秀节目的大量引进制播,让"娱乐至死"现象在我国得以验证。

第一节 电视娱乐节目的基本类型

电视娱乐节目在发展中出现了相当丰富的文本类型,同其他类型节目一样,由于具有交叉性与多变性,很难作界限分明的类别划分。本文依据形式作为基本的分类标准,尝试区分了以下一些基本节目样式。

---

① [美]约翰·菲斯克:《电视文化》,祈阿红、张鲲译,商务印书馆2005年版,第324页。

一、游戏类

游戏类娱乐节目是大众参与的,以竞技竞赛项目为核心的娱乐节目。所谓游戏,荷兰学者约翰·赫伊津哈定义为:"是在某一固定的时空中进行的自愿活动或事业,依照自觉接受并完全遵从的规则,有其自身的目标,并伴以紧张、愉悦的感受和'有别于'平常生活的意识。"①这个定义告诉我们游戏类娱乐节目的三个特征:自主性(自愿行为),非功利性(它不作为平常的生活),隔离性(在特定范围的时空中"演出")。它是电视娱乐节目的一个重要类别,目前在"游戏"的冠冕之下,这一类节目又演化、发展出多种子类型,它们之间有区别也有联系,包括益智游戏节目、综艺游戏节目和电子游戏节目。

(一)益智游戏节目

益智游戏节目在国外又叫 Game Show 或 Quiz Show,是指为得到某种物质奖励或奖金,在一定规则下,大多由普通百姓参与,偶尔有明星参与的智力游戏节目。通常是由电视台制定游戏规则,通过主持人和选手一问一答的形式层层递进,最终赢取奖品或奖金。

益智游戏节目可以说是由传统知识竞赛发展和演变而来的。随着电视的普及,报纸、广播、电视之间的竞争日益激烈,要想在各媒体中立于不败之地,就必须尽可能争取更多的受众群体。以收视为第一要义的西方电视媒体注意到,电视的娱乐功能在此方面将大有可为。于是,电视的娱乐功能被放大,在众多肥皂剧、文艺节目充斥荧屏的时候,以知识竞赛为蓝本,将竞争引入荧屏,用知识赢得财富的益智游戏节目悄然登场。这种知识与电视结合的最初想法源于 20 世纪三四十年代的电台智力竞赛,早期的电视益智节目有英国的《一本万利》和《任你选择》等,而真正在世界范围内引起轰动的是英国的《百万富翁》。

1995 年,英国电视导演戴维·布里格斯开天辟地以百万英镑的高额奖金为诱惑,要制作一档益智游戏节目。1998 年,名为《百万富翁》的节目问世,并且迅速蹿红,不仅占领了市场 59% 的份额,而且更以不同版本在美国、荷兰、日本、澳大利亚等世界 60 多个国家和地区播放,收视率居高不下。到 2004 年年初,使用该节目样式的国家已达 108 个。游戏参与者不仅可以在镜头前炫耀自己的学问

---

① [荷兰]约翰·赫伊津哈:《游戏的人——关于文化的游戏成分的研究》,中国美术出版社 1996 年版,第 30 页。

和勇气,更有机会拿到梦寐以求的大奖;旁观者则可以边看节目边学知识,时不时还可以把玩一下参赛者的"尴尬"和"洋相"。这一切都保证了把观众牢牢地"贴"在电视机前。

在欧美电视娱乐圈,绝大多数娱乐节目都是在以营利为目的的前提下,对节目进行不断的改版和创新。看多了名人、明星的丑态,在注重纯娱乐的西方电视,还有什么比百万巨奖更能让观众为之疯狂呢?《百万富翁》的游戏规则是:在全国范围内选取十名参赛者,通过一道抢答题选出其中一个用时最短并答对问题的人,此人获取机会问鼎100万英镑的奖金。他将依次回答15道多项选择题,如果全部回答正确,那么,他将赢得全部的累积奖金;如果出现不确定的问题,选手可以使用三个锦囊:去掉四个答案中的两个错误答案,留下50%的机会在剩下的两个答案中作答,或者电话求助亲友,或寻找现场观众帮助;如果在任何一个阶段出错,奖金就将跌至安全线上,或者1 000英镑,或者3.2万英镑,游戏也将到此结束。这种巨额奖金的诱惑,也让某些具有投机心理的观众成为相对固定的收视群体,甚至为此跃跃欲试。虽然在《百万富翁》节目开播三年之时,全球60多个国家只有20多人因此成为百万富翁,但是这丝毫不会削减参与者挑战的热情,反而会激发他们的斗志,燃烧他们求胜的欲望。

在《百万富翁》的带动下,2000年,英国广播公司(BBC)又推出《最弱一环》(又译作《最薄弱的环节》《智者为王》)来与其抗衡。同样是巨额奖金,同样创下了收视新高。而后便是不同版本的《百万富翁》和《最弱一环》的全球电视娱乐领域的遍地开花。

在中国,电视承担了过多的教化功能,对电视娱乐功能的意识觉醒晚于西方媒体。1981年7月,赵忠祥曾和一位老师在中央电视台共同主持过一档"北京市中学生智力竞赛"节目,面向全国播放;1985年,电影演员王姬和总政话剧团导演金翼在北京电视台主持了"家庭百秒知识竞赛",并且伴有些许奖品。这些可以算得上是中国电视益智游戏节目的前身。真正在全国范围内掀起益智游戏节目高潮的是中央电视台的《幸运52》和《开心辞典》,这两档节目分别借鉴了英国的 *Gobing* 和《百万富翁》。随后,《才富大考场》《超级英雄》等一批益智"劲旅"纷纷踏上中国的娱乐荧屏。总体来讲,从《幸运52》和《开心辞典》等中国益智类节目出现到如今,益智类节目发展迅速。但是,由于国情、体制、文化及价值观等方面的差异,益智游戏节目在借鉴的过程中又不断改进,形成了具有中国特色的本土化版本。

在全球信息化和知识化时代,"知识"无疑给益智游戏节目穿上了最华丽的外套。益智游戏节目毕竟不再是原来的知识竞赛,"知识"的外套包裹的是诱人的财富,大多数选手穷尽智慧、"殚精竭虑",不只为在大众传媒上展现风采,其最终的目标就是那诱人的奖金。而观众观看这类节目,虽可以获得很多实用性的知识,但更为重要的是想看到选手财富梦想的实现。这样既给观者以强烈的刺激,又满足了娱乐的需求。

菲斯克在《电视文化》读本中,将益智节目做了更细的分类。按照菲斯克的解释,图8-1最上面的两个节目要求参赛者拥有学术知识或专门知识,而这种知识的大众化变体就是"一般性的知识"(《世纪大甩卖》《危机四伏》)。在该图中,比较靠下的分类与节目一般在白天或下午晚些时候播出,其观众主要是女性或儿童。由于这类节目考察的"知识"比较家庭化,喜爱看这类节目的多是没有什么社会权力的人。认真研究这种分类,对我国益智类节目的细分化是具有启示意义的。

图 8-1　益智节目分类图

(二) 综艺游戏节目

综艺游戏节目,是指大众广泛参与的,以一定游戏规则为主导,综合众多艺术形式的电视娱乐节目。综艺游戏节目由两大基本要素构成——综艺和游戏,在节目的整体结构中二者所占分量、所发挥的作用都不尽相同。

任何一种新节目类型的产生,都不是凭空策划出来的,综艺游戏节目亦然。从其称谓中,我们不难判断出它与综艺节目的关系甚密。一方面,综艺游戏节目脱胎于综艺节目而产生,二者具有亲缘关系;另一方面,综艺游戏节目归根结底是游戏因素比重较大的一种综艺节目,二者在概念上是从属关系。

中国的综艺节目内容涵盖范围一般集中于文艺表演方面,它将音乐、舞蹈、戏曲、杂技、魔术、武术、相声等多种艺术表演形式融为一体,构成了满足观众多方面审美需求的电视综艺节目,偶尔也会出现游戏的因素。然而,在综艺节目发展历程中,观众的收视需求发生了很大转变,以往以艺术欣赏性来满足观众审美需求的节目越来越遭遇冷落,于是,游戏、竞赛、益智、猜谜等形态也被加进综艺节目的大拼盘中。因此,当游戏因素在综艺游戏节目中得以充分运用,并上升至关键环节,成为其他节目因素的载体时,综艺游戏节目便从综艺节目的母体中分离出来,独立门户。

中国综艺游戏节目的产生,是电视娱乐本性回归的结果,发展到20世纪90年代已盛极一时。这时出现了北京电视台的《开心娱乐城》及上海东方电视台的《快乐大转盘》等。两家电视台开中国综艺游戏节目先河之作的举措在当时带动了一批省市电视台的综艺游戏节目纷纷上马,形成了一个不小的高潮。这股旋风到1997年前后又受到港台娱乐电视节目的影响,继之又催生出了以《快乐大本营》《欢乐总动员》为代表的全新姿态的综艺游戏节目。这在当时还被认为是新鲜事物的节目类型来势汹汹,不但迅速抢占了每个周末的黄金时段,还取代了原有综艺节目在中国娱乐电视界的龙头地位。

今天的综艺游戏节目更能够尊重人的游戏天性,从平等的理念出发,在近乎面对面的交流互动中,把天南地北的人们聚在一起。拉近了广大电视观众与节目的距离,在观演关系的层面上,激起了观众强烈的参与意识。观众们不再是置身于节目之外的被动旁观者,而成为游戏的主动参与者。开播于2003年10月26日的《非常6+1》,它打出的口号是:"梦想在你心中,机会在你手中。"它的目标是"成就普通人的明星梦想",这一口号的打出进一步激活了人们的娱乐神经,从此,人们不但要成为节目参与者,还要展现自我,进而实现自我。正因为如此,节目一经推出即反响强烈,迅速掀起了一股全国范围内的平民选秀热潮。

(三)电子游戏节目

电子游戏节目是指电视观众可以直接或间接(通过电话连线、短信、互联网等方式)参与的,在电视平台进行实时电子游戏竞技的节目。

传统生活游戏可以分为脑力和体力两种,电子游戏是脑体并重,而基本上更注重脑力方面的游戏。与其他电视综艺游戏节目相比,电子游戏作为一种"纯游戏",不但具有趣味性、互动性等传统游戏形式的特点,而且还有它自己的优势——华美漂亮的画面,动听优美的音乐音效,引人入胜的故事情节、环境设置或任务安排,最大限度的交互性和可操作性等特点,这些是其他游戏形式无法比拟的。

20世纪80年代,电子游戏随着计算机的发展深入普通民众之中,改变了世人的娱乐观念。电子游戏真正的发展是从1990年开始,技术的进步推动了电脑、电子游戏的流行和发展。伴随着游戏产业的蓬勃发展,电视上的电子游戏专题节目孕育而生,电脑显示器上的游戏内容开始进军电视屏幕。

2001年,以电子游戏各方面资讯为内容的电视专题节目在中国大陆出现,代表节目有北京后方国际影视文化传播有限公司的《电玩GO GO GO》(后更名为《电玩方舟》)、旅游卫视的《游戏东西》、央视的《电子竞技世界》等。但此时的游戏节目还只能算是资讯类节目形态,并不是真正的电子游戏节目。直到《游戏东西》的衍生节目《东西争霸》和《电子竞技世界》的《玩家擂台》版块出现,才具备了电子游戏节目的雏形。

如今,电子游戏节目往往与数字电视、机顶盒、收费电视等新名词联系在一起。原因在于,游戏节目的互动特点决定了其必须依托于数字技术,而数字电视正是电子游戏节目的理想载体。目前,经国家广电总局批准,我国已有多套数字付费有线游戏频道。

人类对于竞技游戏有着与生俱来的爱好,电视的人性化传播特性又强化了游戏的竞争性、公平性和刺激性,由此不难理解为什么在电视出现伊始就有这种观众参与的游戏节目。在此类节目中,表演者和参与者融为一体,竞技、游戏的过程即为节目的内容,具有相当的互动性,观众和参与者也由此获得身心的松弛和愉悦,充分体现了电视在娱乐方面的社会性和大众化特征。

二、综艺节目类

电视娱乐节目以综艺节目为标志兴起于20世纪80年代末,90年代初在我国迅速发展。90年代中期,以中央电视台《正大综艺》和《综艺大观》为代表,形成"综艺节目热"。90年代末期,自湖南卫视的《快乐大本营》推出以后,游戏、明星、奖品等各种"刺激"把观众充分调动起来,同时,节目的高收视率也把全国的电视台调动起来形成了全国电视的综艺节目热。在这股"娱乐"风潮中,综艺节目的类型也逐渐丰富起来,像央视《幸运52》(借鉴英国BBC制作的*Gobingo*)为代表的益智类节目,以《开心词典》(借鉴英美的《谁想成为百万富翁》)为代表的竞技类节目,以湖南电视台《超级女声》为代表的真人秀节目更是火爆电视荧屏,构成了泛综艺节目热潮。

娱乐节目热,不仅调动观众"热"看,而且也让观众积极参与到电视娱乐节目的项目中,例如做电视台的嘉宾或现场观众,虽然直接参与节目的观众和嘉宾只是一小部分人,然而通过参与电视节目的有奖竞猜和热线电话,则使受众形成一个庞大的群体。

《新周刊》通过观众每年投票选出的年度最佳电视节目显示,娱乐节目往往榜上有名,并居前列。对此该刊曾加评论说:对游戏精神的鲜活演绎和大胆倡导,不仅为中国电视,更为中国人的生活注入新鲜元素。其热烈的现场气氛,成功营造出电视与观众的兴奋点,而其层出不穷的游戏样式更是充分代表了娱乐节目不断创新的趋势。

随着电视娱乐成为当代媒体的一个主要功能和创新形态的主阵地,综艺节目摆脱了单纯依靠明星和专业艺术人的表演,开发出以观众自我抒发、自我表现为目的,提供观众表演空间、满足观众表演欲望的平民化娱乐性节目。例如央视的《梦想剧场》《星光大道》等节目,来自全国各地的选手们在台上或唱歌、或跳舞、或演小品,充分展示才艺,改变了以往以名人、明星唱主角的娱乐节目形式,观众翻身做了"主人",从被动的接受角色转变为主动的表演角色。在这个栏目中,被邀请的明星不再是荧屏上的主角,他们大多扮演的是嘉宾、评委的角色,所以在节目中他们首先表露的是作为观众的心态,然后才有评判的权力。

这种娱乐节目为普通人提供了一个公共舞台,个人从中自娱自乐。而观众在对他人的自我表现中也会产生一种同质共振,获得替代性的表演愉悦。此外,由于这是一种非专业的介入,在各种日常鲜有机会表现的内容中,才智与梦想之间的落差、业余与专业之间的距离,均让节目天然地融合在一起。

由于综艺类节目扩展成为"舞台秀",让大众通过电视媒介这个"公共舞台"来充分展示自己的表演才能,因此,这类节目也引入了竞争元素,使得节目既紧张、刺激,又将一环一环的悬念留给观众,让大家在互动中一起见证优秀表演者的胜出。

三、娱乐资讯类

娱乐资讯类节目是以娱乐资讯报道为主的节目,它融合了新闻性和娱乐性,并以报道的方式固定播出。这类节目有《娱乐现场》(原《中国娱乐报道》)、湖南卫视的《娱乐无极限》、北京生活频道的《娱乐通天下》、凤凰卫视的《相聚凤凰台》等。以电影资讯为主要内容的节目也非常典型,如CCTV6的《世界影视博览》等。

至今,在世界各国的节目构成中,娱乐资讯报道节目都占有不可或缺的位置。据统计,美国的ABC、CBS、NBC、CNN等电视网每天都有半小时左右的娱乐资讯报道,欧洲多数国家的电视台也有专门的娱乐资讯节目。

娱乐资讯节目有娱乐的资讯(内容上的娱乐)和娱乐化的资讯(方式上的娱

乐)两种表现形式。娱乐资讯指的就是"娱乐界"或"娱乐圈"中的明星逸闻、近期动态等内容,以报道娱乐圈的新闻满足观众对娱乐的兴趣。在新闻素材选取上注重明星效应,内容上强调娱乐性,既包括电影、电视、音乐、舞蹈、戏剧、曲艺、文学界的最新人物动态,也包括文化娱乐产品、文化娱乐市场、政策、管理、从业人员和机构动态,以及文化艺术教育、国际文化娱乐业动态等,其中不乏一些娱乐界人士的趣闻、秘闻。《中国娱乐报道》开创了国内娱乐资讯节目的先河,使娱乐界的种种人物、事件从专题的形式走向了新闻报道的形式。

在报道形式上,娱乐资讯节目也强调娱乐性。由于娱乐资讯节目的特殊信息类别,对文化娱乐作品及其活动的展示在节目中占了相当的比重,譬如,在报道演唱会的信息时,对演唱会现场会有较长时段的展示,同时还有后台的花絮、观众的反应、对明星的个人情况介绍等;在新片报道中,有对影片较为完整的段落演示及在拍摄现场的采访等。《花样年华》在内地上映之际,《娱乐人物周刊》先对相关新闻进行了一定的报道,现场采访了王家卫、梁朝伟、张曼玉,紧接着就安排了"中场 TV 秀"。当吊起了观众的胃口,使其欲罢不能之时,又进入"明星到场"单元,在演播室现场采访该片的男主角梁朝伟,同时还结合网民的提问及事前采制的现场观众提问,较为充分地满足了观众对这一影片的娱乐需求。在这种"集团式"的展示中,营造出娱乐的情绪和氛围。

娱乐的资讯仅仅是一种内容特殊的资讯,而所谓娱乐化的资讯,就是被"娱乐"手段处理过的一般资讯。这种"娱乐化的资讯"中的"娱乐化"其实就是新闻的一种表达方式。资讯的娱乐化,实际是对资讯传达语境的个性化设计,也是将资讯传播人性化的尝试。央视新闻频道的早间新闻就颇有娱乐化的味道,主持人以稍带调侃的口吻发布着每条新闻,娱乐这种新表达方式给传统的新闻节目带来新的看点。

娱乐化的新闻资讯节目与娱乐的资讯节目有相似之处,那就是它们在内容上都偏重于软新闻,减少严肃新闻的比例,将名人趣事、日常事件、带煽情性和刺激性的犯罪新闻、暴力事件、灾害事件、体育新闻、花边新闻等软性内容作为新闻的重点。但与单纯的娱乐新闻不同的是,娱乐化的资讯节目并不仅仅关注娱乐界的琐碎资讯和明星逸闻,而是竭力从严肃的政治、经济变动中挖掘其娱乐价值。此类资讯节目在内容的表现形式上,强调故事性、情节性,走新闻故事化、新闻文学化道路。节目主持人也以调侃休闲的话语取代传统的播报方式,整个节目的布景,主持人的着装、形体、色彩搭配上都实现生活化、趣味化,最大限度地实现节目的娱乐属性。当然,不是任何新闻都可以娱乐化,娱乐化有它既定的题材和范围,一般社会新闻、文化新闻、体育新闻等与娱乐业紧密相关的内容才较可能做成娱乐化的风格。

四、娱乐谈话类

由于电视谈话节目从它诞生之日起就以娱乐性为其特征,因此从广义上说,谈话节目都是具有娱乐性的。从狭义上来说,所谓娱乐谈话节目,是以谈话为载体,充分展现话语的幽默和情景的滑稽,极力营造轻松愉悦的收视氛围,以取悦观众。娱乐谈话类节目或具有娱乐的内容,如《超级访问》《娱乐串串秀》《艺术人生》《鲁豫有约》等,这类节目多以娱乐人物作为嘉宾,就娱乐圈的热点事件进行讨论;或具有娱乐的形式,如《东方夜谭》《锵锵三人行》等,这类节目娱乐的内容不是很多,但它的目的也是让观众觉得好笑、好玩,节目的诉求和娱乐节目相同,因此也属于娱乐谈话类节目。

在西方,尤其是在美国,电视谈话节目都被称为 Talk Show,港台媒介引进这一节目样式的时候将它形象地称为"脱口秀"。这一译法将美国"脱口秀"节目的精髓体现得很传神:脱口而出、即兴发挥正是"脱口秀"的主要特征。与西方相比,中国的电视谈话节目从一开始就不是按照娱乐节目来运作,这和美国"脱口秀"有着本质的区别。中国的电视谈话节目更强调节目的"谈话"性质,它的目的是为人们提供一个相互沟通的场所,通过主持人、嘉宾以及现场观众在演播室的谈话,来引起全社会对某些问题的关注。

经过 20 来年的发展,电视谈话节目逐渐从只注重内容走向内容和形式的结合,越来越多的节目形态和电视技巧出现在娱乐谈话节目中。此外,越来越多的电视谈话节目在节目形式上体现出娱乐化趋势。这似乎预示着国内电视谈话节目正在经历着一次转型。同时,随着主管部门对谈话节目的限制逐渐放开,给国内"脱口秀"节目的出现提供了契机。一些与西方"脱口秀"具有相似娱乐性特征的国产"脱口秀"也风风火火地发展起来,其代表如江苏电视台的《非诚勿扰》等。

这些娱乐节目的内容多涉及男女之间的敏感区——情爱话题。由于情爱话题一向被公众视为"绝对隐私",而窥探"隐私"又是观众好奇心理的普遍表现,同时这些娱乐节目主持人的主持又"深得人心",这就使得这些娱乐节目更有观众"卖点"。整个节目加入了很多游戏的因素,娱乐性很强,因此,把它们归为谈话娱乐节目。这类节目以演播室中的访谈部分为主,陌生男女在主持人的引导下,探讨家庭、婚姻、感情等方面的问题,然后互相选出自己中意的男女朋友,进行现场速配。

五、"真人秀"类

"真人秀"类节目,也有人称之为"游戏秀""真实电视""纪录片式肥皂剧"等。自从1999年荷兰的"真人秀"类节目《老大哥》播出获得成功后,这种纪实性的游戏节目便风靡了整个世界,成为近年来在西方最为火爆的一种娱乐节目形式。

"真人秀"类节目基本上采用了纪录片的拍摄制作方式,表现真实人在真实场景中的活动情节,同时也有游戏、竞技比赛、荒岛及室内生活、记者的现场采访和脱口秀式的演播室访谈等。这是一种集纪录片、游戏、益智、竞技、谈话、新闻报道等多种形式,融知识性、娱乐性、可视性等多功能于一体的节目类型。

"真人秀"对应的英文名称为Reality TV或Reality Show,其意义是指由普通的人(非扮演者),在规定的情境中按照制定的游戏规则,围绕一个明确目的去做出自己的行动,同时被记录下来而做成一集节目。有人认为,"真人秀"节目是"制片方给选手提供一个封闭的环境,一个刺激的游戏规则,让选手在规定的情境里自行其是,然后对他们进行全天候、全方位的拍摄,真实记录他们的言行、情感、心理以及隐私,也有人称其为'窥探电视'"[①]。

"真人秀"节目的火爆虽然是近20年的事,但它的产生可以追溯到20世纪中期。20世纪50年代,美国便出现了"真人秀"节目的雏形,比如始于1948年拍摄真人生活的《公正的镜头》,50年代拍摄的《美国家庭滑稽录像》,以及1973年公共广播公司制作的追踪一个家庭一年内真实生活的《一个美国家庭》等,但当时这些节目的播出并没有造成太大的影响,直到1999年荷兰的《老大哥》节目播出后,才真正开始在全球范围内掀起了一股"真人秀"节目的收视狂潮。

《老大哥》这个节目的名字出自乔治·奥威尔的著名小说《1984》中的一句话:"老大哥在看着你呢。"节目游戏规则是:选择10名青年男女,让他们共同生活在一个特制的有着花园、游泳池、豪华家具的大房子里,大家共享一间卧室、一套起居室和卫生间。《老大哥》设置了25台摄像机、32个麦克风和40公里长的电缆,一天24小时记录他们的一举一动,制作成每天半小时或一小时的节目,向电视观众展示屋内发生的大事小事。

在共同生活的10周左右的时间里,选手们每周六要选出两个最不受欢迎的人。而每天守候在电视机前的狂热者们则用声讯电话,在这两人中选出一个他

---

① 纪辛:《西部黄金卫视再造内容看点》,《国际广告》2003年第11期。

们最不喜欢的、最没有人缘的选手出局。为了坚持到底获取25 000美元的奖金,选手们必须努力改变自己的态度和表现。

《老大哥》节目由4个基本元素构成:最原始的生活条件、竞争淘汰制、《老大哥》每周布置的任务和一个秘密"谈话室"。谈话室供选手们表达各自的想法、情绪,并说出他们希望淘汰的对象。《老大哥》已成为全球最经典的真人秀(或真实电视)节目形态,也是目前传播最广泛的"真实电视"节目。

《老大哥》的节目模式派生出大量的"真人秀"类节目,如《幸存者》《诱惑岛》和《阁楼故事》等。《幸存者》(见图8-2)节目是由美国哥伦比亚广播公司(CBS)于2000年5月开始推出的另一档风靡全球的真人秀节目,英语名为 Survivor。节目从近万名应征者中挑选出的16名参赛对象被送到一个荒岛上参加"幸存者"游戏。这16名男女选手在漫长的4个月时间里,既要迎接自然界的生存挑战,还得为在岛上"居留权"处心积虑绞尽脑汁,因为他们每周要召开一次"部族会议",宣布将其中一个人逐出小岛。依此类推,经过4个月的"优胜劣汰",最后一位岛上居留者将成为唯一的赢家,获得广播公司颁发的100万美元奖金。由于"游戏规则"规定人们可以发挥除暴力以外的任何手段,所

图8-2 《幸存者》节目海报

以这实际上意味着竞赛者们除了极尽其说服能力外,还得把人性中最隐秘的一面——造谣中伤、欺软怕硬、欺骗狡诈发挥得淋漓尽致,才有可能最终获胜。

"真人秀"类节目虽然整个过程都是真人真事,但仍然只是一种基于真实的节目,是一种经过设计的真实。首先是参与人员的精挑细选;其次是特定环境和人物心态使节目具有一定的刺激性,人与人之间的争斗也具有很强的娱乐性,特定情境的设计和媒介所具有的距离感又更加激发了这种娱乐性。游戏者虽然几个月每天都生活在镜头下,但是最后制作出来的节目毕竟只有几十小时,既是真实,又是一种浓缩过的具有表演性质的真实。

参与"真人秀"类节目游戏的已经不仅仅是因逐渐淘汰而减少的几名参赛者,人们通过观看和各种方式的参与而成为这一场真实娱乐中的一员。例如《幸

存者》节目吸引美国电视观众的总人数超过美国其他几大电视网观众人数的总和,达到4 000万人,居美国电视节目收视率的首位。随着最后一位幸存者产生日子的临近,全美上下掀起了一股《幸存者》狂潮。不仅到处有这款节目的"模仿秀",连最后4位幸存者的衣着、发型等在一夜之间都成了美国人的时尚。市场上充斥着有关这个游戏的书籍、录像带,几乎所有的酒吧都举行"幸存者"派对,并且向那些扮相最像最后4位"幸存者"的顾客颁发奖金,从而使游戏节目演变为举国上下的一场狂欢。

根据上海文广新闻传媒集团节目研发中心推出的《0708节目模式报告》,2007年以来,欧美国家新推的并正在播出的流行真人秀节目如下:

荷兰《为了慈善》:每期节目跟踪拍摄某个个人或团队,表现他们为建立自己的慈善组织而放弃个人利益的过程。

美国《造型师》:每星期,来自两个小镇的发型师为人们设计发型,获胜者获得"银剪刀"的称号。

英国《WAG的流行服饰小店》:两支队伍在伦敦各自建立、经营流行服饰小店并相互竞争,最后由获利最多的赢得冠军。

"真人秀"类节目在西方的电视屏幕上创下了收视率和广告收入的新纪录,在我国也产生了广泛的影响。中国"真人秀"节目的产生几乎与国外同步进行,广东卫视成为中国本土第一个吃螃蟹的电视台,于2000年推出的《生存大挑战》成为中国本土最先涉足"真人秀"的节目。目前,这种"真人秀"节目仍在引导中国新一轮的娱乐节目潮流。除了像中央电视台和凤凰卫视直接引进播出外,由于社会形态、价值观和审美习惯等的不同,中国的"真人秀"节目从一开始就多是移植国外节目的形态,然后加入中国元素后才开始亮相本土。例如维汉公司制作的《走进香格里拉》就是经过改造的《幸存者》类型节目,上海电视台纪实频道和上海卫视联合制作的《走通黄浦江》节目、CCTV-2的假日特别节目《欢乐英雄》、北京维汉与湖南经视联合制作的《完美假期》、浙江卫视推出的《夺宝奇兵》、贵州卫视摄制的《星期四大挑战》等,节目形态较之国外更加复杂,往往融入了益智、竞技、综艺等多种元素。广东电视台在其《青春热浪》栏目中推出的《生存大挑战》的专题系列节目中,以一定情景设置,让青年去求生存,然后以摄像机跟踪偷拍的方法记录、制作节目。例如让参赛的青年人只带着5元钱和身份证件去一个陌生的城市环境中生活两天一夜。在节目中,摄像机始终跟随其后,拍下了参赛者的不同表现。

尽管"真人秀"引进中国的时间不长,但事实上已经走过了一个从兴起到衰落再到复兴的发展过程,节目形态也从单纯模仿到引进模式和自主设计创新多种尝试。以 2003 年中国电视"真人秀"论坛为标志,前期电视真人秀节目除《完美假期》外,其他节目几乎千篇一律是"野外生存挑战"类的"野外真人秀",而后期则以"海选""全民娱乐""民间造星"为主要特征的"室内真人秀"。

2004 年 2 月,湖南卫视以《美国偶像》为蓝本,推出一档全新的娱乐节目——《超级女声》,这种由地方电视台制作播出的电视娱乐节目,从湖南长沙开始,迅速波及广州、成都、杭州、郑州及武汉等地,使无数怀揣着梦想的女生纷至沓来,以致在全国演变成一场声势浩大的全民娱乐游戏,也形成了一种独特的电视文化现象。根据央视—索福瑞媒介调查公司对全国 31 座城市进行的收视调查,《超级女声》的播出让湖南卫视的白天收视率从 0.5% 上升到 4.6%,市场占有率上升到 20%,最高为 49%,并且该活动播出时,同时段收视率仅次于中央电视台一套,排名全国第二名。

此后,上海东方卫视和中央电视台也分别推出两档同类型节目《莱卡我型我秀》和《梦想中国》。《梦想中国》是央视品牌栏目《非常 6+1》的特别版,上海东方卫视在"真人秀"节目的制作上与湖南卫视打起了擂台,分别于 2006 年和 2007 年推出的两档节目《加油,好男儿》和《舞林大会》将这种"真人秀"再次推向了一个新的高潮,大有进入全民狂欢时代的迹象。

就人的心理而言,真实娱乐节目的产生本身就是契合现代人心理的创意,这种真实娱乐节目满足了人类的好奇天性,让人在一个不受特定道德规范约束的情况下满足自己的窥视欲望。因此,这种真实与扮演结合的真实娱乐节目成为近年来颇受欢迎的一种娱乐节目类型。纪实和娱乐之间不是不可以逾越的,真实性娱乐节目的隐含意蕴就在于模糊了现实与游戏的界限,以挑选出的个体的实践行为在集体的意念上使得游戏与生活内外融为一体,让人们在一个意念的模糊地带去感知一些隐隐约约的冒险与冲动,既有刺激又没有逾矩。

社会发展到今天,娱乐已经渗透到了生存活动的各个方面,人们也有了更多娱乐游戏的时间和精力,节目也因此有了更大的市场。在围绕着对人天性的满足和调动中,电视娱乐节目还在不断发展。

第二节 电视娱乐节目的模式创新

从电视娱乐节目的分类看,综艺节目和真人秀应是两种不同类型的节目形态。但目前业界的各种年度报告和电视节目排行榜基本上将二者合并统称为综艺节目类。为避免教学与实务界在相关概念差异上造成的混乱,本书相关分析也统而论之。

电视综艺娱乐节目形式在21世纪以来发生根本的变化,传统的歌伴舞、舞伴歌、相声加小品的晚会形式被多姿多彩的节目形态所取代,各种游戏、竞技、真人秀填充在娱乐节目之内。不仅如此,娱乐性节目与传统的综艺节目在文化内质上也有了很大的区别,那就是弱化电视文化所透射的意义和价值,淡化传统综艺节目的教育功能,对严肃审美基调进行革命性颠覆,对纯娱乐性极度推崇;而在形式上,注重环节的设置和模式的创新。

例如,中央电视台的《星光大道》就是通过4个环节的竞技演唱,让获胜者一步一步走上"星光大道"的顶端:第一环节"闪亮登场";第二环节"才艺大比拼";第三环节"家乡美";第四环节"超越梦想"。每期节目都以同样的环节、不同的表演给观众一种熟悉的"陌生"感。

纵观近20年来的娱乐节目发展,主要是围绕综艺节目的形式改革与模式创新而展开竞争,基本上经历了三个阶段,即模仿、引进与原创。

一、综艺节目模式的模仿

借鉴模仿,从本质上说也是节目形式创新的一种途径。特别是在公共舞台类节目长期霸屏的时代,从国外和境外观摩的流行娱乐节目给人耳目一新之感。湖南卫视《快乐大本营》首开娱乐游戏节目的成功借鉴之路,并迅速在全国引发了一股"快乐"节目模仿热。

此后,"益智类""真人秀"等节目相继诞生,又引发了全国真人秀节目借鉴的"风潮",例如,央视的《幸运52》借鉴的是英国BBC制作的 *Gobingo*,《开心词典》借鉴的是英美的《谁想成为百万富翁》。湖南卫视"真人秀"类节目《超级女声》,模仿的是《美国偶像》等同类节目,被喻为"平民的狂欢"。

然而,在阵阵风潮退去之后,真正能坚持下来的常态综艺节目已经是凤毛麟角了,包括央视曾领风骚的几档综艺节目都已成为历史。而唯独湖南卫视的常态化节目《快乐大本营》从曾领风骚到独领风骚20年,至今仍活跃于综艺节目第一阵营。从2013—2016年CSM全国城市收视市场数据调查显示(见表8-1至8-3),排名前十位的综艺节目中,《快乐大本营》均榜上有名,且是唯一的"老牌"常态节目。

表 8-1　2013—2014 年 CSM 城市收视数据排名前十位综艺节目

2013 年				2014 年			
排名	栏目名称	频道	平均收视率%	排名	名称	频道	平均收视率%
1	中国好声音	浙江卫视	4.56	1	中国好声音第三季	浙江卫视	4.20
2	爸爸去哪儿	湖南卫视	4.03	2	爸爸去哪儿第二季	湖南卫视	3.33
3	非诚勿扰	江苏卫视	2.50	3	奔跑吧兄弟	浙江卫视	2.41
4	我是歌手	湖南卫视	2.46	4	我是歌手第二季	湖南卫视	2.41
5	快乐大本营	湖南卫视	2.19	5	非诚勿扰	江苏卫视	2.29
6	中国梦之声	上海东方卫视	1.55	6	快乐大本营	湖南卫视	2.04
7	中国达人秀第五季	上海东方卫视	1.52	7	最强大脑	江苏卫视	1.84
8	中国梦想秀第六季	浙江卫视	1.52	8	花儿与少年	湖南卫视	1.78
9	天天向上	湖南卫视	1.51	9	中国喜剧星	浙江卫视	1.63
10	中国星跳跃	浙江卫视	1.38	10	天天向上	湖南卫视	1.48

表 8-2　2015 年 CSM 50 城收视数据排名前十位综艺节目

序号	频道	2015 年 1—11 月栏目 TOP10	节目类型	播出时间	收视率%
1	浙江卫视	中国好声音 S4	唱歌	W5	4.850
2	浙江卫视	奔跑吧兄弟 S2	户外竞技	W5	4.756
3	浙江卫视	奔跑吧兄弟 S3	户外竞技	W5	4.208
4	浙江卫视	奔跑吧兄弟 S1	户外竞技	W5	3.416
5	湖南卫视	我是歌手 S3	唱歌	W5	2.720
6	湖南卫视	爸爸去哪儿 S3	亲子	W5	2.262
7	东方卫视	笑傲江湖 S2	喜剧	W7	2.204
8	湖南卫视	快乐大本营	综合	W6	2.200
9	东方卫视	极限挑战	体验	W7	2.118
10	江苏卫视	最强大脑 S2	科学益智	W5	2.102

表 8-3　2016 年 CSM 52 城收视数据排名前十位综艺节目

排名	节目	CSM 52 收视率峰值	平台
1	《奔跑吧兄弟》第三季	4.701%	浙江卫视
2	《奔跑吧兄弟》第四季	3.934%	浙江卫视
3	《中国新歌声》	3.843%	浙江卫视
4	《欢乐喜剧人》第二季	3.374%	东方卫视
5	《极限挑战》第二季	2.969%	东方卫视
6	《王牌对王牌》	2.928%	浙江卫视
7	《我是歌手》第四季	2.603%	湖南卫视
8	《最强大脑》	2.547%	江苏卫视
9	《快乐大本营》	2.494%	湖南卫视
10	《笑傲江湖》第三季	2.334%	东方卫视

数据来源：CSM 52 城收视数据。

从表 8-1 至表 8-3 可以看出，湖南卫视通过借鉴西方新颖的节目形态，不仅占尽了媒介市场先机，并且凭借频道的"快乐"定位赢得了全国青年观众，收获了市场经济效益。早在 2015 年，《快乐大本营》栏目冠名费就高达 7 亿元，比 2014 年 3.5 亿元翻了一番。

《快乐大本营》之所以成为电视节目的常青树，诚然有其节目形态的优势，但湖南卫视注重推广渠道与营销乃是节目制胜的重要法宝。否则，在 20 世纪全国电视媒体一片"快乐"的风潮下，为什么至今只有《快乐大本营》独领风骚？湖南卫视立足自有 IP 版权打造全媒体一云多屏服务，利用资深专业行销团队源源不断的事件和话题的"病毒"制造，加上类型丰富的 IP 化产品衍生，以及透过立体、完备的渠道资源宣推到社会各个终端，让湖南卫视的相关内容经常占据话题中心。并通过机场、高铁、地铁、公交站牌、户外大屏，或手机端、PAD 端、PC 端的小屏，将湖南卫视的综艺节目内容和季播活动强势霸屏。

二、综艺节目模式的引进

中国电视综艺节目的发展过程中始终绕不开的一个话题，便是节目模式的引进。不可回避的是，近几年几乎所有的"现象级"优质节目都离不开节目模式引进。节目模式的引进从借鉴模仿至今,大约经历了三个阶段。

1. 第一阶段:引进初期的"拿来主义"(1998—2009)

1998年中央电视台引进法国大型体育节目《城市之间》(*Intervilles*);2005年《超级女声》成功复制选秀模式;2006年东方卫视推出《舞林大会》(英国BBC《与星共舞》)。

2. 第二阶段:引进高潮时的"宝典"流通(2010—2014)(见表8-4)

表8-4 央视和主要省级卫视引进节目名单表

	节目	原节目	国家	时间(年)
央视	城市之间	Intervilles	法国	1998
	幸运52	GOBINGO	英国	1999
	地球故事	Survivor	美国	2001
	谢天谢地你来啦	Tanks God Your're Here	澳大利亚	2011
	梦想星搭档	Clash of the Choirs	美国	2013
	开门大吉	Superstar Ding Dong	爱尔兰	2013
	了不起的挑战	무한도전	韩国	2015
湖南卫视	名声大震	Just the Two of Us	英国	2007
	舞动奇迹	Strictly Come Dancing	英国	2007
	我们约会吧	Take Me Out	英国	2010
	以一敌百	IVS 100	荷兰	2010
	百变大咖秀	Your Face Sounds Familiar	西班牙	2012
	爸爸去哪儿	Dad, Where are we going	韩国	2013
	我是歌手	I am a singer	韩国	2013
	中国最强音	X Factor	英国	2013
	女人如歌	The Winner Is	荷兰	2013
	真正男子汉	Real Man	韩国	2015
	全员加速中	Run for money	日本	2015

(续 表)

	节 目	原节目	国 家	时间(年)
浙江卫视	中国好声音	The Voice	荷兰	2012
	中国星跳跃	Celebrity Splash	荷兰	2013
	奔跑吧兄弟	Running Man	韩国	2014
	爸爸回来了	Dad came back	韩国	2014
江苏卫视	欢喜冤家	The Marriage Ref	美国	2010
	一站到底	Who's still standing	美国	2012
	星跳水立方	Stars in Danger: High diving	德国	2013
	芝麻开门	Raid the Cage	以色列	2013
	最强大脑	Super Brain	德国	2014
东方卫视	中国达人秀	Got Talent	英国	2010
	我心唱响	Sing It	荷兰	2011
	顶级厨师	Master Chef	英国	2012
	梦立方	The Cube	英国	2012
	中国梦之声	American Idol	美国	2013
	舞林争霸	So You Think You Can Dance	美国	2013
	妈妈咪呀	Super Diva	韩国	2012
	花样爷爷	꽃보다 할배	韩国	2014
	我去上学了	학교 다녀오겠습니다	韩国	2015
	与星共舞	Strictly Come Dancing	美国	2015
	我们结婚了	우리 결혼했어요	韩国	2015
	花样姐姐	Sisters over Flowers	韩国	2015
北京卫视	最美和声	Duets	美国	2013
安徽卫视	我为歌狂	Mad of Music	荷兰	2013
	黄金年代	The Best Year of Our Lives	英国	2013
	丛林的法则	정글의 법칙	韩国	2015

从表8-4可以看出,仅湖南、浙江、江苏、上海东方、北京和安徽6个省级卫

视引进海外节目模式共计36个,其中引进韩国节目模式最多,为11个;英国节目模式8个;美国与荷兰节目模式各6个;德国节目模式2个;西班牙、日本和以色列国的节目模式均为1个。

2010年东方卫视推出《中国达人秀》(英国 Got Talent 宝典模式);2010年湖南卫视制成《以一敌百》(荷兰 1 VS 100 宝典模式);2012年湖南卫视《百变大咖秀》(西班牙 Your Face Sounds Familiar 宝典模式);2012年浙江卫视联合灿星制作打造《中国好声音》(源于荷兰 The Voice of Holland,美国版 The Voice 宝典模式)。2013年被称为"模式引进年",引进数量达49个,比2012年增长了250%。引进来源从早期美国、英国、荷兰等国,扩展到综艺模式异军突起的韩国。2013年湖南卫视《我是歌手》和《爸爸去哪儿》均引自韩国。2014年浙江卫视的现象级节目《奔跑吧兄弟》同样引自韩国相关节目"宝典"。

所谓节目制作宝典流通模式,是指按照工业化的流程标准来生产,从而形成严格遵守的制作宝典。电视节目从创意到模式形成的主要过程为:

创意→模式文案→拍摄制作→播出节目→电视模式宝典

这一过程高度概括了电视模式宝典的基本要素,即电视模式宝典=咨询、制作手册、图像、评估、节目编播、配乐、布景道具设计+……

节目制作宝典的生产只是电视模式产业链的上游,后面还将进入专业的发行、销售阶段。西方电视节目制作人不仅发展了成熟的节目模式产业链,而且各个环节都具备产业链的整体观念,呈现出创新主体多元化与专业化的特点。

而我国的电视模式产业还处于初级阶段,位于产业链下游位置。许多业内人士已经认识到过度引进模式的泡沫,以及创新模式带来的机遇。可以说高品质的"节目制作宝典"才是全球节目模式流通中的制胜法宝,而"创意"才是模式源源不断的保证。

3. 第三阶段:引进改造中的联合开发(2015—2017)

多年来,歌唱类引进模式的真人秀节目成为我国荧屏的主流,但在2016年这类引进模式节目开始下滑,超过0.7%收视率的卫视引进模式节目中,仅有湖南卫视的《我是歌手》(第四季)与江苏卫视《看见你的声音》两档节目上榜,这可能与2016年国家广电总局开始鼓励原创模式的政策有关。这一年,可能成为原创节目模式的转换之年。

节目模式从引进模仿到引进中的本土化改造、联合制造,将成为我国媒体节目创新的过渡阶段,同时也为本土媒体的独立原创节目模式进行了先期探索。

例如,浙江卫视的《奔跑吧兄弟》就由中韩两国制作团队共同商讨改进方案。央视《了不起的挑战》,由韩国 MBC 电视台、灿星制作和"央视创造"三方联合研发制作。《中国好歌曲》也由灿星制作,登陆央视,并成为首档输出海外(英国)的原创模式。

三、综艺节目模式的原创

以 2016 年为时间节点,由于国家广电总局出台"限模令"的规定,省级卫视每年最多新引进一个境外版权的节目,且第一季不得在晚间 22:30 之前播出,这一新政的出台倒逼卫视加强自主创新研发功能,减弱引进版权节目比重,初见成效。当年,省级卫视全国 35 城收视在 0.7% 以上自主研发的电视节目体量大增,引进版权的节目数量大为减少。

从表 8-5 可以看出,浙江卫视、东方卫视分别有 13 档和 9 档节目在全国 35 城收视超过 0.7%,其自主研发节目均为 8 档,占比分别为 62% 和 89%;江苏卫视共 6 档自主研发节目,占收视率超过 0.7% 节目的 55%;湖南卫视 7 档综艺节目中,5 档节目为自主研发节目;北京卫视共有 6 档综艺节目入围,且均为自主研发节目[①]。

表8-5 2016年前36周省级卫视收视超过0.7%节目来源分类量表

频 道	全国收视超过 0.7%的节目数量	引进模式节目量	自主研发节目量	联合制作节目量
浙江卫视	13	2	8	3
江苏卫视	11	4	6	1
东方卫视	9	1	8	0
湖南卫视	7	2	5	0
北京卫视	6	0	6	0
山东卫视	2	0	2	0
深圳卫视	3	2	1	0
四川卫视	1	1	0	0

---

① 杨雪:《把近年"引进"与"原创"节目全方位比对,数据分析师发现了这些问题!》,"SMG 智造"公众号,转载于《上海广播电视研究》2017 年 2 月 25 日。

(续 表)

频 道	全国收视超过0.7%的节目数量	引进模式节目量	自主研发节目量	联合制作节目量
湖北卫视	1	0	1	0
安徽卫视	1	1	0	0

资料来源：SMG智造。

自主研发节目中收视最高的是浙江卫视的《中国新歌声》，平均收视率为3.66%。电视节目创新力量正逐步从被动走向主动，自主研发的数量和品质也逐步提升。

（一）原创综艺节目模式的基本特征

1. 类型化创作

类型化的概念来源于类型电影（或称样式电影），是好莱坞技术主义电影在全盛时期所特有的一种影片创作方法，即一种艺术产品标准化的规范。在一个商业化的美国社会里，当一种类型影片受到观众的欢迎后，制片商就对这种类型不断复制。这种经过市场检验的类型影片可以最大限度地避免盲目创新而带来的巨大经济损失。

借用到电视媒介中，这种模式化的运作方法在"真人秀"类节目中也获得了成功的验证。《幸存者》(CBS)于2000年5月开始推出，在每周四晚8:00的黄金时段播出。开播第二周，其收视率就跃居当时全美黄金时段榜首，广告收入也随之大涨，最高价格达到每30秒60万美元，创下了单集3 600万美元的天价。最后一集大结局播出时，当晚的收视观众超过美国其他几大电视网观众总和，全美约有44%的家庭收看。

《幸存者》第一季让CBS打了个翻身仗，其总收视率从美国四大电视网的最后一名一跃而上。因此，《幸存者》又接着从2001年1月至2005年9月，连续制作了第二季至第十一季节目，并打破了每年只推出一季新节目的惯例，在每年春、秋分别推出两季节目。尽管后来受到《美国偶像》的冲击，但还是取得了不错的成绩，这就是类型化电视的魅力。

目前，我国的娱乐节目多为"拿来主义"，有的直接引进，有的移植过来。例如，中央电视台早期较有影响的娱乐竞技节目《城市之间》就是法国《城市之间》的中国版，收视率极高的湖南卫视的《快乐大本营》与香港10年前的《综艺60分》如出一辙。

类型化的综艺节目制作按照大类可分为游戏、综艺、公共舞台、竞技类、真人秀等类,在此基础上可进一步细化。如表8-6显示的2014年平均收视率过1%的新节目,虽然同是真人秀类节目,但可细分为户外和室内真人秀、明星和素人真人秀、语言竞技和草根喜剧秀。即便是明星助阵的节目,也可细分为明星户外和明星户内(校园)秀、明星喜剧与明星舞蹈秀、明星时装与明星亲子秀等。

表8-6 2014年平均收视率过1%的新节目

排名	名　称	频　道	平均收视率%	关键词
1	奔跑吧兄弟	浙江卫视	2.41	明星户外真人秀
2	最强大脑	江苏卫视	1.84	草根脑力选秀
3	花儿与少年	湖南卫视	1.78	明星户外真人秀
4	中国喜剧星	浙江卫视	1.63	草根喜剧选秀
5	笑傲江湖	上海东方卫视	1.48	草根喜剧选秀
6	女神的新衣	上海东方卫视	1.45	明星时装竞技(电商)
7	12道锋味	浙江卫视	1.24	明星户外真人秀
8	我是演说家	北京卫视	1.18	语言竞技真人秀
9	勇敢的心	北京卫视	1.16	拳击真人秀
10	极速前进	深圳卫视	1.11	明星户外真人秀
11	我为喜剧狂	湖北卫视	1.11	草根喜剧选秀
12	一年级	湖南卫视	1.09	校园真人秀
13	明星到我家	江苏卫视	1.08	明星体验真人秀
14	我们都爱笑	湖南卫视	1.05	明星喜剧表演
15	与星共舞	上海东方卫视	1.03	明星舞蹈竞技
16	爸爸回来了	浙江卫视	1.00	明星亲子真人秀

2. 差异化创作

当一个概念被集体性地一再重复时,它所意味的不再是类型电视的魅力,而是节目的匮乏。所以当打着"快乐""幸运""欢乐"等旗号的娱乐节目一拥而上的时候,它其实意味着人们在这方面的需求没有被真正满足。同一层面的重复起到的是一种隔靴搔痒的作用,并最终将这种浅层次的快乐都消失殆尽。这时,媒体应采取差异化的定位策略参与竞争。

　　差异化战略,塑造的不是第一,而是唯一,体现在定性整个节目类型标准的能力(节目标杆),使竞争对手无法复制和超越。差异化也体现在预判危机、找准空缺的前瞻性战略眼光。例如,江苏卫视的科学达人秀《最强大脑》,从选手的甄选到舞美的制作,可以说其他媒体无法至少是难以复制和超越。江苏卫视以独特的市场判断力,瞄准市场空缺,制作出集科技、奇异、令人叹为观止的科学达人秀节目《最强大脑》。

　　湖南卫视节目的差异化已形成以品牌综艺节目和户外真人秀为主要特色的"娱乐生态圈"。当别的台模仿其"超女"歌唱秀泛滥之时,湖南卫视转而以一档纪录片式的亲子真人秀《爸爸去哪儿》轰动荧屏;当大众媒体和观众沉醉于"奔跑"的快节奏真人秀时,湖南卫视又以一档没完没了掰玉米的节目《向往的生活》(见图 8-3)开启了"慢生活"真人秀的逆向尝试,又获成功。这种生活纪实类综艺节奏缓慢,就是强调生活的"慢综艺",以超越节奏快速、主打比赛的综艺节目。特别让人意外的是该档节目以平均收视率 1.50 点的成绩跻身 2017 年中国综艺收视最高的十大节目排行榜。

图 8-3　《向往的生活》节目

　　《向往的生活》给明星和嘉宾提出的要求很简单:自己去田地里采摘,搭炉灶,利用农居里仅有的传统生活用品,过自给自足的生活。如果再有额外的需求,则需要他们用相应的劳动来交换。该节目不着意浓墨重彩地勾勒写意生活,的确是大多数人向往的模样。有山,有水,有田,有花,有陪伴,有萌宠,还不时有老友自远方来做客。最辛苦的事儿,也不过是冒着烈日掰玉米。

有粉丝评论说,挤在人潮汹涌的地铁里,看着这样一副画面,觉得心下甚慰,哪怕识破了真相,生活终究不会如此,也不想揭穿。在别人营造的意境中,观众并没有厌倦,反而在看似平铺直叙的平凡相处中,品出了越来越丰富的生活滋味。粉丝将其奉为一档精神减压综艺,它不刺激,也不烧脑,处处流露着生活的情趣和人生的智慧,心情不焦不躁,身心随之放逐[①]。

3. 模式化制作

综艺节目特别是真人秀节目都是按流程设计制作的。节目流程是指在紧扣节目主题的情况下,依照特定步骤或程序进行制作的专门机制,一般包括节目环节和相应规则。节目流程影响着整档节目的发展状态、节奏把控和播出效果。

下面以音乐选秀节目为例分析。

英国《流行偶像》(*Pop Idol*)规则是:报名选手先行演唱,再由评委对选手进行分组评判,优秀选手层层晋级到下轮比赛,节目获胜者将由观众投票产生。该节目的宗旨是"为有音乐才华的普通人提供舞台,通过有戏剧冲突的比赛进行选秀,并要达到总统选举式的节目高潮。"由观众来决定比赛的结果,是该类节目成功与引发观众参与热情的关键所在。湖南卫视的《超级女声》与此相似。

荷兰的《荷兰好声音》(*The Voice of Holland*)模式:节目由三个阶段组成,即盲眼海选(Blind Audition)、队内擂台赛(Battle Phase)、终极直播秀(Live Performance Shows)。该节目的最大亮点在于盲眼海选阶段,四位导师坐在可供转动的靠椅上背对选手,如果有导师在选手演唱结束前按下按钮为其转身,则该选手成功晋级为学员,并加入按键导师的队伍,当有多位导师选择该学员时,选择权则反转到学员手中。我国浙江卫视的《中国好声音》(见图 8-4)即源于此。

真人秀节目由于没有剧本,因此,规则设置就成为这类节目的核心,而对规则的描述和设计就成为一种节目模式,对模式的总结有利于节目制作公司(部门)提高制作水平。

节目运作规则是综艺节目非常重要的因素。"比赛规则是完全无情且不容

---

① 珞思:《一档没完没了掰玉米的节目,怎么就让身心放逐了呢?》,"广电独家"公众号,2017 年 2 月 15 日。

置疑的,因为规则所蕴含的原则是不容摇撼的真理。"真人秀节目的成功与否,关键就在于游戏规则、节目环节设置的严谨性,操作的公平性和制作的可复制性。《美国偶像》和《幸存者》的成功制作,就在于其不变的坚守游戏规则,而可变的只是生存环境和参赛选手。《幸存者》游戏全过程一般分为三个阶段,第一阶段为团体间竞赛;第二阶段为个人间竞赛;第三阶段为最后对决。每一阶段的一个游戏进程持续三天,由若干竞赛项目胜出者决定淘汰人员,直到最后一个幸存者的诞生。

原创性的真人秀节目以强大的收视引爆力和观众集聚效应,迅速提升电视传媒平台的影响力,不断产生年度新晋现象级节目。而原创设计节目的一个共同特

图 8-4 《中国好声音》图标

征,就是都有一个简单且独特的核心环节需要精心设计,包括完整的视觉识别+人物命运改变+清晰的价值观传递。其中,明星依然是主要元素。

(二)原创综艺节目模式的外向推广

2018 年 4 月 7 日,法国戛纳当地时间下午,一台名为"WISDOM in CHINA"(中国智造)的中国原创节目模式推介会,吸引了来自世界各国的资深买家[1]。中国九档优秀原创节目模式集体亮相戛纳春季电视节主舞台,包括《国家宝藏》《朗读者》《经典咏流传》《天籁之战》《声临其境》《跨界歌王》《明日之子》《功夫少年》《好久不见》等,这是中国电视人首次以"原创节目模式"的名义,集体发声于全球模式市场。从引进模式到原创模式走出去,中国节目走向海外迈出"里程碑意义"的一步。

据报道,此次集体亮相的九大原创节目分别来自中国中央电视台、东方卫视、湖南卫视、北京卫视、腾讯视频等,涵盖文化、歌唱、选秀、竞技等丰富的节目模式样态。按照国际惯例,节目主创依次登场,全程用英语精练地介绍节目的模式特点、亮点,以及模式呈现和模式价值,展示精彩片花。

---

[1] 颜维琦:《全球模式市场来了中国原创节目团队》,《光明日报》2018 年 4 月 12 日第 9 版。

其中，自主创新的《跨界歌王》（见图8-5）曾获第十二届中美电影节金天使奖"最佳电视综艺节目"。

图8-5　北京卫视自主创新《跨界歌王》节目模式

《跨界歌王》作为北京卫视重点打造的跨界系列唱歌节目，节目模式主打"跨界"，非音乐领域的演艺明星们褪去自身的荣耀与光环，突破自己擅长的专业领域，转而用音乐才华和人文情怀去打动观众。节目总导演、北京卫视节目中心主任马宏推介说，音乐性是《跨界歌王》的核心，节目将音乐剧的表演形式搬上电视节目舞台，着重音乐剧式的场景打造，颠覆了音乐节目单纯"听音乐"的传统认知，开启了观众"看音乐"的新意识。在戛纳中国原创节目模式推介会上，以色列公司表示希望与《跨界歌王》进一步接洽沟通。

第三节　电视娱乐节目的文化批评

电视娱乐节目热现象的产生，是社会进步的一种表现，也是我国电视传媒功能进一步开发的结果。它不但丰富了大众文化生活，也造就了新的娱乐休闲观念。目前，大众的家庭休闲活动还主要依赖电视，因为电视在制造着流行，推动着时尚，它是大众文化中最活跃的一部分。不过，大众娱乐的"狂欢"，也难免泥沙俱下，以致在电视娱乐性节目中出现了一些格调低下、低级庸俗等不良倾向。例如，一些节目语言低俗、表演媚俗、动作无聊、创意荒唐，一些节目热衷于谈论女性身体等。针对这类问题，在电视传播界也曾引发了许多批评和争议，争论的焦点主要集中在三个方面。

一、电视的本质是以"娱乐"为主还是以"社会"功能为主

关于电视的首要功能究竟是"育人"还是"娱人"的问题一直争论不休,以致有人提出疑问,电视究竟是新闻媒介,还是娱乐媒介?持前一种观点的人认为:电视应有社会责任,电视的社会功能不可动摇,电视应该把自己的位置放在时代、文化的中心,表现时代重大的主题,反映时代精神,追求高品位的审美。如果媒介内容培养的价值与教育相抵触,诸如享乐主义、缺乏纪律等都会抵消教育机构的努力,流于庸俗化的节目内容和格调不高的游戏设计,会对人们的生活态度和生活方式有一定的不良影响;强烈的物质和精神刺激,会给人的心理承受带来物极必反的不良影响。他们认为:所有的电视都是教育的电视,问题是在教什么,应寓教于乐。

持后一种观点的人则认为:电视是一种消费文化,是一种商业娱乐,不应承担过多的社会功能,不负有教育的重任。在未来十年里,板着面孔以教化为目的的电视节目将不复存在,会被淘汰出局。电视的娱乐功能将得到更大的强化。作为大众化的电视,其本质就是娱乐。

应该说,这两种话语的碰撞集中体现在对电视本体的认识上。电视到底是一个娱乐工具,还是一种观照现实的信息传媒?这两种功能哪个更接近电视传播的本质?游戏精神该不该倡导?

其实,在西方,电视和早期的电影一样,被看成是一种类似于"杂耍"的娱乐形式,娱乐观念已经渗透到了电视传播,尤其是商业电视的每一个环节。电视的主要社会职能似乎始终局限于为大众提供娱乐。各式各样的电视剧、旧影片、竞赛类娱乐节目充斥着屏幕,高雅的演出和低级的调笑交替登场。在这样的文化状态下,大众文化生产会吸纳一切有消费潜能和娱乐价值的资源,包括我们的生存、我们的人际关系、我们的感情。在《老大哥》中,人们消费的是同居一室的男女情感与关系;在《生存者》中,人们消费的是残酷竞争中的钩心斗角。

消费文化也是一种商业文化。商业和资本逻辑已成为电视媒体背后越来越重要的"看不见的手"。追求收视率已成为电视媒体的重要目标。哈贝马斯在论述"公共领域"如何在商业化的力量之下成为文化消费的领域时说过:曾经作为理性——批判论争私人场所的公共领域,逐渐蜕变为一个文化消费的领域。而大众媒体由于商业化必然走向非政治化、个人化和煽情,并以此作为促销手段。

电视的商业化趋势使得电视的娱乐节目获得了合法性的发展空间,而娱乐节目又一直是西方商业电视提高收视率的重头戏。在目前,我国电视既要服从

主流意识形态,又要服从市场逻辑。市场和意识形态因素的共同作用使得电视的观念和运作方式发生了很大变化,而且,二者可通过策略化运作达到一种共谋,形成一种基本的策略:爱国、民族、集体主义精神+男女情感或复杂的人际关系模式。

当前的娱乐节目正是以这样一种娱乐倡导者的形象出现在观众面前的。这些娱乐性节目,提供的大多是一些无深度但却轻松、流畅的情节和场景,令人兴奋而又眩晕的视听时空,是消除了时间感、历史意识、与现实生存的真实性联系的自我封闭的文本游戏。在这些娱乐性节目中,文化的认知功能、教育功能,甚至审美功能都受到了抑制,而强化和突出了它的感官刺激功能、游戏功能和娱乐功能。

这些娱乐节目都有一个共同点:它抛弃了"寓教于乐"的传统模式,更倾向于给观众带来感官上的轻松愉悦,即对崇高感、悲剧感、使命感、责任感的放弃和疏离,过去文化中那些引以为豪的东西,如深度、焦虑、恐惧、永恒的情感被淡化,取而代之的是一个个世俗梦想、儿童乐园和文化游戏,它不需要我们殚精竭虑,它甚至可以把我们的智力消耗降低到几近于零。它是一种近乎表层化、平面性的节目形态;它不要道德劝诫,不要知识灌输,不要心智的深入思考,主题模糊随意,以游戏为主体,有时甚至显得场面混乱和狂欢化;结构也很散漫,主持人和嘉宾满不在乎的态度满足了人们游戏的天性和放松的欲望。

电视到底是什么?电视虽然具有消费文化的性质和商业娱乐的功能,但不等于电视的本质就是娱乐,娱乐和教育都是电视的功能之一。其实,电视的每一个本体建设阶段都是对于以往某种观念的开发不足或开发不到位的一种补偿。在我国,我们以往的电视过于重视说教,比较少地顾及它的游戏娱乐功能。而在美国,由于电视从一开始就是作为娱乐工具,忽略了其他功能,现在也开始注重新闻,注重社会功能。美国媒介巨头、时代华纳副总裁、CNN总裁泰德·特纳在谈到美国的电视节目时认为,电视对青年人思想的影响大于家庭、教堂、学校或政府。他认为世界上没有其他哪个产业像媒体这样有巨大的影响力。"我们有责任像牧师或大学校长那样去生产出一些值得生产的东西。"[1]他呼吁电视节目制作人应该履行他们的职责,生产出他们引以为自豪的节目来。

二、娱乐节目是"社会麻醉剂"还是"社会减压阀"

我们看娱乐节目是为了逃避现实?还是为了能更充分地去面对现实?传播

---

[1] 胡正荣:《竞争·整合·发展——当代美国广播电视业考察(下)》,《现代传播》2003年第6期。

游戏会不会把个人诱入现代生活中的奢侈享受,却不顾对个人或社会秩序造成的长期影响?

有专家认为,电视节目成了一种麻醉剂而不是一种推动力。电视节目,特别是娱乐节目对观众起到一种催眠作用。由于电视节目的轻松性和刺激性,收看电视就成为一种不费脑筋、不费气力的事情,使人处于一种麻醉状态和睡眠状态。人们在这种日常的消遣中逐渐形成一种习惯,每天守着电视机消耗岁月,不愿或不能集中意志于艰苦做事。对电视娱乐的高度依赖心理,犹如烟瘾一样,造成对人的意志的消磨,使人思想疲软。

从另一个角度看,电视也是任谁都可以用来闲聊的超级公共茶馆,并由一群出类拔萃之辈操作出来的平庸的文化快餐。于是,人们被告知电视是散布愚昧的罪魁祸首,电视是一种社会麻醉剂,是一种旁观者文化。

曾任联合国教科文组织总干事的马约尔的论点也颇具代表性,一方面,他认为:"电视以其力度和敏锐能激发我们,使组织我们的感知的形式发生变化,并且,可能首先是它已经打开了我们的眼界,使我们知道,在我们的日常生活经验之外还有许许多多我们需要知道的。"另一方面,他也尖锐地指出:"我们已经开始享用的自由也可能转化成消极和智力的孤立,因为如果让视听传媒、电脑游戏之类的东西取代了思想、个人意见和社交聚会的话,我们的日常生活就会逐步地陷在这些'外在化的东西'当中。个性正在屈从外在的力量:由不同的社会公共机构发展出来的'文化产品'正在夺走越来越大的一部分自我。"[①]

娱乐电视节目兴起于西方资本主义国家,西方对这个问题也早有论战。

关于大众传播广泛深远的社会影响和潜移默化的内在效力,拉扎斯菲尔德和默顿在《大众传播、流行趣味和组织化的社会行为》这篇颇有深度的论文中,分析了三个不可低估的方面,最后也是最令人警醒的,还是他们对媒介所作的精辟比喻——"社会麻醉品"一项。拉扎斯菲尔德和默顿尖锐地指出,巨量的传播往往使人陷于麻痹而非活跃状态。为什么呢? 可从两个方面来看。第一,媒介占去人们本该用于"社会行动"的时间,人们看、听、读的时间越多,接触媒介的时间越长,则投身实际的时间就相应地减少。第二,媒介极为有效地使人沉醉在虚幻的满足之中,误将"了解某事"(knowing something)当作"从事某事"(doing something),使人以为知道什么便等于参与什么……"就这一点而言,大众媒介可以算是最体面最有效的一种社会麻醉品,它如此有效,使得上瘾者都察觉不到

[①] 马约尔:《冷战之后》,中国社会科学出版社1997年版,第83页。

自身中毒的病状。"①

《当代美国电视》一书也谈道："媒体,特别是电视,是我们了解世界的重要信息来源。但是,媒体带给我们的东西要比简单的信息更多。它们至少也在某种程度上影响了我们感受外部世界的方式。或者换一句话来说,媒体影响了我们建构社会现实的方式。当媒体准确地表现现实时,这不是一个问题。但是有许多方面,电视所表现出的世界是非常不同于现实的。当然如果人们能把电视和现实两个世界区分开来而没有任何混淆,这不是一个大问题。但是对某些人来说,把两者区分开来不是那么容易。"②

与上述观点相反,哈洛·曼得颂在《大众娱乐》一书中指出,逃避并非坏事,因为成人皆有目的地使用虚幻,这种使用亦不影响正常工作的能力。曼得颂是在阅读许多社会心理学研究著作后慎重地提出这些论点的。在他看来,大众娱乐通常有他们所希望的效果,负面效果可能发生于误用的不寻常情况下,如孩童。因为他们无法区别虚幻与真实,而且他们会受娱乐内容误导。另外,大众娱乐的嗜用者,也很可能滥用。一般成人则被忽略,因为认为这些人可以不受负面影响。

对大众娱乐看法更乐观的要属威廉·斯蒂芬森。他主要是作为关心传播的个人功能的心理学家进行写作的。他的《大众传播的游戏理论》一书中主张:大众娱乐属于大众传播的正面用途。在书中,他集中谈的不是传播的旨在实现改变的工具行为,而是有关传播的目的不是完成任何事情,而只是一种满足感和快乐感的部分。斯蒂芬森仿效荷兰学者赫伊津哈的著作《游戏的人》和匈牙利精神病学者索斯的满足理论,他的见解是以游戏和工作之间的鲜明区分为基础:工作是所有社会机构的职能,但是大众媒介的关注中心不是工作,而是传播愉快,使人们能把自己从社会控制中解放出来回到玩耍的土地上去。斯蒂芬森认为游戏是假托,是为了让自己跳出义务和责任的世界,游戏是一天中的插曲。它不是一种任务或一种道义职责,从某种意义上说,没有个人利害关系,只提供暂时的满足。

根据斯蒂芬森的游戏理论,大众传播是一种游戏,是普通人在业余时间以主体性的方式进行自由体验的一种娱乐。游戏是一种文化的源泉,人类的每一个时代和每一种文化都创造了多种闲暇时间的竞技活动、玩具和游戏方法。游戏是人类文化的演习和培育,游戏精神对文化的发展至关重要。其实,我们当前文

---

① [美]威尔伯·施拉姆、威廉·波特:《传播学概论》,新华出版社1984年版,第205页。
② 陈犀禾:《当代美国电视》,复旦大学出版社1998年版,第187页。

化中的许多特点,也往往植根于游戏。通过游戏,人们学会了建立法律秩序、设计经济规则和实现社会平等(怪不得人们称一些规章制度为游戏规则)。

娱乐节目用对矫情的贵族意识的嘲笑、对那些虚伪的道德寓言和价值观念的瓦解,以及那种进退自如、宠辱不惊、超然于胜利与失败之上的人生态度,为处在生存压力下的大众允诺了一种文"解放"。娱乐节目兴高采烈地抛弃了那些由意义、信念、价值强加给人们的重负,它提供的是一个欢乐的平面,一个世俗化的万众同乐世界。它以纯娱乐性、消遣性和平民化掀起了对电视综艺节目的一次激烈的改革。

所以,在社会文化转型的刺激下,随着科技的进步和大众传播媒介的普及,那些以娱乐消遣为目的的文化"快餐"几乎垄断了中国的文化市场。曾几何时,曾经令人肃然起敬的人道主义的责任感和使命感在各种戏谑调侃下变得虚弱,甚至虚伪,在一种以宣泄和释放为目的的消费文化铺天盖地的席卷下,那个悲壮而崇高的普罗米修斯形象似乎正在从中国文化中悄然淡出。到20世纪90年代末,以"娱乐"为特征的大众文化更是勃然兴起,成为一种消费和产业。

洛厄里(Shearon A. Lowery)和德弗勒(Melvinl L. DeFleur)著的《传播研究里程碑》一书中也谈到了电视作为"松弛器"的作用:电视可以降低刺激,看些有趣的节目对冲动或暴躁的人有镇静的效果。电视娱乐节目有这种效应,是因为大众传媒所传播的内容,不论是真实的,或是虚构的,剧中的人物、人物的经历和命运都是与受众或相同或类似,因而能形成受众自我与非我的同一。而传播媒介所传播的人物及其经历、命运又仅仅是信息的内容,与受众自我存在着距离,比如各处一方(空间上的距离)、互不相识(心理上的距离)、无利害关系(人际上的距离)等。因而对于受众来说,宣泄情感又是无害的。这种同一和距离,就使受众的感情得以找到一个安全释放的渠道,获得无害的快感。

不过,在娱乐节目的主题设计中需要注意的是,娱乐节目作为一种减压阀是有一定的限度的。娱乐是以不干预实际生活的方式释放情感、平衡心态的一种方法,但也存在着一种危险:一旦唤起了一种情感,它就会有可能渗入生活,并让人由此对生活产生一种幻象。也就是说,当游戏走过了一定限度的时候,其节目就不再是对人的减压,而成了对人的一种莫大嘲弄,这时的娱乐节目就成了一种增压,而一旦出现这种状态,游戏节目也就走到了尽头。因此栏目(节目)的设计始终要注意对受众心理需求、社会效果的研究,在游戏内容、方式选择、奖品设置等方面都保持一种平衡法则,在节目的品位、社会责任感上有良好的"度"的把握,在满足人的天性的同时,朝着健康的方向发展娱乐节目,以达到平衡、愉悦、和谐人际关系为最终目的。

三、电视娱乐节目应该追求"雅"还是"俗"

这场争论实质上是电视娱乐节目到底应该是"精英文化"还是"大众文化"。

电视被批评为没有文化、品位低、太俗,早已经不是什么新鲜事了,特别是自电视娱乐节目在全国掀起热潮后,对于电视没有文化的批评更是一浪高过一浪。从这些文章的标题就可见一斑:《弱智的中国电视开始狂欢——姜昆、冯骥才批评电视娱乐节目》:"明星在台上打打闹闹,或者一问一答一些无聊的问题,靠出丑来博人一笑。面对这样的电视娱乐节目,你还乐得起来吗?"①人们批评娱乐节目粗制滥造、思想苍白、格调不高、品位低下,甚至庸俗卑劣、制造噱头,迎合观众中的消极心理和低级趣味。让嘉宾出丑、拿孩子开涮、大谈性爱,成了不少综艺节目吸引观众的"三板斧"。全国政协委员姜昆呼吁:有关部门应当规范电视娱乐节目,促使其提高文化品位。更有人担心,当娱乐文化与文化工业相结合、文化生产与经济利润相一致的时候,金钱乃是评判所有这些需要是否得到满足的一个公分母。

娱乐节目很可能因为其经济利益的诱惑,在市场机制的操纵下成为一种新的霸权文化,它将平民化的文化趣味作为主流的甚至是唯一的文化趣味,它迎合的是文化公民"最低的共同文化"或者"最低的大众素养",它排斥包括精英文化、边缘文化、前卫文化甚至现实主义文化在内的所有其他非平民化的文化理想和文化需求,这是以大众名义所施行的一种一元化专制。我们将只有一种宣泄性的、游戏性的娱乐文化,在这样的文化状态中,文化失去了发展的丰富性和多样性,大众也失去了获得丰富多样的文化营养的可能性;同时,我们认识现实、把握现实、批判现实的精神需求,我们从文化中获得知识、智慧、思想的精神需求,我们体验那些永恒的审美经验的精神需求都将被忽视和否定。文化工业所关心的始终是金钱而不是人,因而它所建立的文化帝国是一个能够换取利润的娱乐文化的帝国,而人的发展所必需的全面的精神需要对于文化工业来说,则被称为"收视率毒药"而被禁锢。

笔者认为,批评电视娱乐节目没有文化,这与中国文化人传统上将电视定位于艺术,并对它怀抱高于生活的期望和标准有关系。即使口头上不否认电视媒介是大众文化的载体,实际上却经常用精英文化的美学尺度和评判标准

---

① 姜昆、冯骥才:《弱智的中国电视开始狂欢——姜昆、冯骥才批评电视娱乐节目》,《南方都市报》2001年3月13日。

去要求它、衡量它,电视评论中常出现这种悖论。实际上是关于电视这一传媒手段究竟是什么,节目应该给谁看的问题没有解决好。尽管电视文化并不排斥精英文化,但如果认为它只能是精英主流文化独占的意识,实际上只能是精英人士一厢情愿的看法。电视的"大众传媒"这一定义已决定了为谁服务的本质问题。

电视文化是一种图像文化,它由声音和画面两个最主要的元素构成。图像文化具有明白易懂的特点。孩子能看,成人能看;中国人能看,外国人能看;甚至文盲也能看。所以受众面广,收视率高。电视的图像文化的特点决定了电视在大众文化的发展中具有特殊的地位。大众文化几乎是与电视结伴而生的。这也注定了电视娱乐节目主要是为大众服务的,是一种大众文化。而且,当代的潮流是,大众传播日益成为一种生活的背景、生活的环境。媒介的表达是越来越像生活本身,而越来越不是单纯的艺术了。

法兰克福学派的大众文化批判理论代表人物阿多诺认为,大众文化起码存在这样几个弊端:"大众文化呈现商品化趋势,具有商品拜物教特性";"大众文化生产的标准化、齐一化,导致扼杀个性";"大众文化是一种支配力量,具有强制性";大众文化"剥夺了个人的自由选择"[①]。

电视娱乐节目是一种大众化的商业娱乐,大众文化本身有负面影响,这就需要电视娱乐节目的从业人员有强烈的社会责任心,在传播中注意避免负面影响。如果过分迎合观众的精神消费心理,也不利于人们审美情趣和知识素养的提高。所以,电视娱乐节目虽然是一种大众化的商业娱乐,其运作机制是利益驱动,但是,绝不能把它看作纯粹物质性的商品。电视娱乐节目制作者应该将人文精神向娱乐文化渗透,将其提升,拓展其精神向度,使其逐渐接受价值理性的制约。

电视作为大众文化载体,其娱乐节目所表现的娱乐性和消遣性,不仅应体现为感官和情绪的表层快感,更应表现为心理和情感的深层美感;它向观众心灵渗透的不只是愉快本身,更多的是与愉快交融的审美情趣;它的通俗必定还要注入高雅的精髓,否则,就会导致文化生态的失衡、人文精神的失落、精神生活的失调。所以,我们在以市场为导向策划选题时,必须注意消遣功能与审美功能的结合、娱乐功能与认识功能的结合,做到外俗内雅、似俗实雅、化俗为雅、容雅于俗。

---

① 于海:《西方社会思想史》,复旦大学出版社1993年版,第473页。

第四节　电视娱乐节目的发展策略

过去由于我国电视的娱乐功能开发不够,所以,一旦时机成熟,电视的娱乐功能重新得到确认,便掀起一股新的开发的热潮。不过,所有的节目类型补偿都是阶段性补偿,一旦补偿到位,它的历史使命就完成了,就变成了一种常规的观念和常规的样式。当受众的娱乐需求得到充分满足后,"电视娱乐节目热"也势必会在达到顶峰状态后降温。要使娱乐热潮继续保持"高温",电视娱乐节目似应从以下几个方面努力。

一、电视娱乐节目的市场化细分

市场细分概念于 1956 年由美国市场学家温德尔·史密斯提出后,引起了企业家的高度重视,得到了广泛的运用。现在,世界各国娱乐节目的发展正从"大量市场营销"到"细分市场"转变。现在,"什么都有一点"的综艺节目形式在美国几乎消失了,他们更直接地针对观众整体中的不同的受众群,既走"大众商品"的路子,又走"专门商店"或"专卖店"的路子,专门瞄准更有文化、层次较高的节目出现。

在我国,《经典咏流传》等节目的成功表明,电视娱乐节目的发展也具备了市场细分的条件。事实上,20 世纪 90 年代中后期以来,经济生活的多元化、市场经济成为社会生活主流,由此带动了文化生活的多元化,个人主体意识开始增强,个人有能力介入社会活动,民本思想进一步体现。这一切反映在电视文化中,反映在观众的收视需求上,便出现了较为完整意义的"消费"概念,个人的电视文化消费已不再为群体所左右,对文化产品的选择,也从受教育的单一选择发展到娱乐、服务、致用等多方面。同时,人们所受教育程度的不同、文化修养的不同、兴趣爱好的不同、社会阅历的不同、社会职业的不同、经济地位的不同、理想追求的不同等等,都使人们在进行电视文化消费时有不同的审美需求和不同的选择方向,受众变成了一个个有不同节目需求的目标受众群。

21 世纪以来,从 2006 年开始,我国电视娱乐节目打破一花独放的局面,出现湖南电视台《超级女声》、上海卫视《加油!好男儿》和中央电视台《梦想剧场》三足鼎立情况。2007 年,湖南台又策划出《快乐男声》与上海卫视的《加油!好男儿》竞争,于是,带动电视选秀节目从底端的平民选秀向高端精品化与国际化市场发展,产生了东方卫视《舞林大会》和湖南卫视《名声大震》(国际化版权合作)两档最有影响的节目。

上海卫视最先推出高端市场的娱乐选秀节目《舞林大会》,以国标舞为传播载体,突出明星真人秀,迅速蹿红,在娱乐节目中独占鳌头。据有关统计数据表明,《舞林大会》收视率最高时达到16.8%,创造了上海综艺类节目收视之最。《舞林大会》选择了雍容华贵的传播符号——国标舞,作为一项高贵优雅的运动,不但可以调适现代人忙碌的生活,舒展身心,并且有良好的社交功能。以《舞林大会》为代表的一类高端真人秀节目之所以能够脱颖而出,还在于它能独辟蹊径,细分受众市场,在求新求异求变中,实现了传播效果的最大化。近年来,上海东方卫视又推出《妈妈咪呀》平民女性真人秀节目,特定的性别嘉宾、特定的收视群体使该节目独树一帜,大获成功。

市场细分的基础是顾客欲望和需求的差异性。这种差异是由于受到一些因素的影响而造成的,这些因素称为细分变数,是市场细分的依据。具体说来,细分市场的依据可以概括为地理变数、人口变数、心理变数和行为变数四大类。当然,细分变数的标准不是固定不变的,在具体操作时,要注意变数的综合运用,进行多变数细分。而且,要确保市场细分最有效,它应该具备三个特征:

- 可衡量性,即各个受众市场部分的规模大小应该是可以加以测定的。
- 可进入性,即企业能够进入所选定的市场部分。
- 规模性,即细分市场的规模要大到足够获利的程度。一个细分市场应该是值得为之设计一套方案的尽可能大的同质群体。

综上所述,市场细分是企业确定目标市场和制定市场营销策略的必要前提。因此,对于电视娱乐节目制作者来说,面对产业市场的日益细分化和竞争的日益白热化,首要问题就是要在激烈竞争的媒介市场,乃至更大的信息产业市场上,进行受众市场细分,然后才能选择一个或几个准备进入的细分市场,找准节目的定位,寻求发展。

二、电视娱乐节目的规则化控制

娱乐节目的快乐之一就在于它能让人探究规则与自由之间的关系。"规则是社会控制赖以维系的手段,其结果就是控制破坏性的、无政府主义的自然界力量的社会秩序。"而游戏则"激起了自由与控制之间、自然与文化之间的对立"。菲斯克在谈到赫伊津哈关于"游戏"的结论时如是说[①]:游戏是自愿的,因而是自

[①] [美]约翰·菲斯克:《电视文化》,祈阿红、张鲲译,商务印书馆2005年版,第339页。

由的;而且它能产生秩序。它产生的秩序体现在玩家们的控制之中。游戏的主要结构法则就是秩序与自由或与机会的"自由"之间的紧张关系。

纵观中外娱乐节目,无论是游戏类还是真人秀类节目,表面上看令人眼花缭乱,实际上都是在一定规则之下的电视游戏而已。各种娱乐节目,特别是竞赛类的娱乐节目,看起来千变万化,其实都有该节目的游戏规则或环节。每个娱乐节目的制作,都是在同一规则下的竞技环节的连续完成,即固有的模式。而节目的常看常新,则表现在参与娱乐节目的人员及技艺变化与智力展示点。

以中央电视台的《星光大道》为例,每年一度的周赛冠军、月冠军和年度冠军,均是在同样的竞技环节中完成的,每期节目都由四个环节构成:"闪亮登场""才艺大比拼""家乡美""超越梦想"。在第一个环节,五位参赛选手逐一"闪亮登场",一展歌喉,通过嘉宾点评、评委打分,淘汰一个选手。其余的四位选手进入第二环节的"才艺大比拼",通过歌舞才艺、特色绝活等现场比拼,再淘汰第二位选手。第三环节则要求选手通过多种文艺形式来说唱家乡,遵从艺术的评比标准,淘汰第三位选手。第四环节,剩下的两位选手"自选动作"(仍然为歌舞表演),分别登台表演,在嘉宾点评、评委决定、主持人与现场观众的热情关注下,公布最后一位胜出者为周冠军。依此类推,在相同数位的周冠军中产生月冠军乃至年度冠军。

关于娱乐节目的游戏环节与规则的论述,在前面的"真人秀"节目类型和电视娱乐节目的"约束性、操作性的游戏规则"中已有基本阐述。现在需要深入讨论的是,带有程式化特点的娱乐节目何以能为观众带来快乐。对此,菲斯克作出了解答,他说:"游戏和文本建立起的是有序的世界,玩家或读者能在其中体验出自由和控制的双重快乐。"[1]观众在观看过程中,积极选择与谁"认同",以及选择在"参与—摆脱"过程中认同与否,都是通过游戏进行控制的行为。当代的电视观众越来越精明,他们要求了解电视的表现模式,并从电视的参与和控制中得到快乐。"游戏的快乐直接来自玩家能控制规则、角色和表现——这些因素在社会中是由社会支配的,但在游戏中却是解放的、赋予权力的因素。"[2]从这个意义上说,游戏类娱乐节目成功的关键在于制定游戏规则,这是娱乐节目制作的依据,也便于观众的积极参与,得到电视媒体所提供的一些"授权式"的快乐。

---

[1] [美]约翰·菲斯克:《电视文化》,祈阿红、张鲲译,商务印书馆2005年版,第333页。
[2] 同上书,第341页。

三、电视娱乐节目的个性化经营

根据受众市场细分后才可以选择、确定目标市场,确定节目的市场定位后,就要根据节目的定位进行节目的个性化经营。

个性化是生存之本,是电视栏目的生命。节目要有个性,就必须从形式到内容不断创新。创新就是要求节目拒绝"克隆"。除了要改变眼下一味突出搞笑和彼此的内容与形式的雷同外,要求节目创作者们在艺术上不断探索,节目才能生存发展下去。

但是,国内的电视娱乐节目现在存在的一个最大的问题就是"克隆"。节目太多太滥,内容重复雷同,抄袭模仿成风,缺乏新意。一些节目策划者不思进取、互相抄袭,往往一家抢得头筹、办得火爆,其他电视台就一拥而上、竞相模仿。湖南卫视的《快乐大本营》一炮打响时,就有了一系列"快乐"节目照猫画虎。不可否认,在电视娱乐节目发展的阶段,学习借鉴国内外一些节目样式无可非议,但一味模仿、不思创新却只能走入死胡同。

只有不断创新,在节目的思想性、艺术性和观赏性上下功夫,才是娱乐节目不断创造辉煌的选择。那么,怎么创新?趣味性是创意的首要因素;思想性是创意的关键,没有思想的节目只是徒具空壳;人情味应是创意的应有之义,没有感情的节目就会冰冷无味。创意应求新、求奇、求美,办出特色,节目才有底气。

(一) 形式求新

娱乐节目是多种艺术的一种杂交体,要使其不断地发展和创新,就要不断地进行多种艺术的杂交,甚至可以与现代的高科技成果相结合,找到结合点,不断创造新的节目样式,从而让观众耳目一新。

形式求新并不单纯指创造新的节目样式,即使当某个节目很受欢迎,具体的节目形式处于相对稳定的状态时,形式上也不应一成不变,应不断注入新意,加以改造,这样才能给人以新鲜感。例如美国哥伦比亚广播公司(CBS)推出野外生存游戏"真人秀"类节目《生存者》,就是打破了游戏节目不能采用叙事文本的神话,在游戏节目版式上做出的重大突破。尽管叙述是电视的主要文本,但一般而言,电视游戏节目是不采用叙述文本的。电视游戏节目一般都是在限定的时段,如一至两小时内完成,而且一般每集之间没有逻辑上的联系。它不具备真正意义上的故事情节,不具备所谓的"情境"所包含的三要素:

人物活动的具体时空环境;人物面临的具体事件或情况;由此构成的特定人物关系。著名的传播学者萨拉·科兹洛夫在《叙事理论与电视》一文中也谈道:"唯一的一种贯穿始终都避免叙述的电视节目版式是那种依自身的交替规则结构十分明显的节目,例如游戏节目、体育锻炼节目、记者招待会、访谈节目、音乐节目、体育竞赛等。"①但是《生存者》却大胆采用了叙事的节目版式,而且是长篇连载式的叙事版式。它从头至尾就是在讲故事。它不但具备了真正意义上的故事情节,具备了情境三要素,而且借鉴了好莱坞电影的叙事风格,故事充满了悬念和挑战,突出了故事的不可预测性,像是一部精彩而刺激的电视连续剧。它开创了游戏节目的一种新的电视形式,开创了一种新的创作风格,给观众带来一种新的审美感觉,这是《生存者》最大的突破,也正是节目成功所在。《生存者Ⅰ》推出获得巨大成功后,哥伦比亚广播公司又接着推出《生存者Ⅱ》,沿用了《生存者Ⅰ》的模式,但在节目形式上,如节目的前奏做了些改动,不断地给观众以新鲜感。

(二) 内容求新

内容的新集中表现为节目本身,包括节目的思想内容、情境的设计、使用的资料、制作手段等。

还以《生存者》为例,在《生存者》出现之前,就有其他的"真人秀"类节目,如《阁楼故事》《诱惑岛》《老大哥》等,但没有获得《生存者》这样大的成功。《生存者》之所以有如此大的魅力,就在于它不仅形式新,而且内容也新。它在一个特定的实景模式里导演了一出充满对抗与矛盾的现代人的野外生存游戏。参加游戏的有 16 个人,节目制作者有意选择了来自各行各业的人参赛,他们中有公司职员、海员、导游、学生、音乐家、酒保和卡车司机等等,年龄、性别各不相同。从某种意义上来说,它是人类社会现实生活的某种缩影。在荒无人烟的野外,参赛者被分成两组,他们被没收掉随身携带的物品,每天的食物配给只有一把大米和两个罐头。在玩各种生存游戏的同时,生存者必然要处理两对矛盾:一是要处理人与自然界的矛盾,他们必须面对恶劣的自然环境:那里既没有房屋以供居住,也没有现成的食物以供食用,为了生存,他们不得不像当年鲁滨逊一样自己搭帐篷、捕鱼、砍柴、生火,过着挨饥受冻的生活。二是他们还要处理人类社会内部的矛盾,即处理人与人之间的关系。为了赢得那 100 万美金,为了取得"居留

---

① [美]罗伯特·艾伦:《重组话语频道》,麦永雄、柏敬泽等译,中国社会科学出版社 2000 年版,第 47 页。

权",他们可以使出除暴力外的诸如造谣中伤、拉拢欺骗等各种手段来相互竞争。他们为了取得在岛上的"居留权"不得不绞尽脑汁,因为他们每周要召开一次"部族会议",投票将其中一人逐出小岛,并将每个人所投的票公布于众,这样做必将树敌或结盟,使岛上"居民"的关系变得错综复杂,注定有不停的争论、吵架和钩心斗角。

《生存者》节目每星期播出一集,每集讲述三天内发生的故事。每一集都是严格按照时间顺序进行叙述。每一天相当于一个小段落。一天比一天紧张,一天比一天刺激,因为最后一天将进行最重要的游戏竞赛——"免疫权竞赛",竞赛过后将举行部落大会(见图8-6),会上有一个人将被淘汰。"谁将获得'免死金牌'?""谁与谁是盟友?""谁将被淘汰出局?""故事将怎样发展、怎样结束?"每一步都是当事人和旁观者无法预知的。"部族会议"是每一集的高潮,直到部落投票结果统计出来,谁也不知谁会被淘汰出局。随着那个被淘汰的成员背着包裹走过桥头回顾他挑战生存者的历程之后,节目也就戛然而止。"谁将成为下一个被淘汰者?""下一集他们将遇到什么困难?会有些什么游戏?"观众刚刚因为悬念的揭晓松了一口气,马上又处于悬念和期待的状态之中。它又重新唤起观众新的期待、新的愿望。

图8-6 《幸存者》部族会议

电视诸功能应由不同形态的节目、栏目分别去体现,媒体要在诸多功能中充分体现娱乐功能。但如果娱乐超过限度,一切节目唯娱乐化,同样是极其荒谬的。尽管电视是一种大众传媒,但 21 世纪的中国电视娱乐文化,不仅仅是一种被平民化、单一化、模式化的大众的文化,而应该是一种多元的、丰富的现代娱乐文化,这是一种真正意义上的大众文化。它不仅是那些数量上占优势的大众的文化,而且也是那些在数量上并不占多数的大众中的若干小众的文化;它不仅要满足受众宣泄、松弛、好奇的娱乐性需要,也要满足人们认识世界、参与社会、变革现实的创造性需要;它不仅要适应受众已经形成的主流电视观看经验和文化接受习惯,而且也要提供新鲜、生动的前卫和边缘的文化经验以促进受众文化接受水平和能力的不断提高。总之,它应该是一种多元的文化,一种大众与小众、共性与个性、高雅与通俗、主流与边缘、认同与超越、正统与前卫、男性化与女性化、国际化与本土化、传播与接受相互补充、相互参照的并存的、互动的文化。只有这样,电视娱乐节目才能真正成为现代文化的一个充满活力的组成部分,而不仅仅是电视台和商人获取经济利润的工具。

本 章 小 结

● 电视娱乐节目的类型有:游戏类、综艺节目类、娱乐资讯类、娱乐谈话类和"真人秀"类。

● 电视娱乐节目的模式创新经历了三个阶段,从综艺节目的模式模仿、综艺节目的模式引进到综艺节目的模式原创,反映了近 20 年来我国娱乐节目创新发展的路径。那么,节目的模式是什么?节目模式的形成过程或节目制作宝典流通模式是怎样形成的?综艺节目规则设置作为这类节目的核心,又应当怎样设计和描述?这都是电视节目制作人需要掌握的核心能力。

● 电视娱乐节目的热潮引来了理论界的文化批评,主要集中在:电视的本质是以"娱乐"还是以"社会"功能为主?娱乐节目是"社会麻醉剂"还是"社会减压阀"?电视娱乐节目应该追求"雅"还是"俗"?从媒介性质看,电视虽是大众文化载体,但娱乐节目所表现的娱乐性和消遣性不仅应体现为感官和情绪的表层快感,更应表现为心理和情感的深层美感。它的通俗必定要注入高雅的精髓,否则就会导致文化生态的失衡、人文精神的失落和精神生活的失调。

思考题

1. 举例分析电视娱乐节目的类型。

2. 解析某一娱乐节目的制作环节和规则。
3. 试述电视娱乐节目热的理性认识与文化批评。
4. 分析欧美近期电视娱乐节目新形态。

第九章 谈话型电视栏目创作

美国学者吉妮·格拉汉姆·斯克特在她的专著《脱口秀——广播电视谈话节目的威力和影响》引言中说:"电视谈话节目已经成为影响我们思想和行为方式的一种新权威。它们像是城镇议事厅或社区集会场所,在这个日益数字化和原子化的地球村中把我们集合在一起。我们可能不认识隔壁的邻居,我们可能也根本就不想认识他们,我们也许害怕街上的陌生人,怕他们是潜在的罪犯。但广播和电视中的谈话节目却是受欢迎的客人,它们能够帮助我们知道在这个越来越危险、越来越难以沟通的世界上发生了什么事情,应该怎样行事。"[1]吉妮·斯克特这段话充分说明了谈话节目在当代电视媒体中的地位与作用,同时,也被我国电视节目的发展所证实。

第一节 电视谈话节目的发展历程

一、电视谈话节目的发展背景

电视谈话节目最早兴起于美国的广播谈话节目,然后由一批广播节目主持人移植到电视节目制作中。从20世纪50年代的《今天》和《今夜》开始,确立了明星闲聊式的谈话方式。在我国,电视谈话节目的开端以1993年1月上海东方电视台开播的《东方直播室》为标志。而真正在全国掀起谈话热潮的则以《实话实说》(1996)为标志。

《实话实说》的原制片人时间在谈到《实话实说》的创办时说:"现在回忆当初

---

[1] [美]吉妮·格拉汉姆·斯克特:《脱口秀——广播电视谈话节目的威力与影响》,新华出版社1999年版,第1页。

创办《实话实说》的动机,只有两个:一是顺应社会发展的需要,电视人应有所反应;二是丰富电视本体的语言表达能力,从业者应有所拓展。"①

电视谈话节目的出现被认为是社会发展的产物,这体现在:

第一,我国正处在社会转型时期,这一时期为电视谈话节目创造了良好宽松的谈话氛围。"这种整体的社会模式转型主要体现在三个方面:即经济领域由非市场经济模式向市场经济模式的转型;政治领域由集权政治制度向现代民主政治制度的转型;文化领域由过去封闭、单一、僵化的传统文化向当今开放的、多元的、批判性的现代文化的转型。"②

俄国思想家巴赫金把转型时期的文化特征概括为众声喧哗、语言杂多,其间各种话语互相对话、交流,以实现自我和他人的价值。他认为,社会转型时期的特点是:① 文化从单一、统一思想的民族语言所塑造的民族文化的神话和文化封闭圈中解放出来,走向一个多语言、多文化交流与对话的时代。② 文化与文化之间的互相融会、撞击,对话呈多层次、多向度的局面,即传统与现代、异邦与本土、高雅与俚俗、"官话"与方言之间的各种话语,纷纷在语言文化的竞技场上,争奇斗艳,百家争鸣,众声喧哗。③ 语言杂多、文化多元的离心力量冲击、颠覆、瓦解着向心力的中心话语霸权,使之崩溃解体,中心话语的意识形态权力中心摇摇欲坠,不得不从封闭、合理化、自足的现有体系与框架中努力挣脱出来,接受语言杂多、文化多元的历史事实。④ 这个时代的文化主体中,占主导地位的不是中心权威的"独白式样"话语和神话话语,而是各种语言与价值体系同时共存的"对话式"小说话语。"大说"日趋式微,"小说"日益鼎盛③。巴赫金所论述的开放、多层次、离心、对话式这些转型时期的文化特征,在当代中国文化中十分突出。"文革"结束后的中国,随着社会的改革与开放,各种文化相互之间展开了规模空前的交流和对话,出现了主流文化、精英文化和大众文化共存的局面。

三种文化并存且相互对话这样一个开放的文化态势,是谈话节目产生和发展的前提,因为只有多种文化之间的相互交流才可能使得谈话节目真正展开,才能使社会各界坐在一起共同讨论一个话题。离开了文化开放和文化相互对话这样一个背景,谈话节目就会是"一言堂",从而也就谈不上真正的对话和交流。

电视谈话节目充分体现了各种文化交融的特点。主流文化对于电视谈话节目的影响表现在它决定节目的基本价值取向、具体指导原则以及整个节目的基

---

① 时间、乔艳琳:《实话实说的实话》,上海文化出版社1999年版,第9页。
② 李钢:《社会转型代价论》,山西教育出版社1999年版,第14—15页。
③ 刘康:《对话的喧声——巴赫金的文化转型理论》,中国人民大学出版社1995年版,第157页。

调。而精英文化对电视谈话节目的影响,则体现在其主体——知识分子对提升电视谈话节目的文化品位和思想内涵所做的努力。知识分子参与社会的方式,就是以自己的专业知识面向公众发言,为社会发展提供思想和意见。电视谈话节目为知识分子参与社会提供了良好的途径,知识分子借助谈话节目所实现的面向公众、面向社会舆论,而不是主要面向少数决策者的文化参与,更有利于新思想、新观念、新价值的传播。大众文化,则使电视谈话节目的选题和叙述视角努力接近于平民化。

第二,社会转型时期为电视谈话节目提供了丰富的话题来源。社会转型作为一场现实的社会大发展、大变革的运动,它的产生和持续离不开相应的合理的社会思想文化、价值观念的支持和推动,而且内在地包含着这种文化价值观念的变革。就此意义上讲,社会转型的过程实质上就是价值取向模式转换的过程。传统的价值观念日渐衰微但仍有相当市场;新的价值取向具有强劲的进取性和挑战性,如竞争观念、功利观念、新型平等观念等,对人们的思想和心理产生愈来愈深刻的影响。因此,在社会转型过程中,各种价值观念的相互冲突是难以避免的。这种冲突势必导致一定程度的社会失序,造成一定程度的社会心理混乱、失衡,人们的行为选择迷茫、失范[①]。电视谈话节目就是在社会存在价值冲突、人们心理存在失衡、行为选择存在失范的情况下诞生的。一方面,价值冲突使谈话节目的论辩成为可能;另一方面,人们心理的失衡、行为选择的失范,以及由此而"日益增长的个人痛苦和对社会的怨气为这些谈话节目提供了丰富的原料"[②]。

第三,社会转型时期,在以市场为取向的经济体制改革的大背景下,我国传媒工作者的观念也随之发生了重大变化,他们不再把传播媒体看作是完全的公益性事业。在这样的思想观念下,电视作为"喉舌""工具"的传统理念被相对削弱,电视节目制作的重点转化为与百姓息息相关的生活:内容上多注重从日常生活中提取话题,形式上多强调平民百姓的广泛参与和使用平实质朴的交流语言,从而打破了我国电视以往居高临下传播的局面。

观念的转变带来了我国电视节目的繁荣,电视谈话节目体现了这种观念转变。正如《实话实说的实话》前言中所写的:"由于历史的原因,电视媒体常以'官话''套话'为主体表现形式。它那居高临下的架势和声调,让人只能仰视着接受。这与其说是受众的直觉,不如说是媒体自身的下意识的惯性。正是这种惯

[①] 李钢:《社会转型代价论》,山西教育出版社1999年版,第25—26页。
[②] [美]吉妮·格拉汉姆·斯克特:《脱口秀——广播电视谈话节目的威力与影响》,新华出版社1999年版,第11页。

性使电视与民众产生了距离,以至于传达的信息本身的魅力大大降低。然而,有这样一群电视人风云际会,以现代文化观念及行动能力,产生出思想的聚核效应,从无到有地创造了一种全新的电视文化形式,将弥散的民众话题引入一条妙趣横生又独具规范的河道——《实话实说》,使一群各怀衷肠、各抒己见的平民百姓,从城市的四面八方涌来,在一个极具平民风范的主持人的引领下,开始畅所欲言地对话。"①

综上所述,处于转型时期的我国社会,不仅为谈话节目创造了宽松的谈话氛围,提供了丰富的话题来源,而且也促进了电视从业者的传播观念的转变,在考虑意识形态要求的同时也考虑到了市场经济的要求,努力创造出为大众喜闻乐见的节目样式和节目内容。

电视谈话节目的产生和发展不仅是社会发展的产物,而且还是电视人充分发掘电视声音传播符号潜力的结果。

电视是综合运用画面和声音两种传播符号的媒介,这两种传播符号各有自己的功用,有时声音符号甚至占据主要地位。"声迹传达的意义充分并且明确肯定,以至于我们只听声迹就能了解电视上播放的内容。因为电视是一件我们在做别的事情(如做饭、进餐、聊天、照顾孩子、清洁东西)时习惯地将它打开的家用电器,所以我们与电视机之间的关系常常是我们这方面成了听众而非观众。奥尔特曼坚持认为,诸如掌声、节目主题音乐以及播音员的言语这类的声音往往先于它们涉及的图像,起的作用主要是把观众的目光召回到屏幕上。"②

然而,声音在电视中的地位长期以来被我国电视界所忽视,取而代之的是以画面为主,而声音只是画面的辅助。电视谈话节目的出现和盛行,对这种观念不啻是一种挑战。而且,在电视谈话节目中,声音符号充当了主角:新闻事件的发生和发展、被邀嘉宾的情感和经历,通过口头语言被"绘声绘色"地描述出来,各界人士对所讨论话题的看法也在节目中得到充分表达。

二、电视谈话节目的主要阶段

在美国,电视谈话节目归类娱乐节目,而我国电视谈话节目的名牌栏目《实话实说》则是由中央电视台新闻评论部创办的,这从一个侧面说明了我国电视谈

---

① 时间、乔艳琳:《实话实说的实话》,上海文化出版社1999年版,扉页。
② [美]罗伯特·C·艾伦:《重组话语频道》,麦永雄、柏敬泽等译,中国社会科学出版社2000年版,第18页。

话节目的源起：它脱胎于电视新闻评论节目，是对电视评论的一种继承和发展，并侧重运用于社教节目。

电视谈话继承新闻评论节目所包含的三类信息：一为事实性信息，常作为引发或佐证论点的证据；二为意见性信息，常作为论点的组成部分或中心论点和分论点；三为情感信息，常作为事实性信息与意见性信息的黏合剂或发酵素。谈话节目也像新闻评论节目一样，或多或少要经历一个展现或再现事实发生发展、意见传达、感情经历的过程，即有事实过程的展现或再现（可通过当事者或旁观者的转述）、意见性信息发出者的议论，以及采访对象情感变化的展示等。

我国电视谈话节目不仅脱胎于我国电视新闻评论节目，而且也是借鉴国外电视节目样式的结果。世界电视早期就有这种谈话节目样式，电视史学家一般都把美国全国广播公司（NBC）1954年推出的《今夜》看作是第一个电视谈话栏目。但随着电视的"成熟"，人们觉得电视更应该发展它的"看"的功能，而谈话更多地属于"听"，所以后来这种样式就没有得到充分发展。然而，自20世纪80年代以来，西方电视再度兴起谈话节目热，这种节目开始成为许多电视台的重头戏，"脱口秀"主持人成了西方社会的明星，发展到今天，谈话节目在国外的电视荧屏上已经占据了电视播出时间的近1/3。这一现象为我国电视人所注意。1993年上海东方电视台开播的《东方直播室》为我国内地最早的谈话节目，而且是采取直播的方式，但其影响限于上海一地。1996年中央电视台《实话实说》一炮打响，从此一股强劲的"谈话风"抢滩电视黄金档，各种各样的谈话节目相继推出，比如中央电视台的《对话》《艺术人生》《讲述》，北京电视台的《国际双行线》，上海台的《东方直播室》，湖北卫视的《往事》等。

概括说来，我国电视谈话节目经历了两个发展阶段：从1993年《东方直播室》的创办到1996年中央电视台《实话实说》的开播为第一阶段，属于开创期；第二阶段从1996年至今，属于多样化发展期。

第一阶段：1993年1月—1996年3月，这一阶段以《东方直播室》为开端到《实话实说》创办前，这时谈话节目刚刚出现，数量不多，尚未引起重视，但是也有较高水准的谈话节目。

上海（东方）电视台首创的电视直播谈话类节目《东方直播室》，是一档涉及社会、家庭、法律、经济、文化、历史等各方面热点问题的谈话节目，其栏目追求从其编导王韧对崔永元主持谈话节目的评价中反衬出来。这段评价由崔永元转述而来："王韧看完我（指崔永元）录制一期节目后，不紧不慢地发表意见。你有没有觉得今天大家紧紧巴巴的？我说，当然，我控制着现场呢。他说，大家不轻松，算不得上乘的谈话。不容我反驳，他紧接着说，当然，在录制现场让大家争相开口已经不容易,但如果大家说的不是自己的话,不是自己熟悉的方式,不是自己确定的语言,即便是很中听,又有什么意义呢?我听得有些心凉,感到自信心受到打击。王韧接着说,我们现在不很好吗,抽着烟,散着步,信马由缰,想到哪儿说到哪儿,刚才我看你沉默不语,难道这沉默没有意义吗?其实,沉默里也有很丰富的信息。沉默是金。可是你们的谈话现场为什么没有金呢?所有的空隙都被语言、掌声、笑声填满了,我认为,这并不是一场真正的谈话。好的谈话就像漫步聊天,话题忽上忽下,忽左忽右,却不会偏离主题。一会儿,你是谈话的组织者,一会儿,他是谈话的发起者。有话则长,无话则短。因为轻松所以避免了言不由衷。"[1]不难看出,《东方直播室》讲究谈话的自然,追求谈话的真实,而这一点正是当今许多电视谈话节目所欠缺的。《东方直播室》的创办者能在谈话节目刚刚开始的时候就认识到这一点尤为可贵。

另一个颇具代表性的节目是中央电视台的《东方之子》。"1993年,我(指时间)应总制片人孙玉胜之邀参与创办《东方时空》,负责《东方之子》专栏。我选择了主持人访谈这一节目形式。我记得当时的一个最根本的冲动就是要实现尊重人的主张,而尊重人的标志就是让人说话。"作为人物访谈节目,《东方之子》将镜头对准那些中华民族的优秀儿女和杰出人物,通过对他们的生存状态、人生信念及性格特点的集中展示,再现他们所具有的人格魅力,并借此将人生经验性的东西传达给观众。它一改中国电视对人物理解和刻画的模式化、表面化的传统,以面对面访谈的形式,通过人物自己的叙述来展示人物的人生经历和人格魅力,从而挖掘更深层次的人文内涵。这种谈话节目,充分体现了对人的尊重,电视传媒也实现了从以往的单向传播到双向传播的一大跨越。

第二阶段:从1996年3月《实话实说》的创办至今。这一阶段的特点是,在《实话实说》的带动下,我国电视谈话节目蓬勃发展,并逐渐有了各自的特色,话题、形式越来越丰富,各个谈话栏目之间形成了相互竞争的态势。

《实话实说》与第一阶段的《东方之子》有着继承和发展的关系。制片人时间说:"随着时代的发展,我逐渐感觉到《东方之子》的谈话局限。……虽然它具有符合电视规律的一种形式,但仍然没有解决让老百姓说自己话的问题。它有两个局限:一个是谈话者的标准,它必须是'东方之子'。也就是说它必须先符合入选《东方之子》人物的标准,才可以成为一个谈话人;另一个是节目只有8分钟的长度,只能讲重点、要点,其他有趣味性的东西、带有过程性思考的东西就没有篇幅容纳了。然而,最感染人的往往是吸引人们广泛参与的、能够容纳不同观点

---

[1] http://www.prcedu.com/exam/text/file01/083604.htm.

的场面的出现,所以我们就想有一种更大的谈话空间。1995年年初,当《东方时空》广获好评的时候,我们已经冷静地意识到这一点,并开始注意到国外的'Talk Show',即谈话节目。"①

1995年5月4日,在《东方时空》两周年的时候,时间组织制作了一个由崔永元主持的、一个武汉的工人为了救落水儿童而全身瘫痪的节目,"争论"作为一个题材在中国电视节目中首次出现了。这是《实话实说》的雏形,它为日后开办《实话实说》打下了基础,也使我们认可了主持人崔永元。

1996年3月16日,《实话实说》播出了第一期节目《谁来保护消费者》,随后又成功播出了《鸟与我们》《吸烟有害,为什么吸烟》等一系列贴近老百姓现实生活的节目,颇得观众的喜欢,成为新闻联播、娱乐、电视剧、体育节目以外的又一收视热点。自此,谈话节目一发不可收,仅中央电视台就产生了一大批谈话栏目:《对话》《真情》《艺术人生》《足球之夜》《五环夜话》《挑战主持人》《讲述》等。原来的许多栏目也加大了谈话的成分,有的也基本上是一档谈话节目了,如《夕阳红》《半边天》《生活》《经济半小时》等。与此同时,各地方台也纷纷推出有地方特色的谈话节目,如湖北电视台的《往事》、重庆电视台的《龙门阵》等,并且节目收视率很高。

谈话节目发展至今,从最初的一哄而上、单纯靠话题的异和奇来吸引观众,走向了以个性见长而生存发展的阶段,不同定位、不同特色的谈话节目出现在众多电视台的节目表上。

谈话节目不再是单一的谈话,而是在谈话的同时融合了多种电视文体——新闻、纪实、娱乐等等。例如湖南台的《零点追踪》,它以发生在中国各地的大案要案为主要关注对象,通过对一个个扑朔迷离的具体案件的追踪式的纵深报道,来展示法律的神圣,净化人们的心灵。栏目采取全新的运作方式,把电视新闻的快捷、专题片的叙述和营造、纪录片的客观纪实、电视剧的逼真表现、小说与戏剧的严谨结构和扣人心弦的悬念设置、电视谈话节目的观众参与全部融为一体,发挥各种艺术形式的优势和特长,来一个"综合艺术"的"再综合",追求出"杂交优势"。中央电视台的《经济半小时》,把新闻题材和谈话形式合为一体,主持人约请演播室的"特约观察员"(多为经济界专家)对新闻的来龙去脉进行深入剖析,在谈话中加深了节目的力度和深度。

当代谈话节目在栏目定位、话题选择、嘉宾邀请方面都具有明显的个性化趋向,同时,还出现了许多新形式。例如《谁在说》的首席观察人点评、网上直播

---

① 时间、乔艳琳:《实话实说的实话》,上海文化出版社1999年版,第9页。

河南电视台还引进了综艺形式,如按键选择、题板注释、纸条交流、外景报道和互联网调查等。有的电视台还大胆采用了直播,并利用热线电话,吸引更多的观众参与。

第二节 电视谈话节目的基本类型

电视谈话节目的分类同其他任何电视节目形态一样,因其创作实践中相互交叉、相互渗透的现象比较突出,很难作出泾渭分明的界定。本着"涵盖周全、分类准确"的原则,本章采用按节目的内容构成、结构形式标准进行基本的分类,以对创作实践具有一定的指导和借鉴作用。

一、按节目内容分类

根据我国电视谈话节目的现状,参照美国电视谈话节目的内容分类方式,谈话节目可分为五类。

(一) 新闻性谈话节目(或称时事类谈话节目)

主持人、嘉宾或观众共同对某一新闻事件进行讨论,以帮助人们了解新闻事件和公众舆论对这一事件的看法。讨论、辩论甚至发生在不同参与者之间,不同意见是这类谈话节目的亮点,注重思想性而非参与者的个人特性是这类谈话节目得以流行的原因。

较为著名的新闻性谈话节目有:《会见新闻界》(NBC)、《面对全国》(CBS)、《拉里·金现场》(CNN)、《麦克尼尔和莱尔新闻小时》(PBS 美国公共广播公司)、《新闻会客厅》(CCTV)、《面对面》(CCTV)和《时事开讲》(凤凰卫视)。

《会见新闻界》(*Meet the Press*)创办于 1947 年,由美国全国广播公司(NBC)播出,是世界上最早也是存在时间最长的新闻访谈型节目之一,是每周日午间的关于公共事务、时政舆论方面的访谈类节目。每期节目由一位政界或社会知名人士嘉宾、一位主持人和四位参与讨论的人士组成,以开记者招待会的形式发表谈话。

《拉里·金现场》(*Larry King Live*)创办于 1985 年,由美国 CNN 每晚9:00—10:00 黄金档播出。这个栏目曾十次获得美国电视艾美奖(Emmy Award)。主持人拉里·金也被美国《电视指南》称为"迄今以来最杰出的脱口秀主持人"。作为一档新闻谈话节目,其话题一般是围绕近段发生的热点事件或热点人物,邀请相关嘉宾作现场访谈,并同时直播;也邀请部分娱乐明星作访谈;更多的是对普通人物的访谈以及对当今社会一些问题的讨论。从话题选择看,并没有像我国的大部分谈话节目,只定位于某一类人士,这样,易造成节目话题的枯竭和嘉宾选择的困难。

《时事开讲》创办于1999年8月22日,是凤凰卫视每周一至周五深夜时段23:35—24:00播出的时事评论谈话节目,由主持人与著名媒介人针对当前最热门的新闻话题,包括国际或区域政治局势、中国外交战略、海峡两岸形势等重大时政内容,从华人的视角作出分析评论,被《南方周末》评价为"不可复制的《时事开讲》"。

以上所述新闻性谈话节目均属于独立播出的栏目。另有一类为新闻杂志节目中的某一子栏目,其形态与上相同,只不过不能单独播出。它选择公众关注度最高的新闻事件,以"新闻短片+主持人访谈"的形式完成对新闻事件的透视分析。其中新闻短片主要是披露事件的精彩焦点,描述事件的相关背景,而主持人访谈是对当事人进行互动式采访,观点相互渗透补充、交叉碰撞、层层推进,从而产生一个又一个高潮。这类谈话节目对新闻事件的选取标准一般是那些具有广泛的社会关注度,或具有某一方面的典型性,为广大观众所欲知,而已有报道又未能深入分析和详尽展示的事件。由于新闻事件和新闻人物是分不开的,所以这类谈话节目也常常邀请新闻人物到演播室作客,与之访谈,例如《对话》节目中的《感受吴敬琏》《跨世纪的柳传志》《对话韩寒》《约会王家卫》等等。新闻性在这类节目中处于首要的位置,新闻人物常常是他们的座上宾,节目常常以新闻人物为由头,在此基础上构筑对话的空间,由此引发深层次的思考。

(二)娱乐性谈话节目

这类节目主要是和著名娱乐界人物之间的谈话,气氛温和,避免争论,同时还可挖掘明星们不为人知的一面。对观众来说,这种节目是对日常生活的一种调节,因为其中不仅充满了耀眼的明星,而且还以一种轻松的谈话为特征。

中央电视台的《艺术人生》是这类谈话节目的典型代表。栏目于2000年12月22日创办,以文化关注和人文关怀的姿态,对邀请到节目中的艺术家的艺术历程和情感经历作深刻的阐述,以现场谈话形式和观众共同分享艺术家的人生故事和人生感悟。栏目致力于从每一位嘉宾中选取"人生转折点,情感好故事",逐渐成为中央电视台的品牌栏目。其栏目的特色在于:用文化引导娱乐,以文化视角关注演艺界,将艺术家还原为普通人,并通过艺术家的人生启迪普通人的人生,用艺术点亮生命,用情感温暖人心。

当《艺术人生》走向顶峰的时候,有网络舆论批评说,该栏目的危机在于栏目选题面临着枯竭。按照艺术明星的嘉宾选择标准,似乎难以支撑年复一年的节目需求。于是,该栏目在发展中探索将嘉宾的定位从最初的歌手、影视明星发展到现在的影视、音乐、舞蹈、曲艺、文学、戏曲等文化领域;从单纯的国内艺术家发展到海内外的名人;从最初的重量级明星向故事化人生、情感化人生、趣味化人生和哲理化人生转变,特别策划节目还从单个嘉宾到艺术群体、由作品到演艺人扩展,大大开掘了嘉宾的资源,也扩大了节目的文化影响力。在表现形式上,该栏目除了访谈外,还将纪录片手法运用到现场节目中,并糅入大量的戏剧创作方法,使《艺术人生》在同类谈话节目中独树一帜。

英国学者尼古拉斯·阿伯克比在《电视与社会》中曾说过:电视主要是一种娱乐媒体,在电视上亮相的一切都具有娱乐性。除了以娱乐明星为主要嘉宾,以娱乐资讯为主要谈话内容的节目外,还有一种将娱乐与新闻资讯相结合的方式构成的另类娱乐谈话节目。例如,最能代表美国流行文化的节目是 CBS 于 1993 年推出的《大卫·莱特曼深夜秀》(*The Late show with David Letterman*),被称为美国的"夜间谈话节目之王",曾 13 次获得美国艾美奖。该节目的主要特征是调侃政要、戏说新闻,将严肃的新闻信息以个性化的调侃和口语化的叙说方式讲出来。例如在 2004 年美国总统大选之年对布什的调侃:"如今,总统选举之战正全面升温。布什的竞选活动比前段时间要好多了,他的民意支持率也在急速上升,自从他抓住了——玛莎·斯图尔特!"此外暗指布什曾因抓住萨达姆而使民意支持率上升,布什想民意支持率再度攀升可是抓不到拉登,只好抓了个"家居女王"玛莎。

(三)普通话题谈话节目

这类节目的选题一般不具新闻性,但为公众所关注,节目注重普通人的生活,讴歌普通人的真实情感。例如《荧屏连着我和你》的大量节目,曾经的话题有:喝酒的人、街头巷尾修理工、传达室的老大爷、围城中的暴力、居委会主任、小保姆、想结婚的人、不想结婚的人等等。

以故事为载体成为当今许多谈话节目制作的法宝和原则。普通话题的谈话节目以普通人或具有特殊经历的人物为主体,通过讲述来展现人物背后的故事,拨动人类内心深处最敏感的情感与观众一起见证历史、思索人生。在我国大陆首开此类节目先河的,当是湖北电视台的《往事》(2000)。此后较有影响的是中央电视台的《讲述》(2001),以及凤凰卫视的《鲁豫有约》(2002)、《冷暖人生》(2003)等。

《讲述》突出用真实的情感打动人,用朴素的爱心感染人,用真实的力量震撼人。为了形成这种强有力的真实力量,《讲述》除了要求记者采访的材料真实、事件背景真实、事件的思想真实外,在表现手段上也极力使用真实场景、真实语音进行再现。

美国的《奥普拉·温弗瑞节目》(Oprah Winfrey Show)被称为这类谈话节目的经典。它由"国王世界"(King Word)节目制作公司于1986年推出,这个栏目9次获得艾美奖杰出脱口秀奖。该栏目话题的重点包括三个方面:有关女性生活、情感方面的内容;对明星、名流的访谈;有关社会问题的话题,主要是关注一些新近发生,具有一定新闻因素的社会事件。对明星访谈的卖点主要是基于揭秘性和情感性的挖掘,对其他两个话题的讨论,包括几组嘉宾故事陈述、观众与嘉宾冲突的调节、专家提出治疗的方法。

这一大类还包括人际关系和心理的谈话节目:这是以个人情感历程、心态和人际关系为题材的节目。例如浙江电视台的《情感夜话》,它以情感、婚姻、家庭、生育等话题为主,通过专家与观众的互动交流,化解情感困惑,沟通两性理解,解除心中烦恼,激发生活激情,追求心灵健康。

(四)专题性谈话节目

这类节目注重服务性和知识性,其中包括理财与经营顾问节目、健康或其他主题相关的专题特别节目。例如中央电视台的《健康之路》,它每天一个主题,由主持人邀请国内各学科最著名的医学专家到演播室介绍疾病的预防保健知识。节目还在直播过程中开通热线电话和互联网站,观众有什么问题,可以直接向专家提问。

专题性谈话也可运用在文化知识类节目中,例如央视《朗读者》的节目环节设计中,每期节目有六组嘉宾、六段故事、六种完全不同的人生体验。节目中的朗读只是载体,节目的核心是人(嘉宾),每段朗读都通过主持人董卿的一段谈话交流开始,挖掘每组嘉宾朗读的文字与他们现实生活和真实经历的相似之处,让《朗读者》的文字和个人的情感紧密结合,使朗读者的情感故事和朗读内容在情感串联上完成统一。例如联想创始人柳传志为我们朗读在儿子婚礼上朴实的致辞的时候,我们就特别容易被其打动。那一刻,柳传志在观众眼中已不再是商界"大佬",而是一位普普通通的亲切可敬的父亲(见图9-1)。

图 9-1 《朗读者》节目主持人董卿与嘉宾柳传志谈话

（五）拟社会事件谈话节目[①]

这属于模拟新闻谈话节目,它使用电影的概念,将电影的艺术手法与电视的写实手法结合起来表现现实题材。例如《人民法庭》节目就是用模拟的形式展示各类错综复杂的案例,以此来满足观众对类似法律案件的兴趣。

事实上,我国目前有许多谈话节目并不能严格地把它区分为上述哪一种类型,相反,它们常常是各种类型的综合体。

二、按结构形式分类

按谈话节目形式分类,是目前比较通行并被业界认可的一种划分标准。这种分类采用粗线条的勾勒方法,参照文体写作的一般体例,便于操作与管理。

（一）叙事型谈话节目

叙事是被表述出来的故事,因此,叙事型谈话节目也就是以讲故事为主要形式的谈话节目。不过,这类故事是发生在现实生活中,是节目嘉宾亲身经历过的真实感情,而不是虚构的故事。按照叙事的定义,故事是指未经任何特定视点和

[①] 马庆平:《外国广播电视史》,北京广播学院出版社 1997 年版,第 124 页。

表述歪曲的"客观的"事件结构。这种"客观的"故事事件创造出人物生活情境中有意味的变化,而这种变化是用某种价值来表达和经历的(事实上,任何一种被讲述出来的故事都没有完全的"客观"地位),并通过冲突来完成。若无冲突,故事中的一切都不可能向前发展。

　　故事是生活的比喻,而生活的本质就是冲突,人们活着就是置身于看似永恒的冲突之中。冲突可以来自对抗力量的任何一个、两个或所有三个层面,即内心冲突、个人冲突及个人与外界冲突。纵观我国的叙事型谈话节目,不论是中央电视台的《讲述》,还是湖北电视台的《往事》、河北电视台的《真情》,或是凤凰卫视中文台的《鲁豫有约》,都不同程度地在三个冲突层面展示故事情节,即使在所有冲突层面的一个之上,也会有简单的故事纠葛。

　　《往事》栏目,即根据主人公所回忆的自己刻骨铭心的人生"往事"来展开叙述。像首期播出的《故事,铭刻在雪山》,就把人们带回到了40多年前中国登山运动员首次登上珠穆朗玛峰的动人时刻,同时,也给人们讲述了当时一段鲜为人知的动人故事。主人公刘连满舍己为人,在离顶峰只有140米的地方主动做人梯,帮助战友登上最后的顶峰,而自己留在原地,宁愿选择死亡而把自己的氧气留给了战友。在面临个人牺牲和帮助战友活着登峰、安全撤离的两难选择中,不能排除刘连满个人内心的激烈冲突。当队友们在珠峰展开鲜艳的五星红旗向世界宣布的时候,刘连满则在不远的珠峰下默默地与死神搏斗;当鲜花与荣誉伴随着战友的时候,刘连满却在退出登山队后一直在为家人的生计奔忙。这样的"往事"展现,这样强烈的反差,使人们在与主人公充满真情话语的平等交流中得到了一种心灵的净化。

(二) 议论型谈话节目

　　议论型的谈话节目,是就某一抽象话题,通过嘉宾和现场观众的讨论、辩论进行思想和观点的交锋。节目最后一般没有定论,而是把判断的权利留给观众,给观众以思考的空间。《实话实说》的许多节目——《为什么吸烟》《该不该减肥》《夫妻是否需要一米线》等都属于这一类。

　　议论型谈话节目又根据谈话的方式、话题的设计不同,而分为讨论型谈话和辩论型谈话。

　　讨论型谈话是指谈话参与者在节目中就某种现象或某个问题展开讨论,对其产生的原因、应对的观念、发展趋势、最终结果、现实意义等进行多角度、多层次的分析,或从某具体的个案、现象入手,在谈话中逐渐深入故事以及现象的背后展开讨论,为公众提供一个话语平台。像原《实话实说》大多数节目选题都属于讨论型谈话范畴。这类节目已成为当今电视谈话节目的主流类型,是"主流话语、精英话语、大众话语合谋最为成功的电视谈话节目类型之一"。

讨论型谈话节目更多地展示的是嘉宾围绕某个问题所进行不同层次、不同侧面的交流与探讨。观众在讨论型谈话节目中希望得到的是对问题更深入、更全面的了解。讨论型谈话可以是就某个问题充分展开讨论,也可以从具体的个案或某种新现象入手,在谈话中逐渐深入故事或现象背后展开讨论。例如,中央电视台《对话》栏目中关于少年作家韩寒的一期节目,就是把韩寒作为个案,通过讲述韩寒的故事、专家的讨论、韩寒自己的感受,使讨论形成一个共识:一个成熟的社会应以平和的态度包容这样一个极富个性的年轻人。

在讨论型谈话节目中,有一类因话题的争议性而带来两种观点的激烈交锋、两种语言的激烈碰撞,而被有的人称为辩论型谈话节目。这种节目的即兴性最为突出,也最能展现语言的魅力。同时,节目的理性思辨、严密的逻辑、高水平的论争也是这类节目的突出特征。像《拾金不昧要不要回报》《不打不成材》《高山旅游区要不要建索道》等,都是现实生活中经常遇到且容易产生困惑的问题,也容易产生争论,引起双方的辩论,这样的选题才能激起观众的一种参与欲望。

辩论型谈话是语言对抗色彩最为强烈的一种谈话形态。它通常围绕一个特定话题,由持有不同观点的双方各抒己见,在交锋中形成冲突。例如凤凰卫视的《时事辩论会》,以辩论形式评论时事。该节目每次设定一个时事热点话题,并特意从中国内地、香港地区或海(境)外邀请相关人士参与,运用多视窗形式,由多位背景各异的嘉宾"紧扣时事,让事实越说越清,交锋观点,使真理越辩越明"。通过多角度的辩论,使观众能洞悉事件的不同视点,透彻地了解事件的真相、本质。

随着我国电视谈话节目的发展,新出现了一种把上述两类谈话节目综合在一起的电视谈话节目,如湖南卫视的《大当家》。节目由两个环节组成:第一环节"萝卜白菜"由某一普通而特殊的家庭生活现象、热门生活话题或突发新闻事件导入当期节目话题,通过捕捉嘉宾、观众当中鲜活的生活事件,引发有见地的争鸣,从而折射出社会生活的最新动向和潮流,探讨提高家庭生活质量的方略,着重突出思想交锋和智慧的碰撞;第二个环节"比较生活"则将走进与上一环节主题相关的家庭角色,展现他们的内心世界,演绎戏剧般的人生冲突,同时展现主角的个人魅力及其生活当中鲜为人知的另一面。通过引发主角一吐为快的生活宣言,来挖掘家庭生活的无限情感情趣,着重以真实记录的个案经历,更深层次地挖掘和体味话题的内涵。

无论是讨论型还是叙事型,基本上都有一个主题,但也有谈话节目是没有主题或多主题的,呈现出意识流式的谈话。美国心理学家威廉·詹姆斯的《心理学原理》认为,人的意识并非以一段段的形式出现并连接起来的,而是流动的,因此称之为"思想流""意识流"或"主观生活之流"。他认为,人们除了存在着理性的意识之流外,更重要和主要的是存在着非理性的和无逻辑的意识之流,这就带有非理性的倾向[①]。运用意识流的谈话,就是不设定一个目标或规则,不做结构,也不期待解决什么问题,自由转换,如行云流水。它虽有一个话题的由头,但这个由头不是中心,甚至会在谈话中被淡忘。《锵锵三人行》是典型意识流结构。它的"今日话由"大多来自时事,但往往并不是谈话中心——因为谈话几乎没有中心,完全是自由漫谈,如此而已。例如,一期节目谈的是"两岸电脑均被黑客入侵",但谈话开始却说的是夫妻情感、结婚纪念日的荒诞,然后才慢悠悠转到两岸局势,接着从黑客名字的由来谈到"黑色"。

谈话节目的分类,有利于创作实践的类型化操作与节目竞争,但不能以此束缚创作人员的手脚。事实上,随着电视节目的发展,各种表现形式的互相融合,同各种手段的综合运用,进一步丰富了谈话节目,使其更具感染力,这都是值得提倡与鼓励的。

第三节　电视谈话节目的创作要素

电视谈话节目的构成有三大要素:谈话人、谈话话题和谈话方式。谈话人包括主持人、嘉宾和现场观众(有些对话节目无现场观众)。谈话话题可以是新闻性的或非新闻性的,也可以是具体的或抽象的。谈话的方式一般分为群言模式和对话模式。

电视谈话节目成功的关键还在于节目的策划运作。进入 21 世纪以来,我国的电视谈话节目得到了空前的发展,但也有一批曾经辉煌的谈话节目由于种种原因退出了荧屏,或淡出黄金时段。《实话实说》曾引领我国的电视谈话节目潮流,自进入 CCTV-1 精品节目带播出时段后,却未能与其他六档精品节目(《新闻调查》《艺术人生》《曲苑杂坛》《同一首歌》等)一样守住高收视率的阵地,最后被置换到 CCTV-新闻频道非黄金时段,直至退出荧屏。

在谈到《实话实说》及谈话节目的命运时,该栏目的制片人海啸在 2006 年 4 月 18 日接受《中国广播影视报》记者采访时说过一段话,值得我们深思:"这 10

---

① 黄展人:《文学理论》,暨南大学出版社 1990 年版,第 192 页。

年《实话实说》,实话难说,实话难说也得说。……节目形态曾引领过潮流,现在归于平静,仍能把握住自己的节目,找到百姓需求的并不多。"他认为,要利用现场观众的几张"嘴","说"动电视机前的观众看"别人说什么",真是难。他说,谈话节目要经久不衰,就要把握住社会跳动的脉搏,找准观众诉求的心理,精心选择话题;主持人要善于调动和控制现场观众的情绪,引导大家做真实表达,把想要说的话"照实说""照好说""照电视机前的观众想听的说"。从这段话中可体味到,谈话节目命运的关键在谈话话题、谈话对象、怎么谈。

一、话题

话题即节目选题。对一期节目来说,选择一个好的话题就意味着迈出了成功的第一步。

20世纪50年代,西方思想史中最杰出的女性思想家汉娜·阿伦特最早提出了"公共领域"的概念,后经哈贝马斯创造性的再论证,公共领域从一个比较单薄的概念成为一个被知识界公认的厚实的"理性类型"。媒介的出现又大大扩展了公共领域,并成为这一公共领域的主要机构。而电视谈话节目的出现,由于其话题更加广泛,从而在荧屏上营造了一个较为活跃的民间的公共空间。

在美国,由于"天赋人权""言论自由"的思想由来已久,追求自由、崇尚冒险、信奉个人主义的社会价值观更是深入人心、根深蒂固。再加上美国的电视采取的是商业化的操作,追求的是利润的最大化。因此对于美国电视谈话节目而言,只要能带来利润,没有什么是不能谈的。而且,话题越敏感、越微妙、越刺激就越好,于是暴力、吸毒、婚外恋、性变态等在屏幕上层出不穷,谈话现场的奇闻、怪谈、怒骂、打斗应接不暇。

相比而言,中国的传统文化向来注重人与环境的协调统一,认为人只有在"和谐"中才能保存自我。而且,我国的电视节目一直偏重于舆论监督方面的功能,大众传媒作为教化手段被一再强调。电视谈话节目作为一种强调参与性的新型电视传播形态,仍然责无旁贷地承担着传播优秀文化、教育社会民众的功能。因此,在话题的选择上,我国电视谈话节目强调的是教育性、指导性,由此选题的范围大受限制,讨论的主题大多集中在不太敏感的社会问题上。崔永元在主持《实话实说》节目的时候,题材非常广泛,收视率较高。但不久后,节目停播,后来又出现了改版的《实话实说》,尽管它为通常不公开谈论的题目开一个窗口,但是它往往给人一种选题缺乏足够吸引力、现场讨论偏向内向和保守的感觉。这种现象在其他谈话节目中也可多多少少看到。

为了寻求突破,谈话节目话题的选择可在以下两方面努力改进。

(一) 话题选择原则

谈话节目的前期策划是节目成败的关键。许多重要的环节,如话题选择、嘉宾选择等,都是在这个阶段完成的。虽然不同的节目形态、不同的栏目风格决定了话题选择的不同,但它们还是有一些基本规则可遵循的。

1. 必须符合栏目的定位

栏目定位是每个栏目在开播之前都要进行的一项工作,一般包括栏目的基本功能、受众群以及样式和风格等内容。不同的栏目有着不同的定位,话题选择必须符合定位的理念。

美国CNN著名的电视栏目《拉里·金现场》,由于所在频道为24小时全天候播出的新闻频道,因此该栏目无疑定位于新闻谈话栏目。与此相适应,栏目的话题选择遵循新闻性原则,即一般选择观众比较关注的新闻事件或新闻人物。例如围绕美国总统克林顿卸任前签发的特赦令,引起美国民众议论纷纷,于是该栏目就请来了卡洛斯(被特赦的犯人,据传其家属曾给克林顿提供巨额费用)的调查官和辩护律师等与此案有关联的嘉宾,通过现场采访提问、穿播有关短片及嘉宾间的对话,使节目充满了吸引力。

CCTV的《相约夕阳红》栏目定位于满足老年人的精神需求,加强与老年人的思想交流和沟通。因此,该栏目选题就集中在老年人所关心的话题,注重话题的时代性,紧跟时代,贴近社会主流生活;注重话题的开放性,把老年生活放在一个开放的社会系统中来考察;注重话题的服务性,既强调实际生活的服务,更强调精神上的人文关怀;注重话题的多元性,在社会主流价值下,尊重个人的价值选择,如《母女之间》《为健康喝彩》。

中央电视台的人物访谈栏目《面对面》,在经过充分的市场调查与论证之后,为避免与《新闻调查》的定位相冲突,栏目组把《面对面》定位为"面对面交流、在交流中探寻、在探寻中求证、在求证中质疑"。作为长篇人物访谈,《面对面》追求的是用"人"来解读新闻,记录历史。栏目认为,新闻是由人来构成、人来推动的,人永远是新闻的主体,所以栏目选题重点关注的是新闻事件中的新闻人物,包括新闻事件中的核心人物、新闻话题中的焦点人物和时代变革中的风云人物,单纯的历史人物、名人或政要。正是这种独特的栏目定位,才使它具有了自己的节目风格,在央视的新闻频道中脱颖而出。特别是在2003年北京"非典"的特别时期,栏目深入"抗非第一线",对市长、专家、医生、护士进行了专访,制作了全方位、立体化的"抗非"系列报道,得到了观众的认可,在社会上也产生了强烈的反响,一时声名鹊起,节目仅播出四个月就成了央视的名牌栏目。谈到该栏目的成功,时任主持人王志认为,最主要的是在选题上做到了三点:第一,是不是有足够的张力可以做到40分钟;第二,是不是有关注度,我们的人物要有新闻性;第三,适不适合用谈话来讲述。

栏目定位的不同决定了栏目选题的不同,即使采用面对面访谈形式的栏目,也会因定位的不同,而选择不同的嘉宾:《对话》邀请的是政府官员、经济名人、专家等;《面对面》虽然也面对官员与专家,但其内涵则在新闻人物;《艺术人生》更是大相径庭地选择了艺术界人士。

2. 话题必须具有"卖点"

话题的选择确定,除了要考虑栏目的定位外,还要考虑话题是否具备"卖点"。卖点是节目赖以出售的那个部分。节目好不好卖,有没有观众市场,能否引起广告主和观众的注意,特别是能否让广告主慷慨解囊,就看卖点如何。

有人说,卖点就是商机。有人说卖点就是节(栏)目的定位。还有人说,节(栏)目的卖点,就是它自身具备,又能符合受众需要,是媒体中存在的空白。也有人认为,所谓节(栏)目的卖点就是节(栏)目最具有吸引力的个性化品质特征,这是媒体策划的灵魂。因此,既有价值,又有卖点的节目话题才能吸引观众。那么,什么是具有"卖点"的选题呢?

第一,备受关注的新闻性话题。在当代信息社会,人们对新闻资讯的追求仍是电视媒介传播首要考虑的问题。每当突发事件、重大新闻事件发生时,人们首先需要了解事实的真相,弄清新闻的来龙去脉,对具有代表性的社会舆论进行归纳分析;其次,还希望听到从各方面得到的相关说法,对事件作出详尽的分析与判断。正是凭着对媒体解释权的充分运用,凤凰卫视的《时事开讲》一直受到观众的青睐,其话题选择自然也有较高的关注度。

时效性与轰动效应是这类选题吸引人关注的重要原因。美国的电视新闻谈话节目在这方面体现得最为充分,在新闻事件发生的当天,观众就可以在节目中看到当事者,或是有关的专家发表自己的看法、分析事态发展。这就使得电视谈话节目不仅能成为许多历史事件的见证者,而且在某种程度也以自己的力量在改变着这些历史事件的进程。《时事开讲》等新闻谈话节目,就是邀请有关方面的专家就当今社会关注的热点、焦点问题展开分析和评论。例如"9·11"事件、我国成功加入世界贸易组织等,这样的选题就很有卖点。除了这种全民关心的热点、焦点问题外,特定观众群的需求也能成为卖点,例如每年大学生的就业问题都会牵涉到许多家庭的心,以就业问题作为话题也能得到不少观众尤其是青年学生的关注。

第二,增强好奇感的叙事性话题。好奇是人的一种本性,满足人们的好奇心是使谈话节目保持永久的吸引力的一大法宝。因此,大凡成功的谈话节目都在论题的新颖性方面颇下功夫。例如《奥普拉·温弗瑞节目》话题中,情感与心理话题、明星访谈、生活话题分别约占 27％、12％和 31％。如"你的房子花了你多少钱""家庭情感暴力""改变我人生的人"等,即便是战争问题也选取不同的话题视角,如"美国应该攻击伊拉克吗""为什么如此多的人不喜欢美国""你怎样对你的后人讲述'9·11'"等。

悬念与新奇感之所以能成为节目的卖点,是因为电视谈话节目有很多选题立足于满足观众的窥视欲望与好奇心理,把各种奇闻轶事作为话题,让观众闻所未闻、见所未见,这样的选题在一定程度上能够提高节目的收视率,但负面作用也不小。中国电视谈话节目不能像美国电视谈话节目那样走极端,但可以有所借鉴。

(二)话题选择的范围

根据我国谈话节目类型的不同,话题大致可以分为两大类:一是以事件为主的话题,二是以人物为主的话题,这两类话题也分别对应于谈话节目的两大类型——讨论型的谈话节目、叙事型的谈话节目。一般来说,以事件为主的话题,主要侧重于观点的交流与碰撞,以事带理,以事议理,辩论与讲述为重;以人物为主的话题,侧重于人物的情感经历与心路历程,以人带事,以事入情,倾诉与展示并重。当然,这两者是不能绝对分开的,事件中必有人物,人物中必有故事才有卖点。

1. 以人物为主的话题

话题选择,如果是以人物为主体的,可从以下几方面考虑。

第一,明星、名流人物话题。明星人物因其本身的知名度、关注度而成为各类谈话节目的常态话题,不论是议论型的谈话节目,还是叙事型的谈话节目,都离不开对明星的访谈。以美国最著名的两档电视谈话栏目为例,《拉里·金现场》与《奥普拉·温弗瑞节目》均有对明星、名流的访谈。在前者的选题中占到了约46％,在后者的话题选择中虽然所占比例并不高(约12％),但由于它的播出频率固定(每周一位嘉宾),播出单元固定,播出内容固定(对明星名流的访谈),

因此,对观众来说,仍有较高的辨识度。

凤凰卫视的《鲁豫有约》中的采访对象,尽管就当前看来已不再是引人注目的公众人物,但他们都有一段特殊的经历,可以说是见证了一个历史时代。通过他们的讲述,我们可以更好地深入历史,去寻找记忆中被遗忘的事件。在话题选择策划上,凤凰卫视"注意对某一段历史中的人物集中采访,这些人作为不同的个体组合在一起,从而还原了一段完整的历史记忆"①。从采访我国前世界乒乓球冠军庄则栋开始,许多那个时期的历史人物走进了《鲁豫有约》:乔冠华的夫人章含之、毛泽东的儿媳刘松林、周恩来的侄女周秉建、胡风的夫人梅志、赵丹的夫人黄宗英、传奇文人张贤亮、吴法宪的夫人陈绥圻、大寨村的郭凤莲、知青榜样邢燕子、陶铸的女儿陶斯亮等等。通过对上述历史名人或与之相关的亲人的访谈,《鲁豫有约》栏目开创了"口述"历史的先河,不仅造就了节目的影响力,也为我们的时代留下了一部宝贵的历史片断②。

第二,新闻事件和焦点事件中的人物话题。这类话题在话题选择原则中已有阐述,在此不再赘述。

第三,普通百姓的生存状态、弱势群体的情感生活的话题。以这类话题定位的栏目曾一度成为我国当代电视谈话节目的主流,湖北卫视的《往事》应视为此类节目的首创,其"小人物、大命运"的定位语,高度凝练了这类栏目的精神。此后,中央电视台的《讲述》,讲述的是平民阶层人士朴素而又生动的典型故事。而凤凰卫视栏目《冷暖人生》,则以另类的话题选择产生了非常强烈的感染力:有在一场大火中幸存的打工妹、"苦力大军"一员的张老汉、"乞丐大学生"小李、艾滋家庭的大学之梦、抗日战争幸存的国民党军官"老兵"等。《冷暖人生》就是要记录这样一些生存与生活的故事,通过小人物呈现大时代,通过一个个真实鲜活的人物记录一段段真实鲜活的历史。

在这些选题中,最让人难忘的是《老兵》。

老兵是一个有着特殊经历的军人,曾经是台儿庄战役敢死队队长,做过师长,也当过囚犯和强制劳动的工人,30多年以后才回到他的家乡。如今已经90多岁的老兵现在是陕西的一个普通农民。

(凤凰卫视主持人)陈晓楠轻声地对老兵说:"我们应该称呼您为将军。"

老兵用他浓重的陕西腔说:"实在不敢称将军,我实在担不起那么一个高尚的名称,只是抗日战争一个幸存的老兵,这就够我光荣的啦。"

---

① 钟大年、于文化:《凤凰考》,北京师范大学出版社2004年版,第88页。
② 钟大年、朱冰:《凤凰秀》,中国友谊出版公司2006年版,第102页。

老兵谈到自己人生的起落,从威武的将军到屈辱的囚犯,都是笑谈,但是说到当年牺牲的兄弟们时,老人哽咽了,他用苍老的手指着自己的胸口说:"我没有死,我没有达到我的目的。几千人跟着我干,跟着我送了命,我自己怎么能不难过。都是睡在一起的兄弟,受伤三四次,回来仍然战斗";"我说中国人民有这样的好儿女,中国亡不了。"

老兵的妻子和他做了30年夫妻,但待在一起的时间不到一年。妻子带着两个孩子千里迢迢来到丈夫的故乡等待他的归来。等到老兵回去时,妻子已经死了。谈到妻子,老兵痛哭,觉得太对不起她。摄制组知道老兵五年没去上过妻子的坟,就叫了一辆出租车,载着老兵来到半个多小时车程之外的墓地。老兵在妻子的坟头放声大哭:"今年有香港(凤凰)卫视的几位把我带这儿来,我今生没有再拜你的时候了,这是最后一次,我到你坟上来看你,我对不起你……"闻者泪下。

在夕阳的剪影中,老兵敬了一个军礼,一个本来身体佝偻、耳朵也听不清的老人在最后敬军礼的时候又显出了军人的风采。这就是《冷暖人生》,在偏远的陕西径阳县龙泉镇,抢救下了一位老兵的苦难人生。老兵的命运纠结着每个观者的心①。

不久,突然从凤凰卫视传来消息,"老兵"在陕西"悄然而逝"。为此,《冷暖人生》又为"老兵"做了一期节目《老兵不死——仵德厚》。节目是这样解说的:

解说:2007年6月6日,陕西径阳县龙泉镇雒仵村的一个老人在家中去世,老人的去世让这个宁静偏僻的村庄突然喧闹了起来,每天都有数百人自发地从各地赶来吊唁。台湾国民党名誉主席连战写下了"民族之光"四个字托台湾商人送到村里;冯玉祥将军的后人也送来了花圈和挽联。数十个记者先后赶来采访报道,一时间雒仵村挽幛无数、花圈林立。村里的老人说,这样的场面,雒仵村百年未遇。

村民:在村里是个普通的村民,九十多岁他还下地(干活)哩。

村民:他是雒仵村这样的一个人(竖起大拇指)。

解说:这位在村民眼里就是一个普通农民的老人叫仵德厚,享年97岁。

陈晓楠:仵德厚,陕西泾阳县的农民,曾蹲过三十年的监狱,曾经当过十几年的工人,最后落叶归根。在三年以前几乎没有人知道,这位在村子里长时间沉默着的老人其实还有一重身份,他是当年台儿庄战役的敢死队队长,他是那场战

---

① 钟大年、朱冰:《凤凰秀》,中国友谊出版公司2006年版,第41页。

役活下来的最后一位指挥官,他是一个将军。三年之前一个很偶然的机会,我们有幸发现了这个名字,也有幸在之后记录下了关于老人跌宕起伏的冷暖一生。那个时候我们其实还无法完全料想,节目播出之后,老人的故事所辐射出的力量如此之巨。他的话语、他的身姿、他的表情,被重新嵌入了那一段关乎民族命运惊心动魄的历史,而同时被写进那一本历史的,也被人们开始口口相传的,就是老人从将军到农民这传奇而悲凉的一生。因此三年之后,当仵德厚将军去世的消息传来的时候,其实我们的心情一时难以用语言说得清。我想我们真的很庆幸吧,在那一段惊心动魄的历史随着一个个生命的消失渐渐变得模糊的时候,我们还真能有幸抓住了这最后的机会,获得如此鲜活的记忆和证明。而与此同时,可能对我们来讲更重要的是,如果因了这样的相逢能够让老人在生命的最后一段路上,卸下些许遗憾,我们更会感觉到无比的荣幸。如今老人走了,此刻我们唯一能做的也是最愿意做的,就是重温。重温那一段历史,重温那一个人。

……

解说:当已是80岁高龄,身体虚弱的杨凤鸣得知师长去世的消息后,一个人就偷偷地离开了家,从百里外的西安辗转赶到了雒仵村,执意要为师长守灵,送师长最后一程。

记者:站好最后一班岗。

杨凤鸣:哎。

解说:老兵杨凤鸣在师长的棺木旁守了一夜,一夜无语。第二天出殡,四五公里的路,老人一个人走在了最后。

杨凤鸣:师长我来送你最后一程。

2. 以事件为主的话题

从谈话节目大量的话题选择中可以看出,许多话题来源于多种社会事件,包括政治事件、社会热点事件、普通人物的事件,甚至也包括一些娱乐事件。在这些具有较强新闻性的事件访谈中,侧重于观点的交流与碰撞,以事带理,以事议理,辩论与讲述并重。一般来说,这类话题应具有争论性,嘉宾对话题所涉及的问题存在分歧,有一定的讨论空间,这样才能增强节目的气氛,使节目一次次走向高潮。

在美国,为了追求高收视率、获取更高的商业利润,电视谈话节目推出了大量容易引起争议的话题。曾有研究者对美国部分电视谈话节目的话题做过统计分析,认为美国常见的以事件为主的话题有:性和暴力问题,婚姻家庭问题,涉及社会伦理的社会问题,医疗保健问题等。

在中国,电视谈话节目多涉及关系国计民生的大事、社会热点问题、婚姻家庭和子女教育问题。例如浙江钱江都市频道的获奖节目《谈话·我的孩子不完美》,其选题就涉及子女教育问题,具有现实普遍性。节目围绕是否应追求孩子的完美问题展开讨论,围绕怎样面对自己不完美的孩子、怎样实施正确的教育方法而展开谈话。通过讨论谈话,围绕孩子完美问题显示出不同的态度,如宽容、无奈、理解等,结论是:对子女的要求应是"好不累、坏不罪"(专家观点);对家长要求"爱孩子、懂孩子"(教育者观点);对孩子的看法应是"金无足赤、人无完人"(主持人观点)。

实际上,无论是以人物为中心的话题,还是以事件为主的话题,两者都不能决然对立分开,在社会事件中必有人物,在人物访谈中必有故事才能支撑节目运行。

(三)话题选择的渠道

话题的选择有着多种渠道。有的栏目成立了"选题组",选题组负责搜集各种信息,从中挑选出适合栏目的选题;有的栏目则由编导自己寻找选题;有的栏目充分发动观众,设立奖项,鼓励观众报题。目前,我国电视谈话节目的管理制度一般采取三种模式:一是制片人制,二是主持人制,三是编导制。制片人制的运作中一般设立了一个非常强大的策划组,这样节目选题的初选、话题制作的思路都由这个策划组集体商讨运行,因此,采用这种模式的栏目容易形成品牌效应。主持人制是西方许多谈话节目采用的模式,因为在西方谈话节目中主持人是节目的灵魂,主持人的风格、魅力、思维方式、言谈举止等极具个人化的因素融入节目中,成为节目的风格与特色。在这里,主持人往往参与节目的采、写、编,从前期策划到现场录制,从话题确立到推广发行,主持人起着举足轻重的作用。目前在我国,这种全能型的主持人很少,有些主持人虽然比较优秀,但一旦成名,他们常年在几个栏目中游走,往往只是在现场录制的前一两个小时才进入节目,所以他们对整个栏目的定位、节目的内涵、嘉宾的特色、话题承载的意义,都没有时间与精力认真体味,只是依靠一些熟练的主持技巧进入到主持人的角色。这样,主持人与嘉宾和现场观众缺乏真诚的交流与沟通,谈话也无法深入。关于编导制,这是目前我国电视台采用最广泛的节目运作模式。编导自己选择话题,可以调动起编导强烈的创作欲望,但是由于编导的水平参差不齐,对节目的认识也不一样,找到的选题往往在质量、风格方面都有较大的差异。

二、谈话人

如果说谈话话题的选择是解决谈什么,那么,谈话人的选择则是解决由谁谈话。话题确定之后,谈话人就成为电视谈话节目成功的决定要素。谈话人包括主持人、嘉宾和现场观众。

(一) 主持人

有人说,主持人是电视谈话节目的核心,也是节目最有效的"金字招牌",这话有一定的道理,因为谈话节目与其他形态的节目不同,即使编导与策划事先进行了充分的准备,考虑到各方面的因素,现场录制时仍然会产生各种意外。面对现场的这些变数,编导与策划是无能为力的,唯一能解决问题的只有主持人。因此,主持人的个性色彩和个人魅力、主持人的反应能力就直接影响节目的质量。

美国的电视谈话节目十分突出主持人的号召力。许多谈话节目直接冠以主持人的姓名,如《唐纳休节目》《奥普拉节目》等等。采用这种"明星策略"是因为电视节目制作者在长期的实践中意识到:谈话节目十分依赖主持人的个性色彩和个人魅力,观众常常因为喜欢某位主持人而成为该节目固定的收视者。从某种意义上说,主持人就是节目最有效的"金字招牌",把主持人培养成为明星或由已成名的明星来担当主持人,便意味着节目能拥有成千上万的崇拜者,节目的收视率、影响力也会随之上升。在我国也是一样,可以说,没有崔永元就没有当年的《实话实说》,随着崔永元的离去,这个栏目也受到了不同程度的影响。

主持人与嘉宾和现场观众一样,也是一个参与现场谈话的谈话者,他以平等友好的态度对待嘉宾,向嘉宾提出问题,共同就某一个问题进行讨论,并在适当的时候对嘉宾的发言进行总结或评点。同时,主持人还与现场观众进行交流,倾听现场观众的意见与问题,询问他们的真实想法。他与现场观众的谈话扩大了交流范围,活跃了现场的气氛,推动谈话向更深层次展开。

主持人还是现场谈话的组织者。主持人通过提问、暗示等技巧调动嘉宾的情绪,控制谈话的走向,调节谈话的节奏,并按照事先设计好的方案诱导嘉宾进行谈话,最终使编导和策划的意图得以实现。

主持人还是现场谈话的调度者,通过利用各种技术手段为谈话服务,活跃现场气氛。在谈话过程中,主持人常常在适当的时机用大屏幕播放事先准备好的影像资料,主持人可以利用这些影像资料来设计悬念,加深观众与嘉宾对话题的了解,引发故事情节的发展和场内讨论。在节目中还可使用热线电话与网络,把场外观众引入节目中,扩大交流范围,使录制现场与场外联结成为一个巨大的"谈话场"。

主持人更是谈话节奏的控制者。节目依靠主持人现场控制能力、语言激励来营造气氛。主持人要具备亲和力。奥普拉·温弗瑞决不以展示、挖掘嘉宾的痛苦隐私、悲惨往事为节目的卖点。相反,她用自己的体态语,无时无刻不在向人们传达这样一个信息——我和你们一样,我是真的理解你们。在《如果一个儿童猥亵犯是你的邻居,怎么办》这期节目中,奥普拉紧紧围绕生活,探讨儿童猥亵犯的心理、识别和防范的方法,以及社会对有过犯罪记录的人的相关政策。她的谈话中就像日常生活中的聊天,不以揭露和羞辱困境中的人为乐事,而是想办法抚慰和帮助他们,让他们感觉好一点,从心灵出发,自我改善。为那些受到心灵折磨的人群开掘一个出气孔,让他们痛快地把压抑释放出来。

(二) 嘉宾

从广义上说,谈话节目的嘉宾是指被邀请到节目现场,参与录制的所有人,其中包括现场观众。狭义的嘉宾则是指坐在主持人身边,参与现场谈话最多,也最为观众关注的某位或某几位人士。

嘉宾在节目中的主要功能是参与现场谈话。在主持人的引导下,嘉宾可以自由地表达自己的观点,讲述自己的故事,释放自己的情感,也可以与主持人就某个问题展开讨论。

一个成功的谈话节目,选择有特点、有说服力的嘉宾是一大看点。

中央电视台《大家》栏目经过收视率分析认为,一个栏目的高视率创造,除了依靠嘉宾的高知名度外,特色鲜明的嘉宾和具有"与众不同的经历的嘉宾"容易创造高收视率,如画家黄永玉、科学家钱伟长等。

《大家》栏目所有的谈话都围绕着这样的基本问题展开:是谁影响了我们的今天?是什么造就了他的非凡的人生?他的家世如何?父母对他有怎样的影响?他怎样选择专业?又如何选择职业?他的人生有哪些重要转折点?什么人或什么事对他产生了重大影响?他如何面对苦难、寂寞、荣耀与生命等等,力图做到在时代背景下追寻个人的人生轨迹,从个人的人生道路中反观时代的风云变化?

对《大家》栏目播出的节目分析,证明嘉宾人物的话题与收视率的对照具有以下一些特点:节目开端话题围绕嘉宾设置悬念,能迅速抓住观众眼球;能够体现嘉宾独特之处的话题容易带动收视;能体现嘉宾智慧的话题容易带动收视;能体现嘉宾坦诚的话题容易带动收视;能体现嘉宾真情流露时的话题容易带动收视；能表现嘉宾特定历史背景下的典型事件容易带动收视①。

这些分析、总结对我国电视谈话节目发展具有普遍借鉴意义。此外，对嘉宾的选择，还应强调有较强的语言表达能力和人格魅力。如果是讨论型谈话节目，应选某一问题的专家和与话题有密切关系的人。如果是叙事型谈话节目，则就尽量邀请到当事人。

《奥普拉·温弗瑞节目》在嘉宾选择上不拘一格，只要是愿意出现在大众面前的，又有故事内容可挖的嘉宾都可坐在嘉宾席上。即使有过犯罪前科的人，只要给予真诚和人文关怀，他就能够突破心理的和社会的各种障碍，自愿开诚布公地交谈。

总之，一个成功的脱口秀，需要多种因素的综合，从选题到嘉宾选择，再到主持人的完美"脱口秀"，都是至关重要的环节。

(三) 现场观众

现场观众指的是演播室受众，这一角色并不是在所有谈话节目中都出现的，但是作为一个完整的谈话场的构建，作为现场故事讲述的一个重要角色，演播室受众是必需的。演播室受众的成熟是对受众"内容主权"和传授双方角色定位的全新诠释。他们扮演着电视文本创作者的角色，而非单纯的文本解读者。出现在电视节目中的这些普通人，既属于一般意义上的媒体接受者群体，同时又是基于自身社会经验与认知结构的思想和意见的传播者。他们是那些坐在电视机前的受众的一面镜子。他们从普通受众的社会情境出发，积极参与到电视的传播活动中去，通过对有关问题发表自己的见解和意见，构建起相应的文本意义，并同时推动节目的发展。受众也非常容易在他们那里找到与自身的认知、感受的相通之处，因为他们本身就是受众群体中的一部分。这种认识上的相通之处使电视传播的文体意义生成更易于达成传授双方的共识，并产生相应的社会影响。在我国目前的谈话节目中，对于观众的重视远远不够，很多谈话节目往往把观众当作一个摆设，没有提供他们发言的机会，这样就没有从根本上体现一个交流的空间。

被邀请到节目现场的观众应是精心挑选的。节目组一般是通过网络来征集观众，也可以通过公关公司来寻找合适的观众。无论通过哪种形式，都有必要在节目录制前同观众进行沟通，把那些真正对话题有兴趣的人请到现场，使他们有谈话的欲望，关注谈话的进程，并以自己的方式来影响谈话的进程，给

---

① 李向东：《〈大家〉的节目内容要素及收视状况解析》，《中国电视》2007年第1期，第1页。

节目增添多样化的个性色彩。在这方面做得比较好的有《实话实说》《对话》及《艺术人生》。《对话》不仅关心观众的想法,把观众的问题融入节目的设计中,而且对观众的外表和衣着也有具体的要求,这与其精英化的节目定位是相符合的。

在很多谈话节目中为了活跃现场气氛,实现编导的特定意图,编导事先沟通并有意安排了一些特定观众坐在观众席上,这被称为"预埋观众"或"钉子观众"。有了这部分观众,一方面保障节目顺利地进行;但另一方面,又破坏了节目的真诚感。所以,编导在设计时要把握住这个尺度。

三、谈话方式

(一)谈话模式选择

谈话方式因栏目而异,也因制片人的风格而有所不同,但从形式上看,无非有两种模式:

1. 群言模式

即有现场观众参与,由主持人、嘉宾和现场观众组成的"三结合"的大场面谈话节目,属于"脱口秀"的范畴。在这一模式中,主持人对场面的引导和控制尤为重要,既要启发、活跃场面,又要对表现欲过强的嘉宾和现场观众进行适当的控制。例如《实话实说》《对话》等,这是一种典型的"脱口秀"模式。

这种模式的出现,与节目定位的普遍性原则和争取高收视率为目标有着密切的关系。这种大场面的群言模式,从最初的主持人侃谈表现逐步发展到主持人对场面的引导和控制,有效地起到了在保持节目整体感方面穿针引线的作用。当嘉宾和现场观众表现得过于拘谨时,主持人必须善于引导、启发甚至活跃场面;当嘉宾和现场观众有着过强的表现欲而大段大段地谈论时,主持人又必须能够不露痕迹地控制场面。这样,谈话节目的质量就与主持人、话题和嘉宾以及现场观众等因素有关,甚至可以说嘉宾在某种程度上成了节目主持人。

下面以《拉里·金现场》栏目为例,分析"脱口秀"节目的一般流程(见表9-1)。

在这个流程中,一般包含这样几个环节:案例引入——嘉宾介绍——主持提问——嘉宾谈话(或交锋)——预告下节——节目循环。

表 9-1 《拉里·金现场》节目谈话流程

序号	主要内容	时长	节目形式	节目案例
1	片头 热点新闻人物	2′—3′	几个外拍镜头、嘉宾介绍、旁白	就写实文学《百万碎片》造假问题,与该书作者及揭露者等的谈话
2	介绍嘉宾	6′	主持人介绍嘉宾	"烟枪网站"编辑、专栏作家、写实文学女作者、电视女记者
3	提问	5′38″	主持人开始提问	嘉宾温弗瑞质问嘉宾佛雷的短片,接着问网站编辑等
4	谈话	4′38″	嘉宾回答问题	专栏作家及电视女记者谈看法
5	谈话	4′	采访和对话、介绍下个环节	网站编辑与专栏作家就写实文学的真实性问题展开激烈争论
6	介绍嘉宾	5′48″	介绍嘉宾及嘉宾意见	主持人对弗雷的采访短片
7	观点冲突	6′42″	嘉宾的看法	嘉宾间开展争论
8	谈话交锋	5′56″	话题交锋	争辩和讨论
9	谈话意见对立	2′20″	采访谈话继续	主持人对佛雷的采访短片,观众热线电话提问
10	结语		主持人介绍网址,结束	主持人预告下期节目,结束

2. 对话模式

对话模式一般有三种形式:

- 一对一模式,如《面对面》;
- 一对二模式,如《锵锵三人行》;
- 一对三人模式,如《三个女人一台戏》(湖南长沙女性频道)。

中央电视台的《面对面》(新闻频道)是典型的一对一模式。该栏目宗旨是:"我们相信,新闻是由人来构成、人来推动的,人永远是新闻的主体。所以,我们试图用'人'来解读新闻,见证历史,我们渴望了解那些新闻中的人——他们知道什么?做了什么?隐瞒了什么?影响了什么?为什么?"

《面对面》秉持的创作理论就是面对面的接触、交流、碰撞和印证。栏目的嘉宾都是重量级的,他们中有新闻事件中的焦点人物,有新闻话题中的权威人物,有时代变革中的风云人物,有备受关注的公众人物。通过记者对嘉宾一对一的专访,完成对新闻人物新闻性和新闻背后人的魅力的挖掘。

《面对面》的风格,如主持人所说,您想知道的,您应该知道的,您从其他渠道无从知道的,都可以从步步紧逼的追问中得到答案。冷静、质疑、深刻、尖锐成为《面对面》主持人和栏目的风格。

在《锵锵三人行》中,主持人窦文涛和他的两个伙伴(嘉宾主持)就一些时事、人物或话题,做一些即兴式的、随意的评述和交谈。目前,这类谈话节目也已形成了自己的特色和固定的受众群。《面对面》更是以那新锐的魅力引起了更多人的关注。在2003年4月那场突如其来的SARS灾难中,主持人王志从广州之行开始,先后与钟南山、王岐山、北京人民医院院长、香港卫生署署长以及奋战在抗击"非典"最前线的医务工作者张积慧等进行了面对面的访谈。其鲜明的质疑、尖锐的提问、审视与挑剔的眼神、适度煽情的"追问",似乎过于冷峻犀利,但更多的是情感的投入。正是这种理性、挑剔但不轻狂的质疑使得《面对面》的访谈充满鲜活的生命力。

(二)谈话氛围营造

在一档电视谈话节目中,话题的设计和谈话的策划要尽可能搭建一个广阔的话语平台,包含和展现不同观点。主持人要与嘉宾和现场观众密切配合,营造出一个和谐的谈话场。在这个节目话语场,不但需要主持人的机智、幽默与从容,也需要谈话者敞开心灵真诚述说。目前,我国电视谈话类节目在氛围营造上,可以根据不同情况采用以下种种方法与措施。

1. 场地设计

大多数谈话节目都是在演播室现场录制的,只有少数谈话节目采用外景地录制,例如《当代工人》以工厂、货场、机场、林地为场地,树立了独特的风格。而对于演播室现场录制的谈话节目,其场地设计要根据节目的整体定位、节目风格特色而迥然不同。

演播室谈话节目的场地设计一般分为主景区和观众区。主景区是主持人与主嘉宾谈话的区域,是现场的中心;观众区是次嘉宾和现场观众所处的区域。一般而言,场地设计与以下几个因素密切相关。

首先,现场观众的参与程度决定了主景区和观众区距离的远近。现场观众越多,观众区离主景区越近。《艺术人生》为了方便观众的参与,观众就坐在离嘉宾和主持人四五步远的地方,离主景区较近,营造一种观众与嘉宾间亲密无间的氛围。而在观众较少参与或不参与的节目中,观众则离主景区比较远。

其次,不同的谈话节目由于风格不同、诉求点不同,演播室的个性化设计也截然不同。例如《艺术人生》和《鲁豫有约》同属于人物访谈节目,但它们的现场设计是截然不同的:《艺术人生》的现场由舞台和观众席组成,四周还悬挂了若干显示屏幕,可以引出场外的人物、景象,类似于一个大舞台,有利于嘉宾与观众的互动;而《鲁豫有约》的访谈地点,往往选择在一间客厅、咖啡厅、宾馆房间里,环境相对比较私密,适合于相对隐私深入的访问。在技术上,演播室的场地设计还要考虑到观众的观看习惯,方便现场机位的调度等。好的现场设置能够很好地展现节目的风格,让观众产生深刻的印象,也有利于谈话流畅地进行。

2. 电视手段

在我国,电视谈话节目的时间一般在一个小时之内,时长从 30—50 分钟不等。而对于时长 30 分钟的节目来说,在节目进行到 12—13 分钟时话题就容易散,因此,适当运用外景采访、现场游戏、音乐电视、片花隔断等多种手段,可丰富节目的表现力,增强节目的说服力。目前,电视谈话节目能用的几种手段有以下几种。

第一,娱乐手法的运用。谈话节目的本质是谈话,但在 30 分钟的节目中,如果只是谈话,很难持久吸引观众的注意力。所以,很多谈话节目加入娱乐的成分。无论是新闻性严肃谈话节目,还是脱口秀性质的表演类谈话节目,游戏的成分都不可少。在新闻性的话题节目中,编导会设定一些预先设计好的情境,使用特定的提问和游戏,调动嘉宾的情绪,活跃现场气氛。例如中央电视台的《对话》栏目,每期节目中总有一个情境问答。例如在采访诺基亚集团董事长兼首席执行官约玛·奥利拉时,主持人就请出了一对双胞胎姐妹,请奥利拉先生当场为她们设计一款个性化的手机。游戏成分的加入,使得节目避免了程式化,也增添了可看性。在《对话》中,每期节目都会针对嘉宾的职业、个性特征来设计不同的情境游戏推动谈话进程。而在以明星演艺界人士为主角的娱乐脱口秀节目中,表演成分更多了。中央电视台的《艺术人生》就在节目中使用了特定的道具。例如在"刘欢专辑"中,开场就是朱军拿出一瓶"玉泉山"牌啤酒,与刘欢对饮。这瓶酒不仅松弛了现场气氛,而且由这个 20 世纪 80 年代的"玉泉山"品牌,迅速切入了刘欢的大学时代——他音乐生涯的起点。在每期节目中,道具的出现都有着精心的设计,都能够给嘉宾意外的惊喜与感动,在最短的时间内引领话题的深入,触动嘉宾的心灵,使节目内涵更加深刻。

第二,背景短片的运用。在国外的谈话节目中,背景短片一般有20多个,占节目播出时间的三分之二。短片的播出,在整个节目的进程中,不断地制造出悬念与意外,从而让现场及电视观众不断有新的刺激。中国的谈话节目也采用了这种方式,即演播室现场与外景片的双重叙述结构。例如在湖北电视台的谈话节目《往事》的一期节目《故事,铭刻在雪山》中出现的外景短片,展现了主人公刘连满(中国首次登顶珠穆朗玛峰的登山队长)的生活景况。镜头通过哈尔滨冰冷冬日的萧瑟树叶,刘连满找工作深夜才归的背景,把一个处于生活困境的老人的形象生动地展现出来。在外景拍摄中,展示的是第一叙述时间,即过去时的叙述时间,一般通过纪录片、老照片或模拟摆拍等方式来建构起往事的叙述时间。《往事》在每次节目的开头(有时在节目中)加入相关的纪录片片断、照片等来"作旧",给观众和嘉宾带来一种回归历史的心理感受,这是《往事》的第一叙事时间,即过去时间;观众在演播现场以耳闻目睹的方式品味"往事当事人故事"的延续,这是《往事》的第二时间,即现在时间。这样,既有利于引出节目主嘉宾,也有利于观众更好地理解谈话的内容,加强观点的说服力。在谈话节目的现场,除了外景短片的运用,还可以播放一些预先采录好的演播室外的访谈,例如一些无法到场的嘉宾的观点,与邀请到场的嘉宾密切相关的人物的访谈,甚至可以采用现场连线播出的方法,实现异地的同步交流、远程访谈。例如湖南台的《超级访问》,每期采录到的演播室外人物访谈常常有二三十位,围绕一个现场嘉宾,节目组能采访20个以上与嘉宾有各种各样关系的人。当嘉宾还在主持人面前装模作样时,大屏幕却向观众"展示"了他鲜为人知的一面。嘉宾大都惊异"这些人是怎么搞的""这些资料是怎么搞到的",甚至有一位明星在做节目时连连求饶,因为他的许多少年时期的恶作剧都被朋友或家人一一揭发了出来。节目中插入大量的背景专题短片,可以丰富节目的内容,也使谈话有了扩展的空间,不会拘于演播室。背景短片的拍摄制作必须十分精良,画面、配音及音乐的使用也要求精美,这样才能发挥短片的作用,极大地增强节目的感染力。

第三,场外介入。扩大谈话的氛围,实现场内外的互动一直是电视谈话节目制作者追求的目标。为了实现这一目标,热线电话和网络被引入到谈话节目的现场,成为场内外联系的有效工具。热线电视一般只适合于现场直播的谈话节目中运用,美国著名的新闻谈话节目《拉里·金现场》就把热线电话引入作为一个重要元素,极大地扩展了谈话场的范围,把小小的演播室同整个世界联系在一起。在我国,直播类的谈话节目比较少,所以,这种场外互动没有得到很好的利用。除了利用电话和网络外,利用卫星技术联结不同地域的人,让更多的人参与谈话也是当今谈话节目发展的一个趋势。

第四,背景音乐的运用。背景音乐的运用目前已经出现在很多谈话节目中,特别是在人物讲述的谈话节目中应用更为广泛。音乐可以调节人的情绪、情感及心理状态,谈话节目中加入与主题气氛相关的音乐作品还可以很好地调节现场气氛。例如在《实话实说》节目中,不时地穿插现场打击乐、电吉他的间奏乐,当台上争锋正浓时加入轻缓的音乐,在嘉宾主持人遭遇尴尬时,加入调笑的轻音乐。音乐已经成为节目整体的一个组成部分,因此,乐队也需要参与节目整体设计,比如了解节目的内容、嘉宾的个性特征、节目的整体结构,这样乐手才能够在合适的时机选择演奏合适的音乐。

(三)谈话节奏把握

电视谈话节目在进行过程中,要做到有张有弛,既有舒缓的情感流露,又有悬念丛生的矛盾冲突,这样,在起承转合之间才能建构起故事的开头、发展、高潮与结局。谈话节目的现场节奏主要可以从两个方面来营造,一是依靠主持人现场控制能力、语言激励来营造,二是通过编导创造出各种戏剧性元素和特定情境。

一个优秀的谈话节目主持人首先要具备亲和力,亲和力是能让观众感到亲切与放松的一种气质与魅力。主持人这种亲和力来自他对嘉宾与观众的正确心态,并在现场节奏控制中发挥有效的作用。主持人在现场要懂得尊重嘉宾,适当的恭维、真诚的赞扬、巧妙的侃谈,都可以带动嘉宾谈话的欲望,在一个和谐的氛围下,每个人都回到了自我本色中,只有这样才能真诚地谈话。

其次,主持人在谈话中要善于倾听。主持人耐心倾听嘉宾和观众的发言是由谈话节目的本质决定的。谈话节目作为一个公众论坛,决定了它不应当完全成为媒介制作者向受众灌输自己理念的传声筒,因此主持人在节目中不能垄断话语权,要让各种声音都能够得到充分表达。美国著名谈话节目主持人奥普拉·温弗瑞主持的节目大受欢迎,就在于她能"满怀兴趣和同情地倾听"。奥普拉仔细倾听嘉宾们的谈话,并且利用谈话的内容把主题步步引向深入。同时,主持人也要有控场能力,掌握话语权,以保证谈话节目的方向与主旨。话语权不等于话语霸权,主持人可适当地运用打断技巧不使话题过分的偏移与散乱。但要注意这种话语的打断与插入不能显得生硬。主持人要充分运用谈话技巧,一方面促成语言的交锋,激发出谈话者的思想火花;另一方面,也可以利用其话语权使主题得到引导与升华,从而使话题得到充分的开掘。

谈话节目作为一个文本的创作,必须要有完整的故事结构,把琐碎的话语片断组接成完整的故事,并在现场讲述时通过节奏的把控营造悬念。电视谈话节目的这种戏剧性首先要求是存在于生活本身的,而不是经过刻意组织或主观想象而臆造出来的。生活中的事件具有不可预测与不可把握的悬念,命运的巧合与冲突,如此突兀而又如此真实,在生活中充满着无限的可能。例如在艺术人生的《秦怡专辑》中,主持人将视角对准秦怡的个人生活,尤其集中谈秦怡与患精神分裂症的儿子之间的关系,其实不为别的,只因编导事先找准了秦怡这个人物身上最大的矛盾冲突,那就是"惊人的美丽"与"惊人的苦难"之间的对立。外貌的美丽是有目共睹的,内心忍辱负重、坚强柔韧只有通过对苦难的揭示才能展现,节目一开头就摆出了发生在一个美丽女人身上的"爱情空白、家庭不幸"的人生遗憾,实际上就摆出了人物身上最大的突出点。突出点的定位,决定了整个节目节奏的形成。正是在这些冲突、对立的起伏之中,营造了戏剧性的悬念与冲突。

第四节　电视谈话节目的拓展空间

一、谈话节目的交流特质

作为一种新兴的节目样式,我国电视谈话节目开始形成一些新的特色。

1. 即兴感与现场感的融合

谈话节目首先是即兴的,它的英文为 Talk Show,港台译作"脱口秀",音义皆近,很形象地反映出谈话节目的第一大特点——即兴性。

谈话节目的即兴,不仅是情绪的表达,而且是情绪的即时表达,其表达方式主要包括口头语言和身体语言,如面部表情和肢体语言。谈话节目的即兴表达的特性,对节目的参与者——主持人、嘉宾和现场观众都提出了严峻的挑战。这也是为什么每一个电视谈话节目不但重视选择主持人,而且在每次节目开始前都要仔细甄选嘉宾和现场观众的原因。

嘉宾和现场观众选好了,主持人的即兴发挥就成了节目的重中之重,只有主持人善于即兴表达,节目才可能进行得流畅,有趣味。反观我国电视谈话节目的主持人,能够满足这一点的还不多,有的甚至还"停留在过去的'纯文本操作'的层面",成了"有稿播音"的"语言表演"。

这里不可误解的是,谈话节目并不排斥文本操作,但这主要是指"半文本操作",即在既定的思路基础上即兴发挥。这种在既定思路上的即兴发挥,有助于主持人更好地引导话题的深入和进展,而不至于是一场漫无边际的闲聊。

记得洪堡德在《论人类语言结构的差异》中说过,语言是精神的不由自主地流射,这是语言的本质。而谈话节目的即兴,恰恰暗合了这个本质,正所谓"明于心而现于口",谈话节目中往往呈现出前言引动后语,一个思想火花引燃另一个思想火花,一个形象激活另一个形象的场面,这样,语言在自身的组织运动中成为灵动活泼的现实,对观众来说,具有极大的魅力。

此外,谈话节目不仅有口头语言的即兴表达,而且还有身体语言的即兴表达。谈话参与者的一颦一笑,一举手一投足,这些丰富而细微的面部表情和肢体语言都是对口头语言的最好补充,它丰富了谈话节目中人际交流的气息,同时也增强了谈话节目的现场感。

2. 个性化与多元化的融合

个性的展示和碰撞是谈话节目的一个特点。谈话节目中的信息是由个人发布的,观点不论偏颇与否,是"我"的声音而不是长期以来的"我们"的声音。这种个人话语作为一种个体的文化观,与社会的价值观的联系相对松散,而比较多地在价值取向、审美趣味、社会行为上体现着自我的意志和特征,是个人化的表现。

此外,谈话节目的即兴交流也为个性展示于不经意间提供了良好端口。例如《实话实说》有一期节目是《鸟与我们》,谈话进行到最后,一位老人脱口而出:"听来听去,我有点儿纳闷,好像是养鸟的不如不养鸟的爱鸟。"一句不经意的话,便使老人率真爽直的个性跃然"屏"上。

谈话节目在展现个性的同时,也突显了它的多元特征。作为个性展示的舞台,谈话节目邀请各色人等直接进入演播室,围绕相关问题独立发表见解,它直接反映着这个流变的社会及其话语,它的多样见解几乎透视出全社会。这种多元性是符合电视本性的。"电视所产生的意识形态意义与观念并不是浑然一体的或是铁板一块,相反,一系列互为交织的有时甚至是矛盾对立的意义贯穿了节目制作的过程,从而为大多数人提供了一种意识形态观念的常规领域,以迎合广大潜在观众的兴趣、利益与需要。这意味着电视这种媒体通常并不是走极端的,它在表达多种多样的意见和观点时十分强调对它们加以平衡或调适以保持温和的立场。"[①]谈话节目往往进行到最后并无定论,各种观点之间的相互碰撞并不

---

① [美]罗伯特·C·艾伦:《重组话语频道》,麦永雄、柏敬泽等译,中国社会科学出版社2000年版,第188页。

会肯定地改变其中一方的观点。这样,电视谈话节目容纳了多种意见,体现出多元性的特点。

谈话节目的多元性还体现在其传播符号的多样性,它除了以声音符号为主要传播符号外,还辅以其他传播符号。譬如电视谈话节目中常常利用录像或影片、图片资料等图像符号,作为"话题"安排在谈话节目的开头或是在节目中插入,以对谈话进行补充。图像符号的运用在新闻信息谈话节目中更为常见,这种谈话节目的一开头往往是对近来重大新闻事件的总体回顾,往往有记者从新闻发生地做报道,这样,图像符号的比重就更大了。例如《时空连线》有一期关于"神舟"三号回收的节目,不但请来了中国载人航天工程总设计师王永志院士、"神舟"三号总设计师戚发轫院士、载人航天工程航天员系统总指挥兼总设计师宿双宁,就我国载人航天工程技术展开对话,还派记者从现场发回相应报道,飞船、草原以及满天的星斗等现场实况都呈现在观众面前。随着节目制作手段的日新月异,电视谈话节目的形象资料画面会越来越丰富多彩,以弥补略显枯燥的侃谈画面。

谈话节目的多元性,还在于它不仅是谈话这个样式,而且在谈话的同时还融合了其他电视节目样式,如娱乐节目、纪实节目、新闻节目等等。例如湖南台的《大当家》,大胆把综艺成分融入谈话现场,以娱带谈,以娱"活"谈,将娱乐成分作为谈话的引子、花絮点缀其间,从而创造了轻松愉快的谈话氛围,符合电视观众的收视心理和收视习惯。新版的《实话实说》也走娱乐路线,以前《实话实说》的笑点大多靠崔永元发挥,这主要是由于当初的定位不同。现在,则特别看重娱乐效果。

最后,谈话节目的多元性,还在于它是各种传播技术的综合体。电视、电话、互联网等各种传播技术被应用于谈话节目。

3. 人际传播与大众传播的融合

尽管我们在谈到传播的分类时常常把它分为四个不同层次——人际传播、群体传播、组织传播和大众传播,但是"每个层次都既包含其他层次的某些因素,同时又拥有自己的东西"①。

大众传播和人际传播有一部分是重叠的。这种重叠在电视谈话节目中更加明显,不仅如此,电视谈话节目中人际传播所占的比例更大,它几乎是以人际传

---

① [美]斯蒂文·小约翰:《传播理论》,陈德民、叶晓辉译,中国社会科学出版社1999年版,第27页。

播为主进行的大众传播。人际传播，探讨的是人与人之间，通常是面对面的、不公开的场合中的交际。电视谈话节目把这种面对面的、不公开场合的交际移入大众传播，使之相互交融。

从传播主体来看，主持人的个性张扬弱化了往日冷漠的大众传播。电视谈话节目的主持人作为媒介与受众之间的"感情、信息交流的桥梁与纽带"，一改往日的正襟危坐、不苟言笑、神情肃然，变成神情自然、亲切随和、落落大方，在视觉和听觉上都给受众耳目一新的感受。主持人通过对人际传播中语言符号与非语言符号的恰当处理，使大众传播摆脱了媒介机器的冷漠与单调，赋予了大众传播一定程度上人际传播的亲和性与感染性，在空间轴线上缩短了荧屏与受众的心理距离。主持人以直接的形式将电视节目风格化、个性化和具体化，在媒介与受众之间营造了一种虚拟的人际交流情境，最大限度地拆除了电视与受众之间的藩篱，使受众在接受电视提供的信息的同时，感觉自己面对的不再是冰冷的媒体，而是活生生的、可亲可信的、与自己相同的人。总之，主持人个性的张扬和个人魅力的展现，不仅给受众一种平等感、亲切感，更重要的是通过个性传播产生引导和感染作用，把大众传播的社会化功能融入亲切自然的人际传播样式之中，从而使大众传播充满活力。

从传播内容来看，谈话节目以真实的个体生存状态、个人情感及态度，取代对观念意识作直白的传达和图解。在"还生活以真实状态"的节目理念下，以促进人与人之间的沟通，满足受众了解社会、学习他人人生经验等需求为目的，从尊重和表达人的个性及社会多元性出发，营造正常的谈话氛围，还镜头前的交谈双方以真实的心态、真实的思想、真实的情感。尊重人的个性和社会生活的多样性，以人为本，通过谈话的形式最大限度地逼近人物心灵，在交流中走进人的心灵、展示人的个性，同时折射出整个社会的状态，在充满人情味的人际传播中实现大众传播。

从接受主体来看，电视谈话节目中，观众在传播活动中的地位已从被动转向主动。主动观众有五个特征：其一是选择性，即主动的观众在媒介的选择使用中被认为具有选择性；其二是实用性，即主动的观众总是利用媒介满足特定的需要和目标；其三是目的性，即带有目的地去使用媒介信息；其四是参与性，即观众主动地参与、思考和使用媒介；最后，主动的观众被认为不受干扰或是不易仅仅被媒介说服。电视谈话节目中观众的主动性最明显地表现在参与性这点上。受众直接参与到谈话节目中来，而且是谈话节目中不可或缺的一部分。

4. 平民化与精英化的融合

电视谈话节目是在电视"平民化"的过程中诞生的。20世纪80年代末90

年代初,电视开始从"贵族"向"平民"身份过渡,抛弃了以往那种视点单调、没有交流的权威说教,更加贴近生活、贴近百姓,于是,一批以反映普通受众群体为内容的栏目,如《东方时空》《焦点访谈》相继出现了。它不仅在取材上贴近普通大众,而且在形式上也深深地大众化。

首先是参与者的平民化。平民化主要体现在谈话嘉宾和现场观众的参与,他们来自社会各个阶层,不仅有各界名人,也有农民、下岗工人、小学教师、学生和打工者等等。电视谈话节目是即兴的,由于参与者基本上是普通人,他们的身份也决定了谈话节目的语言趋向于直白、朴实,大多都是鲜活的口头语言。

平民化是电视谈话节目吸引广大观众的一个手段。美国的《奥普拉节目》,走的就是平民化的路子——主持人出身平民,她的平民式的坦诚使她能谈论任何其他人无法谈的话题,她本性中透露的脆弱同样使她显得真实,正是这份真实打动了数以万计的人心。几乎99%的美国家庭、遍及64个国家的人收看她的电视谈话节目。她的观众不受信仰、性别、文化程度和年龄限制,每天观众人数约有1 400万。她被称为美国人"最便捷、最诚实的精神病医生"。

平民化并不会使电视谈话节目平白无味。相反,由于它一般从普通百姓的生活视角来观察生活,并以白话式的叙事展开,遵循事件发生、发展的自然形态,以原生态材料稍加组合构成节目,真实、有趣,从而使节目获得了长久的生命力。

但是,一味强调的平民化也不能满足观众的要求。社会分工的存在、经济文化发展的不平衡,从而使人群也呈现多层次状态。于是,在平民化电视谈话节目风行的今天,另一类电视谈话节目——精英型的谈话节目诞生了。例如,《对话》的内容主要是对新经济的思考和追问,有一定的思想性和深度,一群受过良好教育、专业素质较高、"关注经济改革动态并具有决策能力的社会精英人士"为其定位观众。

二、谈话节目的时空跨越

电视谈话节目的诞生,实现了电视传播的四大跨越,它不仅是我国电视发展史上的一个里程碑,而且也对个人和社会产生了巨大的影响。

1. 跨越之一:从以画面为主到以声音为主,给人感性也给人理性

电视的出现为当代人看见和想看见的事物提供了大量逼真、快捷、直观的图像。同时,电视以其真诚的话语直击人的心灵,给生活紧张而单调又总是要面对太多严肃问题的普通大众以抚慰和放松,同时以媒介的方式参与社会文化讨论,

体现了理性的光辉。

其一,它对语言符号的着力运用深化了节目的思想内涵。在所有的符号语言中,人们日常的口头语言是最基本的、最主要的。著名语言学家萨皮尔曾说:"如果设想一个人不使用语言而能基本上适应现实生活,或认为语言不过是解决传播或反映具体问题的辅助手段,那么这种设想纯粹是一种幻想。"[1]但长期以来,我国电视界在对电视语言的运用中一直由画面主导,对画面的过分崇拜导致电视屏幕上充斥着光怪陆离的视觉表象,虽然非语言符号的最大优势在于形象展示,能生动地再现客观世界的真实境况,但它缺乏传播深度,远远不能透视人的心灵深处,体现思想的丰富内涵。而电视谈话节目对语言符号的充分利用,把思想清晰地呈现在世人面前。语言对思想的作用,索绪尔有一段精辟的话,他说,思想在没被词汇语言表达之前,只是一团没有定型的、模糊不清的浑然之物,只有当语言将思想组织为语言符号序列时,才能为他人所感知、理解。

其二,知识分子的参与提高了谈话节目的思想内涵。前面谈到,电视谈话节目体现了当前主流文化、精英文化与大众文化的三种融合。精英文化在谈话节目中的最大体现,就是知识分子的积极参与。知识分子以其专业知识为谈话节目的话题提供了有深度的见解,提升了谈话节目的文化思想内涵。

2. 跨越之二:从单向传播到互动传播,提高了电视传播的效力

前面谈到,电视谈话节目的一个重要特点是人际传播与大众传播的共融,人际传播的介入一改电视媒介以往的单向传播方式,把嘉宾和观众请进演播室,主持人、嘉宾、观众畅所欲言、各抒己见,整个谈话现场和谈话过程成为一个开放的系统,成为一个各种信息多向流动、不同思想相互撞击的"场"。在这个"场"内,观众不再被动地接收信息,而是以强烈的参与意识、积极主动的反馈使传播通畅进行。

同时,电视谈话节目邀请各界人士从各自不同的角度去分析、认识问题,评述更加全面,从而大大提高了电视传播的效力。实践证明,有关方面的专家、权威,或有关问题的当事人、知情者,是对某一事件或问题最有发言权的人士,而电视谈话节目经常邀请他们参与讨论,比较容易对人们的态度、观点产生影响。另外,参加谈话节目的观众与多数观众的社会地位、身份相近似,他们的话可以代表广大观众的利益、愿望,容易产生说服效果。有时候电视谈话节目的参与者意

---

[1] [美]威尔伯·施拉姆、威廉·波特:《传播学概论》,陈亮、周立方、李启译,新华出版社1984年版,第89页。

见不一致,即对问题有不同看法的"双面传播",既讲事物正面,也讲负面;既讲赞成意见,也介绍反对意见,所以它没有强加于人的感觉,对有一定文化程度和阅历较广的观众说服力更大。

3. 跨越之三:从独白话语到公共话语,大大拓展了公共领域

最早提出公共领域概念的,是从20世纪50年代起就致力于复活共和主义理想的汉娜·阿伦特。这位西方思想史中最杰出的女性思想家,将人的活动分为"劳动""工作"和"行动"三种,前两种属于私人领域,后一种属于公共领域。所谓的行动正是古希腊城邦国家的公民所从事的政治活动,它是人与人之间唯一不需要物质或物品为中介而相互交往的活动。

后来,公共领域经过哈贝马斯创造性的再论证,从原来一个比较单薄的概念成为一个被知识界公认的厚实的"理想类型"。在18世纪资产阶级社会中出现的俱乐部、咖啡馆、沙龙、杂志、报纸,是一个公众讨论公共问题、自由交往的公共领域。而当代电视谈话节目形态成为媒介这一功能的理想载体,王元化先生就曾盛赞上海(东方)电视台谈话节目《东方直播室》"营造了民间的公共空间"。实际上,20世纪以来我国新闻传播媒介发展的过程,可以视作在构建公共领域的过程中不断寻找和调整自己位置的过程。改革开放前,我国新闻传媒进行信息传播的特点是单向的、自上而下的,表现为"千报一面(声)""舆论一律"。改革开放后,国内新闻媒体在市场和观念的双重鼓励下,结合自身特点对反映民意和社会多元声音做出了许多尝试,报纸的小言论、读者来信、专题讨论、广播热线各具特色、多姿多彩。尤其是电视谈话节目,更是相当成功的公共领域的案例,可以视作是对以往逐渐消失的社会空间的一个拯救,它默默地拓展着社会的文化空间和生活空间。

然而,这种成功也仅限于象征意义。因为在任何一种传统媒体,都受到版面、时间和"把关人"的限制,对于一个成熟、健康的社会正常发展所需要的讨论、交流空间的构建,传统媒体常常表现得力不从心。在市场经济手段运作及媒体竞争加剧的今天,即使一些新闻传媒的报道和言论有"越位"现象发生,很快会被加以"校正",保证"主旋律"在宣传中的地位。

4. 跨越之四:从注重事件报道到注重人情探讨,为个人和社会提供了良好的解毒剂

美国学者斯克特在《脱口秀——广播电视谈话节目的威力与影响》一书中说:"越来越多的人愿意在广播和电视中谈论几乎所有事情,包括他们自己的痛

苦和心灵创伤,供所有人欣赏。事实上,人们对于所有的生活难题,从悲剧和丑闻到人际关系故障,都表现出前所未有的兴趣。其中的原因之一,也许是我们不但喜欢看到一个人战胜困境或是一个小人物成为胜利者,而且也想要看到人们的恼怒和痛苦——因为那能使我们在面对自己困难和缺憾时感到好受一点。因此,在某种意义上,这些谈话节目是在一个无序、绝望、愤怒的时代里为社会和个体提供的一种解毒剂。"①

正处于转型期的我国社会虽然不完全是斯克特所说的"无序、绝望、愤怒的时代",但是市场经济在我国的全面推行,在给人们提供了广泛的获取成功的机会和自由的同时,也给人们施加了无穷的生活压力,人际关系在人与人的竞争中也日渐淡漠,深深的不安、无力量、孤独和忧虑的感觉随之产生。电视谈话节目在这个时候应运而生,一改往日无穷无尽的事件报道,另辟了一个人情交流的场所,人们在这儿打开心扉、倾诉情感,与他人对话、沟通,这对个人和社会来说,无疑是个良好的解毒剂。

三、谈话节目的改进策略

我国电视谈话节目产生历史不长,其不足之处是不可避免的,也是显而易见的,因此,必须针对性地加以改进。

1. 针对真实性的缺乏,加强平等交流

当前我国电视谈话节目最大的一个弊病在于真实性的缺乏,主要表现在参与者不敢讲真话。谈话节目中很多嘉宾和观众不敢讲真话已是事实。《实话实说》主持人崔永元说,在他的节目发表抱怨意见之后,有些嘉宾遭受惩罚。例如一名社会科学学者上了节目之后,因为"爱出风头"而被单位领导批评,没有得到晋升。还有一名电台播音员在节目中坦率谈论中国新闻行业的问题之后,被指控拿出场费而受到调查。在这样的情况下,嘉宾自然在说话时就有顾虑了,从而影响了谈话的真实性。就连主持人也并没有真正放松,没有进入一种真实说话的状态。中国传媒大学的高鑫教授曾对电视谈话节目有一番评论:目前电视谈话节目的气氛太拘谨,不够放松,影响了语言的表达以及思维上一些闪光点的出现。主持人总的说来比较拘谨,包括崔永元等一批主持人,尽管他们在台上谈笑

---

① [美]吉妮·格拉汉姆·斯克特:《脱口秀——广播电视谈话节目的威力与影响》,苗棣译,新华出版社1999年版,第4页。

风生,但从精神境界上讲并没放松。

不吐真言,除了受我国目前的社会环境影响外,交流暗示的存在也是一个原因。在电视谈话节目中,"效果的渠道或编码"非常丰富,不仅有语言符号,而且还有非语言符号(如参与者的身份)。主持人、嘉宾及现场观众,尽管宣称是平等的,但是潜在的身份暗示却客观阻碍了谈话参与者的有效沟通:主持人、请来做嘉宾的专家学者具有较高的身份,而另外一些人则具有较低的身份,如普通的现场观众。按照人际沟通理论,通常"具有较高身份这一方会威胁具有较低身份的那一方,这就会导致具有较低身份那一方的防卫行为。尽管他们防卫的程度不尽相同,但有一点是共同的,就是那些存在防卫心理的人们一般是不愿意感情投入的……他们可能具有较少的诚实,当然也就很少有意自我暴露。……具有防卫心理的人花费如此多的精力来自我防范,以致他们没有什么剩余的时间或精力来理解他人,由此沟通渠道被阻塞,信息被曲解"[①]。可见,谈话现场的身份暗示导致了部分人的防卫心理,虚假信息也就在所难免地存在于谈话过程中,谈话节目也就难以达到真实沟通的境界了。

要想使电视谈话节目走出虚假境地,必须强调电视谈话节目的纪实本质。其一,话题的选择要尽可能广泛。尽管我们不能像美国的电视谈话节目那样片面追求新奇、刺激,纯粹以商业化机制运作,但同样应该看到,这种运作机制和竞争机制也为把节目做得更好看、更富生命力积累了经验和技巧。其二,谈话人尽可能地说真话,倒不一定是不见真理不罢休的深刻挖掘,也不一定是连一个哈欠都不放过的细枝末节的忠实记录,而是另外一种主张及其延伸,即尊重人的权利,让人开口说话,说真话,并把这话语尽可能地记录下来,传播出去。如果从主持人到嘉宾到现场观众都是戴着面具遮掩,假话连篇,那么节目的可观性就可想而知了。主持人要依靠真诚和主持技巧使每一位到场的嘉宾和观众愿意说话和愿意听人说话,并且能够实话实说或者积极而真诚地有所反应。

美国社会学家詹尼弗·霍尔特这样解释道:"一群陌生的现场观众会幻想他们和节目的明星主持人之间,有着面对面的亲密关系。这种有距离的亲密关系,使观众把电视人物,特别是像脱口秀主持人这样的电视人物,视同她们自己的家人或朋友一般。轻松的、步骤清楚的沟通式脱口秀主持人,通过很多方法鼓励这种关系。如聊天一样的对话,主持人眼睛直视摄影机,和电视机前的观众直接对话,使每个观众都进入了角色。这种做法他们觉得和她之间有一对一的关

[①] [美]泰勒等:《人际传播新论》,南京大学出版社1992年版,第158页。

系。"①真诚,为主持人赢得了观众的信任,有利于谈话节目的顺利进行,容易使谈话节目走向真实。真实,是谈话节目追求的最高境界。

2. 针对互动性的缺乏,注重提升观众地位

目前许多电视谈话节目看似很重视主持人、嘉宾和现场观众的互动。但实际上,很多谈话节目中的观众往往只是用来"填补空白"。他们围坐在主持人、嘉宾身旁,聆听、鼓掌,偶尔接过话筒提几个问题或匆匆发表几句简短的评论,他们看起来更像看客或者啦啦队,与台上嘉宾形不成真正意义上的互动。湖南电视台的欧阳国忠在总结《新青年》的问题时也谈到了这一点:"以前,我们做节目把绝大部分精力都放在邀请主讲嘉宾上,而在观众身上下的功夫远远不够。演播厅里往往是一眼望去尽是年纪轻轻、意气风发的大学生。场上场下互动交流时,现场观众大多谈不出自己独到的见解,而且提出的几乎全是请教式的问题。演播厅里竟成了大学课堂。"②在有一期《实话实说》节目中,北大校长和剑桥大学校长在台上从各自角度谈了中西教育的一些差别。待崔永元和两位嘉宾谈完了,就开始了场下和场上的"互动",结果所谓的互动不过是一场学子与剑桥校长的"追星"式的你问我答,真成了"大学课堂"。很显然,嘉宾和观众的不对称阻碍了谈话的深入开展,彼此之间形不成真正的互动。

其实,如果我们的节目制作者比现在更多地重视现场观众,充分调动他们的积极性来推动谈话的开展与深入,而不是用他们来充场面、当配角,那么谈话节目也许能够进行得更好、更生动一些。

《对话》面对在世界范围或某一领域有相当成就的嘉宾,为避免嘉宾和观众的不对称,节目不仅让观众带着问题去现场,还在观众席上安排或许与嘉宾同样重量级的人物。例如有一期节目,台上请了 TCL 的总经理杨伟强和一位海外归来的 MBA 博士,台下在座的既有企业老总,也有 MBA 教育专家,台上台下你来我往,彼此谈得很是深入,不亦乐乎。此时的现场观众早已远远不是用来充场面、出掌声的,而是能够与嘉宾形成真正的互动,推动谈话的进展。

当然,我国现场观众在谈话节目所表现出来的弱参与性也与他们长期所受的传统文化的熏陶有关。中国传统文化对说话是颇有微词的。孔子说"敏于行,讷于言",老子则是"知者不言,言者不知",到清代有俗语"病从口入,患从口出"……类似格言,举不胜举。人们长期受这种文化熏陶,自然更多地选择"沉默是金"。

---

① [美]珍妮特·洛尔:《奥普拉·温弗瑞如是说》,海南出版社 2000 年版,第 37—38 页。
② 欧阳国忠:《如何营造谈话类节目的"谈话场"》,《电视研究》2002 年第 4 期。

针对我国观众的这种特殊情况,谈话节目尤其要注重提升观众地位并且充分调动他们的积极性,使之能够畅所欲言,能够与嘉宾形成真正的互动。这样不仅能够增添谈话的趣味性,而且也能够弥补主持人的一些盲点。因为,谈话节目的话题毕竟是十分广泛的,主持人不可能事事都通,存在一些"盲点"是必然的。这样,有分量的现场观众就可以和嘉宾一样,时不时地"点拨"主持人,造就主持人在现场看似"内行"的谈吐。

3. 针对"理性对待"的缺乏,加强CI策划

在电视谈话节目"风风火火闹九州"的今天,很少有人能够理性地对待它。

第一,生搬硬套。看如今的电视屏幕,似乎每一个节目都在"谈话",原本没有谈话成分的,也给节目硬性加入"谈话"这味调料;原本就带谈话的,更是加重了谈话在节目中的分量,好像"谈话"是无往不胜的。有一期关于如何处理旅游与自然资源保护这样一对矛盾的节目。节目的新闻性显而易见,因为它的播出正逢国人的长假期间;节目不可谓无创意,因为它把张家界、九寨沟、北京三地通过北京主持人与景点记者的对话连接起来。主持人一个问题一个问题地"审"问着景点记者,像挤牙膏似的,费了半天的工夫才终于把一个景点的情况问清楚。如果采用传统手法,让主持人露一次镜,然后把镜头切换到景点,由景点记者一次性地把情况报道完,那么信息既来得快也来得直接。但是这期节目偏偏要以主持人与景点记者之间的对话来完成对新闻的报道,让人感觉生硬、冗长,有画蛇添足之感。

可见,谈话这个节目形式虽然有它自身的优点,但并非是一个万金油,放在哪里都能发挥大作用。如果不根据节目特点有选择地使用"谈话"这个形式,其结果可能会适得其反。

第二,跟风的多,缺少原创意识。也许是在计划体制下禁锢得太久的缘故,我国内地的传播媒介在传播竞争方面缺少原创意识,习惯于模仿式的"跟风"和"扎堆"。谈话节目也是这样,不少节目不但在内容形式上雷同,甚至节目播出时间也挤在所谓的晚间黄金时段。对于告别了短缺经济格局的市场竞争而言,简单的模仿和形式的相似无疑会造成彼此间极强的可替代性,从而使个体的生存价值大打折扣。

生搬硬套,栏目之间相互克隆,很大程度上要归咎于节目制作者没有对自己的栏目进行CI(Corporate Identity)策划,即企业形象识别。企业形象识别,包括理念识别(MI=Mind Identity)、行为识别(BI=Behavior Identity)和视觉识别(VI=Visual Identity)。对电视谈话节目来说,理念识别主要是指节目制作人对

节目的内容和风格等方面的目标定位,它体现在节目的选题、节目的受众结构和节目的文化底蕴等各个方面,目前我国有部分电视谈话栏目已有自己的理念识别,如《对话》。

在电视谈话节目的视觉识别中,除了为节目设计的固定图标外,能够对谈话节目的视觉识别起重要作用的就是主持人。主持人的外在和内在都将成为谈话节目形象识别的重要标志,包括主持人的相貌、体形、谈吐举止,及其所透露出的语言功力、知识底蕴、人格品质等,谈话节目要通过主持人的个性来确立、调整和加强谈话节目的视觉识别。为了强化主持人自身的个性魅力来构成强有力的形象识别,谈话节目还应该注重对主持人的包装宣传,它实际上已构成了谈话节目行为识别的一个部分。

观照我国电视谈话节目的发展,不仅要针对当前谈话节目自身所存在的弊端提出改进措施,而且也要结合当前我国电视所面临的新的外部环境,思考我国电视谈话节目的未来。

我国电视当前所面临的新环境,主要是互联网的出现所造成的新的传媒竞争形势。互联网以其信息传播的快捷性、多样性和传播方式的强互动性赢得了用户的广泛欢迎,给报纸、电视等传统媒体造成了巨大的冲击。而且,对于电视谈话节目,这种冲击更大,因为,互联网的互动性、构建公共领域的能力比电视谈话节目要强得多,其互动性更强,构建公共领域时更便捷、更自由、更开放。

然而,互联网的出现对电视谈话节目来说并不仅仅意味着挑战,它也意味着一种机遇。我们已经看到,多媒体早已成了电视谈话节目的好帮手,在很大程度上加强了电视谈话节目的互动性。比如,在谈话节目的前期策划阶段可利用互联网来收集话题,征集现场观众;在谈话节目现场,观众通过互联网发来电子邮件表达自己的看法;在谈话节目结束之后,微博、微信等终端都可继续着话题的讨论,有的还对谈话节目提出根本性的建设意见。可以说,互联网延伸了电视谈话节目,它的出现对电视谈话节目有着积极作用。

另外,互联网比之电视谈话节目,也存在显而易见的缺陷。例如,进入公共领域的用户的匿名性削弱了互联网信息的真实性和说服力。而电视谈话节目中的嘉宾往往标明身份,这种现身说法加强了信息的说服力度。总之,电视谈话节目可以针对互联网的劣势找出自己的优势所在并加强这种优势从而与之竞争。

本 章 小 结

● "电视谈话节目已经成为影响我们思想和行为方式的一种新权威",从

《东方直播室》的开端到《实话实说》的推动,我国电视谈话节目在新旧更替中不断发展,并被应用到各种电视节目形态中。

● 电视谈话节目按结构形态可分为议论型和叙事型谈话,前者还可分为讨论型和辩论型谈话节目。例如按谈话内容分类,可分为新闻性、娱乐性、普通话题、专题性和拟社会事件谈话节目。

● 成功的谈话节目离不开三大要素:话题、谈话人和谈话方式。话题的选择必须符合栏目的定位,必须有卖点。话题的选择范围有以人物为主的话题,包括明星、名流人物、新闻人物、普通百姓人物话题;也有以事件为主的话题。谈话人要素包括主持人、嘉宾和现场观众,主持人是现场谈话的谈话者、组织者、调度者和控制者;嘉宾应选择有特点、有表达能力的人士,或与话题相关的专家。

● 我国电视谈话节目开始形成自己的特色:即兴感与现场感的融合;个性化与多元化的融合;人际传播与大众传播的融合;平民化与精英化的融合。

● 谈话节目的拓展:从画面为主到以声音为主;从单向传播到互动传播;从独白话语到公共话语;从注重事件报道到注重人情探讨等。

思考题

1. 试述电视谈话节目的类别。
2. 举例分析叙事型谈话节目的基本特征。
3. 举例分析议论型谈话节目的基本特征。
4. 试述谈话节目的话题选择。
5. 电视谈话节目主持人的基本要求。
6. 谈话节目嘉宾的选择标准。

第十章　整合型电视栏目编排

电视栏目编排,即节目组合的艺术、时间分割的艺术,即电视媒体依据主体立场,对传播机构最后的产品——节目的各种条件予以选择和整合的一切活动,它包括节目的播送时间、播送顺序和播送结构等。

有人认为,电视节目编排是各个电视传播机构在具体的传播过程中,按照频道的性质、服务宗旨,有比例、有步骤地将一个一个编辑完整的节目和专栏以时间为序,集中起来以"套"的形式不间断地播出。这里的"序"如何排列,"集"如何串联,依然有一个编排的过程。

一个节目,即使它本身做得再好,如果没有放在一个合适的时间播放,难以达到预期的收视效果;一档栏目也是这样,即使做得再精致,如果组合、搭配不当,仍然达不到最佳收视效果;一个频道,即使有很多精品,如果不能通过节目编排营造出一种整体风格,又不研究播出策略,势必缺乏竞争力。正因如此,栏目的整合编排日益受到媒体的关注。

第一节　编排的基本原则

节目是电视台与观众之间的桥梁和纽带。打一个通俗的比方,节目就好比是一道菜,节目编排则是决定在什么时间上这道菜,如果在合适的时间上菜,顾客可能胃口大开一扫而光;如果上菜的时间不恰当,顾客可能连筷子都懒得伸出来。所以时机的把握很重要,一定要讲究"火候"。对于栏目编排而言,这个"火候"的考虑要兼顾节目资源、观众需求、时段划分乃至竞争对手的相关资料等几个方面。

一、编排基本要素

在常规型栏目编排中,首先要确定编排思想,即根据电视台的工作和观众的需要,确定各类节目的播出比率和播出时间。它具体表现为以周为单位的节目时间表,刊登在各地的电视节目报上。

编制节目时间表时要综合考虑以下因素:

第一,根据本台的工作任务和观众的实际需要,将不同节目合理搭配,既符合播出比率,又能产生出最好的整体效应;

第二,针对其他电视频道的情况,采取相应的竞争策略;

第三,考虑临时可能出现的特殊情况以及应急措施,例如凤凰卫视针对美国"9·11"事件的新闻直播;

第四,节目时间表要相对稳定,以形成相对稳定的受众群。如果节目播出时间每周都游移不定,对收视率会大有影响,例如《实话实说》在调整播出时间时就流失了一部分受众,虽然新的时段会渐渐赢得新的观众群体的青睐,但这一切毕竟又要经过一段时间的磨合才能建立和稳定。正是因为具体实施时要考虑到诸多方面,所以编制节目时间表被认为是一项技术和艺术相结合的创造性的劳动。

目前国际上通行的节目时间表编制方式有三种:

一是"带式"编排。即在每周固定的时段固定地播出某类节目,以形成周节目播出"带"。这种编排的好处是,各类节目的播出时间固定,观众容易记忆,可以根据自己的喜好按时收看。但是这种做法可能导致为了某个时段的安排不得不找相应的节目填充,尤其是在节目资源有限的情况下,难以保证节目质量。

二是"花式"编排。这种编排可以不受时段的限制,认为某个时间安排什么节目合适,就安排这档节目。这种编排的优点是灵活,但是节目收视率往往得不到保证。

三是"抽屉式"编排。即把某个时段做机动处理,根据临时出现的情况安排节目播出。这种方法使时段、节目、观众都处于一种随机的状态,难以产生规模和效应,所以目前国内极少有电视台采用。

二、编排时段划分

不同的时段,受众群体不同,对节目的需求也不一样。例如白天时间大部分成年人在外上班,儿童在外上学,适宜安排老人或家庭妇女爱看的节目。适宜的时段可以提升节目的知名度和社会影响,央视《焦点访谈》的迅速走红除了节目本身的质量外,也与它被安排在晚上的黄金时间有关;而好的节目也可能造就好的时段,央视《新闻30分》和《24小时》两档节目的推出,就曾提升了中央电视台一套节目中午时段和新闻频道夜间时段的收视率。

节目时段的划分可以分为两种情况:一种是一天之内的时间安排,另一种是一年之内所有节假日的时间安排。

世界上大多数国家的电视媒体都是将一天的播出时间分为四级:一级时间在19:00—21:00(周末延伸到22:30);二级时间在18:30—19:00;三级时间在17:30—18:30;其余是四级时间。

这四级时间中,一级时间被称为"黄金时间",即人们的休闲时间与节目播出时间交会和结合最多的那段时间。黄金时间的播出效果是最佳的,所以,全世界各地电视台都对黄金时间的安排十分重视,往往把最有竞争力的节目放在这段时间,以争夺收视率,扩大影响,最终争取到更多的广告客户。

二级时间被称为"亚黄金时间"或"准黄金时间"。黄金时间效应也就是在黄金时间和亚黄金时间推出本台最有代表性、最可能赢得高收视率的名牌节目。这种黄金时间与名牌节目的结合,既可以使名牌节目的影响增大,又可以使黄金时间的价位增值,所以是一项双赢的策略。

就整体而言,节目安排在黄金时间播出会比安排在其他时间播出赢得更高的收视率。但是对于一档具体的节目而言,因其受众的具体情况不同,所以"黄金时间"的概念又不能绝对化,应当说,最适合这个节目播出的时间才是这个节目的黄金时间。例如我国的少儿节目一般安排在三级时间,但是对于儿童而言,这个时间正好是少儿节目的黄金时间。

在节假日里,人们的闲暇时间较多,生活节奏和收视心理也较平时更为松弛,所以节假日也被视为节目播出的"黄金时间"。为适应人们节假日在休闲、娱乐方面的需要,电视台往往打破常规,加大文艺、娱乐、体育类节目的比重,以吸引观众的眼球。一些适合在节假日收看的节目以及平时不便安排的大版块节目,也可以在节假日找到播出时机。这种在节假日以灵活、非常规的编排获取人们对节目的关注的编排,被称为节假日效应。

美国商业电视网的节目编排一般把节目分为六块:① 晚间黄金时间;② 晚间新闻;③ 白天时间;④ 凌晨;⑤ 深夜;⑥ 周末白天时间。这个节目安排计划所列的各个时段,基本上能反映观众的兴趣[1]。

---

[1] [美]赫伯特·霍华德、迈克尔·基夫曼、巴巴拉·穆尔:《广播电视节目编排与制作》,戴增义译,新华出版社2000年版,第197页。

其中,白天时间段,指美国电视网节目从东部标准时间上午10:00至下午4:00,大部分节目是系列戏剧、比赛性游戏和重播前晚黄金时间的演出节目。操持家务的人是这个时间的主要收视对象。上班的妇女日益增加,在这段时间里她们不再在家看电视,这种情况越来越引起严重关注。有许多观众把他们喜欢的肥皂剧录下来,在工作完了之后来看。收视白天的系列节目的男子增加了,这是在大学里出现的某些男子形成的一种习惯。

美国电视网深夜时段还是由全国广播公司(NBC)以《今夜》开先河,这个时段的节目所吸引的观众主要是年轻人和夜班工厂职工。而美国广播公司(ABC)在这个时段也开办了《夜间》新闻访谈专栏。哥伦比亚广播公司(CBS)播出的是戴维·莱特曼访谈,与NBC《今夜》的杰伊·伦诺访谈竞争。

这些电视网还利用周末白天时段向在一周之内难以吸引的观众播送节目。一般来说,卡通演出和其他儿童节目是星期六早上的主要电视内容。中午时段,则针对年龄较大的孩子和十多岁的少年安排节目。每家电视网还在星期日播送记者招待会,由记者访问全国或国际著名人士。

三、编排基本原则

电视节目编排从总的方面来看,要遵循客观性、稳定性、整体性三项基本原则。

1. 客观性原则

即根据不同观众群体的生活规律安排播出时间。具体做法包括:

(1) 把节目放在最合适的时间播出。现代电视传播中通行的做法是,将可供一家人观看的节目安排在黄金时间,因为这个时候的观众包括成年男子和妇女,以及十多岁的少年和儿童;"成人"节目在深夜播出,这时候年幼的孩子一般认为是不会看的;卡通节目在星期六早上上演,这时候年幼的孩子通常在家里;体育节目主要放在周末,因为喜爱它的大多是男性,而这时大多数男子不用上班。从这些做法可以看到,每个具体的时间段里,其收视对象的具体情况都不一样,每种类型的节目都只有放在最适合它的时段才能赢得最佳的收视效果。

(2) 以强势节目开端,再接连安排类似的节目。中央电视台第一套节目每天晚间"黄金时间"段的节目安排为:以强势节目《新闻联播》开端,紧接着是品牌栏目《焦点访谈》,然后是《黄金剧场》,从晚间19:00开始,直到21:30

均形成强势节目群,以紧紧控制住观众的"眼球",最大限度地减少观众的流失。

(3) 在不同节目的版块之间或不同类型的节目播演之间安排过渡性节目以减少观众流失。因为不同节目的受众群体各不相同,两档风格各异的节目编排在一起,极有可能破坏已经形成的收视格局,造成观众的流失。而如果安排一档合适的过渡性节目,不仅可以顺利地实现节目的转换,使观众继续往下收看,还有可能吸引新的受众。例如中央电视台一套节目黄金时段编排:

19:00 新闻联播
19:38 焦点访谈
19:55 电视剧

《新闻联播》属于新闻类节目,电视剧则是文艺类节目,两类节目的目标受众是有区别的,而过渡性的节目《焦点访谈》属于深度报道类节目,其"用事实说话"的节目宗旨,将新闻性、故事性融为一体,很自然地实现了前后两类不同节目的转换,也稳定了原有的受众群体,并且加入了新的观众。

(4) 将收视率不高的节目排在不引人注目的时段。有些节目,虽然品位较高,但受众面比较窄,出于整个频道的节目构成考虑,又需要这样的节目,因此就把它安排在不引人注目的时段。实施这种原则的方法包括:① 把观众比例低的节目放在不测定收视率的时段;② 在竞争对手播放强势节目时播放自己的弱势节目,如同田忌赛马一样;③ 在观众人数少的时段安排收视率低的节目。

(5) 尽早吸引住关键性的收视者。因为电视节目的家庭收视环境是很随意的,不知道观众什么时候会打开电视机,也很难让观众处于一种时时留意的收看状态。所以要迎合最可能控制电视机的人。例如中央电视台一套从19:00《新闻联播》开始进入黄金时间,但是怎么样让电视机在这个时间是一种开机状态呢?通常认为儿童在下午靠近晚上的时候是电视机的主宰,所以中央电视台一套在"联播"前安排了《第一动画乐园》。这样,电视机在黄金时间开始前就已经打开,并且很自然地延续到《新闻联播》开始。

2. 稳定性原则

即节目播出时间不轻易变化,以便观众掌握节目播出的规律,逐渐养成相对稳定的收视习惯,最终培养一批稳定的受众群。例如中央电视台一套在早晨7:00固定安排了《朝闻天下》,在中午12:00固定安排了《新闻30分》,在晚上

19:00和19:40固定安排了《新闻联播》《焦点访谈》。这种固定的节目时间安排,可以培养一种社会性的收视习惯,并且稳定的编排对于扩大节目的影响、赢得广泛的收视是十分有益的。

3. 整体性原则

即把各类电视节目作为一个整体对待,在编排的时候考虑到它们之间的关系,并使它们的连接、组合能够产生整体效应。这时需要注意让节目之间相互照应。也就是说两个相邻的节目之间要相互配合,不能相互干扰。然后要让经过编排之后的节目形成整体优势,也就是将播出的各种节目视作一个有机整体,最终的播出效果应是整体效果大于各个节目单独播出的效果。这种效果可以通过多种途径获得。

第一,组合式编排。就是把几个不同类型的节目,或同种类型的节目有机地组合成一个"节目群",安排在一个特定的时间区,这种"节目群"比单个节目更具吸引力。目前中央电视台的节目安排就是采用这种方式。

第二,载波式编排,也就是以某类节目为基础,把一些重要节目有规律地附在上面。目前各专业频道的节目编排就属于这种形式。例如海南旅游卫视,就是以旅游节目为基础,主要节目有《玩转地球》《世界游》《城市惠生活》《有多远走多远》等,均与旅游有关。

第三,串联式编排,也就是通过主持人把各种节目连接起来,形成一个有机的整体。这种编排可以是一天的节目,也可以是一个时间区的节目。这种形式在日常播出中用得不多,但在某些重大的纪念日已经有了成功的运用,如《香港回归》特别节目、《北京申奥》特别节目等。这些节目的直播场次较多,主要采用主持人串联的方式编排,一气呵成,体现出极强的整体感。

第二节 编排的竞争策略

在电视节目资源稀缺时代,我国电视观众能够收看到的频道屈指可数,无外乎中央和省、市的几个频道,于是捡到篮里都是菜,观众没有选择余地,电视台也缺乏竞争意识,对节目编排的研究几乎为零。现在,我国已经是世界上拥有电视频道最多的国家,随着数字技术的发展,付费电视频道急速增加,且境外电视频道陆续有限落地,现在可供观众选择的频道越来越多,频道之间的竞争越来越激烈,于是对节目编排的研究也日益受到重视。美国电视网、台在竞争中总结出一些行之有效的策略,可供我国媒体借鉴。

一、栏目编排的策略[①]

1. 版块式节目安排

这是一种把观众由一个节目带到下一个节目最常采取的策略,就是利用观众收视类似节目的倾向,在整块的时间里连续安排对观众有相似吸引力的一系列节目。典型的版块常称为"垂直性"节目安排,节目通常延续两个小时,这种做法最终能起多大作用,与其牵头节目是否有强势吸引力密切相关,因为观众一旦被一档强势节目所吸引,就会继续收视随后所播的节目。所以,这种策略又被称为"牵头节目"效应。例如中央电视台一套晚间的黄金时段是以《新闻联播》这档目前国内信息量最大、影响最广泛的电视新闻节目作为牵头节目,其后又紧跟一档同属新闻类,在舆论监督方面颇有权威的深度报道类节目《焦点访谈》,从而使这个时间段的收视率始终稳居前列。

2. 全盘式节目安排

这种做法也被称为"横带式"或"水平式"节目安排,它是利用一些人形成的每天例行的收视习惯,把一定的节目排在每天的同一个时间播出,通常是从星期一到星期日。央视综合频道每晚19:40的《焦点访谈》栏目就是遵循这一策略方式编排的。

与之相反,在一周里每天的同一个时段安排不同精品节目的做法也是经常被采用的。例如浙江卫视立足自身特色,寻求差异化发展,向周间"横向"拓展。从周一至周日,在每晚19:30—23:30这个时间段,延续中国蓝剧场和老牌季播节目品牌,同时将多类型深度布局综艺节目(见表10-1)。

这样就在编排上形成了绵延不断的精品节目流,让栏目与栏目之间靠名牌关联,构成一个相对完整的精品节目带,解决了由于单个栏目播出时间间隔过长,观众很难记住播出时间而容易流失的问题。

---

① [美]赫伯特·霍华德、迈克尔·基夫曼、巴巴拉·穆尔:《广播电视节目编排与制作》,戴增义译,新华出版社2000年版,第210页。

表 10-1　浙江卫视 2017 年晚间节目编排表

时间	周一	周二	周三	周四	周五	周六	周日
19:30	中国蓝剧场　第一集						
20:10	中国蓝剧场　第二集				中国蓝剧场　第二集	Q1 高能少年团(3月) Q2 挑战者联盟3(6月) Q3 喜剧总动员2 Q4 待定	Q2 来吧冠军2(20:20) Q3 东成西就/脑袋实验室 Q4 创意魔法师
21:10							
21:30	930 节目带				Q1 王牌对王牌2(20:20)＋二十四小时2(22:00) Q2 奔跑吧 Q3 中国新歌声2 Q4 梦想的声音2		
21:40	Q1 星空剧场(每周一到周四21:55) Q2 真心话大冒险(周一,5月) Q3 周间：周播剧＋口袋里的秘密 Q4 中华好故事(周二/周四)			Q2 中国梦想秀(5月)		Q1 天生是优我(3月) Q2 寻找美人鱼(6月) Q3 十二道锋味4 Q4 待定	Q1 熟悉的味道2 Q2 谁是大歌神2(暂定) Q3 我去上学啦3 Q4 时光爱人
22:00							
23:20							
23:30							

3. 重型打击式编排

重型打击措施，即是安排一个强势的、单项的、历时 90—120 分钟的节目，直接同对手较短节目的版块竞争的措施。在有些情况下，重型打击措施节目在对手的版块开始之前就先发制人播出，使对手不敢把版块推出来。无论是在哪一种情况下，其意图都是及早抓住观众并一直把观众的兴趣保持很长的时段，以取得削弱对手节目的效果。

重型打击措施可以是一周的定期系列节目、一个专栏节目，或者是一次性的特别节目。

4. "顶梁柱"式编排

这种策略与前面讲到的重型打击措施类似，只是作为"顶梁柱"的节目，长度不一定在 90 分钟以上。"顶梁柱"效应是对实力较弱的电视媒体而言的。对于那些自办节目不多或不具备办名牌节目实力的电视媒体来说，重视"顶梁柱"效应是提高收视率的一种策略。

"顶梁柱"效应有两层意思：一种是指在一天之内，不在每个节目上与其他电视频道争夺观众，也不期望每个节目都有较高的收视率，而是在最合适的时间推出自己的"顶梁柱"节目,并以此为基础,逐步加强这一时段的节目实力,稳扎稳打,步步为营。另一种是在一周之内,力争在某一天以"顶梁柱"节目扩大自己的地盘,待条件具备后,再以同样的办法向另一个播出日进军,逐步使自己的实力壮大起来。

5. 赛实力式编排

这种策略是指一个台或电视网播放占据优势节目的时候,其竞争者也播放另一个强势节目与之相拼。这种情况下,收视者被迫在两个节目中进行选择。虽然赛实力的节目安排在有些情况下能起到一定作用,但电视台常常因为进行这样的拼实力竞争而浪费了强势的节目,分流了观众,竞争的双方在收视率方面受到一些挫折。

6. 逆向式编排

这是一种"人进我退,人退我进"的灵活战略,它也是针对实力较弱的电视台而言的。这种编排的基本出发点是,在那些占上风的电视台较为忽略的观众和时段中,推出自己的强势节目。

逆向安排节目的另一种做法是,如果强台已经用收视率较高的名牌节目控制了某一播出时段的主动权,那么,弱台可以在同一播出时段里安排另一个内容和风格截然不同的节目。

二、单个节目编排的技巧

上述六种做法,是电视栏目编排中的主要竞争战略。随着媒体间竞争的日趋激烈,一些电视节目编排人员另辟蹊径,探索出了一些次要的竞争策略。

1. 特别节目安排

在电视媒体中大多数是经常性的日播节目,但如果电视台能配合时势策划一些特别节目,对树立本台形象、扩大社会影响、提升知名度都有明显的效果。比如中央电视台1997年的《香港回归》特别节目,2001年7月13日的《北京申奥》特别节目,以及凤凰卫视的《千禧之旅》特别节目等。这些经过周密策划、精心制作的特别节目隆重推出的时候,常常受到广泛的欢迎。

2. 吊床式节目安排

这种做法是在两强节目之间,安排一个新节目或一个弱节目。由于观众看了前一个成功的节目之后,又不想错过后一个成功的节目,于是处在中间位置的节目就既受益于后面节目开始时的承袭因素,又受益于前面节目结尾时的预先共鸣。

3. 帐篷支柱式安排

帐篷支柱式安排是在某个时间安排一档有吸引力的节目,通过这个节目的强势及热效应来拉动前后节目的收视率,就如同搭帐篷。

4. 节目的系列化安排

这种做法是将具有重要意义的内容或者观众广泛感兴趣的题材制作成一系列的节目,在一段时间里连续播出,这种持续不断的密集播放容易形成较大的声势,产生轰动的社会效果。比如配合奥运会、亚运会制作的系列专题节目,还有每年"3·15"期间关于产品质量问题的系列报道等。

5. 延长强势节目的安排

这种做法是把一个受观众欢迎的节目延长,以拓展高收视率的时段。例如有时某部电视剧热播,电视台会将原来每天播出一集的编排改成每天播出两到三集,这样,在这部电视剧播出的时间里,这个电视台就会赢得高收视率。

延长强势节目还有一种做法是将一个栏目的时间延长,比如将半小时的节目扩充到一小时,或者一个小时的节目延长到两个小时。这种做法通常用于一流节目,但要注意结构的紧凑和节奏的流畅。目前,大多数民生新闻栏目都采用了60分钟直播的结构形态,保持了这类节目的高收视率。

6. 提供特殊类型节目的安排

这种做法是为有特殊需求的群体提供特殊类型的节目。这类节目争取的不是广大的观众,而是目标受众。它既可以对现有的节目构成有益的补充,又可以在目标受众中赢得高收视率。例如中央电视台第二套节目的《对话》,其收视对象锁定的是关注经济改革动态并具有决策能力的社会精英人士,它在这类人士中享有的高收视率,使其在广告市场的竞争中占据了优势地位,广告收入在央视的知名栏目中位居前列。

三、栏目编排的成功经验

关于电视栏目的编排,在电视媒体竞争异常激烈的美国积累了一些成功的经验。英国《国际电视业务》曾介绍了美国电视节目编排的经验,至今仍有借鉴意义,下面摘要介绍。

1. 认真研究竞争对手

电视台成功的诀窍是什么？采取同样的措施,也许你能获得成功,但应注意播出时段的慎重选择。一位美国喜剧大师曾经说过,模仿是电视制作中最实用的工作方法。但是,若想在高手林立、竞争激烈的电视界开创一片基业,则必须设法避免与对手发生正面冲突。在对方已经站稳脚跟,一时恐怕难以取而代之时,应当认真分析对方在哪一方面比较薄弱,对哪些电视观众采取比较忽略的态度,并以此为突破口,创办自己的节目,形成自己的风格。

2. 密切注意时代思潮

在制作或购买电视节目的时候,必须结合电视台所在国家和地区的实际情况,务必做到使节目内容与社会流行思潮统一起来。电视观众的收视兴趣经常处于变动之中,电视要适应社会变化,求生存、谋发展,例如从综艺节目热到真人秀节目的转换,再从综艺节目热向文化电视热的转换适应。在电视剧的购买编排方面同样需适时转换题材,以适应普遍观众兴趣的"口味",例如从战争剧转向宫廷戏,再到都市剧、家庭伦理剧、谍战片、青春偶像剧等。诚然,也可逆潮流反向安排,有时也能收到良好的收视效果。

3. 集中精力安排演员、嘉宾阵容

安排演员阵容的目的是为了在竞争过程中超越并击败对手。电视作为一种大众传播媒介,在某种程度上也是以演员、嘉宾所塑造的形象和表现的个性来感染观众的。然而,一些演员、嘉宾在电视屏幕上能够表现出一种独具吸引力的个性,另外一些则无法做到这一点。因此,电视节目编排人员在安排节目播出计划时,首先应当选择对节目对象具有最大吸引力的个性演员和嘉宾。

4. 研究自己的电视观众

在激烈的竞争环境中,舍不得把投资用于观众调查是一种缺乏远见卓识的短视行为。应当认真调查和分析电视观众现状,了解男性、女性、青少年、儿童等不同层次的观众对一个电视节目的不同反应。重要的广告厂商需要了解收视反馈方面的详细材料,这方面的调查结果也构成了电视节目编排工作中最重要的决策依据。

5. 掌握反向节目编排的技巧

如果竞争对手已经用收视率极高的名牌节目完全控制了某一播出时段的主动权,在同一播出时段里则应该安排一个风格和内容都与其截然不同的电视节目。这种反向节目编排的手段也许在试用多次以后才能奏效,竞争对手播出综艺节目,你可以用惊险故事片或电视系列片来与之相抗衡。如果以上方法仍然效果不大,可以用每天在同一时段内播出一集电视连续剧的办法挤出一个"窗口"。只要有人收看你的节目,就不愁无法扩大收视范围。另外你还可以采取"先发制人"的策略。如果对手在9:00开始播出自己最受欢迎的综艺节目,你可以在8:30开始播出一部连续剧。要知道,坚不可摧的电视节目为数极少,绝大多数电视节目总有某些薄弱之处,竞争对手总能设法与之抗衡。

6. 加强地方性节目的比重

"离家越近,乡情愈浓。"一般情况下,人们都更加关注与自己的切身利益息息相关的事物。某些观众收看电视节目的目的是为了逃避现实,但是他们无法使自己与外部世界断然分开。天气预报、地方性灾难、地震预报、战争的逼近等等是对他们的生活影响最大的事情也应该是最重要的电视新闻。娱乐性节目对所有的电视观众都具备一定的欣赏价值。但是,观众对那些能向他们提供需要的信息并能解决他们在生存道路上面临的难题的电视节目,总是表现出极其明显的收视倾向。

编排也是生产力,这已被电视媒体的实践所证明。只要认真研究竞争对手,研判观众市场需求,同时依据自己的资源进行有效的搭配编排,就会取得事半功倍的电视传播效果。

本 章 小 结

● 在电视媒体资源、频道资源、节目资源日益丰富的今天,电视业的竞争除了要提高节目的质量外,还迫使各个电视机构研究"电视编排艺术",尤其是"时段"的编排、"时机"的选择与确立,往往成为各媒体竞争的焦点。许多电视台在充分吸收国内外媒体经验的基础上,总结出了一些行之有效的编排原则、策略和方法。

● 节目编排要遵循客观性、稳定性和整体性原则。

● 栏目编排的主要策略包括版块式、全盘式、重型打击式、"顶梁柱"式、赛实力式、逆向式节目编排等。

思 考 题

1. 简述电视编排的基本原则。
2. 选择相近的几个电视媒体,从整合性栏目编排中,分析其主要策略。
3. 举例分析全盘式节目安排策略。
4. 试分析"顶梁柱"式编排策略在卫视竞争中的应用。
5. 比较分析吊床式栏目安排和帐篷支柱式栏目安排的不同。

参考文献

[1] [美]罗伯特·赫利尔德:《电视广播和新闻媒体写作》,华夏出版社,2002。

[2] [法]马赛尔·马尔丹:《电影语言》,中国电影出版社,1985。

[3] [美]特德·怀特等:《广播电视新闻报道写作与制作》,中国广播电视出版社,1987。

[4] [美]丹尼尔·戴扬:《媒介事件》,北京广播学院出版社,2000。

[5] [美]罗伯特·C·艾伦:《重组话语频道》,麦永雄、柏敬泽等译,中国社会科学出版社,2000。

[6] [美]吉妮·格拉汉姆·斯克特:《脱口秀——广播电视谈话节目的威力与影响》,新华出版社,1999。

[7] [荷]约翰·赫伊津哈:《游戏的人》,中国美术学院出版社,1996。

[8] [美]赫伯特·霍华德、迈克尔·基夫曼、巴巴拉·穆尔:《广播电视节目编排与制作》,新华出版社,2000。

[9] 钟大年:《纪录片创作论纲》,北京广播学院出版社,1997。

[10] 杨伟光:《中国电视专题节目界定》,东方出版社,1996。

[11] 高鑫:《电视专题片创作》,中国广播电视出版社,1997。

[12] 梁建增:《焦点访谈——从理念到运作》,学习出版社,1998。

[13] 罗明、孙玉胜等:《电视新闻评论的理论与实践》,中国海关出版社,2002。

[14] 叶子:《电视新闻学》,北京广播学院出版社,1997。

[15] 李良荣:《西方新闻事业概论》,复旦大学出版社,1997。

[16] 石长顺:《电视栏目解析》,华中科技大学出版社,2003。

[17] 张海潮:《电视中国——电视媒体竞争优势》,北京广播学院出版社,2001。

[18] 中央电视台总编室研究处:《中央电视台课题研究报告》〔2002〕3号。

［19］　赵淑萍：《电视采访与写作》,中国广播电视出版社,1997。
［20］　[美]泰勒等：《人际传播新论》,南京大学出版社,1992。
［21］　[美]吉妮·格拉汉姆·斯克特：《脱口秀——广播电视谈话节目的威力与影响》,苗棣译,新华出版社,1999。
［22］　[美]珍妮特·洛尔：《奥普拉·温弗瑞如是说》,海南出版社,2000。

后 记

全球化背景下的中国电视传媒,面临着境外媒体的严峻挑战和国内强势媒体的竞争压力,一方面加快进行体制和机制改革,一方面频繁改版以应对瞬息万变的媒体市场。在这种形势下,新闻传媒研究与教育如何适应时代的需要,提供强有力的理论指导和实务教学就显得十分必要。

本书将电视专题与专栏融为一体,力求体系的科学性;吸收国内外相关研究的最新成果,力求内容的前沿性;注重理论与实务并重的探索,力求教材的实用性。

在本书的写作中,既有对以往学术研究的审视,又有近年来教学与传媒经验的总结,同时还带着研究生对相关问题进行专题研究。尤其是在修订的过程中,加重了电视专题与电视文化节目创作研究的内容,使本书更适用于综合型大学新闻与广播电视学专业教学的需要。

本书修订稿是2008年在美国新泽西州纽瓦克完成的。在修订过程中,复旦大学出版社及编辑章永宏先生对本书的出版给予了大力支持。

2018年,距修订本十年了,近又应复旦大学出版社朱安奇编辑之约,对本书进行第三版修订。碰巧又订了暑假赴英国的机票,只好利用凉爽的伦敦气候环境,静下心来半休假半工作,于增删修订之间享受着传媒研究的快乐。

值此第三版出版之际,向复旦大学出版社及朱安奇编辑表示由衷的感谢!

石长顺
2018年7—8月修改于英国

图书在版编目(CIP)数据

电视专题与专栏:当代电视实务教程/石长顺著.—3 版.—上海:
复旦大学出版社,2019.1(2022.8 重印)
当代广播电视教程:新世纪版
ISBN 978-7-309-14139-9

Ⅰ.①电… Ⅱ.①石… Ⅲ.①电视工作-高等学校-教材 Ⅳ.①G22

中国版本图书馆 CIP 数据核字(2019)第 011830 号

电视专题与专栏——当代电视实务教程(第 3 版)
石长顺 著
责任编辑/朱安奇

复旦大学出版社有限公司出版发行
上海市国权路 579 号   邮编:200433
网址:fupnet@fudanpress.com   http://www.fudanpress.com
门市零售:86-21-65102580   团体订购:86-21-65104505
出版部电话:86-21-65642845
杭州日报报业集团盛元印务有限公司

开本 787×960 1/16 印张 25.5 字数 435 千
2019 年 1 月第 3 版
2022 年 8 月第 3 版第 4 次印刷

ISBN 978-7-309-14139-9/G·1949
定价:52.00 元

如有印装质量问题,请向复旦大学出版社有限公司出版部调换。
版权所有   侵权必究